_{詳説}舶用蒸気タービン

——SI と重力単位系併記——

上　巻
〈4 訂 版〉

神戸商船大学名誉教授 工学博士
古 川　守
著
神戸大学名誉教授 工学博士
杉 田 英 昭

成 山 堂 書 店

本書の内容の一部あるいは全部を無断で電子化を含む複写複製
（コピー）及び他書への転載は，法律で認められた場合を除いて
著作権者及び出版社の権利の侵害となります。成山堂書店は著
作権者から上記に係る権利の管理について委託を受けています
ので，その場合はあらかじめ成山堂書店（03-3357-5861）に
許諾を求めてください。なお，代行業者等の第三者による電子
データ化及び電子書籍化は，いかなる場合も認められません。

4訂版発行に当たって

　本書が1984年（昭和59年）に発行されて今年で35年，3訂版が2007年（平成19年）に発行されてからも12年になります。最初に本書改訂版が発行された1996年（平成8年）は，舶用蒸気タービンがLNGタンクから漏れ出すボイル・オフ・ガスBOGを有効活用でき，またそれを有効に処理できる最も適した主機関として，LNG船に独占的に採用されていた時代でした。

　しかし，2010年頃から燃料価格が高騰し，主機関の燃料消費率がより重要視されるようになり，経済性の観点からLNG船用に開発されたディーゼル機関が出現しました。それは，中速4ストローク二元燃料ディーゼル機関・電気推進プラントDFDEです。また同時期に，一般大型商船に採用されている2ストローク低速重油専焼ディーゼル機関DRLが，海外の多くのLNG船に搭載されるようになりました。しかし，DRLは高効率であるが重油専焼のためBOG対策として，LNG再液化装置やガス燃焼装置を設置しなければならず，また冗長性を高めるために2基搭載する必要があります。

　LNG船用再熱再生蒸気タービンURAやUST，およびDFDEやDRLに対抗するように，新しく高圧燃料噴射の低速2ストローク二元燃料ディーゼル推進プラントME-GIが開発され，続いて低圧燃料噴射の同型式の推進プラントX-DFも追いかけるように開発されました。

　このようなLNG船の主機関争いの中，世界で2社のみの舶用蒸気タービンメーカ，川崎重工業(株)と三菱重工業(株)はともにURAやUSTのさらなる性能改善に取り組んできました。とくに近年，三菱重工業（株）は，蒸気タービン・二元燃料ディーゼル機関ハイブリッド推進プラントというユニークなプラントSTaGEを開発して，その搭載台数を急速に伸ばしています。

　このような背景のもとで4訂版を発行することになり，舶用蒸気タービンについて初めて学ぶ学生はもちろん，現場で取扱いや設計・製造に従事している社会人に対しても，十分に応え得るよう内容をさらに充実させました。

　まず，「第1章 慣用単位系とSI（国際単位系）」を大幅に書き直しました。SIについては，7個の基本単位のうち「時間」「長さ」「光度」を除く4個の基本単位「質量」「電流」「物質量」「熱力学温度」を再定義するなどの大規模な改定が2019年（令和元年）5月に実施されたためです。特記すべきは，人工物で定義されていた質量の単位「キログラム」がプランク定数に基づいて再定義されるという130年ぶりの大改定です。また，「第2章 熱」の内容も一部書

き直しました。さらに，「第3章 蒸気の性質」では，これまでの「1980 SI 日本機械学会蒸気表」の数値から「1999 日本機械学会蒸気表」の数値に変更しました。

なお，今回本書と同時に下巻3訂版も発行しました。同書では，「序章 LNG船用蒸気タービンプラント」を，多くの最新情報などでより充実した内容にしました。また，第17章の「新開発の排熱回収プラント」に，「商船三井・三菱重工舶用機械エンジン・名村造船所による排熱回収システム（MERS）」および「川崎重工業社による排熱回収システム（K-GET)」を新たに掲載しました。

本書の執筆に際しては，内外の書籍，論文，カタログ，取扱い説明書などを参考にさせていただきました。これらの著者ならびに各社に対して深甚の謝意を表明します。なお，著者の一人と舶用蒸気タービンを通しての50年来の友人である，元 川崎重工業(株)機械ビジネスセンター技術総監 堀家 弘（ヒロム）氏には一方ならぬお世話になりました。心よりお礼申し上げます。

また，本書4訂版の発行を勧めていただいた(株)成山堂書店 小川典子 社長に深甚の謝意と敬意を表明します。そして，今回の改訂作業において大変お世話になった編集グループの皆様に、心よりお礼申し上げます。

最後に，本書がここまで長年発行を続けることができたのも読者の皆様のご支援のおかげです。心より感謝申し上げます。本書の内容について不備の点もあるかと思いますが，皆様のご批判とご叱正をいただければ幸いです。

2019 年（令和元年）11 月

著 者 識

序

1897年(明治30年)に英国のパーソンス(C. A. Parsons)は，彼の考案にかかるいわゆるパーソンスタービンを搭載した有名な試験船タービニア号(Turbinia)において34.5ノットという空前の試運転速力を得ることに成功し，それ以来長期間にわたって，蒸気タービンは大出力舶用主機関として絶対的な優位性を誇ってきた。ところが，1973年(昭和48年)に端を発した石油危機によって燃料油価格が異常に高騰するに及んで，蒸気タービンはついにその地位を大出力化・省エネルギ化されたディーゼル機関に譲るようになった。

しかし，それでもなお蒸気ボイラ・タービン搭載に好適のLNG船や石炭だき船の出現を始め，省エネルギのために開発されたディーゼル機関の排ガスエネルギ利用のエコノマイザ・ターボ発電システムや推進加勢システムの出現によって，再び明るい展望も開かれたように思われる。さらに，将来における舶用原子炉の安全性および経済性の確認も大いに期待されるところである。一方，視点を陸上に向けると火力・原子力発電所における事業用発電システムはもとより，大工場の自家発電システムにおいては蒸気タービンが主力を占めている。いずれにしても蒸気タービンは，ディーゼル機関を主とする内燃機関とともに重要な熱機関として将来とも永く各方面で利用されることであろう。

蒸気タービンについては，すでに数多くの名著が出版されているが，あえて本書を著述するに至ったのは，蒸気タービンは往復式内燃機関に比して極めて単純な回転機関であるにもかかわらず，その本質を理解できない学生が依然として多いという筆者の苦い経験から発している。したがって，本書の記述はつとめて平易に，かつ説明はむしろ冗長とも思えるほど詳細に，かつ随所に注記を施してあるので，何ら特別の予備知識のない読者でも容易に理解できるように配慮した。しかも，独習によっても容易に一級海技士(機関)の国家試験に合格できる程度までの高い内容をもつものである。さらに，読者の知識のまとめならびに国家試験の受験者の便宜のために，各章末に最近の海技試験問題と類題ならびにそれらの略解を掲載してある。

また，好学の読者がさらに英文原書や英文カタログに親しみやすいように，術語にはつとめてそれに対応する英用語を記載してある。

本書はSI(国際単位系)を主に採用しているが，現時点では移行期であって，現場では依然として重力単位系が広く慣用されているので本文中，細字を用いて重力単位を併記してある。また，SIに不慣れの読者も多いと思われるので，

特に単位の解説のために1章を割いている。

本書の執筆に際しては，内外の著書，論文，カタログ，取扱い説明書などを参考にさせていただいた。これらの著者ならびに各社に対して深甚の謝意を表明する。また，本書の出版に当たっていろいろと筆者の希望をかなえていただいた㈱成山堂書店社長小川　實氏に対して厚くお礼を申し上げる。なお，本書の内容について種々不備の点もあると思われるが，読者諸氏のご批判とご叱正を賜われば幸甚である。

昭和59年6月30日

著　者　識

改訂増補版発行に当たって

最近の10年間に海運，造船をとりまく状況が大きく変わりました。本書の初版が発行された前年の昭和58年4月に船員制度の近代化を背景に，船員法および船舶職員法の一部を改正する法律が施行され，海技免状も一級海技士（機関），三級海技士（機関当直）などと改められました。また，外国人船員との混乗が進み，パイオニアシップの実績も積み重ねられて，現在このような改革に対する答えが出揃いつつあります。海運に対する国家的な見地から，平成8年度税制改正大綱の中で，日本籍船と日本人船員の減少に歯止めをかける「国際船舶制度」の創設が決まり，その成果が期待されています。

一方，永らく低迷を続けていた日本の造船界も，平成7年の新造船受注量が990万総トンで世界のシェアの37.5％を占めることになり，平成6年に続いて日本が韓国を抑えて世界一になりました。

このような状況の中，初版が出版されて11年が経過したのを機会に，改訂増補版を発行することにいたしました。この間，舶用蒸気タービンの技術的な進展はあまり見られず，また単位もSI（国際単位系）に完全には移行しておらず，従来通り重力単位系も併記せざるを得ません。今回の改訂に当たって，内容あるいは表現上の不備などの個所を補正したほか，最新の海技士国家試験問題等を各章ごとに追加演習問題として解答とともに載せております。

初版以来，㈱成山堂書店小川實社長以下編集部の皆様には大変お世話になりました。心よりお礼申し上げます。

平成8年2月

著　者　識

2訂版発行に当たって

　昭和59年に本書が発行されて今年で19年になります。また，改訂増補版が発行されてからもすでに7年を経過しました。このたび，さらに2訂版を発行することになりましたが，本書がここまで発行を続けることができましたのも読者の皆様のご支援の賜であります。心より感謝申し上げます。

　さて，今回は改訂増補版に続く2訂版ですので，内容の修正および演習問題の追加は最少限にとどめております。

　本書が皆様のお役に立てば幸いです。

　　平成15年4月

著 者 識

3訂版発行に当たって

　このたび，2訂版に引き続き3訂版を発行することになりました。本書がここまで発行を続けることができましたのも読者の皆様のご支援のおかげであります。心より感謝申し上げます。

　今回の改訂内容についての特記事項は次のようです。

・第1章のまえがきのJISの単位に関する説明を修正しました。
・第2章の無次元数についての説明を付記しました。
・第2，6，8章の演習問題を追加しました。
・第3章の蒸気表についての説明を修正しました。
・第5章の概要の説明を修正しました。

　本書が皆様のお役に立てることを願っております。

　　平成19年3月

著 者 識

目　　次

第1章　慣用単位系とSI（国際単位系） ………………………… 1

1・1　まえがき ……………………………………………………… 1
1・2　基本単位と組立単位 ………………………………………… 3
1・3　絶対単位系 …………………………………………………… 3
1・4　重力単位系 …………………………………………………… 4
1・5　SI（国際単位系）…………………………………………… 5
1・6　物理量の次元 ………………………………………………… 17
1・7　主要な組立単位 ……………………………………………… 17
1・8　単位換算 ……………………………………………………… 22
　　　演習問題 ……………………………………………………… 27

第2章　熱 ………………………………………………………… 29

2・1　温度と熱量 …………………………………………………… 29
　2・1・1　温度の単位 …………………………………………… 29
　2・1・2　熱量の単位 …………………………………………… 31
　2・1・3　熱力学の第ゼロ法則 ………………………………… 32
2・2　熱力学の第一法則 …………………………………………… 32
　2・2・1　熱力学の第一法則 …………………………………… 32
　2・2・2　内部エネルギ ………………………………………… 33
　2・2・3　エンタルピ …………………………………………… 34
　2・2・4　熱力学の基礎式 ……………………………………… 35
2・3　ガスの性質 …………………………………………………… 36
　2・3・1　ボイルの法則 ………………………………………… 36
　2・3・2　シャールの法則 ……………………………………… 36
　2・3・3　完全ガス（理想気体）の状態式 …………………… 37
　2・3・4　アボガドロの法則 …………………………………… 37

viii　　　　　　　　　　　　目　　次

　　2・3・5　キロモルと一般ガス定数 ……………………………………………… 37
　　2・3・6　定容比熱と定圧比熱 …………………………………………………… 38
　2・4　ガスの状態変化 ……………………………………………………………… 39
　　2・4・1　絶対仕事と工業仕事 …………………………………………………… 39
　　2・4・2　等温変化 ………………………………………………………………… 40
　　2・4・3　等圧変化 ………………………………………………………………… 41
　　2・4・4　等容変化 ………………………………………………………………… 42
　　2・4・5　断熱変化 ………………………………………………………………… 43
　　2・4・6　ポリトロープ変化 ……………………………………………………… 45
　2・5　混合ガスの性質 ……………………………………………………………… 46
　　2・5・1　ダルトンの法則 ………………………………………………………… 46
　　2・5・2　混合ガスの密度と分子量 ……………………………………………… 47
　　2・5・3　混合ガスのガス定数 …………………………………………………… 47
　　2・5・4　混合ガスの比熱 ………………………………………………………… 47
　2・6　熱力学の第二法則 …………………………………………………………… 48
　　2・6・1　熱力学の第二法則 ……………………………………………………… 48
　　2・6・2　カルノーサイクル ……………………………………………………… 48
　　2・6・3　エントロピ …………………………………………………………… 49
　　2・6・4　温度・エントロピ線図 ………………………………………………… 49
　　2・6・5　熱力学の第三法則 ……………………………………………………… 50
　2・7　伝　熱 ………………………………………………………………………… 50
　　2・7・1　伝熱（熱移動） ………………………………………………………… 50
　　2・7・2　熱通過（熱貫流） ……………………………………………………… 51
　　2・7・3　伝熱に関する無次元数 ………………………………………………… 57
　　　　演習問題 ………………………………………………………………… 59

第3章　蒸気の性質 ……………………………………………………………… 69

　3・1　蒸気とガス ……………………………………………………………………… 69
　3・2　一定の圧力のもとにおける蒸発および臨界状態 ………………………… 69
　3・3　飽和水，飽和蒸気および過熱蒸気の状態量 ……………………………… 73
　　3・3・1　状態量の基準 …………………………………………………………… 73
　　3・3・2　飽和水 …………………………………………………………………… 73
　　3・3・3　飽和蒸気 ………………………………………………………………… 75
　　3・3・4　過熱蒸気 ………………………………………………………………… 76
　3・4　蒸気表および蒸気線図 ……………………………………………………… 77
　　3・4・1　蒸気の状態式 …………………………………………………………… 77

目 次

3・4・2 蒸気表 ……………………………………………………… 78

3・4・3 蒸気線図 ………………………………………………… 78

3・5 蒸気の状態変化 ……………………………………………… 84

3・5・1 等圧変化 …………………………………………………… 84

3・5・2 等温変化 …………………………………………………… 85

3・5・3 等容変化 …………………………………………………… 86

3・5・4 断熱変化 …………………………………………………… 87

3・5・5 等かわき度変化 …………………………………………… 88

3・5・6 絞 り ……………………………………………………… 89

演習問題 ………………………………………………………… 92

第4章 蒸気サイクル ………………………………………………… 96

4・1 カルノーサイクル ……………………………………………… 96

4・2 ランキンサイクル ……………………………………………… 97

4・2・1 ランキンサイクルの理論熱効率 ………………………… 97

4・2・2 蒸気の初圧，初温度および背圧が理論熱効率におよぼす影響 ………… 100

4・3 再熱サイクル …………………………………………………… 106

4・3・1 再熱サイクルの理論熱効率 ……………………………… 108

4・3・2 最適再熱圧力 ……………………………………………… 109

4・3・3 初圧，初温度，背圧および再熱段数が理論熱効率におよぼす影響 …… 110

4・4 再生サイクル …………………………………………………… 112

4・4・1 再生サイクルの理論熱効率 ……………………………… 114

4・4・2 再生サイクルの最適抽気点の選定 ……………………… 119

4・4・3 初圧，初温度，背圧および抽気段数が理論熱効率におよぼす影響 …… 125

4・5 再熱再生サイクル ……………………………………………… 126

演習問題 ………………………………………………………… 130

第5章 蒸気タービンの基本形式および分類 ……………………… 141

5・1 概 要 …………………………………………………………… 141

5・2 蒸気タービンの作動原理 ……………………………………… 145

5・2・1 蒸気噴流の平板および半円形翼への作用 ……………… 146

5・2・2 衝動力と反動力 …………………………………………… 149

5・3 蒸気タービンの基本形式 ……………………………………… 150

5・3・1 単式衝動タービン ………………………………………… 150

x 目 次

　　5・3・2　速度複式衝動タービン ………………………………………… 152
　　5・3・3　圧力・速度複式衝動タービン ………………………………… 153
　　5・3・4　圧力複式衝動タービン ………………………………………… 153
　　5・3・5　軸流反動タービン ……………………………………………… 154
　　5・3・6　半径流反動タービン …………………………………………… 156
　5・4　蒸気タービンの分類 ………………………………………………… 157
　　5・4・1　蒸気の作用による分類 ………………………………………… 158
　　5・4・2　蒸気の流動方向による分類 …………………………………… 158
　　5・4・3　動翼を通る蒸気流の繰返しによる分類 ……………………… 160
　　5・4・4　車室の数とすえ付配置による分類 …………………………… 160
　　5・4・5　蒸気の使用法や排気条件などによる分類 …………………… 161
　　5・4・6　用途による分類 ………………………………………………… 162
　5・5　衝動タービンと反動タービンの比較 ……………………………… 162
　　　　演習問題 ………………………………………………………………… 165

第6章　ノズル（または静翼）および動翼を通る蒸気の流れ ……… 172

　6・1　ノズル内蒸気流動の基礎式 ………………………………………… 172
　6・2　蒸気の膨張による理論速度，流量および所要断面積 …………… 176
　　6・2・1　理論蒸気速度 …………………………………………………… 176
　　6・2・2　蒸気流量および所要断面積 …………………………………… 179
　　6・2・3　臨界圧力 ………………………………………………………… 181
　6・3　ノズルの形状 ………………………………………………………… 184
　　6・3・1　蒸気が可逆断熱膨張をする場合のノズルの形状 …………… 184
　　6・3・2　先細ノズルと末広ノズル ……………………………………… 186
　6・4　実際のノズル内での蒸気の膨張 …………………………………… 191
　　6・4・1　ノズルの速度係数，ノズル効率および流量係数 …………… 192
　　6・4・2　超過膨張と不足膨張 …………………………………………… 195
　　6・4・3　蒸気の過飽和 …………………………………………………… 199
　　6・4・4　湿り蒸気の膨張による流量変化と速度係数 ………………… 204
　　6・4・5　気流の偏向 ……………………………………………………… 206
　6・5　動翼内の蒸気流動 …………………………………………………… 208
　　　　演習問題 ………………………………………………………………… 214

目　　次　　xi

第7章　段落線図効率 ……………………………………………… 223

7・1　速度線図　………………………………………………… 223
7・2　蒸気が動翼にする仕事　………………………………… 227
7・3　単式衝動タービン　……………………………………… 232
　7・3・1　線図効率　………………………………………… 232
　7・3・2　翼効率および線図損失　………………………… 236
7・4　速度複式衝動タービン　………………………………… 240
　7・4・1　線図効率　………………………………………… 240
　7・4・2　動翼の仕事配分　………………………………… 246
7・5　圧力複式衝動タービン　………………………………… 248
　7・5・1　単式衝動タービンとの比較　…………………… 248
　7・5・2　線図効率　………………………………………… 249
7・6　軸流反動タービン　……………………………………… 255
　7・6・1　線図効率　………………………………………… 255
　7・6・2　パーソンタービン　……………………………… 260
7・7　半径流反動タービン　…………………………………… 262
　7・7・1　静翼を有する半径流反動タービン　…………… 262
　7・7・2　ユングストロームタービン　…………………… 263
7・8　各形式のタービンの比較　……………………………… 268
　　　　演習問題　…………………………………………… 272

第8章　諸　損　失 ………………………………………………… 282

8・1　内部損失　………………………………………………… 282
　8・1・1　線図損失　………………………………………… 282
　8・1・2　蒸気の動翼入口端への衝突による損失　……… 283
　8・1・3　蒸気中の水滴の制動作用による損失　………… 284
　8・1・4　ノズルと動翼との軸方向隙間および両者の寸法差による損失 ………… 286
　8・1・5　内部漏えい損失　………………………………… 287
　8・1・6　回転損失　………………………………………… 294
8・2　外部損失　………………………………………………… 297
　8・2・1　外部漏えい損失　………………………………… 297
　8・2・2　機械損失　………………………………………… 307
　8・2・3　最終段からの排気損失　………………………… 311

xii　　　　　　　　　　　　　目　　次

　　8・2・4　ふく射および伝導による損失 ……………………………… 317
　8・3　負荷による損失の変化および各損失比と損失分布 ……………… 317
　　　　演習問題 ……………………………………………………………… 320

第9章　蒸気タービンの性能 …………………………………………… 326

　9・1　諸効率 …………………………………………………………………… 326
　　9・1・1　段落線図効率 ………………………………………………… 326
　　9・1・2　内部効率および再熱係数 …………………………………… 327
　　9・1・3　機械効率 …………………………………………………… 331
　　9・1・4　有効効率 …………………………………………………… 332
　　9・1・5　熱効率 ……………………………………………………… 333
　　9・1・6　舶用蒸気プラントの全熱効率 …………………………… 333
　9・2　蒸気消費率および熱消費率 ………………………………………… 334
　9・3　パーソンス数 ………………………………………………………… 335
　9・4　負荷が変化したときの性能 ………………………………………… 338
　　9・4・1　初圧，背圧および蒸気流量の関係（Stodola の楕円則）………… 338
　　9・4・2　ウイランス線と蒸気消費率曲線 ………………………… 340
　　9・4・3　タービンの出力調整 ……………………………………… 342
　9・5　限界出力 …………………………………………………………… 349
　　　　演習問題 ……………………………………………………………… 352

　付表1　飽和表（温度基準）……………………………………………… 巻末 1
　付表2　飽和表（圧力基準）……………………………………………… 巻末 3
　付表3　圧縮水表および過熱蒸気表 …………………………………… 巻末 5
　付図1　蒸気 $T-s$ 線図 ……………………………………………… 巻末 8
　付図2　蒸気 $h-s$ 線図 ……………………………………………… 巻末 9
　付図3　蒸気 $h-P$ 線図 ……………………………………………… 巻末10

　参考文献 ………………………………………………………………… 巻末11

　索　引 …………………………………………………………………… 巻末15

第 1 章　慣用単位系と SI (国際単位系)

1・1　まえがき

　従来用いられてきた**慣用単位系**（customary system of units）には，**絶対単位系**（absolute system of units）と**重力単位系**（gravitational system of units）がある。このうち，絶対単位系は**物理単位系**（physical system of units）とも呼ばれ，基本となる量に長さ（length），質量（mass），時間（time）をとり，一般に理学，電気工学など学術研究用に広く用いられてきた。一方，重力単位系は**工学単位系**（engineering system of units）とも呼ばれ，基本となる量に長さ，力（power），時間をとり，とくに機械工学や産業界に広く用いられてきた。また，この両単位系にはそれぞれ**メートル法単位系**（metric system of units）と**ヤード・ポンド法単位系**（yard-pound system of units）の 2 種類がある。世界中の国や地域，産業分野などによって単位が異なっていると，科学技術が発達し国際化が進むにつれていろいろと不都合な面が表面化してきた。そこで，単位の確立と国際的な普及を目的とした**メートル条約**（フランス語でConvention du Métre，英語で Convention of Metre）が 1875（明治 8）年 5 月 20 日にフランスのパリで 17 カ国の代表によって締結された。これを記念して1999（平成 11）年に毎年 5 月 20 日は**世界計量記念日**（World Metrology Day）と定められた。日本は 1885（明治 18）年にメートル条約に加入している。この条約は，フランス革命期の 1795（寛政 7）年にフランスで制定された絶対単位系のメートル法を基にしており，当初は長さと質量の単位のみを対象にしていた。すべての物理単位が対象になったのはずっと後の 1921 年からである。長さの単位はメートルで，これはすでに 1799（寛政 11）年に白金製の**アルシーブの****メートル原器**と呼ばれる人工物の長さで定義され，質量の単位のキログラムも同様に白金製のアルシーブの**キログラム原器**の質量で定義されていた。アルシーブとは当時，原器を保管していたフランスの公文書館（Archives）のことである。このメートル原器は「北極点と赤道との間の子午線上の距離の 1000万分の 1」という定義の基でつくられており，キログラム原器は「最大密度にある蒸留水 1 立法デシメートル（1 リットル）に相当する質量」という定義の

基でつくられていた。

メートル条約に基づく国際単位系は，フランス語表記で "Le Système International d'Unités" であるので世界共通の公式略称は **"SI"** と書くが，その読み方は世界各国で異なり，日本では英語読みで **"エスアイ"** と呼んでいる。なお，国際単位系の英語表記は "The International System of Units" である。

SIはメートル法を採用している欧州大陸はもちろん，長年ヤード・ポンド法になじんでいた英国・米国など英語系の諸国や，開発途上国などでもすでに採用されている。

一方，日本では 1951（昭和 26）年に制定された計量法にすでに SI が導入されており，日本工業規格（Japanese Industrial Standard，略称 JIS）の JIS Z 8202「量記号，単位記号及び化学記号」は，1974（昭和 49）年から従来単位での規格値の後に SI の単位での換算値を { } で併記するという SI 導入の第 1 段階の手引きとして用いられた。その後 SI 単位での規格値の後に従来単位での換算値を { } で併記するという第 2 段階，または SI 単位での規格値だけを示す第 3 段階へと移行することになっていた。しかしその後，国際標準化機構（International Organization for Standardization，略称 ISO）が定める物理量を対象とする国際規格である ISO 31 の改正などがあり，それらとの整合を図るために JIS Z 8202 も次々と改正された。そして，基本的に SI に統一する改正案が 2000（平成 12）年 3 月に制定された。

なお，ISO 31 は 2009（平成 21）年に廃止され ISO 8000 が制定された。また 2000 年に新しく制定された JIS Z 8202「量及び単位」と JIS Z 8203「国際単位系(SI)及びその使い方」も 2014（平成 26）年に廃止され，JIS Z 8000「量及び単位」が制定された。

このように日本でも SI が認められて半世紀以上経過しており，すでに各分野において広く使われている。しかし，これまで人々が一般に使ってきた SI 以外の単位系はわれわれの周りから完全に消え去ったわけではない。まだ現時点では SI 以外の単位系が認められている国や地域もある。過去に製造された機械装置などの要目・仕様書であるスペック（specification の略）にも SI 以外の単位系によるデータが残されている。したがって，まだ SI 以外の単位系についての知識は必要であり，本書ではとくに SI と重力単位系の両方を併記している。

第1章　慣用単位系と国際単位系　　3

1・2　基本単位と組立単位

　物理量（physical quantity）の大きさを表すには，一定の基準の大きさを定めておいてその基準量との比で表す。この基準量を**単位**（unit）という。また，物理量はすべて任意に定めた互いに独立な少数の基本となる量を**基本量**（base quantity）として，それらの組合せで表すことができる。このように基本量を組み合わせてつくられる量を**組立量**（derived quantity）という。そして，基本量の単位を**基本単位**（base unit）といい，組立量の単位を**組立単位**（derived unit）という。

1・3　絶対単位系

　まえがきで述べたように，長さ，質量，時間を基本量とする単位系を絶対単位系という。絶対単位系のメートル法には長さがメートル（m），質量がキログラム（kg），時間が秒（s）の基本単位を用いた **MKS 単位系**（MKS system of units）と，センチメートル（cm），グラム（g），秒（s）の基本単位を用いた **CGS 単位系**（CGS system of units）とがある。なお，電磁気学ではメートル，キログラム，秒にさらに電流の単位のアンペア（A）を加えた **MKSA 単位系**（MKSA system of units）がよく用いられている。

　MKS 単位系で表した力の単位は，質量 1 kg の物体に作用して 1 m/s^2 の加速度を与える力で，これを 1 ニュートン（N）と定める。すなわち，

　　　　$1\,\mathrm{N} = 1\,\mathrm{kg} \times 1\,\mathrm{m/s^2} = 1\,\mathrm{kg \cdot m/s^2}$

　一方，CGS 単位系における力の単位は，質量 1 g の物体に作用して 1 cm/s^2 の加速度を与える力で，これを 1 ダイン（dyn）と定める。すなわち，

　　　　$1\,\mathrm{dyn} = 1\,\mathrm{g} \times 1\,\mathrm{cm/s^2} = 1\,\mathrm{g \cdot cm/s^2}$

　1 ダインの 10^6 倍が 1 メガダイン（Mdyn）であるので，ニュートンとメガダインの関係は次のようになる。

　　　　$1\,\mathrm{N} = 1000\,\mathrm{g} \times 100\,\mathrm{cm/s^2} = 10^5\,\mathrm{dyn} = 0.1\,\mathrm{Mdyn}$

　　　　$1\,\mathrm{Mdyn} = 10^6\,\mathrm{dyn} = 10\,\mathrm{N}$

　次に，絶対単位系のヤード・ポンド法では，基本単位として長さにヤード（yd），質量にポンド（lb），時間に秒（s）を採用している。長さと質量は SI 換算によると次のようになる。

　　　　$1\,\mathrm{yd} = 0.9144\,\mathrm{m}$　　　$1\,\mathrm{lb} = 0.453\ 592\ 37\,\mathrm{kg}$

　基本単位の長さの単位は yd であるが，実際には ft（フィート）を基にした組

立単位の方が多く採用されている。1ヤードは3フィート，1フィートは12イ
ンチ（in）で，1インチは正確に25.4ミリメートルである。

　なお，英国ではヤード・ポンド法の単位は一部を除いて2000年から使用を
禁止されているが，米国では法的には使用を禁止されていないため，今日でも
この単位は一般に使用されている。

　ちなみに，ヤード・ポンド法という呼称は日本のみで，英国では"imperial
units"，米国では"U.S.customary units"と呼ばれている。

1・4　重力単位系

　重力単位系もまえがきで述べたように，長さ，力，時間を基本量として組み
立てられた単位系であり，重力単位系のメートル法では基本単位としてそれぞ
れメートル（m），重量キログラム（kgw，kgf，kp）および秒（s）を採用する。
1重量キログラムは質量1キログラムの物体に働く重力である。工学のように
技術的な計算にはこの重力単位系が広く用いられてきた。ここで，力の単位の
記号 kgw，kgf，kp はそれぞれ，kilogram-weight，kilogram-force および
kilopond の略であり，"kg重"と表記されることもある。本書では力のキログ
ラムと質量のキログラムの混同を避けるために，力の場合には記号 kgf を用い
る。

　重力加速度（acceleration of gravity）g の値は，地球上の緯度によってもま
た海面からの高さによっても異なる。そのため，1901（明治34）年の第3回
国際度量衡総会（1・5参照）において，標準重力加速度の値が正確に 9.806 65
メートル毎秒毎秒（m/s^2）と規定され，この値が現在でも国際標準値となっ
ている。したがって，1重量キログラムは質量1キログラムの物体に 9.806 65
メートル毎秒毎秒の加速度を与える力の大きさをいう。この標準値を用いて絶
対単位系の力の単位 N と重力単位系の力の単位 kgf の関係を示せば次のよう
になる。

$$1\,kgf = 9.806\,65\,kg \cdot m/s^2 = 9.806\,65\,N$$
$$1\,N = 0.101\,97\,kgf$$

　また，重力単位系の質量の単位を表示すると $kgf \cdot s^2/m$ となり，絶対単位系
の質量の単位 kg とは次の関係にある。

$$1\,kg = 0.101\,972\,kgf \cdot s^2/m$$

　なお，重力加速度は実際の計算の際には，$g = 9.8\,m/s^2$ または $g = 9.81\,m/s^2$
としてよい。

第1章　慣用単位系と国際単位系　　　5

　次に，重力単位系のヤード・ポンド法では，基本単位として長さをヤード，力を重量ポンド（lbf），時間を秒としている。ヤード・ポンド法による標準重力加速度 g_c は，メートル法による値から，32.174 05 ft/s² （=9.806 65 m/s²÷(2.54×10⁻² m/in×12 in/ft)）である。したがって，絶対単位系の力の単位 N と重力単位系の力の単位 lbf との関係は，1 lb=0.453 592 37 kg から次のようになる。

　　　　1 lbf=32.174 05 lb·ft/s²=4.448 22 N
　　　　1 N=0.224 81 lbf

1・5　SI（国際単位系）

　現在，メートル条約に基づいて国際的に単位を統括している最高機関は**国際度量衡総会**で，フランス語では Conférence Générale des Poids et Mesures（略称 CGPM），英語では General Conference on Weights and Measures である。この CGPM は SI を維持するために加盟国の参加によって約4年（当初は6年）に1度パリにおいて開催される。CGPM の決定事項に関する代執行機関は**国際度量衡委員会**で，フランス語では Comité International des Poids et Mesures（略称 CIPM），英語では International Committee for Weights and Measures である。CIPM は18名の有識者から構成されており，現在18名のうち1名は日本人研究者である。ここには10の技術諮問委員会が設置されている。この CIPM の直接監督下に置かれているのが**国際度量衡局**で，フランス語では Bureau International des Poids et Mesures（略称 BIPM），英語では International Bureau of Weights and Measures である。この BIPM の本部はフランス・パリ郊外のセーヴル（Sévres）にある。約70名の職員が在席する BIPM はこれらの機関の事務局であり，研究課題を直接担当している研究所でもある。

　SI はまったく新しい単位系ではなく，絶対単位系メートル法の MKS 単位系に基づいたものであり，重力単位系のように，たとえば1 PS（仏馬力）=75 kgf·m/s，1 kcal_IT=4.1868 kJ のような単位の換算定数を覚える必要がなく，1 W=1 J/s=1 N·m/s のように一貫性のある大変すっきりした単位系である。

　日本でもすでに天気予報の気圧は mbar（ミリバール）から hPa（ヘクトパスカル）へ，周波数は cycle（サイクル）から Hz（ヘルツ）へ，出力も PS から kW（キロワット）へと変わっており，SI は日本社会全般に受け入れられてきている。

かつて日本には長さの"尺"，質量の"貫"を基本単位とする尺貫法（しゃっかんほう）という日本独自の単位系があった。この尺貫法とメートル法は当時の度量衡法（1951（昭和26）年に廃止され，計量法が制定された）によって1891（明治24）年に公認された。そして1959（昭和34）年に商取引や証明にはメートル法のみを使うよう法改正され，違反の場合は罰金が科されるという事実上尺貫法の廃止となった。しかし，日本古来の尺貫法はまだ現在でも人々の間で脈々と伝わっている。たとえば，尺貫法の物差しは認められており，1辺の長さ6尺の正方形の面積が1坪であるという"坪"の単位もまだ生きている。

国際単位系SIは第1・1図に示すように，7個のSI基本単位，そしてこの基本単位を組み合わせてつくることのできるSI組立単位（固有の名称をもつ組立単位22個を含む），そしてSI接頭語20個から構成されており，一貫性のある実用的計量単位系である。

SI文書　第9版　2019年

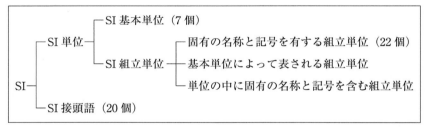

第1・1図　SI全体の構成

ここで，**一貫性のある組立単位**（coherent derived unit）とは，組立単位のうち，基本単位のべき乗の積として表され，1以外の比例係数を含まない組立単位をいう。そして**一貫性のある単位系**とは，基本単位以外のすべての単位が一貫性のある組立単位である単位系のことである。

SIはこれまで測定技術など科学の進歩とともに国際度量衡総会CGPMによって時代に即応した内容に改定されてきた。直近の改定は2018（平成30）年11月26日の第26回CGPMにおいてSI基本単位の定義の大幅な改定が承認され，2019（令和元）年の世界計測記念日に当たる5月20日に執行された。今回の改定は過去の改定と同様に，特別な精度を要求しない一般生活には影響されない。本書ではSI文書第9版2019年（The SI Brochure 9th edition 2019）に基づいて最新の情報を紹介する。

基本単位7個のうちメートルとキログラムのみが1889（明治22）年の第1

回 CGPM において普遍的な物理量ではなく，アルシーブ原器を改良した**国際メートル原器**（International Prototype of the Metre）および**国際キログラム原器**（International Prototype of the Kilogram）によって定義された。この2種類の原器はともにプラチナ（白金）90％，イリジウム 10％からなる合金でつくられている。

　メートル原器は，X に近い H 形断面をもつ全長が 1020 mm，高さと幅がともに 20 mm の棒状物体で，表面の2線間の距離が1 m になっている。当時 30本がつくられ，そのうち最も正確と判断された1本が国際メートル原器に指定されたが，他の原器は日本を含めたメートル条約加盟国に配られた。

　一方，キログラム原器は直径と高さがともに約 39 mm の円柱形の物体で，国際度量局 BIPM において二重になった密閉容器で真空中に保管されており，質量に変化がないように厳重に注意が払われていた。国際キログラム原器を基に複製された 40 個のキログラム原器はメートル条約加盟国その他に配付され，約 10 年ごとに国際原器と比較されていた。日本には複製3個が配付され，その後1個を韓国に譲渡し，1個を日本で新造している。現在，3個のキログラム原器はつくば市の(独)産業技術総合研究所に保管されている。

　このように長さと質量の単位は国際原器によって定義されていたが，1960（昭和 35）年の第 11 回 CGPM においてメートル原器は廃止された。そしてメートルはクリプトン 86 原子の真空中における放射のスペクトル波長に基づいた定義に改定され，71 年ぶりに人工物による定義から解放された。メートルはさらに 1983（昭和 58）年の第 17 回 CGPM において真空中における光の速さに基づく定義に再改定された。現在，お役ご免となった国際メートル原器は BIPM に保存されている。

　そして，キログラムの定義のみが第1回 CGPM 以来ずっとキログラム原器に依存してきた。原器は人工物である限り厳重に管理しているとはいえ非常にわずかであっても経年による値の変化があり，また焼損や紛失などによるトラブルも皆無とはいえない。そこで各国の計量標準機関は基礎物理定数を使ったキログラムの定義について積極的に研究し，ついに 2018（平成 30）年の第 26回 CGPM においてキログラム原器は廃止され，キログラムの単位は自然の普遍的な定数であるプランク定数（Planck constant）に基づいて再定義された。この定義は 2019（令和元）年5月に実施されたので，キログラムは実に 130年ぶりに人工物から解放された。

　今回の基本単位の定義の改定は7個のうちの4個，すなわち質量（キログラム），電流（アンペア），物質量（モル），熱力学温度（ケルビン）を物理定数

8　　　　　　第1章　慣用単位系と国際単位系

を用いて再定義するという大規模なものである。そして，すべての基本単位7個が一様に明示的な定数の形式で表現された。

　第1・1表に7個のSI基本単位と新しい定義を示す。そして，新旧の定義が比較できるように今回の改定前の旧定義による7個のSI基本単位を第1・2表に示す。なお，時間（秒），長さ（メートル），光度（カンデラ）の3個は新旧で定義の表現は異なっているが，物理定数に変更はなく定義の内容は実質的には同じである。

　次にSI組立単位のうち，第1・3表に固有の名称と記号をもつ22個の一貫性のあるSI組立単位を，第1・4表にSI基本単位によって表される一貫性のあるSI組立単位の例を，そして第1・5表に単位の中に固有の名称と記号を含む一貫性のあるSI組立単位の例をそれぞれ示す。

　かつて区分されていた補助単位は1995（平成7）年の第20回CGPMにおいて廃止され，そこに位置付けられていた平面角ラジアン（rad）と立体角ステラジアン（sr）は第1・3表に移された。また1999（平成11）年の第21回CGPMにおいて，人の健康保護のために認められている固有の名称をもつ組立単位として，カタール（kat）の導入が決議された。なお，セルシウス温度の単位℃は例外的にSI組立単位に位置付けられている。

　第1・6表に桁数の大きな数字や小さな数字を表すのに便利なSI接頭語（SI prefixes）を示す。接頭語を頭に付けた単位を「SI単位の十進の倍量および分量（Decimal multiples and sub-multiples of SI units）」という。SI接頭語は1960（昭和35）年の第11回CGPMにおいて名称と記号が10^{-12}から10^{12}の範囲で採択され，それ以後範囲が広まり1991（平成3）年の第19回CGPMで現在の範囲となった。

　SI単位を表記する上でいくつかのルールがあるが，以下におもなものを示す。
　①　$g=9.806\ 65$ m/s^{2}のように量の記号はイタリック体（斜体）で，単位の記号はローマン体（立体）で書く。
　②　数値を表す数字と単位記号の間には1字分か半字分の間隔を空ける。
　③　桁の多い数は半角の空白を用いて3桁ごとのグループに分けてもよい。
　④　Ṅ·mまたはNmのように2個以上の単位記号の積は中点か空白で表し，除はm/s^{2}またはm·s^{-2}と書く。斜線は原則1回のみで，m/s/sは不可である。
　⑤　接頭語は単位記号の前に1個だけ付け，空白などで単位を分割しない。たとえば，ミリメートルはmm，マイクロパスカルはμPaと書き，英語表記はそれぞれkilometre，micropascalのように一つの単語となる。

第1章　慣用単位系と国際単位系　　　9

⑥　⑤に関しては kg は例外である。SI 基本単位の中でキログラムは唯一その名称にキロという接頭語を含んでいる。これは歴史上の理由による。質量の単位の倍量や分量をつくるとき，すなわち質量に接頭語を付けるときは，kg に接頭語を付けるのではなくグラム g に接頭語を付ける。たとえば，10^{-6} kg は 1 μkg（1 マイクロキログラム）ではなく 1 mg（1 ミリグラム）である。

⑦　接頭語付きの単位に指数が付いているときは，その指数は母体となる単位と接頭語の両方の累乗となる。たとえば，$1\ \mathrm{cm}^{-1} = 1(\mathrm{cm})^{-1} = 1(10^{-2}\,\mathrm{m})^{-1} = 10^2\,\mathrm{m}^{-1} = 100\ \mathrm{m}^{-1}$，あるいは，$2.3\ \mathrm{cm}^3 = 2.3(\mathrm{cm})^3 = 2.3(10^{-2}\,\mathrm{m})^3 = 2.3 \times 10^{-6}\,\mathrm{m}^3$ となる。

国際単位系 SI は一貫性のある単位系を形成しているので，すべての分野でこの単位系が使用されることが望まれる。しかし現実には，SI に属さない単位，すなわち**非 SI 単位**（non-SI units）も一般に広く用いられている。そこで，CGPM が SI と併用することを認めた非 SI 単位を第 1・7 表に示す。

世界中にはさらに多くの非 SI 単位は存在しているが，ここでは SI 文書第 8 版 2006 年に表示されている「その他の非 SI 単位」を第 1・8 表に，同じく「固有の名称と記号をもつ CGS 単位系の非 SI 単位」を第 1・9 表にそれぞれ示す。

第 1・7 表の天文単位は 2014（平成 26）年の国際度量衡委員会 CIPM によって SI 併用単位に採用され，その単位記号は au と定められた。なお，それまでの単位記号は ua であった。またリットルの記号は 1979（昭和 54）年の CGPM で l と L の両方の"エル"が認められたが，小文字の l は数字の 1（イチ）と間違いやすいので，大文字の L が推奨される。なお，比の対数の単位はあまり一般的でないのでここでは詳細は省略した。

第 1・8 表の海里は国際海里（metric nautical mile）で，国際的に承認された記号はなく，mile や nautical mile を表す M，NM，Nm，nm などが使用されている。バーンは核物理学で断面積を表す単位として使われている。また，ノットも国際的に合意された記号はないが，kn がよく使われている。

10　　　　　　　　第 1 章　慣用単位系と国際単位系

第 1・1 表　SI 基本単位（7 個）

基本量	名　称	記号	定　義
時　　間 （time）	秒 （second）	s	秒（s）は時間の単位である。その大きさは，単位 s^{-1}（Hz に等しい）による表現で，比摂動・基底状態にあるセシウム 133 原子の超微細構造の周波数 ΔV_{Cs} の数値を正確に 9 192 631 770 と定めることによって設定される。
長　　さ （length）	メートル （metre）	m	メートル（m）は長さの単位である。その大きさは，単位 $m \cdot s^{-1}$ による表現で，真空中の光速度 c の数値を正確に 299 792 458 と定めることによって設定される。
質　　量 （mass）	キログラム （kilogram）	kg	キログラム（kg）は質量の単位である。その大きさは，単位 $s^{-1} \cdot m^2 \cdot kg$（J・s に等しい）による表現で，プランク定数 h の数値を 6.626 070 15 $\times 10^{-34}$ と定めることによって設定される。
電　　流 （electric current）	アンペア （ampere）	A	アンペア（A）は電流の単位である。その大きさは，電気素量 e の数値を $1.602\ 176\ 634 \times 10^{-19}$ と定めることによって設定される。単位は C であり，これはまた A・s に等しい。
熱力学温度 （thermodynamic temperature）	ケルビン （kelvin）	K	ケルビン（K）は熱力学温度の単位である。その大きさは，単位 $s^{-2} \cdot m^2 \cdot kg \cdot K^{-1}$（J・$K^{-1}$ に等しい）による表現で，ボルツマン定数 k の数値を $1.380\ 649 \times 10^{-23}$ と定めることによって設定される。
物　質　量 （amount of substance）	モ　ル （mole）	mol	モル（mol）は物質量の単位である。1 モルは正確に $6.022\ 140\ 76 \times 10^{23}$ の要素粒子を含む。この数値は単位 mol^{-1} による表現でアボガドロ定数 N_A の固定された数値であり，アボガドロ数と呼ばれる。系の物質量（n）は指定された要素粒子の数の測定値である。要素粒子は原子，分子，イオン，電子，その他の粒子または粒子の特定の集合体であってよい。
光　　度 （luminous intensity）	カンデラ （candela）	cd	カンデラ（cd）は光度の単位であり，その大きさは，単位 $s^3 \cdot m^{-2} \cdot kg^{-1} \cdot cd \cdot sr$ または $cd \cdot sr \cdot W^{-1}$（lm・W^{-1} に等しい）による表現で，周波数 540 $\times 10^{12}$ Hz の単色光の発光効率 K_{cd} の数値を 683 と定めることによって設定される。

SI 文書　第 9 版　2019 年

第1章　慣用単位系と国際単位系　　　11

第1・2表　旧定義によるSI基本単位（7個）

基本量	名称 (記号)	定　　義	定義が採択された CGPMの開催年
時　　間	秒 （s）	秒は，セシウム133の原子の基底状態の二つの超微細構造準位の間の遷移に対応する放射の周期の9 192 631 770倍の継続時間である。	1967-1968（昭和42-43）年
長　　さ	メートル （m）	メートルは，1秒の299 792 458分の1の時間に光が真空中を伝わる行程の長さである。	1983（昭和58）年
質　　量	キログラム （kg）	キログラムは質量の単位であって，単位の大きさは国際キログラム原器の質量に等しい。	1889（明治22）年
電　　流	アンペア （A）	アンペアは，真空中に1メートルの間隔で平行に配置された無限に小さい円形断面を有する無限に長い二本の直線状導体のそれぞれを流れ，これらの導体の長さ1メートルにつき2×10^{-7}ニュートンの力を及ぼし合う一定の電流である。	1948（昭和23）年
熱力学温度	ケルビン （K）	熱力学温度の単位，ケルビンは，水の三重点の熱力学温度の1/273.16である。	1967-1968（昭和42-43）年
物　質　量	モ　ル （mol）	1．モルは，0.012キログラムの炭素12の中に存在する原子の数に等しい数の要素粒子を含む系の物質量である。 2．モルを用いるとき，要素粒子が指定されなければならないが，それは原子，分子，イオン，電子，その他の粒子またはこの種の粒子の特定の集合体であってよい。	1971（昭和46）年
光　　度	カンデラ （cd）	カンデラは，周波数540×10^{12}ヘルツの単色放射を放出し，所定の方向におけるその放射強度が1/683ワット毎ステラジアンである光源の，その方向における光度である。	1979（昭和54）年

2019年の改定前

第1章　慣用単位系と国際単位系

第1・3表　固有の名称と記号をもつ22個の一貫性のあるSI組立単位

組立量	固有の名称	記　号	SI基本単位による表し方	他のSI単位による表し方
平面角	ラジアン（radian）	rad	m/m	
立体角	ステラジアン（steradian）	sr	m^2/m^2	
周波数	ヘルツ（hertz）	Hz	s^{-1}	
力	ニュートン（newton）	N	$kg \cdot m \cdot s^{-2}$	
圧力，応力	パスカル（pascal）	Pa	$kg \cdot m^{-1} \cdot s^{-2}$	N/m^2
エネルギー，仕事，熱量	ジュール（joule）	J	$kg \cdot m^2 \cdot s^{-2}$	$N \cdot m$
仕事率，工率，放射束	ワット（watt）	W	$kg \cdot m^2 \cdot s^{-3}$	J/s
電荷，電気量	クーロン（coulomb）	C	$A \cdot s$	
電位差（電圧），起電力	ボルト（volt）	V	$kg \cdot m^2 \cdot s^{-3} \cdot A^{-1}$	W/A
静電容量	ファラド（farad）	F	$kg^{-1} \cdot m^{-2} \cdot s^4 \cdot A^2$	C/V
電気抵抗	オーム（ohm）	Ω	$kg \cdot m^2 \cdot s^{-3} \cdot A^{-2}$	V/A
コンダクタンス	ジーメンス（siemens）	S	$kg^{-1} \cdot m^{-2} \cdot s^3 \cdot A^2$	A/V
磁束	ウェーバ（weber）	Wb	$kg \cdot m^2 \cdot s^{-2} \cdot A^{-1}$	$V \cdot s$
磁束密度	テスラ（tesla）	T	$kg \cdot s^{-2} \cdot A^{-1}$	Wb/m^2
インダクタンス	ヘンリー（henry）	H	$kg \cdot m^2 \cdot s^{-2} \cdot A^{-2}$	Wb/A
セルシウス温度	セルシウス度（degree Celsius）	℃	K	
光束	ルーメン（lumen）	lm	$cd \cdot m^2/m^2 = cd$	$cd \cdot sr$
照度	ルクス（lux）	lx	$cd \cdot m^2/m^2 \cdot m^{-2} = cd \cdot m^{-2}$	lm/m^2
放射性核種の放射能	ベクレル（becquerel）	Bq	s^{-1}	
吸収線量，比エネルギー分与，カーマ	グレイ（gray）	Gy	$m^2 \cdot s^{-2}$	J/kg
線量当量，周辺線量当量，方向性線量当量，個人線量当量	シーベルト（sievert）	Sv	$m^2 \cdot s^{-2}$	J/kg
酵素活性	カタール（katal）	kat	$mol \cdot s^{-1}$	

SI文書　第9版　2019年

第1章 慣用単位系と国際単位系 13

第1・4表 基本単位によって表される一貫性のある SI 組立単位の例

組立量	一貫性のある組立単位の名称	量の記号	SI 基本単位によって表される組立単位
面　　　　積	平方メートル	A	m^2
体　　　　積	立方メートル	V	m^3
速 さ，速 度	メートル毎秒	v	$m \cdot s^{-1}$
加　速　度	メートル毎秒毎秒	a	$m \cdot s^{-2}$
波　　　　数	毎メートル	σ	m^{-1}
密度，質量密度	キログラム毎立方メートル	ρ	$kg \cdot m^{-3}$
面　密　度	キログラム毎平方メートル	ρ_A	$kg \cdot m^{-2}$
比　体　積	立方メートル毎キログラム	ν	$m^3 \cdot kg^{-1}$
電 流 密 度	アンペア毎平方メートル	j	$A \cdot m^{-2}$
磁 界 の 強 さ	アンペア毎メートル	H	$A \cdot m^{-1}$
物 質 量 濃 度	モル毎立方メートル	c	$mol \cdot m^{-3}$
質 量 濃 度	キログラム毎立方メートル	ρ, γ	$kg \cdot m^{-3}$
輝　　　　度	カンデラ毎平方メートル	L_V	$cd \cdot m^{-2}$

SI 文書　第9版　2019年

14 第1章 慣用単位系と国際単位系

第1・5表 単位の中に固有の名称と記号を含む一貫性のある SI 組立単位の例

組立量	一貫性のある組立単位の名称	単位の記号	SI 基本単位によって表される組立単位
粘度	パスカル秒	Pa·s	$kg·m^{-1}·s^{-1}$
力のモーメント	ニュートンメートル	N·m	$kg·m^2·s^{-2}$
表面張力	ニュートン毎メートル	$N·m^{-1}$	$kg·s^{-2}$
角速度, 角周波数	ラジアン毎秒	$rad·s^{-1}$	s^{-1}
角加速度	ラジアン毎秒毎秒	rad/s^2	s^{-2}
熱流密度, 放射照度	ワット毎平方メートル	W/m^2	$kg·s^{-3}$
熱容量, エントロピー	ジュール毎ケルビン	$J·K^{-1}$	$kg·m^2·s^{-2}·K^{-1}$
比熱容量, 比エントロピー	ジュール毎キログラム毎ケルビン	$J·K^{-1}·kg^{-1}$	$m^2·s^{-2}·K^{-1}$
比エネルギー	ジュール毎キログラム	$J·kg^{-1}$	$m^2·s^{-2}$
熱伝導率	ワット毎メートル毎ケルビン	$W·m^{-1}·K^{-1}$	$kg·m·s^{-3}·K^{-1}$
体積エネルギー密度	ジュール毎立方メートル	$J·m^{-3}$	$kg·m^{-1}·s^{-2}$
電界の強さ	ボルト毎メートル	$V·m^{-1}$	$kg·m·s^{-3}·A^{-1}$
電荷密度	クーロン毎立方メートル	$C·m^{-3}$	$A·s·m^{-3}$
表面電荷密度	クーロン毎平方メートル	$C·m^{-2}$	$A·s·m^{-2}$
電束密度, 電気変位	クーロン毎平方メートル	$C·m^{-2}$	$A·s·m^{-2}$
誘電率	ファラド毎メートル	$F·m^{-1}$	$kg^{-1}·m^{-3}·s^4·A^2$
透磁率	ヘンリー毎メートル	$H·m^{-1}$	$kg·m·s^{-2}·A^{-2}$
モルエネルギー	ジュール毎モル	$J·mol^{-1}$	$kg·m^2·s^{-2}·mol^{-1}$
モルエントロピー, モル熱容量	ジュール毎モル毎ケルビン	$J·K^{-1}·mol^{-1}$	$kg·m^2·s^{-2}·mol^{-1}·K^{-1}$
照射線量（X線及びγ線）	クーロン毎キログラム	$C·kg^{-1}$	$A·s·kg^{-1}$
吸収線量率	グレイ毎秒	$Gy·s^{-1}$	$m^2·s^{-3}$
放射強度	ワット毎ステラジアン	$W·sr^{-1}$	$kg·m^2·s^{-3}$
放射輝度	ワット毎平方メートル毎ステラジアン	$W·sr^{-1}·m^{-2}$	$kg·s^{-3}$
酵素活性濃度	カタール毎立方メートル	$kat·m^{-3}$	$mol·s^{-1}·m^{-3}$

SI 文書　第9版 2019 年

第1章　慣用単位系と国際単位系　　15

第1・6表　SI接頭語（20個）

乗数	名称	記号	乗数	名称	記号
10^1	デ　カ（deca）	da	10^{-1}	デ　シ（deci）	d
10^2	ヘ　ク　ト（hecto）	h	10^{-2}	セ　ン　チ（centi）	c
10^3	キ　ロ（kilo）	k	10^{-3}	ミ　リ（milli）	m
10^6	メ　ガ（mega）	M	10^{-6}	マイクロ（micro）	μ
10^9	ギ　ガ（giga）	G	10^{-9}	ナ　ノ（nano）	n
10^{12}	テ　ラ（tera）	T	10^{-12}	ピ　コ（pico）	p
10^{15}	ペ　タ（peta）	P	10^{-15}	フェムト（femto）	f
10^{18}	エ　ク　サ（exa）	E	10^{-18}	ア　ト（atto）	a
10^{21}	ゼ　タ（zetta）	Z	10^{-21}	ゼ　プ　ト（zepto）	z
10^{24}	ヨ　タ（yotta）	Y	10^{-24}	ヨ　ク　ト（yocto）	y

SI文書　第9版　2019年

第1・7表　SI単位と併用される非SI単位

量	非SI単位の名称	記号	SI単位による値
時　間	分（minute） 時（hour） 日（day）	min h d	1 min＝60 s 1 h＝60 min＝3600 s 1 d＝24 h＝86 400 s
長　さ	天文単位（astronomical unit）	au	1 au＝149 597 870 700 m
平面角と 位相角	度（degree） 分（minute） 秒（second）	° ′ ″	$1°＝(\pi/180)$ rad $1′＝(1/60)°＝(\pi/10\,800)$ rad $1″＝(1/60)′＝(\pi/648\,000)$ rad
面　積	ヘクタール（hectare）	ha	1 ha＝1 hm^2＝10^4 m^2
体　積	リットル（litre）	l, L	1 l＝1 L＝1 dm^3＝10^3 cm^3＝10^{-3}m^3
質　量	トン（tonne） ダルトン（dalton）	t Da	1 t＝10^3 kg 1 Da＝1. 660 539 040(20)×10^{-27}kg
エネルギー	電子ボルト（electronvolt）	eV	1 eV＝1. 602 176 634×10^{-19} J
比の対数	ネーパ（neper） ベル（bel） デシベル（decibel）	Np B dB	SIとの数値的な関係は対数量の定義に依存する。量の性質が特定され，使用される引用値も特定されることが重要である。

ガル（gal）は測地学や地球物理学で採用される重力加速度の非SI単位で，単位記号はGalである
1 Gal＝1 cm・s^{-2}＝10^{-2} m・s^{-2}

SI文書　第9版　2019年

16　　　　　　　第1章　慣用単位系と国際単位系

第1・8表　その他の非SI単位

量	非SI単位の名称	記号	SI単位による値
圧　力	バール	bar	$1 \text{ bar} = 0.1 \text{ MPa} = 100 \text{ kPa} = 10^5 \text{ Pa}$
	水銀柱ミリメートル	mmHg	$1 \text{ mmHg} = 133.322 \text{ Pa}$
長　さ	オングストローム	Å	$1 \text{ Å} = 0.1 \text{ nm} = 100 \text{ pm} = 10^{-10} \text{ m}$
距　離	海里	M	$1 \text{ M} = 1852 \text{ m}$
面　積	バーン	b	$1 \text{ b} = 100 \text{ fm}^2 = (10^{-12} \text{ cm})^2 = 10^{-28} \text{ m}^2$
速　さ	ノット	kn	$1 \text{ kn} = (1852/3600) \text{ m/s}$

第1・9表　固有の名称と記号をもつCGS単位系の非SI単位

組立量	非SI単位の名称	記号	SI単位による値
エネルギー	エ　ル　グ	erg	$1 \text{ erg} = 10^{-7} \text{ J}$
力	ダ　イ　ン	dyn	$1 \text{ dyn} = 10^{-5} \text{ N}$
粘　度	ポ　ア　ズ	P	$1 \text{ P} = 1 \text{ dyn·s·cm}^{-2} = 0.1 \text{ Pa·s}$
動　粘　度	ストークス	St	$1 \text{ St} = 1 \text{ cm}^2 \cdot \text{s}^{-1} = 10^{-4} \text{ m}^2 \cdot \text{s}^{-1}$
輝　度	ス　チ　ル　ブ	sb	$1 \text{ sb} = 1 \text{ cd·cm}^{-2} = 10^4 \text{ cd·m}^{-2}$
照　度	フ　ォ　ト	ph	$1 \text{ ph} = 1 \text{ cd·sr·cm}^{-2} = 10^4 \text{ lx}$
加　速　度	ガ　ル	Gal	$1 \text{ Gal} = 1 \text{ cm·s}^{-2} = 10^{-2} \text{ m·s}^{-2}$
磁　束	マクスウエル	Mx	$1 \text{ Mx} = 1 \text{ G·cm}^2 = 10^{-8} \text{ Wb}$
磁　束　密　度	ガ　ウ　ス	G	$1 \text{ G} = 1 \text{ Mx·cm}^{-2} = 10^{-4} \text{ T}$
磁　界　の　強　さ	エルステッド	Oe	$1 \text{ Oe} = (10^3/4\pi) \text{ A·m}^{-1}$

第1・10表　SIで用いられる基本量と次元

SI基本量	名　称	単位記号	量記号	次元記号
時　間	秒	s	t	T
長　さ	メートル	m	$l, x, r,$ など	L
質　量	キログラム	kg	m	M
電　流	アンペア	A	I, i	I
熱力学温度	ケルビン	K	T	Θ
物　質　量	モル	mol	n	N
光　度	カンデラ	cd	I_v	J

SI文書　第9版　2019年

第 1 章　慣用単位系と国際単位系　　　　17

1・6　物理量の次元

　すべての物理量は 1・2 で述べたようにいくつかの互いに独立した基本量の組合せで表すことができる。このとき，ある物理量が基本量のどのような組合せからできているかを示すために，基本量の要素を一つの記号で表す。SI では SI 基本量に対するその記号を第 1・10 表に示すように決めている。

　いま，基本量の長さ L，質量 M，時間 T で組み合わされる物理量を次のように書く。〔物理量〕$= [L^\alpha \cdot M^\beta \cdot T^\gamma]$，ここで，べき指数 α，β，γ をそれぞれその物理量の長さ，質量，時間に関する**次元**（dimension）という。これらのべき指数は一般に小さい整数で正，負または 0 であり，**次元指数**（dimensional exponents）と呼ばれる。このようにある物理量と基本量との間の関係を示す式を**次元式**（dimensional equation）という。たとえば，速度の次元式は〔速度〕$=$〔長さ〕/〔時間〕$= [L \cdot T^{-1}]$ となり，速度は長さについて 1 次元，時間について -1 次元の量である。また，力の次元式は，〔力〕$=$〔質量〕$\times$〔加速度〕$= [M \cdot L \cdot T^{-2}]$ となり，圧力の次元式は，〔圧力〕$=$〔力〕/〔面積〕$= [M \cdot L^{-1} \cdot T^{-2}]$ となる。いま，質量 m の物体が速度 w で移動するときの運動エネルギは $1/2 \cdot m \cdot w^2$ であるからその次元式は，〔運動エネルギ〕$= [M \cdot L^2 \cdot T^{-2}]$ となる。一方，仕事は力と移動距離の積であるから次元式は，〔仕事〕$= [M \cdot L \cdot T^{-2}] \times [L] = [M \cdot L^2 \cdot T^{-2}]$ となり，当然運動エネルギと同等である。

　次元式は基本量のとり方によって異なる。たとえば，質量の代わりに重力単位系のように力を基本量に選び，これを記号 F で表せば〔質量〕$= [F \cdot L^{-1} \cdot T^2]$，圧力は〔圧力〕$= [F \cdot L^{-2}]$ のようになる。熱力学のように熱を取り扱うときには，温度 Θ および熱量 H が基本量として加えられ，質量 M が基本量から除かれることが多い。また，電磁気学では電流 I または電気量 Q，および起電力 E の二つの基本量が加えられる。

　なお，すべての次元指数がゼロの量を**無次元量**（dimensionless quantity）または**無次元数**（dimensionless number）という。第 2・1 表に伝熱に関する無次元数を示す。

1・7　主要な組立単位

(1)　密度，比重量，比容積および比重
密度（density）ρ は単位体積当たりの質量であるから，SI 単位では ρ（kg/m³），

重力単位では ρ （kgf·s²/m⁴）で表される。一方，**比重量**（specific weight）γ は標準重力加速度 $g_n = 9.806\ 65\ \text{m/s}^2$ における単位体積当たりの重量であるから，重力単位で γ （kgf/m³），SI 単位では密度 ρ （kg/m³）を用いて $\rho \cdot g_n$ （kg·m/(m³·s²)）$= \rho \cdot g_n$ （N/m³）で表される。ここで，$1\ \text{kgf} = 9.806\ 65\ \text{N}$ であるから，数値的には $\gamma = \rho \cdot g_n / 9.806\ 65$ となる。すなわち，比重量 γ （kgf/m³）と SI における密度 ρ （kg/m³）とは数値はまったく等しい。たとえば，標準大気圧のもとで，4 ℃ における純粋な水の密度は $\rho = 1000\ \text{kg/m}^3$ であり，比重量は $\gamma = 1000\ \text{kgf/m}^3$ である。厳密には水の密度は，3.98 ℃ のとき最大で 999.97 kg/m³ である。

また，ρ および γ の逆数が**比容積**（specific volume，比体積ともいう）v で，その単位は SI 単位では v （m³/kg），重力単位では v （m³/kgf）である。

比重（specific gravity）は物質の質量を標準大気圧のもとで，3.98 ℃ においてこれと同体積の純粋な水の質量で割った値をいう。したがって，比重は無次元量（無次元数）である。簡単にいえば，比重が 1 より大きい物質は水に沈み，1 より小さい物質は水に浮く。

(2) 圧力と応力

圧力（pressure）は単位面積当たりの力の大きさである。SI 単位では圧力は N/m² で，これにパスカル（Pa）という名称が付けられた。Pa は工業的に用いる単位としては非常に小さいので，10^3 倍の kPa（キロパスカル）または 10^6 倍の MPa（メガパスカル）が用いられる。本書では SI 単位の圧力を大文字の P で表記する。一方，重力単位では圧力は kgf/m² または kgf/cm² で表される。また，1 kgf/cm² は大気圧に近い値であることから，工業的には 1 kgf/cm² を気圧と呼び，単位を at の記号で表す場合がある。工業熱力学では一般に，kgf/m² の単位の圧力を大文字の P，kgf/cm² の単位の圧力を小文字の p で示す場合が多い。

圧力に対する SI 単位と重力単位の間には次の関係がある。

$$1\ \text{kgf/cm}^2 = 98.066\ 5\ \text{kPa} = 0.098\ 066\ 5\ \text{MPa}$$

誤差 2% が許容されるならば，$1\ \text{kgf/cm}^2 \fallingdotseq 100\ \text{kPa} = 0.1\ \text{MPa}$ と表記できる。

工業的には，圧力は一般にブルドン管圧力計などを用いて大気圧との差を測定するから，この圧力を**ゲージ圧力**（gage or gauge pressure）と呼び，単位記号の後に G，gage，g などを付して表す。たとえば，MPaG，kgf/cm²gage，atg などである。これに対して工業熱力学の計算などには，大気圧の代わりに絶対真空を基準にした圧力を使用する。これを**絶対圧力**（absolute pressure）

と呼び，単位記号の後に A，abs，a などを付して表す．たとえば，kPaA，kgf/cm²abs，ata（アタとも呼ぶ）などである．この両者の換算式は，〔絶対圧力〕＝〔ゲージ圧力〕＋〔大気圧〕である．第1・2図に絶対圧力とゲージ圧力の関係を示す．

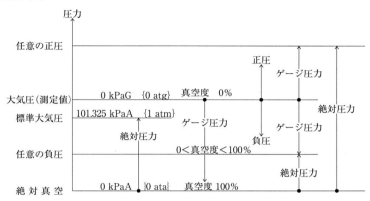

第1・2図　絶対圧力とゲージ圧力の関係

圧力，応力の SI 単位はパスカル（Pa）であるが，非 SI 単位に第1・8表に載せられているバール（bar）と水銀柱ミリメートル（mmHg）がある．

$1 \text{ bar} = 10^5 \text{ Pa} = 1.019\,72 \text{ kgf/cm}^2 = 750.06 \text{ mmHg}$

現在，天気予報に使用されている気圧の単位ヘクトパスカル（hPa）は，

$1 \text{ hPa} = 10^2 \text{ Pa} = 10^{-3} \text{ bar} = 1 \text{ mbar}$（ミリバール）

となり，かつて使われていた気圧の単位「ミリバール」と現在使われている「ヘクトパスカル」は数値が一致することがわかる．

圧力の非 SI 単位には，その他に水柱ミリメートル（mmAq または mmH₂O）がある．

$1 \text{ mmAq} = 1 \text{ kgf/m}^2 = 10^{-4} \text{ kgf/cm}^2$

$1 \text{ kgf/cm}^2 = 10 \text{ mAq}$

この式は，水中10m潜るごとに1気圧かかることになり，1000mの海底では100気圧もの高圧力がかかることを示している．

標準大気圧（standard atmospheric pressure）1 atm は，1954（昭和29）年の第10回 CGPM において 101 325 Pa と定義されている．したがって，標準大気圧を他の単位で表すと次のようになる．

$1 \text{ atm} = 0.101\,325 \text{ MPa} = 1.013\,25 \text{ bar} = 1.033\,227 \text{ kgf/cm}^2$

20 　　第1章　慣用単位系と国際単位系

$$= 760 \text{ mmHg}$$

ここで，記号 atm は atmosphere（大気）からとった大気圧を表す記号で，アトムと呼ばれる。

なお，蒸気タービンの復水器内圧力のような大気圧以下の圧力を真空（vacuum）といい，真空のゲージ圧力を**真空度**（gauge vacuum）と呼ぶ。真空度はふつう mmHg で表されるが，その値は大気圧と真空の絶対圧力の差であるから，値が大きいほど高真空であることを意味する。また，真空度は大気圧との比をとって，真空度何パーセントという表現をすることがある。

また，おもに真空に使われる単位にトル（Torr）がある。トルはイタリアの物理学者トリチェリー（Torricelli）の名前にちなんだ単位で次の関係がある。

$$1 \text{ Torr} = 1 \text{ mmHg}$$

真空の極限は絶対圧力がゼロのときで，空間内に分子が一つもない仮想的な状態である。この極限状態を，**絶対真空**（absolute vacuum）あるいは**完全真空**（perfect vacuum）という。

ヤード・ポンド法では圧力の単位記号は lbf/in^2 であるが，ふつう省略した記号の psi（pound per square inch の略）を用い，プサイと呼んでいる。

$$1 \text{ psi} = 6 \; 895 \text{ Pa} = 0.070 \; 31 \text{ kgf/cm}^2$$

次に，**応力**（stress）の単位は基本的に圧力の単位と同じであるが，単位面積当たりの力は一般に圧力よりも大きいので，SI 単位では N/mm^2，重力単位では kgf/mm^2 がよく用いられている。

$$1 \text{ kgf/mm}^2 = 0.906 \; 65 \text{ N/mm}^2$$
$$1 \text{ N/mm}^2 = 1 \text{ MPa}$$

(3)　エネルギ，仕事および熱量

SI では，**エネルギ**（energy）は**仕事**（work）をする能力であり，**熱**（heat）はエネルギの一形態であるという考え方から，エネルギ，仕事，熱量の単位はジュール（J）に統一されている。

$$1 \text{ J} = 1 \text{ N·m}$$

このジュールの値は小さいので，一般には 10^3 倍のキロジュール（kJ）を用いる。なお，熱量は熱という形態を通して移動するエネルギの量をいう。このように SI の仕事や熱量の単位は kJ に統一されているが，重力単位系のメートル法では，仕事の単位は kgf·m で，熱量の単位はキロカロリ（kilocalorie）（記号 kcal）と，仕事と熱量の単位を区別している。両単位の間には次の関係がある。

第1章　慣用単位系と国際単位系　　21

　1 kcal ≒ 426.9 kgf·m
　1 kcal とは，標準大気圧のもとで純水 1 kgf の温度を 1 ℃上げるのに必要な
熱量であり，水の比熱は水の温度によって異なるので，厳密には水の温度を特
定する必要がある。SI 単位と重力単位の間に次の関係がある。
　1 kgf·m = 9.806 65 J
　1 kcal$_{\mathrm{IT}}$ = 4.1868kJ, 1 kcal$_{\mathrm{th}}$ = 4.1840kJ, 1 kcal$_{15}$ = 4.1855kJ, 1 kcal$_{\mathrm{m}}$ = 4.1897kJ
　ここで，kcal$_{\mathrm{IT}}$ は国際蒸気性質会議が定義した「国際蒸気表キロカロリ」，
kcal$_{\mathrm{th}}$ は日本の計量法によって定義された「熱力学キロカロリ」，kcal$_{15}$ は純水
1 kgf の温度を 14.5℃から 15.5℃上げるのに必要な熱量と定義された「15 度
キロカロリ」，kcal$_{\mathrm{m}}$ は純水 1 kgf の温度を 0℃から 100℃上げるのに必要な熱
量の 1/100 と定義された「平均キロカロリ」である。これらの各定義値の差は
非常に小さく，相対誤差はパーセントで小数点以下であり，実用的には，1
kcal = 4.19 kJ，1 kJ = 0.239 kcal としてよい。
　次に，重力単位系のヤード・ポンド法では，仕事の単位は ft·lbf，熱量の単
位は**英国熱量単位**（British thermal unit）Btu または BTU である。1 Btu は標
準大気圧のもとで純水 1 lbf の温度を 1 ℉上げるのに必要な熱量である。カロ
リの場合と同様，英国熱量単位にもいくつかの定義があるが，各単位の間には
おおよそ次のような関係がある（第 2 章 2·2·2 の「注　英熱量単位」参照）。
　1 Btu = 0.252 kcal = 1055 J = 778 ft·lbf

(4)　仕事率（工率，パワー，動力）

　仕事率（power）は単位時間にどれだけの仕事をするかを表しており，工率
ともいう。工業的にはパワーや動力の呼び方が多用されている。仕事率の単位
は SI ではワット（W）である。
　1 W = 1 J/s = 1 N·m/s
　このワットの値も小さいので，一般には 10^3 倍のキロワット（kW），さらに
10^6 倍のメガワット（MW）を用いる。なお，仕事率に時間を掛けたワット・
秒（W·s）の単位は仕事の単位であるジュール（J）になる。
　一方，重力単位系では kgf·m や「馬力」が用いられる。馬力にはメートル
法に基づくメートル馬力（metric horse power）である仏馬力（記号は PS）と，
ヤード・ポンド法に基づく英馬力（British horse power）（記号は HP）の 2 種
類がある。日本では仏馬力が使用されてきた。PS の単位記号はドイツ語の馬
力 "Pferdestärke" の頭文字からとっている。
　各単位間には，おおよそ次の関係がある。

22   第1章　慣用単位系と国際単位系

$$1 \text{ PS} = 75 \text{ kgf·m/s} = 0.7355 \text{ kW} = 2510 \text{ Btu/h}$$
$$1 \text{ HP} = 550 \text{ ft·lbf/s} = 0.7457 \text{ kW} = 2540 \text{ Btu/h}$$
$$1 \text{ W} = 3.413 \text{ Btu/h}, \quad 1 \text{ Btu/h} = 0.2930 \text{ W}$$

　工業的には，馬力の単位はこれまで広く使われてきた非常になじみの深い単位であるが，馬力は非 SI 単位であり，SI 単位との併用も認められていない。日本ではかつて機械的動力は馬力（PS），電気的動力はキロワット（kW）と使い分けていたが，SI に従うとすべて kW で表示すべきで，近年日本でも kW に統一されてきた。

1・8　単位換算

　日本が SI に完全に移行しても，各種の単位間の換算はいろいろな場面で必要となる。そこで読者の便宜に供するために，以下に機械工学や工業などに関係のある単位の換算値を，長さや面積など物理量の種類ごとに表にまとめて示す。

　なお，表中の数値は基本的には有効数字 4 桁とした。

第1章　慣用単位系と国際単位系　　　　　23

単位換算表（その1）

	m	cm	in	ft	yd
長	1	100	39.37	3.281	1.093 6
	0.01	1	0.393 7	0.032 81	0.010 94
	0.025 4	2.540	1	0.083 33	0.027 78
さ	0.304 8	30.48	12	1	0.333 3
	0.914 4	91.44	36	3	1

注）　1海里（国際海里，metric nautical mile）＝1 852m（正確に）
　　　1英海里＝6 080ft＝1.152マイル（mile）＝1 853.2m
　　　1マイル＝1 760ヤード（yd）＝1 609m（国際マイルで正確に1609.344m）

	m²	cm²	in²	ft²	yd²
面	1	10 000	1 550.0	10.765 0	1.196 0
	0.000 1	1	0.155	0.001 076 5	0.000 119 6
	0.000 645	6.452	1	0.006 944	0.000 771 7
積	0.092 90	929.0	144	1	0.111 11
	0.836 1	8 361.3	1 296	9	1

注）　1エーカー（acre）＝4 840平方ヤード（yd²）＝43 560ft²＝4 047m²
　　　1ヘクタール（ha）＝100アール（a）＝0.01km²＝10 000m²＝2.471acre

	m³	cm³	in³	ft³	yd³
体	1	1×10^{6}	61 023.4	35.320	1.307 9
	1×10^{-6}	1	0.061 023	3.532×10^{-5}	1.308×10^{-6}
	1.639×10^{-5}	16.387	1	0.000 578 7	2.143×10^{-5}
積	0.028 32	28 316.8	1 728	1	0.037 037
	0.764 55	764 554.9	46 656	27	1

	m³	l	gal（UK）	gal（US）
斗	1	1 000	220.0	264.2
	0.001	1	0.220 0	0.264 2
	0.004 546	4.546	1	1.201
量	0.003 785	3.785	0.832 7	1

（注）　斗量（とりょう）は油などの液体や粉末の容量に対する語である。また，
　　　gal（UK）は英ガロン，gal（US）は米ガロンである。
　　　1gal（US）＝231in³，1gal（UK）＝277.4in³（62°Fにおける水10ポンドの
　　　体積）
　　　1barrel（石油）＝42gal（US）＝159l（用途や国によって定義は異なる）

24 　　　　第1章　慣用単位系と国際単位系

単位換算表（その2）

	kg	t	lb	ton	sh tn
質	1	0.001	2.204 62	0.000 984 2	0.001 102 3
	1 000	1	2 204.62	0.984 2	1.102 3
	0.453 59	0.000 453 6	1	0.000 446 4	0.000 5
量	1 016.05	1.016 05	2 240	1	1.12
	907.185	0.907 185	2 000	0.892 86	1

(注)　t：トン（メトリックトン metric ton, 仏トン），lb：ポンド（pound），ton：英トン
（long ton, gross ton），sh tn：米トン（short ton, net ton）

	kg/m³	g/cm³	lb/in³	lb/ft³
密	1	0.001	0.000 036 13	0.062 43
	1 000	1	0.036 13	62.43
	27 680	27.68	1	1 728
度	16.02	0.016 02	0.000 578 7	1

(注)　$1 g/cm^3 = 1 t/m^3$, 標準重力加速度の状態での単位体積当たりの重さの比重量
（kgf/m^3）は密度（kg/m^3）と数値は同一である。

	N	dyn	kgf	lbf	pdl
力	1	1×10^5	0.101 972	0.224 8	7.233
	1×10^{-5}	1	$1.019\ 72 \times 10^{-6}$	2.248×10^{-6}	7.233×10^{-5}
	9.806 65	$9.806\ 65 \times 10^5$	1	2.205	70.93
	4.448 22	$4.448\ 22 \times 10^5$	0.453 6	1	32.17
	0.138 255	$1.382\ 55 \times 10^4$	0.014 10	0.031 08	1

(注)　$1 N = 0.1 Mdyn$, 1 lbf (pound force) $= 1 lb \times 32.17 ft/s^2$（質量1ポンドに作用す
る重力，すなわち重量），1 pdl（パウンダル）$= 1 ft \cdot lb/s^2$

	Pa	bar	kgf/cm²	atm	mm H₂O	mm Hg	lbf/in²
圧	1	1×10^{-5}	$1.019\ 7 \times 10^{-5}$	$0.986\ 9 \times 10^{-5}$	0.101 97	$7.500\ 6 \times 10^{-3}$	1.450×10^{-4}
	1×10^5	1	1.019 72	0.986 9	$1.019\ 7 \times 10^4$	750.06	14.50
	$9.806\ 65 \times 10^4$	0.980 665	1	0.967 8	1×10^4	735.56	14.22
	$1.013\ 25 \times 10^5$	1.013 25	1.033 227	1	$1.033\ 2 \times 10^4$	760	14.70
力	9.806 65	$9.806\ 65 \times 10^{-5}$	1×10^{-4}	$0.967\ 8 \times 10^{-4}$	1	0.073 556	1.422×10^{-3}
	133.322 4	$1.333\ 2 \times 10^{-3}$	$1.359\ 5 \times 10^{-3}$	$1.315\ 8 \times 10^{-3}$	13.595	1	0.019 34
	6 894.757	0.068 95	0.070 31	0.068 05	703.07	51.715	1

(注)　$1 Pa = 1 N/m^2$, 1 lb/in² = 1 psi, 1 Torr = 1 mmHg

第1章　慣用単位系と国際単位系　　25

単位換算表（その3）

	Pa	N/mm²	kgf/mm²	kgf/cm²	lbf/ft²
応	1	1×10^{-6}	$1.019\,7 \times 10^{-7}$	$1.019\,7 \times 10^{-5}$	0.020 89
	1×10^{6}	1	0.101 972	10.197 2	2.089×10^{4}
	$0.980\,665 \times 10^{7}$	9.806 65	1	1×10^{2}	2.048×10^{5}
力	$0.980\,665 \times 10^{5}$	0.098 066 5	1×10^{-2}	1	2 048.3
	47.87	4.786×10^{-5}	4.882×10^{-6}	0.000 488 2	1

(注)　$1\,\mathrm{N/mm^2} = 1\,\mathrm{MPa}$

	m/s	km/h	kn	ft/s	mile/h
速	1	3.6	1.944	3.281	2.237
	0.277 8	1	0.540 0	0.911 3	0.621 4
	0.514 4	1.852	1	1.688	1.151
度	0.304 8	1.097	0.592 5	1	0.681 8
	0.447 0	1.609	0.869 0	1.467	1

(注)　1kn（海里/時間）= 1 852m/h

	rad/s	°/s	rpm
角	1	57.30	9.549
速	0.017 45	1	0.166 7
度	0.104 7	6	1

(注)　$1\,\mathrm{rad} = 180°/\pi = 57.296°$, rpm
　　　(revolution per minute) は r/min
　　　とも書く。

	Pa·s	cP	P	kgf·s/m²	lbf·s/in²
粘	1	1 000	10	0.101 973	1.449×10^{-4}
	0.001	1	0.01	0.000 101 97	1.449×10^{-7}
	0.1	100	1	0.010 197 3	1.449×10^{-5}
度	9.806 65	9 806.65	98.066 5	1	0.001 422
	6.9×10^{3}	6.9×10^{6}	6.9×10^{4}	7.03×10^{2}	1

(注)　1P（ポアズ）= 1dyn·s/cm² = 1g/(cm·s)、1Pa·s = 1N·s/m²、1cP（センチポアズ）
　　　= 1mPa·s（ミリパスカル秒）

26　　　　　　　第1章　慣用単位系と国際単位系

単位換算表（その4）

	m²/s	cSt	St	ft²/s
動粘度	1	1×10^6	1×10^4	10.76
	1×10^{-6}	1	1×10^{-2}	0.000 010 76
	1×10^{-4}	100	1	0.001 076
	0.092 90	92 900	929.0	1

(注)　1St（ストークス）＝1cm²/s, 1cSt（センチストークス）＝1mm²/s

	J	kW·h	kgf·m	kcalɪᴛ	ft·lbf	BTU
仕事、エネルギ、熱量	1	2.778×10^{-7}	0.101 97	$2.388\ 459\times10^{-4}$	0.737 6	9.480×10^{-4}
	3.6×10^6	1	3.671×10^5	860.0	2.655×10^6	3 413
	9.806 65	2.724×10^{-6}	1	2.342×10^{-3}	7.233	9.297×10^{-3}
	4 186.8	1.163×10^{-3}	426.9	1	3 087	3.968
	1.356	3.776×10^{-7}	0.138 3	3.239×10^{-4}	1	1.285×10^{-3}
	1 055	2.930×10^{-4}	107.6	0.252 0	778.0	1

(注)　1J＝1W·s, 1kgf·m＝9.806 65 J, 1kcalɪᴛ＝4 186.8 J

	kW	kgf·m/s	PS	HP	kcal/s	ft·lbf/s	BTU/s
仕事率（工率・動力）	1	101.97	1.359 6	1.340 5	0.238 9	737.56	0.948 0
	$9.806\ 65\times10^{-3}$	1	0.013 33	0.013 15	2.343×10^{-3}	7.233	9.297×10^{-3}
	0.735 5	75	1	0.985 9	0.175 7	542.5	0.697 3
	0.746	76.07	1.014 3	1	0.178 2	550.2	0.707 2
	4.186	426.9	5.691	5.611	1	3 087	3.968
	1.356×10^{-3}	0.138 3	1.843×10^{-3}	1.817×10^{-3}	3.239×10^{-4}	1	1.285×10^{-3}
	1.055	107.6	1.434	1.414	0.252 0	778.0	1

(注)　1kgf·m/s＝1/75 PS, 1W＝1J/s, PS：仏馬力, HP：英馬力

	W/(m·K)	kcal/(m·h·℃)	BTU/(ft·h·℉)
熱伝導率	1	0.860 0	0.577 9
	1.163	1	0.672 0
	1.731	1.488	1

	W/(m²·K)	kcal/(m²·h·℃)	J/(m²·h·℃)	BTU/(ft²·h·℉)
熱伝達率	1	0.859 8	3 599	0.176 1
	1.163	1	4 187	0.204 8
	2.778×10^{-4}	2.389×10^{-4}	1	4.893×10^{-5}
	5.678	4.882	2.044×10^4	1

第1章　慣用単位系と国際単位系　　27

■　演　習　問　題　■

1. 月面上の重力加速度は地球上の重力加速度の 1/6 である。いま，地球上で重量 63 kgf の人が月旅行をしたときに月面上でのその人の重量と質量を求めよ。

解　地球上の重力加速度を g とすれば月面上のそれは $g/6$ である。

重力単位系での質量＝$63/g$＝$63/9.81$

　　　　　　　　　＝$6.4\,\text{kgf·s}^2/\text{m}$

SI での質量＝63 kg（場所によって変化しない）

月面での重量＝$(63/g) \times (g/6)$＝10.5 kgf

2. 重力加速度 g_1 が 9.698 3 m/s² である場所に置いた質量 10 kg の物体の重量 G_1 を求めよ。また，その物体を別の場所に移動したときの重量は 10.045 kgf であった。その場所における重力加速度 g_2 はいくらか。

解　標準重力加速度の値は g_n＝9.806 65 m/s² であり，その場所における質量 1 kg の物体に作用する重力が 1 kgf であるから，

$1\,\text{kgf}＝1\,\text{kg} \times 9.806\ 65\,\text{m/s}^2＝9.806\ 65\,\text{N}$

の関係がある。したがって，

$G_1＝10 \times g_1/g_n＝9.889\ 5\,\text{kgf}＝96.983\,\text{N}$

$g_2＝10.045 \times g_n/10＝9.850\ 78\,\text{m/s}^2$

3. 標準的な舶用主機タービンの入口蒸気圧力は 60 kgf/cm²g，復水器真空度は 722 mm Hg である。いま，大気圧を 770 mmHg とすれば絶対圧力は何 kgf/cm² であるか。また，bar，kPa および MPa で表すといくらになるか。

解　大気圧＝$1.033\ 2 \times 770/760＝1.047\,\text{kgf/cm}^2$

入口蒸気圧＝$60+1.047＝61.047\,\text{kgf/cm}^2\text{abs.}$

　　　　　　＝$59.87\,\text{bar}＝5\ 987\,\text{kPa}＝5.987\,\text{MPa}$

復水器圧力＝$1.033\ 2 \times (770-722)/760＝0.065\ 3\,\text{kgf/cm}^2\text{abs.}$

　　　　　　＝$0.064\ 0\,\text{bar}＝6.404\,\text{kPa}＝0.006\ 40\,\text{MPa}$

4. 比重が 0.885 で動粘度が 35.3 cSt である油の粘度を SI 単位で求めよ。

解　油の密度 ρ＝885 kg/m³，動粘度 ν＝$35.3 \times 10^{-6}\,\text{m}^2/\text{s}$ であるから

粘度 $\mu＝\rho \cdot \nu＝3.124 \times 10^{-2}\,\text{kg/(m·s)}$

　　　＝$3.124 \times 10^{-2}\,\text{Pa·s}$

$\therefore [\text{Pa·s}]＝\left[\dfrac{\text{N}}{\text{m}^2} \cdot \text{s}\right]＝\left[\dfrac{\text{kg·m}}{\text{s}^2} \cdot \dfrac{\text{s}}{\text{m}^2}\right]＝\left[\dfrac{\text{kg}}{\text{m·s}}\right]$

（三級程度）

5. 標準気圧のとき，310 mmHg を示す真空計は，気圧が 740 mmHg になるといくらの

28　　第1章　慣用単位系と国際単位系

真空度を示すか。また，その真空度を絶対圧で表せ。ただし単位は kgf/cm² および MPa とする。

解　標準気圧のときの絶対圧力は 760－310＝450mmHg，気圧が 740mmHg になってもこの値は不変であるから，そのときの真空計の示す値，すなわち真空度は，740－450＝290mmHg，絶対圧力は，

450mmHg＝1.033 2×450/760＝0.612kgf/cm²abs.

＝0.612×0.098 066 5＝0.060MPa

6.　大気圧が 760mmHg のとき，真空容器の示度が 710mmHg であったとする。いま，大気圧が 750mmHg に下がり，真空計の示度も 705mmHg になったとすると，真空度はどのように変化したことになるか。

解　変化前の絶対圧力＝760－710＝50mmHg

変化後の絶対圧力＝750－705＝45mmHg

容器内の真空度は 50－45＝5mmHg だけ高くなった。

■　追 加 演 習 問 題　■

（三級程度）

1.　大気圧が 101.3kPa {1.0332kgf/cm²} の標準気圧のとき，真空容器内の絶対圧が 15 kPa {0.153kgf/cm²} であるとすれば，真空計の水銀柱の高さはいくらか。

解　112.5mmHg

標準気圧の水銀柱の高さは 760mmHg であるので比例式 $760 : 101.3 = P_{Hg} : 15$ から $P_{Hg} = 760 \times 15/101.3 = 112.5$

重力単位系では，$760 : 1.0332 = P_{Hg} : 0.153$ から $P_{Hg} = 112.5$ となり，当然同じ値である。

2.　直線運動をしている質量 50kg {重量 50kgf} の物体が，速度 6.0m/s から 0.7m/s まで減少した場合，この物体の失った運動エネルギはいくらか。

解　887.8J {90.52kgf・m}

運動エネルギ Q は，$Q = m \cdot v^2/2$ で表される。したがって，$Q = 50 \times (6.0^2 - 0.7^2)/2 = 887.8J$

単位は $[kg] \cdot [m/s]^2 = [kg \cdot m/s^2] \cdot [m] = [N \cdot m] = [J]$ となる。

重力単位系では，$Q = G/g \cdot v^2/2$ で表され，g は重力加速度である。したがって，$Q = 50/9.807 \times (6.0^2 - 0.7^2)/2 = 90.52kgf \cdot m$

単位は $[kgf] \cdot [m/s^2]^{-1} \cdot [m/s]^2 = [kgf \cdot m]$ となる。

第2章　熱

2・1　温度と熱量

2・1・1　温度の単位

　われわれが一般に用いている温度（temperature）の単位は，記号℃で表される**セルシウス度**（degree Celsius，**摂氏度**または**セ氏度**ともいう）である。セルシウス度は第1・3表に示すように，SI 組立単位に位置付けられたれっきとした SI 単位である。このセルシウス度は，標準大気圧のもとで純水の氷が融解する温度すなわち氷点（ice point）を 0℃とし，また同じ圧力において純水が沸騰する温度すなわち沸点（boiling point，沸騰点ともいう）を 100℃として，この間を 100 等分したものである。したがって，セルシウス度はかつて，「百分度の」との意をもつ，**センチグレード**（centigrade）とも呼ばれていたが，このセルシウスの名称は第9回（1948 年）国際度量衡総会 CGPM において正式に決定された。なお，氷点は**融点**（melting point）または**凝固点**（solid point or freezing point）でもある。

　また，ヤード・ポンド法単位系には，記号℉で表される**ファーレンハイト度**（degree Fahrenheit，**華氏度**または**カ氏度**ともいう）がある。これは，氷点を 32℉，沸点を 212℉とし，この間を 180 等分したものである。セルシウス度（摂氏度）t（℃）とファーレンハイト度（華氏度）t_F（℉）との間には次の関係がある。

$$\left.\begin{array}{ll} t=\dfrac{5}{9}(t_F-32) & (\text{℃}) \\[2mm] t_F=\dfrac{9}{5}t+32 & (\text{℉}) \end{array}\right\} \tag{2・1}$$

例題　86℉ を摂氏度に換算せよ。

解　$t=\dfrac{5}{9}(86-32)=30$℃

例題　摂氏度と華氏度とが同一の示度になるときは何度か。

解　求める温度を t_x とおけば，式（2・1）より，$t_x=\dfrac{5}{9}(t_x-32)$，これを解いて $t_x=-40$°

30　　　　　　　　　　　　　　第2章　熱

　次に，第1・1表に示す SI 基本単位である**熱力学温度**（thermodynamic temperature）について説明する。一般に，温度計（thermometer）は，着色されたアルコールや水銀を用いた棒状温度計，熱電対，サーミスタのように，熱による物質の膨脹および熱起電力や電気抵抗などの物性値の温度による変化を利用している。これらの物性値は温度や使用する物質によって異なるから，その温度計の示度にはある程度誤差が伴う。しかし，気体の温度による膨脹の割合はほかの物質のそれに比較してはるかに一定であり，とくに理想気体（2・3・3 参照）を用いた気体温度計は完全に正しい温度を示すことがわかっている。一方，物質に左右されない温度目盛として熱力学の第二法則（2・6 参照）から導かれた温度があり，その温度は理想気体温度計による温度と一致することが証明されている。それが熱力学温度（熱力学的温度ともいう）であり，その単位はケルビン（Kelvin），記号は K である。かつてはほかの温度と同様に，単位に度を付けてケルビン度（°K）と称していたが，第 13 回（1967 年）CGPM において現在のケルビンに改称された。−273.15 ℃はゼロケルビンであり，0 K と表記される。OK（オーケー）ではない。

　この熱力学温度は第 26 回（2018 年）CGPM において，第 1・1 表に示すように新たにボルツマン定数を基に定義されたが，それまでは水の三重点（triple point of water）を 273.16 K とし，その 1/273.16 であると定義されていた。水の三重点とは，液相の水と固相の氷と気相の水蒸気との平衡温度のことで，その値は 0.01℃である。これは，原子の振動が完全に停止した状態である**絶対零度**（absolute zero）を 0 K とし，水の三重点の熱力学温度が 273.16 K であることを意味している。このように，熱力学温度は絶対零度を基準点としているところから，**絶対温度**（absolute temperature）とも呼ばれている。

　熱力学温度（絶対温度）T（K）とセルシウス度（摂氏度）t（℃）との関係は次のとおりである。

$$T = t + 273.15 \quad \text{(K)} \tag{2・2}$$

　また，熱力学温度 T（K）とセルシウス度 t（℃）の 1°の温度差，すなわち温度間隔は等しい。かつて温度差に用いられてきた記号 deg は廃止されている。

注　ランキン温度目盛

　華氏度目盛で表した絶対温度を**ランキン度**（Rankine）といい，°R の記号で表される。T_F（°R）と t_F（°F）の間には次の関係がある。

$$T_F = t_F + 459.67 \quad \text{(°R)}$$

したがって，T（K）と T_F（°R）との換算関係式は次のとおりである。

$$T = \frac{5}{9} T_F \quad \text{(K)}$$

第2・1図に各種温度目盛の関係を示す。

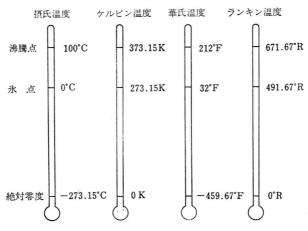

第2・1図　各種温度目盛の関係

2・1・2　熱量の単位

　熱（heat）はエネルギの一形態であって，その量すなわち**熱量**（quantity of heat or amount of heat）の単位は，第1・3表に示すようにエネルギや仕事と同様，SI組立単位のジュール（joule），記号Jで表される（1・7(3)参照）。かつて工学上広く用いられていた熱量の単位は記号 kcal で表されるキロカロリ（kilocalorie）であった。このキロカロリの単位はSI単位ではなく，またSI単位と併用される非SI単位でもない。むしろSIで推奨しがたい単位の部類に入っている。しかし，キロカロリはまだ身近な単位であるので，すでに1・7(3)で示したが，いくつかあるキロジュールとの換算値のうち，定義値二つを次に再掲する。

　　　国際蒸気表カロリ　　 1 kcal$_{IT}$ = 4.1868 kJ
　　　熱力学カロリ　　　　 1 kcal$_{th}$ = 4.1840 kJ

　また，重力単位系のヤード・ポンド法における英国熱量単位 Btu との単位換算値も次に再掲する。

　　　1 Btu = 0.252 kcal = 1.055 kJ = 778 ft·lbf

32　　　　　　　　　　　　第 2 章　熱

補　英熱量単位

　英国や米国などで従来広く採用されていた**英熱量単位**（British Thermal Unit）は BTU または Btu の記号で表され，1 lb（ポンド）の純水の温度を 1°F 高めるのに必要なエネルギを 1 BTU と定めたものである。これも kcal と同様にその値は水の温度に依存するので区別されている。すなわち，BTU_{39}・は水の温度を 39°F から 40°F まで上昇させるのに要する熱量であり，BTU_m は 32°F から 212°F まで上昇させるのに要する熱量の 1/180 と定められ，1 055.79 J に等しい。BTU_{IT} は国際蒸気表に記載されていたもので，1 055.06 J に等しい。また，1 lb は 0.453 59 kg に等しいから 1 BTU ＝0.453 59×5/9＝0.251 994 kcal で，これを切り上げて

　　　1 BTU＝0.252 kcal

の関係がある。

2・1・3　熱力学の第ゼロ法則

　温度の異なる 2 物体を接触させると，温度の高い方は低く，低い方は高くなって，ついには同一温度になってしまう。このとき，この 2 物体は**熱平衡**（thermal equilibrium）の状態にあるという。

　「熱平衡の状態にある物体の温度は等しく，温度の等しい 2 物体は熱平衡の状態にある。また 2 個の物体がそれぞれ第 3 の物体と熱平衡の状態にあれば，その 2 個の物体も熱平衡の状態にある」。これを**熱力学の第ゼロ法則**（the zeroth law of thermodynamics）といい，熱力学および温度測定の基礎となる考え方である。この法則はすでに第一，第二，第三法則と称される法則が存在していたあとに，マクスウエル（J.C.Maxwell）が基本法則の一つとしたために第ゼロ法則と呼ばれる。

2・2　熱力学の第一法則

2・2・1　熱力学の第一法則

　熱力学の第一法則（the first law of thermodynamics）は，「熱も仕事もともにエネルギの一形態であって，仕事を熱に変えることも，またその逆の熱を仕事に変えることも可能である」と表現される。この法則は「ある系の中の物質が保有するエネルギの総量は，外界とエネルギ交換がなければ変化しない。外界からエネルギが流入すればその量だけ増加し，外界にエネルギが流出すればその量だけ減少する」という**エネルギ保存則**（law of conservation of energy）のうちで，仕事と熱の関係を示したものである。

SI では，仕事 W（J）と熱量 Q（J）の関係は，第一法則より次式で表される。

$$W = Q \quad (J) \tag{2・3}$$

重力単位系では，仕事 W と熱量 Q の単位が異なるので，両者の関係は次式で表される。

$$W = J \cdot Q \quad (kgf \cdot m)$$
$$Q = A \cdot W \quad (kcal) \tag{2・4}$$

ここで，$J \fallingdotseq 427\,kgf \cdot m/kcal$（正しくは，$426.858\,kgf \cdot m/kcal_{15}$，$426.935\,kgf \cdot m/kcal_{IT}$）を熱の仕事当量（mechanical equivalent of heat）といい，A は J の逆数 $1/427$ $kcal/(kgf \cdot m)$ で，これを仕事の熱当量（thermal equivalent of work）という。この A や J は重力単位系を用いるときの熱力学の式にはしばしば出てくるが，SI では仕事も熱も同じ単位の J（ジュール）（熱の仕事当量を表す J と混同しやすいので，本書では仕事の熱当量 A のみを使用し，熱の仕事当量 J は用いない）で表されるから $A=1$ となる。

> **例題** 1PS·h および 1kW·h を kcal に換算せよ。
>
> **解** 1PS=75kgf·m/s であるから，1PS·h=75×60×60=270 000kgf·m，したがって式（2・4）より，$Q=270\,000/427 \fallingdotseq 632.3\,kcal$（原動機などの計算には $A=1/426.9$ の値を用いて 1PS·h=632.5kcal とした値がよく用いられる）。
> 次に，1kW $\fallingdotseq$ 102kgf·m/s であるから 1kW·h を熱量に換算すると $Q=102×60×60/427 \fallingdotseq 860\,kcal$

熱力学の第一法則を別の形で表現すると，「外部からエネルギの供給を受けることなしに永久に仕事を発生できる機械は実現不可能である」。このような機械を**第1種の永久運動**（perpetual motion of the first kind）をする機械，または**第1種の永久機関**（perpetual motion machine）という。すなわち，熱力学の第一法則は第1種の永久機関の可能性を否定したものである。

2・2・2　内部エネルギ

物体の保有するエネルギの総和から**運動エネルギ**（kinetic energy）と**位置エネルギ**（potential energy）の和である**力学的エネルギ**（mechanical energy）および**電気的エネルギ**（electrical energy）を差し引いた残りを**内部エネルギ**（internal energy）という。これは**状態量**（quantity of state）の一つである。なお，熱を取り扱う場合，ふつう電気的エネルギは考えなくてもよいから，静止していてかつ外力の作用を受けない物体の保有する総エネルギが内部エネルギということになる。内部エネルギには**化学エネルギ**（chemical energy）も含まれるが，化学変化を伴わない場合は含めなくてもよい。

34 　　　　　　　　　　　第2章　熱

　物体の単位質量当たりの内部エネルギを**比内部エネルギ**（specific internal energy）といい，記号 u (J/kg) で表し，物体全体の内部エネルギを記号 U (J) で表す。したがって，質量 m (kg) の物体の内部エネルギ U は次式で表される。

$$U = m \cdot u \quad \text{(J)} \tag{2・5}$$

　重力単位系では，比内部エネルギは物体の単位重量当たりの内部エネルギで，単位は u (kcal/kgf) である。また，重量 G (kgf) の物体の内部エネルギ U (kcal) は次式で表される。

$$U = G \cdot u \quad \text{(kcal)} \tag{2・5'}$$

注　状態量

　状態量とは，ある瞬間における物体の状態を表す量で，圧力，温度，体積，内部エネルギ，エンタルピ，エントロピなどがこれに相当する。状態量は単に物体の現在の状態によって定まる量で，過去の変化の径路には関係しない。一方，仕事や熱量は後出の P-v 線図や T-s 線図から明らかなように変化の径路によって変わる量であるから状態量ではない。このような仕事や熱量は**伝達量**と呼ばれる。

2・2・3　エンタルピ

　機関の作動流体（ガスや蒸気など）のエネルギを論ずるのに，次式で定義される**エンタルピ**（enthalpy）H (J) および**比エンタルピ**（specific enthalpy）h (J/kg) を用いると都合がよい。

$$H = U + P \cdot V = m(u + P \cdot v) = m \cdot h \quad \text{(J)} \tag{2・6}$$

$$h = u + P \cdot v \quad \text{(J/kg)} \tag{2・7}$$

　ここで，U＝内部エネルギ (J)，P＝圧力 (Pa＝N/m²)，V＝容積 (m³)，m＝質量 (kg)，v＝比容積 (m³/kg)，であり，$P \cdot V$ の単位は $[\text{Pa} \cdot \text{m}^3] = \left[\dfrac{\text{N}}{\text{m}^2} \cdot \text{m}^3\right] = [\text{N} \cdot \text{m}] = [\text{J}]$，また $P \cdot v$ の単位は $\left[\text{Pa} \cdot \dfrac{\text{m}^3}{\text{kg}}\right] = [\text{N} \cdot \text{m/kg}] = [\text{J/kg}]$ となる。

　重力単位系では式 (2・6)，(2・7) は次式で表される。

$$H = U + A \cdot P \cdot V = G \cdot h \quad \text{(kcal)} \tag{2・6'}$$

$$h = u + A \cdot P \cdot v \quad \text{(kcal/kgf)} \tag{2・7'}$$

　ここで，U (kcal)，A＝仕事の熱当量 (kcal/(kgf·m))，P (kgf/m²)，G (kgf)，u (kcal/kgf)，v (m³/kgf) である。

　式 (2・7) の右辺第2項の $P \cdot v$ は，一定圧力 P に対して 1kg の流体が容積 v を占めるために周囲のものを排除するのに要する仕事または，圧力 P の際の流動仕事を表している。したがって，エンタルピは，物体内に貯えられた内部エネルギと，容積保持または，流動時の機械的エネルギの和である。この $P \cdot v$ のことを **Pv エネルギ**（Pv energy）と呼ぶこともある。なお，式中の u, P, v は状態量であるからエンタルピも状態量である。

第2章　熱　　35

2・2・4　熱力学の基礎式

物体1kg に微小量の熱 dq (J) を加えたとき，その内部エネルギが du (J) だけ増加し，同時に外部に対して仕事 dW (N・m＝J) をしたとすると，熱力学第一法則から次式が成り立つ。

$$dq = du + dW \quad \text{(J/kg)} \tag{2・8}$$

この式は**エネルギ式** (energy equation) あるいは**第一法則の式**と呼ばれている。

また 2・4・1 で述べるように，$dW = P \cdot dv$ の関係があるから式 (2・8) は次式のようになる。

$$dq = du + P \cdot dv \quad \text{(J/kg)} \tag{2・9}$$

上式を状態1から2までの積分形で表せば，

$$q_{12} = (u_2 - u_1) + \int_1^2 P \cdot dv \quad \text{(J/kg)} \tag{2・10}$$

式 (2・9) または式 (2・10) を熱力学の**第1基礎式**といい，熱力学第一法則の表示式の一つである。

さらに，式 (2・7) の微分形は，

$$dh = du + d(P \cdot v) = du + P \cdot dv + v \cdot dP$$

となり，これに式 (2・9) の関係を入れると次式を得る。

$$dq = dh - v \cdot dP \quad \text{(J/kg)} \tag{2・11}$$

上式を熱力学の**第2基礎式**という。この式も熱力学第一法則の表示式の一つである。また，この式を状態1から2まで積分すれば，

$$q_{12} = (h_2 - h_1) - \int_1^2 v \cdot dP \quad \text{(J/kg)} \tag{2・12}$$

重力単位系では，式 (2・8) ～式 (2・12) は次のようになる。

$$dq = du + A \cdot dW \quad \text{(kcal/kgf)} \tag{2・8}'$$

$$dq = du + A \cdot P \cdot dv \quad \text{(kcal/kgf)} \tag{2・9}'$$

$$q_{12} = (u_2 - u_1) + A \int_1^2 P \cdot dv \quad \text{(kcal/kgf)} \tag{2・10}'$$

$$dq = dh - A \cdot v \cdot dP \quad \text{(kcal/kgf)} \tag{2・11}'$$

$$q_{12} = (h_2 - h_1) - A \int_1^2 v \cdot dP \quad \text{(kcal/kgf)} \tag{2・12}'$$

ここで，仕事 dW の単位は kgf・m である。

例題　1kg {1kgf} の気体が 200kJ {47.8kcal} の熱を吸収し，同時に外部に対して 30 000N・m {3 060kgf・m} の仕事をしたとすれば内部エネルギの変化はいくらか。

解 SI では，$u_2-u_1=q_{12}-W_{12}$ より，$u_2-u_1=200\,000-30\,000=170\,000\,\mathrm{J}=170\,\mathrm{kJ}$ だけ内部エネルギは増加する。$(1\,\mathrm{N\cdot m}=1\,\mathrm{J})$

重力単位系では，$u_2-u_1=q_{12}-A\cdot W_{12}$ より，$u_2-u_1=47.8-3\,060/427=40.63$ kcal となる。

$(40.63\times4.186\,8=170.1\,\mathrm{kJ}$，$\because 1\,\mathrm{kcal}=4.186\,8\,\mathrm{kJ})$

2・3　ガスの性質

2・3・1　ボイルの法則

「温度が一定であるとき，ガスの容積は圧力に逆比例する」。これを**ボイル (Boyle) の法則**または**マリオット (Mariotte) の法則**という。この法則を式で表すと次のようになる。

$v\propto 1/P$ 　　すなわち，

$P\cdot v=$ 定数 　　　　　　　　　　　　　　　　　　　　　　　　$(2\cdot13)$

2・3・2　シャールの法則

「圧力が一定であるとき，ガスの容積はその温度の上昇または下降に比例して増減し，その割合は $1{}^\circ\mathrm{C}$ の変化に対して容積の $1/273.15$ ずつ変化する」。これを**シャール (Charles) の法則**または**ゲイルサック (Gay Lussac) の法則**という。シャルルおよびゲイ・リュサックともいう。

いま，$0{}^\circ\mathrm{C}$ におけるガスの比容積を v_0，$t\,({}^\circ\mathrm{C})$ におけるそれを v とすれば，

$$v=v_0\left(1+\frac{t}{273.15}\right)=v_0\cdot\frac{273.15+t}{273.15}$$

で表される。初めの温度が t_1，比容積が v_1 であったガスが，一定圧力のもとで温度が t_2 になったときの比容積が v_2 であるとすると，

$v_1=v_0(t_1+273.15)/273.15$

$v_2=v_0(t_2+273.15)/273.15$

この両式の比をとると，

$$\frac{v_2}{v_1}=\frac{t_2+273.15}{t_1+273.15}$$

となり，式 $(2\cdot2)$ の絶対温度 $T=t+273.15$ の関係を用いると，

$v_2/v_1=T_2/T_1$

これを書き直して，

$$\frac{v_1}{T_1} = \frac{v_2}{T_2} = \frac{v_0}{T_0} = \frac{v}{T} = \text{定数} \tag{2・14}$$

ここで，$T_0 = 273.15\,\mathrm{K}\,(t_0 = 0\,°\mathrm{C})$である。

2・3・3 完全ガス（理想気体）の状態式

ボイルの法則とシャールの法則を結合したボイル・シャールの法則（combined gas law）を満足する気体を**完全ガス**（perfect gas）または**理想気体**（ideal gas）という。その状態式は次式で表される。

$$P \cdot v = R \cdot T \tag{2・15}$$

この式は**ガスの式**（gas equation）といい，その表す関係を**ガスの法則**（gas law）ともいう。式中，Rを**ガス定数**（gas constant）といい，ガスの種類によって定まる数値をとる。Rの単位は，SIで$R\,(\mathrm{J/(kg \cdot K)})$，重力単位系で$R\,(\mathrm{kgf \cdot m/(kgf \cdot K)})$である。

> **例題** 標準状態における空気の密度が$1.293\,\mathrm{kg/m^3}$であるとすれば，空気のガス定数はいくらになるか。（重力単位系では空気の比重量が$1.293\,\mathrm{kgf/m^3}$である。）
>
> **解** 標準状態とは標準気圧（$760\,\mathrm{mmHg} = 0.101\,325\,\mathrm{MPa} = 10\,332\,\mathrm{kgf/m^2}$）のもとで温度が$0\,°\mathrm{C}$の状態である。密度$\rho$は比容積の逆数のことであるから，$v = 1/\rho = 1/1.293 = 0.773\,4\,\mathrm{m^3/kg}$，$P = 1.013\,25 \times 10^5\,\mathrm{N/m^2}$，空気を完全ガスとみなせば，式（2・15）より
>
> $$R = \frac{P \cdot v}{T} = \frac{101\,325 \times 0.773\,4}{273.15} = 286.9\,\mathrm{J/(kg \cdot K)} = 0.286\,9\,\mathrm{kJ/(kg \cdot K)}$$
>
> 重力単位系では
>
> $$R = \frac{P \cdot v}{T} = \frac{10\,332 \times 0.773\,4}{273.15} = 29.25\,\mathrm{kgf \cdot m/(kgf \cdot K)}$$

2・3・4 アボガドロの法則

「温度および圧力が同じであるときは，一定容積内の気体の分子数は気体の種類に関係なく同じである。換言すれば，温度と圧力が同一であるとすべての分子は同一容積を占める」。これを**アボガドロの法則**（Avogadro's law）という。

2・3・5 キロモルと一般ガス定数

ガスの分子量（molecular mass）Mに質量の単位g（グラム）を付けた物質量のことを**モル**（mol）という。この mol の単位は SI 基本単位の一つである。分子量に kg を付けた場合は**キロモル**（kmol）である。たとえば，酸素 O_2 の分子量は 32 であるから，質量 32 g の酸素が 1 mol，質量 32 kg の酸素が 1 kmol に相当する。また，ガスの質量 m を分子量 M で割った値 m/M のことを**モル数**（number of mole）といい，ガスの量を表すときに用いられる。

38　　　　　　　　　　　　第2章　熱

アボガドロの法則により，同温同圧のときにはすべてのガス 1kmol の占める容積は等しくなり，**標準状態**(0°C，760mmHg)では 22.41m³ の容積となる。

式(2・15)をM倍すると

$$P(M \cdot v) = P \cdot V = M \cdot R \cdot T$$

標準状態においては，$P=0.101\ 325\mathrm{MPa}$，$V=M \cdot v=22.41\mathrm{m}^3$，$T=273.15\mathrm{K}$ であるから，

$$R_0 = M \cdot R = \frac{P \cdot V}{T} = \frac{0.101\ 325 \times 10^6 \times 22.41}{273.15} = 8\ 313\ \mathrm{J/(kmol \cdot K)}$$

$$= 8.313\mathrm{kJ/(kmol \cdot K)} \tag{2・16}$$

この R_0 を**一般ガス定数**(universal gas constant)という。R_0 の数値を記憶しておれば，これをそれぞれの分子量Mで割ってそのガス定数Rを求めることができる。すなわち，

$$R = 8.313/M \quad (\mathrm{kJ/(kg \cdot K)}) \tag{2・17}$$

重力単位系では，標準状態の圧力は10 332kgf/m²であるから，

$$R_0 = P \cdot V/T = 10\ 332 \times 22.41/273.15 = 848\mathrm{kgf \cdot m/(kmol \cdot K)} \tag{2・16}'$$

$$R = 848/M \quad (\mathrm{kgf \cdot m/(kgf \cdot K)}) \tag{2・17}'$$

例題　水蒸気のガス定数を求めよ。

解　水蒸気 H_2O の分子量 M は，$M=2+16=18$ であるから，式(2・17)，(2・17)′より，

SI では，$R=8\ 313/18=461.8\mathrm{J/(kg \cdot K)}$

重力単位系では，$R=848/18=47.1\mathrm{kgf \cdot m/(kgf \cdot K)}$

2・3・6　定容比熱と定圧比熱

比熱 (specific heat) c とは，1 kg の物質の温度を 1 K（温度差であるので1℃でも同じ）だけ高めるのに要する熱量で，物質によって異なる値を有する状態量である。いま，dq の熱量が加えられて温度が dt だけ上昇したとすれば，比熱 c は次式で表される。

$$c = dq/dt \quad (\mathrm{J/(kg \cdot K)}) \tag{2・18}$$

また，比熱 c，質量 m (kg) の物質を，温度 1 K だけ高めるのに要する熱量 $C = m \cdot c$ (J/K) を**熱容量**（heat capacity）という。

完全ガスの比熱は，一般に温度のみの関数であって，**定容比熱**(specific heat at constant volume) c_v と**定圧比熱**(specific heat at constant pressure) c_p とに区別される。c_v は容積一定のもとで変化するときの値であり，また c_p は圧力一定のもとで変化するときの値である。したがって，c_p の方が容積変化の分だけ多く熱を加える必要があるため c_v よりも大きくなる。

第2章 熱　39

両者の間には次の関係がある。

$$c_p - c_v = R, \quad c_p = c_v + R \quad \left.\begin{array}{l} \\ \end{array}\right.$$
$$c_p = R \cdot \frac{\kappa}{\kappa - 1} \quad \left(\frac{J}{kg \cdot K}\right) \quad \left.\begin{array}{l} \\ \end{array}\right\} \tag{2・19}$$
$$c_v = R \cdot \frac{1}{\kappa - 1} \quad \left(\frac{J}{kg \cdot K}\right) \quad \left.\begin{array}{l} \\ \end{array}\right.$$

上式中の κ は次式で定義される**断熱指数**(adiabatic exponent)である。

$$\kappa = c_p / c_v \ (>1) \tag{2・20}$$

重力単位系では，式(2・19)は次のようになる。

$$c_p - c_v = A \cdot R, \quad c_p = c_v + A \cdot R \quad \left.\begin{array}{l} \\ \end{array}\right\}$$
$$c_p = A \cdot R \cdot \frac{\kappa}{\kappa - 1}, \quad c_v = A \cdot R \cdot \frac{1}{\kappa - 1}\left(\frac{kcal}{kgf \cdot \degree C}\right) \tag{2・19}'$$

例題　空気の**比熱比**(specific heat ratio)(断熱指数) κ を 1.40，ガス定数 R を 286.9 J/(kg・K)とすれば，空気の定圧比熱の値はいくらか。

解　式 (2・19) において，上記の数値を代入すると，$c_p = 286.9 \times 1.4 / (1.4 - 1) = 1\,004.15\,J/(kg \cdot K) \fallingdotseq 1.004\,kJ/(kg \cdot K)$ となる。

重力単位系では，空気のガス定数を 29.25 kgf・m/(kgf・K)として式(2・19)′を用いる。

$$c_p = \frac{29.25}{427} \times \frac{1.4}{1.4 - 1} = 0.240 \frac{kcal}{kgf \cdot \degree C}$$

2・4　ガスの状態変化

2・4・1　絶対仕事と工業仕事

ガス 1 kg が第2・2図に示すように，1 の状態(P_1, v_1)から 2 の状態(P_2, v_2) まで変化する場合を考える。仮想のシリンダとピストン(断面積 S)の中にガス を供給して変化させるものとみなすと，ピストンに働く力 F は $P \times S$ であり， この力でピストンを dx だけ右に押したとすると仕事は，$F \cdot dx = P \times S \cdot dx$ $= P \cdot dv$ となる。したがって，$P-v$ 線図において面積 $1\,2\,2'\,1'\,1 = \int_1^2 P \cdot dv$ は，

ガスが 1 から 2 まで膨脹する間に外部に対してする仕事を表すことになる。こ の仕事を**絶対仕事** (absolute work) または**膨脹仕事** (expansive work) という。 しかし，連続的に仕事を得るためには，ガスの吸入，排出を考えねばならない。 吸入のときになされる仕事 $P_1 \cdot v_1 = $ 面積 $1\,1'\,0\,1''\,1$ と排出に要する仕事 $P_2 \cdot v_2 = $ 面積 $2\,2'\,0\,2''\,2$ ならびに膨脹中の仕事をも考えた全体の仕事は，

$$P_1 \cdot v_1 + \int_1^2 P \cdot dv - P_2 \cdot v_2 = 面積\,1\,1'\,0\,1''1 + 面積\,1\,2\,2'\,1'\,1 - 面積\,2\,2'\,0\,2''2 = 面積$$

1 2 2″ 1″ 1 = $-\int_1^2 v \cdot dP$ となる。この仕事を**工業仕事** (technical work) または**機関仕事** (engine work) という。これは実際の機関でする仕事に対応して名付けられたものである。

絶対仕事を W, 工業仕事を W_t で表すと次のようになる。

$$W = \int_1^2 P \cdot dv \quad (2 \cdot 21)$$

$$W_t = -\int_1^2 v \cdot dP \quad (2 \cdot 22)$$

W, W_t の単位は SI で J/kg, 重力単位系で kgf·m/kgf である。

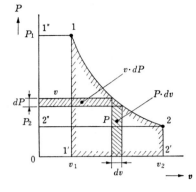

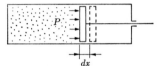

第2·2図　$P-v$ 線図における絶体仕事と工業仕事

圧　工業仕事の誘導

$P_1 \cdot v_1 + \int_1^2 P \cdot dv - P_2 \cdot v_2 = \int_1^2 P \cdot dv - (P_2 \cdot v_2 - P_1 \cdot v_1) = \int_1^2 P \cdot dv - \int_1^2 d(P \cdot v) = \int_1^2 P \cdot dv - \int_1^2 P \cdot dv - \int_1^2 v \cdot dP = -\int_1^2 v \cdot dP$, 負号が付いているが, 第2·2図において1から2の方へ圧力が低下するようになっているので, $dP < 0$, したがって $-v \cdot dP$ は正となるから, 結局 W_t は正の値で計算される。

2·4·2　等温変化

温度が一定に保たれたままで変化することを**等温変化** (constant temperature change または isothermal change) といい, ボイルの法則が成り立つ。式 (2·13), (2·15) より

$$P \cdot v = P_1 \cdot v_1 = P_2 \cdot v_2 = R \cdot T = 定数 \quad (2 \cdot 23)$$

等温変化を $P-v$ 線図で表すと直角双曲線となるから, 初めの状態1がわかっているときは, 第2·3図の方法で等温線を図式的に描ける。状態1から状態2へ変化する間の仕事 W は次のようになる。

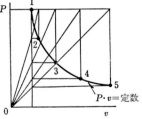

第2·3図　等温線の描き方

$$W = \int_1^2 P \cdot dv = P_1 \cdot v_1 \int_1^2 \frac{dv}{v} = R \cdot T \cdot \ln \frac{v_2}{v_1} = R \cdot T \cdot \ln \frac{P_1}{P_2} \quad (2 \cdot 24)$$

いまの場合，等温変化であるから温度変化を表す dT は0となる。したがって，内部エネルギ変化 du もエンタルピ変化 dh もともに0となるから，式(2・9)，(2・11)より，

$$dq = P \cdot dv = -v \cdot dP \quad (\text{J/kg}) \qquad (2 \cdot 25)$$

故に，

$$q_{12} = \int_1^2 dq = \int_1^2 P \cdot dv = -\int_1^2 v \cdot dP = W = W_t \quad (\text{J/kg}) \qquad (2 \cdot 26)$$

すなわち，等温膨脹をするときは，加えられた熱量の全部が絶対仕事に変わり，また等温圧縮をするときは，圧縮するために加えた仕事に相当するだけの熱量を外部に放出しなければならない。なお，W と W_t の大きさは等しい。

例題 1 MPa {10.20 kgf/cm²}，250°C の状態にある空気 5 kg {5 kgf} を圧力 0.2 MPa {2.04 kgf/cm²} になるまで等温膨脹させたとき，外部に対してなした仕事および外部から加えられた熱量を求めよ。

解 式(2・24)を用い，ガス定数 $R = 286.9\,\text{J/(kg·K)}$ または $29.25\,\text{kgf·m/(kgf·K)}$，$T = 250 + 273.15 = 523.15\,\text{K}$ を代入する。

SI では，$W = m \cdot R \cdot T \cdot \ln(P_1/P_2) = 5 \times 286.9 \times 523.15 \times \ln(1/0.2) = 1\,207\,817\,\text{J} = 1\,207.8\,\text{kJ}$ となり，式(2・26)より $q = W$

重力単位系では，$W = G \cdot R \cdot T \cdot \ln(p_1/p_2) = 5 \times 29.25 \times 523.15 \times \ln(10.20/2.04) = 123\,139\,\text{kgf·m}$，$q = A \cdot W = 122\,139/427 = 288.4\,\text{kcal}$

(288.4 × 4.186 8 = 1 207.5 kJ，SI と同じ結果)

2・4・3 等圧変化

第2・4図のように圧力一定のもとでの変化を**等圧変化** (constant pressure change または isobaric change) といい，容積が v_1 から v_2 に変化したとすれば，式(2・14)，(2・15)より，

$$v/T = v_1/T_1 = v_2/T_2 \qquad (2 \cdot 27)$$

となる。一方，状態の変化中に外部になす仕事 W は，

$$W = P(v_2 - v_1) = R(T_2 - T_1)$$
$$(\text{J/kg}) \qquad (2 \cdot 28)$$

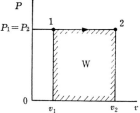

第2・4図 等圧変化

また，圧力一定で温度 T_1 から T_2 まで高めるのに必要な熱量は，平均定圧比熱を c_p (J/(kg·K)) とすると，式(2・12)において $dP = 0$ とおき，さらに式(2・18)を適用すると次のようになる。

$$q = c_p(T_2 - T_1) = h_2 - h_1 \quad (\text{J/kg}) \qquad (2 \cdot 29)$$

すなわち，温度上昇して比エンタルピが h_1 から h_2 まで増加する。この等圧変化はたとえばボイラドラム内または過熱器内の受熱状態に相当する。

重力単位系では式(2・28)は W(kgf・m/kgf)，式(2・29)は q(kcal/kgf)となる。

例題 圧力 0.1MPa {1.02kgf/cm²}，温度 20°C の状態の空気 1kg {1kgf} を等圧のもとで加熱して容積を 5 倍にしたとすれば，膨脹後の温度，膨脹の間に外部になした仕事および加えた熱量を求めよ。

解 式 (2・27) より，$T_2=T_1・v_2/v_1=(20+273.15)×5=1\ 465.75\,\mathrm{K}$ ∴$t_2=1\ 192.6$°C（膨脹後の温度），SI では，$W=m・R(T_2-T_1)=1×286.9×(1\ 465.75-293.15)=336\ 418.94\mathrm{J}≒336.4\mathrm{kJ}$，供給熱量は，定圧比熱 $c_p=1.005\mathrm{kJ/(kg・K)}$ として，

$$q=m・c_p(T_2-T_1)=1×1.005×(1\ 465.75-293.15)=1\ 178.5\mathrm{kJ}$$

重力単位系では，$R=29.25\,\mathrm{kgf・m/(kgf・K)}$，$c_p=0.240\,\mathrm{kcal/(kgf・°C)}$ であるから，$W=G・R×(T_2-T_1)=34\ 299\,\mathrm{kgf・m}$，$q=G・c_p(T_2-T_1)=281.424\,\mathrm{kcal}$，$(34\ 299×9.806\ 65×10^{-3}=336.4\mathrm{kJ}$，$281.424×4.186\ 8=1\ 178.3\mathrm{kJ}$，SI と同じ結果)

2・4・4 等容変化

容積一定のもとでの状態変化を**等容変化** (constant volume change または isochore change) といい，圧力 P_1 から P_2 へ変化したものとすれば，式(2・15)より，

$$P/T=P_1/T_1=P_2/T_2=定数 \tag{2・30}$$

この場合，容積変化を示す dv は 0 となるから，仕事 $W=0$ となる。また，式(2・9)の熱力学第 1 基礎式に $dv=0$ を入れると，

$$dq=du \quad (\mathrm{J/kg}) \tag{2・31}$$

すなわち，加えた熱量は全部内部エネルギの増加となる。したがって，平均定容比熱を c_v とし，温度が T_1 から T_2 に上昇したとすると，供給された熱量 q は次のようになる。

$$q=c_v(T_2-T_1)=u_2-u_1 \quad (\mathrm{J/kg}) \tag{2・32}$$

例題 空気タンクに 4MPa {40.8kgf/cm²}，20°C の圧縮空気が 100kg {100kgf} 入っているものとする。このときの空気タンクの容積を求めよ。また，周囲の熱によってタンクの温度が 60°C になったとすれば圧力はいくらになるか。またその際，内部エネルギはいくら増加するか。

解 式 (2・15) を m 倍すると，$P×(mv)=PV=m・R・T$，故に $V=m・R・T/P=100×286.9×293.15/(4×10^6)=2.10\mathrm{m^3}$（この式で m³ の単位が得られることを確認すること）

式 (2・30) より，$P_2=P_1・T_2/T_1=4×(60+273.15)/293.15=4.55\mathrm{MPa}$，空気の定容比熱 c_v を 0.717 3kJ/(kg・K) とすれば，式(2・32)より，

第 2 章　熱　　43

$u_2-u_1=c_v(T_2-T_1)=0.717\ 3\times(333.15-293.15)=28.692\,\mathrm{kJ/kg}$,
タンク内全体の空気の内部エネルギの増加は，これを m 倍して，
$U_2-U_1=m(u_2-u_1)=100\times28.692=2\ 869.2\,\mathrm{kJ}$

　重力単位系では，$V=G\cdot R\cdot T/P=100\times29.25\times293.15/(40.8\times10^4)=2.10\,\mathrm{m}^3$，$P_2=40.8$ $\times10^4\times333.15/293.15=46.4\times10^4\,\mathrm{kgf/m}^2$　∴$p_2=46.4\,\mathrm{kgf/cm}^2$，空気の定容比熱 c_v は0.171 3 kcal/(kgf・℃)であるから，$U_2-U_1=G\cdot c_v(T_2-T_1)=G\cdot c_v(t_2-t_1)=100\times0.171\ 3\times40=685.2\,\mathrm{kcal}$

2・4・5　断熱変化

　まったく熱の出入りのない**断熱変化**(adiabatic change)のときは，式(2・9)において $dq=0$ とおき，かつ $du=c_v\cdot dT$（内部エネルギの増加は容積一定のもとで加熱されたときの供給熱量に等しい）の関係を入れると，

$$c_v\cdot dT+P\cdot dv=0 \tag{2・33}$$

完全ガスの状態式である式(2・15)の微分形をとると，

$$P\cdot dv+v\cdot dP=R\cdot dT$$

これより，

$$dT=\frac{1}{R}(P\cdot dv+v\cdot dP)$$

この式と，式(2・19)の $R=c_p-c_v$ を用いると，式(2・33)は次のようになる。

$$c_v(P\cdot dv+v\cdot dP)+P\cdot dv(c_p-c_v)=0$$

$$c_v\cdot v\cdot dP+c_p\cdot P\cdot dv=0$$

$$\therefore v\cdot dP+\frac{c_p}{c_v}\cdot P\cdot dv=0$$

ここで，$c_p/c_v=\kappa$ とおいて上式を次のように書き直す。

$$\frac{dP}{P}+\kappa\cdot\frac{dv}{v}=0$$

比熱比 κ の値は温度によって変化するが，温度の範囲があまり広くない限り定数として考えてよい。そうすると，上式は積分できて次のようになる。

$$\ln P+\kappa\cdot\ln v=定数$$

すなわち，

$$P\cdot v^\kappa=定数 \tag{2・34}$$

これが断熱変化を表す式である。式(2・34)と式(2・15)より，P または v を消去するとそれぞれ次のような関係式が得られる。

$$T\cdot v^{\kappa-1}=定数 \tag{2・35}$$

$$T\cdot P^{-\frac{\kappa-1}{\kappa}}=定数 \tag{2・36}$$

断熱変化における絶対仕事 W および工業仕事 W_t は，それぞれ次のように

44 第2章 熱

なる。

$$W=\int_1^2 P\cdot dv=\frac{1}{\kappa-1}(P_1\cdot v_1-P_2\cdot v_2)=\frac{P_1\cdot v_1}{\kappa-1}\left\{1-\left(\frac{v_1}{v_2}\right)^{\kappa-1}\right\}$$

$$=\frac{R}{\kappa-1}(T_1-T_2) \qquad\qquad (\mathrm{J/kg}) \qquad (2\cdot37)$$

$$W_t=-\int_1^2 v\cdot dP=\frac{\kappa}{\kappa-1}(P_1\cdot v_1-P_2\cdot v_2) \qquad (\mathrm{J/kg}) \qquad (2\cdot38)$$

$$W_t=\kappa\cdot W \qquad\qquad (2\cdot39)$$

また，熱力学の基礎式である式(2・9)，(2・11)にそれぞれ $dq=0$, $du=c_v\cdot dT$, $dh=c_p\cdot dT$ の関係を入れることにより，c_p, c_v はともに温度に依存せずに一定とみなせば次の関係式が得られる。

$$W=\int_1^2 P\cdot dv=-\int_1^2 du=u_1-u_2=-\int_1^2 c_v\cdot dT=c_v(T_1-T_2) \qquad (2\cdot40)$$

$$W_t=-\int_1^2 v\cdot dP=-\int_1^2 dh=h_1-h_2=-\int_1^2 c_p\cdot dT=c_p(T_1-T_2) \qquad (2\cdot41)$$

すなわち，ガスが断熱膨脹すると，絶対仕事に相当するだけ内部エネルギを消費して，温度が T_1 から T_2 に下がる。逆に断熱圧縮すると，圧縮仕事に相当するだけ内部エネルギが増加し，温度が T_1 から T_2 まで上昇する。また，熱機関でなされる工業仕事は，蒸気またはガスなど作動流体の膨脹による比エンタルピの差 (h_1-h_2) に等しく，この h_1-h_2 を**断熱熱落差**(adiabatic heat drop または adiabatic thermal head)という。これはきわめて重要な関係である。

重力単位系では，式(2・40)，(2・41)は次のように表される。

$$A\cdot W=A\int_1^2 P\cdot dv=-\int_1^2 du=u_1-u_2=-\int_1^2 c_v\cdot dT=c_v(T_1-T_2) \qquad (\mathrm{kcal/kgf})$$
$$(2\cdot40)'$$

$$A\cdot W_t=-A\int_1^2 v\cdot dP=-\int_1^2 dh=h_1-h_2=-\int_1^2 c_p\cdot dT=c_p(T_1-T_2) \qquad (\mathrm{kcal/kgf})$$
$$(2\cdot41)'$$

Ⅲ 断熱変化

単に断熱変化というと外部と熱交換のない場合における状態変化ということになり，これには損失の伴わない理想的な場合（**可逆断熱変化**）と損失を伴い，エントロピが変化する場合（**非可逆断熱変化**）とがあるが，本項では理想的な断熱変化を意味して用いている。このときはエントロピの変化がないので**等エントロピ変化**(isentropic change)といえば誤解がない。またその際の断熱熱落差のことを**等エントロピ熱落差**(isentropic heat drop)ともいう。

例題 500℃ の過熱蒸気が断熱膨脹して容積が5倍になったとすれば，膨脹後の温度はいくらか。ただし，この過熱蒸気を完全ガスとみなし，$\kappa=1.3$ とする。

解 式(2・35)より，

$$T_2=T_1(v_1/v_2)^{\kappa-1}=(500+273.15)\times(1/5)^{1.3-1}=477.06\ \mathrm{K} \quad \therefore t_2=203.9℃$$

2・4・6 ポリトロープ変化

次式で表される状態変化を**ポリトロープ変化**(polytropic change)という。

$$\left.\begin{array}{l} P \cdot v^n = 定数 \\ T \cdot v^{n-1} = 定数 \\ T \cdot P^{-\frac{n-1}{n}} = 定数 \end{array}\right\} \qquad (2 \cdot 42)$$

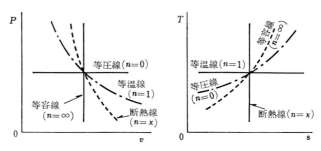

第2・5図　各種状態変化

指数 n の値を適当にとれば，いかなる変化も上式で表すことができる(第2・5図参照)。

この指数 n を**ポリトロープ指数**(polytropic exponent)といい，ポリトロープとは多方向という意味をもっている。n の特別な場合として，

$n=0$: $P=$ 定数　　すなわち等圧変化
$n=1$: $P \cdot v =$ 定数　　すなわち等温変化
$n=\kappa$: $P \cdot v^\kappa =$ 定数　　すなわち断熱変化
$n=\infty$: $v=$ 定数　　すなわち等容変化

（∵ $P \cdot v^n =$ 定数 を書き直すと，$P^{\frac{1}{n}} \cdot v =$ 定数，ここで，$n=\infty$ とおくと $1/n = 0$，故に $P^{1/n}=1$）

断熱変化の式の κ を n に置き換えると，ポリトロープ変化の各関係式が次のように得られる。

$$W = \frac{1}{n-1}(P_1 \cdot v_1 - P_2 \cdot v_2) = \frac{P_1 \cdot v_1}{n-1}\left\{1 - \left(\frac{v_1}{v_2}\right)^{n-1}\right\}$$

$$= \frac{R}{n-1}(T_1 - T_2) \qquad \text{(J/kg)} \qquad (2 \cdot 43)$$

$$W_t = \frac{n}{n-1}(P_1 \cdot v_1 - P_2 \cdot v_2) \qquad \text{(J/kg)} \qquad (2 \cdot 44)$$

$$W_t = n \cdot W \qquad \text{(J/kg)} \qquad (2 \cdot 45)$$

46　　　　　第2章　熱

$$q = u_2 - u_1 + W = c_v(T_2 - T_1) + \frac{R}{n-1}(T_1 - T_2)$$

$$\left.\begin{aligned}
&= \frac{\kappa - n}{n-1} \cdot c_v(T_1 - T_2) \\
&= \frac{\kappa - n}{\kappa(n-1)} \cdot c_p(T_1 - T_2)
\end{aligned}\right\} \quad (\mathrm{J/kg}) \qquad (2 \cdot 46)$$

例題　圧力 1 MPa {10.2 kgf/cm²} のガスをポリトロープ変化の条件のもとで，容積が 1/20 になるまで圧縮したとき，圧力が 45 MPa {459 kgf/cm²} になったという。このときのポリトロープ指数はいくらになるか。

解　式 (2・42) より，$P \cdot v^n = P_1 \cdot v_1{}^n = P_2 \cdot v_2{}^n$ であるから，この式の両辺の対数をとると，

$$\log P_1 + n \cdot \log v_1 = \log P_2 + n \cdot \log v_2$$

$$n(\log v_1 - \log v_2) = \log P_2 - \log P_1$$

$$\therefore n = \frac{\log P_2 - \log P_1}{\log v_1 - \log v_2} = \frac{\log(P_2/P_1)}{\log(v_1/v_2)} = \frac{\log 45}{\log 20} = 1.27$$

注　**常用対数と自然対数**

ふつう，底が 10 である常用対数 $\log_{10}$ は略記号 log，底が自然数 e である自然対数 $\log_e$ は略記号 ln でそれぞれ表されるので，本書でもそれに従う。

2・5　混合ガスの性質

2・5・1　ダルトンの法則

数種類の完全ガスが混合して一つの容器内に入れられたとき，各ガス相互間に化学反応が生じないならば，「混合ガスの圧力 P は各成分ガスが単独で容器の全容積 V を占めるときの圧力 P_1, P_2, …… の和に等しい」。これを式で表せば，

$$P = P_1 + P_2 + \cdots\cdots + P_n = \sum_{i=1}^{n} P_i \qquad (2 \cdot 47)$$

これを**ダルトンの法則** (Dalton's law) といい，この P を**全圧** (total pressure)，P_1, P_2, …… を**分圧** (partial pressure) という。

各成分ガスの質量を m_1, m_2, ……, m_n, ガス定数を R_1, R_2, ……, R_n とすれば，

$$P_1 \cdot V = m_1 \cdot R_1 \cdot T, \quad P_2 \cdot V = m_2 \cdot R_2 \cdot T, \quad \cdots\cdots, \quad P_n \cdot V = m_n \cdot R_n \cdot T, \quad P \cdot V = m \cdot R \cdot T,$$

ただし，$m = m_1 + m_2 + \cdots\cdots + m_n$ は混合ガスの質量，R はそのガス定数である。これより各分圧はそれぞれ次のようになる。

$$P_1 = P \cdot \frac{m_1}{m} \cdot \frac{R_1}{R}, \quad P_2 = P \cdot \frac{m_2}{m} \cdot \frac{R_2}{R}, \quad \cdots\cdots, \quad P_n = P \cdot \frac{m_n}{m} \cdot \frac{R_n}{R} \qquad (2 \cdot 48)$$

第2章　熱　47

2・5・2　混合ガスの密度と分子量

混合ガスの密度を ρ，各成分ガスを混合ガスと同じ圧力 P，同じ温度 T のもとに別々に置いたときに占める容積を V_1，V_2，……，V_n，このときの密度を ρ_1，ρ_2，……，ρ_n とすれば，

$$m=\rho\cdot V,\quad m_1=\rho_1\cdot V_1,\quad m_2=\rho_2\cdot V_2,\quad\cdots\cdots,\quad m_n=\rho_n\cdot V_n$$

$$m=m_1+m_2+\cdots\cdots+m_n\ \text{であるから，}$$

$$\rho\cdot V=\rho_1\cdot V_1+\rho_2\cdot V_2+\cdots\cdots+\rho_n\cdot V_n=\sum_{i=1}^{n}\rho_i\cdot V_i$$

これより，

$$\left.\begin{aligned}
\rho&=\rho_1\cdot V_1/V+\rho_2\cdot V_2/V+\cdots\cdots+\rho_n\cdot V_n/V\\
&=\rho_1\cdot P_1/P+\rho_2\cdot P_2/P+\cdots\cdots+\rho_n\cdot P_n/P
\end{aligned}\right\}\tag{2・49}$$

各成分ガスの分子量を M_1，M_2，……，M_n，混合ガスの見かけの分子量を M とすれば，

$$\left.\begin{aligned}
M&=M_1\cdot V_1/V+M_2\cdot V_2/V+\cdots\cdots+M_n\cdot V_n/V\\
&=M_1\cdot P_1/P+M_2\cdot P_2/P+\cdots\cdots+M_n\cdot P_n/P
\end{aligned}\right\}\tag{2・50}$$

2・5・3　混合ガスのガス定数

混合ガスの見かけのガス定数を R とすれば，ガスの状態式から，

$$P\cdot V_1=m_1\cdot R_1\cdot T,\quad P\cdot V_2=m_2\cdot R_2\cdot T,\quad\cdots\cdots,\quad P\cdot V_n=m_n\cdot R_n\cdot T,\quad P\cdot V=m\cdot R\cdot T,$$

これより次式を得る。

$$R=R_1\cdot m_1/m+R_2\cdot m_2/m+\cdots\cdots+R_n\cdot m_n/m\tag{2・51}$$

2・5・4　混合ガスの比熱

各成分ガスの定容比熱および定圧比熱をそれぞれ，c_{v1}，c_{v2}，……，c_{vn}，c_{p1}，c_{p2}，……，c_{pn}，混合ガスの定容比熱および定圧比熱をそれぞれ，c_v，c_p とおけば次式によって求められる。

$$c_v=(c_{v1}\cdot m_1+c_{v2}\cdot m_2+\cdots\cdots+c_{vn}\cdot m_n)/m\tag{2・52}$$

$$c_p=(c_{p1}\cdot m_1+c_{p2}\cdot m_2+\cdots\cdots+c_{pn}\cdot m_n)/m\tag{2・53}$$

例題　大気1 kg の成分は酸素 0.232 kg，窒素 0.768 kg であるとすれば，大気の分子量およびガス定数を求めよ。

解　酸素 (O_2) のガス定数 $R_1=0.259\,8\,\text{kJ}/(\text{kg}\cdot\text{K})$，分子量 $M_1=32$，窒素 (N_2) のガス定数 $R_2=0.296\,9\,\text{kJ}/(\text{kg}\cdot\text{K})$，分子量 $M_2=28$ であるから，式(2・51)より，

$$R=0.259\,8\times0.232+0.296\,9\times0.768=0.288\,3\,\text{kJ}/(\text{kg}\cdot\text{K})$$

完全ガスの状態式 $P\cdot V_1=m_1\cdot R_1\cdot T$，$P\cdot V_2=m_2\cdot R_2\cdot T$，$P\cdot V=m\cdot R\cdot T$ の関係を用いると，

48 第2章 熱

$$\frac{V_1}{V}=\frac{m_1 \cdot R_1}{m \cdot R}=\frac{0.232\times0.259\ 8}{1\times0.288\ 3}=0.209\ 07, \quad \frac{V_2}{V}=\frac{m_2 \cdot R_2}{m \cdot R}=\frac{0.768\times0.296\ 9}{1\times0.288\ 3}$$

$$=0.790\ 91, \ \text{故に式}(2 \cdot 50)\text{より},$$

$$M=32\times0.209\ 07+28\times0.790\ 91=28.84$$

または式(2・17)より,

$$M=8.313/R=8.313/0.288\ 3=28.84$$

重力単位系では，O_2のガス定数 $R_1=26.49\mathrm{kgf \cdot m/(kgf \cdot K)}$，$N_2$ のガス定数 $R_2=30.28\mathrm{kgf \cdot m/(kgf \cdot K)}$であるから，

$$R=26.49\times0.232+30.28\times0.768=29.40\ \mathrm{kgf \cdot m/(kgf \cdot K)}$$

$$M=32\times\frac{0.232\times26.49}{29.40}+28\times\frac{0.768\times30.28}{29.40}=28.84$$

または式(2・17)′より,

$$M=848/29.40=28.84$$

2・6 熱力学の第二法則

2・6・1 熱力学の第二法則

第一法則で熱と仕事とが互いに変換されることがわかったが，その変換の方向の難易を明らかにしたのが**熱力学の第二法則** (the second law of thermodynamics)である。この表現にはいろいろあるが，一般には次のようにいわれている。

「熱はそれ自身では低温度の物体から高温度の物体に移ることはできない」。

「熱機関において作動流体によって仕事をさせるためには，それよりさらに低温の物体を必要とする」。

「第2種の永久機関をつくることは不可能である」。ここで，**第2種の永久機関**とは**第2種の永久運動** (perpetual motion of the second kind) をする機械のことで，自然界になんらの変化を残さないで，ある熱源の熱を継続してすべて機械的仕事に変える機械である。言い換えれば，熱エネルギを100% 機械的エネルギに変換することのできる機械である。

2・6・2 カルノーサイクル

第2・6図のように，等温膨脹 1→2，断熱膨脹 2→3，等温圧縮 3→4，断熱圧縮 4→1 で構成 されるものを**カルノーサイクル** (Carnot cycle) といい，等温膨脹の間に高熱源（温度 T_1）から熱量 Q_1 を受け，等温圧縮の間に低熱源（温度 T_2）に熱量 Q_2 を放出する。このとき，有効仕事となる熱量は，

$$W=Q_1-Q_2 \tag{2・54}$$

熱効率(thermal efficiency) η_{th} は

$$\eta_{th} = \frac{W}{Q_1} = \frac{Q_1 - Q_2}{Q_1} = 1 - \frac{Q_2}{Q_1} = 1 - \frac{T_2}{T_1} \tag{2・55}$$

図と逆向きのサイクルを行わせると，冷凍機または熱ポンプのサイクルとなる。すなわち，仕事 W を加えて低熱源から Q_2 の熱量を吸収して高熱源に熱量 Q_1 を放出する。

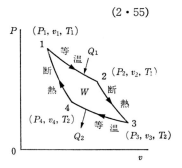

第2・6図 カルノーサイクル

2・6・3 エントロピ

温度 T(K) のもとで加えた微小熱量を dq(J/kg) とすると，

$$ds = dq/T \quad (\text{J}/(\text{kg}\cdot\text{K})) \tag{2・56}$$

この ds をエントロピの増分という。これを積分した s を比エントロピ(specific entropy)といい，重要な状態量の一つである。すなわち，

$$s = \int \frac{dq}{T} \quad (\text{J}/(\text{kg}\cdot\text{K})) \tag{2・57}$$

物質全体 m(kg) に対する加熱量を dQ(J) とすると

$$dS = dQ/T \quad (\text{J/K}) \tag{2・58}$$

となり，この S をエントロピ(entropy)という。

重力単位系では，比エントロピは s(kcal/(kgf・K))，エントロピは S(kcal/K)で表される。

2・6・4 温度・エントロピ線図

式(2・56)より，

$$dq = T \cdot ds \quad (\text{J/kg}) \tag{2・59}$$

となるから，第2・7図のように縦軸に絶対温度 T を，横軸に比エントロピ s をとった T-s 線図(T-s diagram)を描くと，状態1から2まで変化する間に外部から加えられた熱量 q_{12} は，

$$q_{12} = \int_1^2 T \cdot ds$$

であるから，変化を示す曲線12の下側の面積が

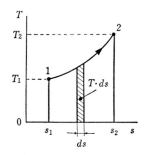

第2・7図 T-s 線図

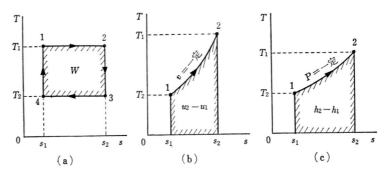

第2・8図　カルノーサイクル，等容変化，等圧変化における T-s 線図

q_{12} を表すことになる。第2・8図(a)はカルノーサイクル，同図(b)は等容変化，(c)は等圧変化のときの T-s 線図をそれぞれ表している。T-s 線図は実用的ではないが，変化の際の熱量を面積で一目瞭然に示すことができるので，主として理論の説明に用いられる。

2・6・5　熱力学の第三法則

「絶対零度に近づくにしたがい，化学的に均質な結晶体のエントロピは限りなくゼロに近づく」。これを**熱力学の第三法則**(the third law of thermodynamics)あるいは**ネルンストの熱定理**(Nernst's heat theorem)という。この法則によって絶対零度におけるエントロピの値が 0 であることがわかったから，すべての物体のエントロピの絶対値を計算することができる。しかし，たいていの工学的問題ではエントロピの変化量を知ることが必要であって，その絶対値を知る必要はない。したがって，後述するように水蒸気のエントロピは水の三重点を基準にして，この三重点の飽和水の値をゼロと規定されている。

2・7　伝　熱

2・7・1　伝熱(熱移動)

ある場所から他の場所へ熱エネルギが移動する現象を**伝熱**(heat transfer)といい，移動の形式によって次の三つに分けられる。

(1) **伝　導**(conduction)

温度差のある物体内部の伝熱であって，この場合，物体は固体に限らず液体

や気体も含まれる。

(2) 対 流(convection)

流体の運動によって熱エネルギが運ばれるもの。この場合，流体の運動が密度差で行われる**自然対流**(natural convection)と強制される**強制対流**(forced convection)に大別される。

(3) 放射(ふく射) (radiation)

電磁波の形によって熱エルネギが伝わるもの。

実際の伝熱現象ではこれらが単独に行われるのではなく，同時に起こる場合が多い。

2・7・2 熱通過(熱貫流)

機械などでは第2・9図のように1種類以上の固体壁を隔てて流体(水とか油のような液体,燃焼ガスのような気体)Ⅰと流体Ⅱの間で熱の伝達を行うことが多い。このような伝熱過程を**熱通過**(熱貫流)といい，伝導，対流，放射の組み合わさったものである。

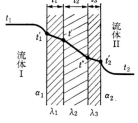

第2・9図 多層平板の熱通過

(1) **熱伝導率**

固体内および静止した流体内で温度差があるとき，高温部より低温部へ熱の移動が生じる。これがいわゆる熱伝導であって，その際，単位面積，単位時間当たりの伝熱量をqとすれば，次の**フーリエの法則**(Fourier's law)が成り立つ。

$$q = \lambda \cdot \frac{\Delta t}{\Delta l} \quad (\text{W/m}^2) \tag{2・60}$$

ただし，Δt(K)は熱流方向に測った長さΔl(m)についての温度差で，$\Delta t/\Delta l$(K/m)を**温度こう配**(temperature gradient)という。この比例定数λのことを**熱伝導率**(thermal conductivity)といい，その単位は W/(m・K)である。

第2・9図において，平面固体壁の厚さをそれぞれl_1, l_2, l_3(m)，熱伝導率をλ_1, λ_2, λ_3(W/(m・K))，各表面の温度をt_1', t', t'', t_2'(℃)，伝熱面表面積をS(m²)とすれば，単位時間当たりの伝熱量Qは式(2・60)より次のようになる。

$$Q = \lambda_1 \cdot S \cdot \frac{t_1' - t'}{l_1} = \lambda_2 \cdot S \cdot \frac{t' - t''}{l_2} = \lambda_3 \cdot S \cdot \frac{t'' - t_2'}{l_3} \quad (\text{W}) \tag{2・61}$$

上式より次の関係が得られる。

52 第2章 熱

$$Q = S \cdot \frac{t_1' - t_2'}{l_1/\lambda_1 + l_2/\lambda_2 + l_3/\lambda_3} \quad (\text{W}) \qquad (2 \cdot 62)$$

すなわち，中間の層の温度 t', t'' は不要となり，最外側の表面温度の差 $t_1' - t_2'$, に比例し，各層の伝導抵抗 l_1/λ_1, l_2/λ_2, l_3/λ_3 の和に逆比例する。この関係はちょうど電気のオームの法則と相似になり，いわゆる直列抵抗の場合に相当する。

式($2 \cdot 62$)を拡張して，一般に n 層の伝熱壁よりできている場合には，

$$Q = S \cdot \frac{t_1 - t_2}{l_1/\lambda_1 + l_2/\lambda_2 + \cdots\cdots + l_n/\lambda_n} = S \cdot \frac{t_1 - t_2}{\sum\limits_{i=1}^{n} l_i/\lambda_i} \quad (\text{W}) \qquad (2 \cdot 63)$$

ただし，t_1, t_2 は最外側の表面温度である。

重力単位系では式($2 \cdot 60$)の q の単位は kcal/($\text{m}^2 \cdot \text{h}$)，式($2 \cdot 61$)～($2 \cdot 63$)の Q の単位は kcal/h，そして λ の単位は kcal/($\text{m} \cdot \text{h} \cdot \text{℃}$) である。なお，$1\text{kcal/h} = 1.163\text{W}$ であるから，SI の $q(\text{W/m}^2)$，$Q(\text{W})$，$\lambda(\text{W/(m·K)})$ の単位は重力単位とあまり数値的に差はない。

(2) 熱伝達率

第$2 \cdot 9$図において，流体Ⅰまたは流体Ⅱに接している表面とそれぞれの流体との伝熱は，固体表面と流体の温度の差により対流によって流体と固体表面の間に生じた熱移動であると考える。このように温度の異なる壁面と流動流体間に生じる熱交換を**熱伝達**（heat transfer by convection）という。この場合の伝熱量 Q は次の**ニュートンの式**（Newton's equation）によって求められる。

$$Q = \alpha \cdot S \cdot \Delta t \quad (\text{W}) \qquad (2 \cdot 64)$$

式中，S は伝熱面表面積(m^2)，Δt は流体と伝熱表面との温度差(K)である。この比例定数 α のことを**熱伝達率**（heat transfer coefficient）といい，その単位は W/($\text{m}^2 \cdot \text{K}$)である。

第$2 \cdot 9$図において，流体Ⅰと固体壁面との間の熱伝達率を α_1, 流体温度を t_1, 壁面温度を t_1', 流体Ⅱの側のそれらをそれぞれ α_2, t_2 および t_2' とすれば，単位時間当たりの伝熱量 Q は式($2 \cdot 64$)より，

$$Q = \alpha_1 \cdot S(t_1 - t_1') = \alpha_2 \cdot S(t_2' - t_2) \quad (\text{W}) \qquad (2 \cdot 65)$$

(3) 熱通過率（熱貫流率）

実際問題として，伝熱面の温度 t_1', t_2' を知るのは困難であるが，これに比して流体温度 t_1, t_2 を測定したり予測するのは容易である。そこで，式($2 \cdot 61$)と式($2 \cdot 65$)より，t_1', t', t'', t_2' を消去すると次式が得られる。

$$Q = K \cdot S(t_1 - t_2) \quad (\text{W}) \qquad (2 \cdot 66)$$

ただし，

$$\frac{1}{K} = \frac{1}{\alpha_1} + \frac{l_1}{\lambda_1} + \frac{l_2}{\lambda_2} + \frac{l_3}{\lambda_3} + \frac{1}{\alpha_2} \tag{2・67}$$

また，n 層よりなる一般の場合に拡張して，

$$K = \frac{1}{\frac{1}{\alpha_1} + \sum_{i=1}^{n} \frac{l_i}{\lambda_i} + \frac{1}{\alpha_2}} \quad (\mathrm{W/(m^2 \cdot K)}) \tag{2・68}$$

この比例定数 K のことを**熱通過率**（または**熱貫流率**）(overall heat transfer coefficient)，$1/K$ を**熱抵抗** (thermal resistance) という．これは対流熱伝達と固体内の熱伝導などを含めたものであって，その値は構成固体壁の熱伝導率，形状，各流体の状態，流動，固体表面の凹凸などによって定まる．

(4) 平均温度差

熱交換器などにおいて，第 2・10 図に示すように管の外側に高温の流体Ⅰが左側から入って右側に出ていき，管の内側に低温の流体Ⅱが同じく左側から入って右側に出ていくとき，これを**並流式**(parallel flow type)といい，第 2・11 図のように流体ⅠとⅡの流れの方向が互いに反対になっているものを**向流式**(counter flow type)という．このような場合では流体の温度が場所によって変化し，温度差が変わるから式 (2・66) によって伝熱量を計算する場合，温度差としては次に述べる平均温度差 θ_m を用いる．

第 2・10 図において，流体Ⅰの入口，出口および任意の場所 x における温度を t_{I1}, t_{I2}, t_I，流体Ⅱのそれらをそれぞれ，t_{II1}, t_{II2}, t_{II}，これら両者の温度差をそれぞれ θ_1, θ_2, θ，流体Ⅰ，Ⅱの質量流量をそれぞれ $\dot{m}_I$, $\dot{m}_{II}$，流体Ⅰ，Ⅱの比熱を c_I, c_{II}，管の表面積を S，管の長さを l，座標の原点を管の左端にとり，x の所より dx だけ隔てた管の要素をとり，この部分の伝熱面 $dS = \dfrac{S}{l} \cdot dx$ を通じて単位時間に伝達される熱量を dQ とすれば式 (2・66) より，

$$dQ = K \cdot dS(t_I - t_{II})$$
$$= K \cdot \frac{S}{l} \cdot dx \cdot \theta \quad (1)$$

また，流体ⅠとⅡとの間の熱平衡

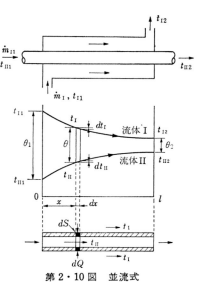

第 2・10 図　並流式

を考えると，

$$dQ = \dot{m}_\mathrm{I} \cdot c_\mathrm{I}(-dt_\mathrm{I})$$
$$= \dot{m}_\mathrm{II} \cdot c_\mathrm{II} \cdot dt_\mathrm{II} \qquad (2)$$

(dt_I に負号をつけたのは，x が増すにつれて温度が降下するからである)。

また，$\theta = t_\mathrm{I} - t_\mathrm{II}$ であるから，

$$d\theta = dt_\mathrm{I} - dt_\mathrm{II} \qquad (3)$$

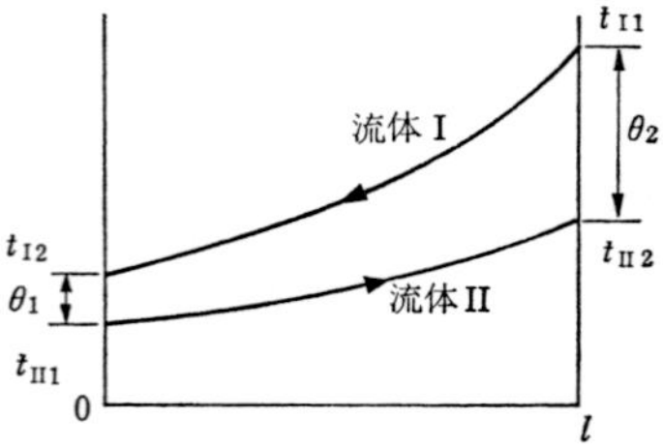

(1), (2), (3)式より次のようになる。

$$-\frac{d\theta}{\theta} = \frac{\dot{m}_\mathrm{I} \cdot c_\mathrm{I} + \dot{m}_\mathrm{II} \cdot c_\mathrm{II}}{\dot{m}_\mathrm{I} \cdot c_\mathrm{I} \cdot \dot{m}_\mathrm{II} \cdot c_\mathrm{II}} \cdot K \cdot \frac{S}{l} \cdot dx$$

第 2・11 図　向流式

これを管の全長に対して積分すると，

$$\ln \frac{\theta_1}{\theta_2} = \frac{\dot{m}_\mathrm{I} \cdot c_\mathrm{I} + \dot{m}_\mathrm{II} \cdot c_\mathrm{II}}{\dot{m}_\mathrm{I} \cdot c_\mathrm{I} \cdot \dot{m}_\mathrm{II} \cdot c_\mathrm{II}} \cdot K \cdot S \qquad (4)$$

管全長についての伝熱量を Q，平均温度差を θ_m とすれば，

$$Q = K \cdot S \cdot \theta_m \qquad (5)$$

また，それぞれの流体の温度変化から次の関係が成り立つ。

$$Q = \dot{m}_\mathrm{I} \cdot c_\mathrm{I}(t_\mathrm{I1} - t_\mathrm{I2}) = \dot{m}_\mathrm{II} \cdot c_\mathrm{II}(t_\mathrm{II2} - t_\mathrm{II1}) \qquad (6)$$

(4), (5), (6)式より次式が得られる。

$$\theta_m = \frac{\theta_1 - \theta_2}{\ln(\theta_1/\theta_2)} \qquad (2 \cdot 69)$$

この θ_m を**対数平均温度差**(logarithmic mean temperature difference)という。入口および出口温度が与えられたときは，向流の場合の θ_m の方が並流の場合の θ_m より大きいので，伝熱面積が同じならば向流式の方が伝熱量が大きい。

復水器などの場合には，第 2・12 図に示すように，管の外側の流体(蒸気)温度は飽和温度 t_s (一定)であるから式(2・69)は次のようになる。この場合，高温流体(蒸気) I の微小温度差 $dt_\mathrm{I} = 0$ であるが，その潜熱が低温流体(冷却水) II に伝達される(11・2 参照)。

$$\theta_m = \frac{\theta_1 - \theta_2}{\ln(\theta_1/\theta_2)} = \frac{t_2 - t_1}{\ln \dfrac{t_s - t_1}{t_s - t_2}}$$

$$(2 \cdot 70)$$

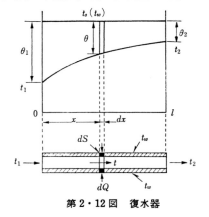

第 2・12 図　復水器

第2章　熱　　　　　55

またこの場合，管壁温度 t_w が一定とすれば，t_w に対しての平均温度差は式 (2・70) の t_s の代わりに t_w を入れて，

$$\theta_m' = \frac{t_2 - t_1}{\ln \dfrac{t_w - t_1}{t_w - t_2}} \tag{2・71}$$

このときの伝熱量 Q を求めるには，平均熱伝達率 α_m を用いて，

$$Q = \alpha_m \cdot S \cdot \theta_m' \quad \text{(W)} \tag{2・72}$$

θ_1 と θ_2 の差が大きくないときには，式 (2・69) の代わりに近似的には算術平均によって求めた平均温度を用いてもよい。すなわち，

$$\theta_m = (\theta_1 + \theta_2)/2 \tag{2・73}$$

例題1　厚さ 20 mm，熱伝導率 50 W/(m·K) {43 kcal/(m·h·°C)} のボイラ板がある。いま，燃焼ガス温度 1 100°C，ボイラ水温度 210°C，ガス側熱伝達率 250 W/(m²·K) {215 kcal/(m²·h·°C)}，水側熱伝達率 5 000 W/(m²·K) {4 300 kcal/(m²·h·°C)} であるとすると，燃焼ガスからボイラ水へ1時間，1 m² 当たりの伝熱量はいくらか。また，この場合のボイラ板の内外表面温度はいくらか。ただし，ボイラ板は平面板とする。

解　まず，熱通過率 K を求める。式 (2・68) において，$\alpha_1 = 250$ W/(m²·K)，$\alpha_2 = 5\,000$ W/(m²·K)，$\lambda = 50$ W/(m·K)，$l = 0.02$ m，

$$\therefore K = \frac{1}{1/250 + 0.02/50 + 1/5\,000} = 217.4 \text{ W/(m}^2\text{·K)}$$

求める伝熱量は，式 (2・66) より，

$$Q/S = K(t_1 - t_2) = 217.4 \times (1\,100 - 210) = 193\,486 \text{ W/m}^2$$
$$= 193\,486 \times 3\,600 = 696.55 \times 10^6 \text{ J/(m}^2\text{·h)}$$

ガス側および水側の表面温度をそれぞれ t_1'，t_2' とすれば，式 (2・65) より，

$$Q/S = \alpha_1(t_1 - t_1') = \alpha_2(t_2' - t_2)$$
$$\therefore t_1' = t_1 - \frac{Q/S}{\alpha_1} = 1\,100 - \frac{193\,486}{250} = 326 \text{°C}$$
$$t_2' = t_2 + \frac{Q/S}{\alpha_2} = 210 + \frac{193\,486}{5\,000} = 249 \text{°C}$$

重力単位系では，

$K = 1/(1/215 + 0.02/43 + 1/4\,300) = 187$ kcal/(m²·h·°C)
$Q/S = 187 \times (1\,100 - 210) = 166\,430$ kcal/(m²·h)
$t_1' = 1\,100 - 166\,430/215 = 326$°C
$t_2' = 210 + 166\,430/4\,300 = 249$°C

第 2 章　熱

例題 2　内径 40 mm, 外径 45 mm, 熱伝導率 80 W/(m·K){68.8 kcal/(m·h·°C)} の黄銅管において, 内壁と外壁の温度差が 100°C であれば, 管の長さ 1 m について 1 時間当たりの伝熱量はいくらか。

解　本問のように円管の場合では, 伝熱面積 S が一定でないことに注意しなければならない。第 2・13 図のように任意の半径 r のところの温度を t, 管の長さを l とすれば, 式 (2・60) より,

$$Q = -2\pi \cdot r \cdot l \cdot \lambda \cdot dt/dr \quad \text{(W)} \qquad (1)$$

ただし, $S = 2\pi \cdot r \cdot l$ は半径 r における伝熱面積であり, 負号は r の増す方向で温度 t が減少することを考慮して, Q を正の値にするためにつけてある ($dr > 0$, $dt < 0$)。式(1)を書き直すと,

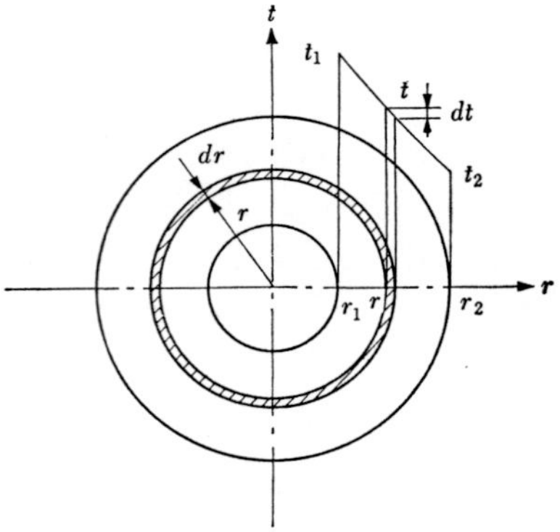

第 2・13 図　円管の熱通過

$$\frac{dr}{r} = -\frac{2\pi \cdot l \cdot \lambda}{Q} \cdot dt$$

これを積分して,

$$\ln r = -\frac{2\pi \cdot l \cdot \lambda}{Q} \cdot t + C_0$$

C_0 は積分定数である。半径 r_1 のところで温度が t_1, r_2 のところで t_2 の境界条件を上式に入れると, C_0 が消去されて次式が得られる。

$$Q = \frac{2\pi \cdot l \cdot \lambda (t_1 - t_2)}{\ln(r_2/r_1)} = \frac{2\pi \cdot l \cdot \lambda (t_1 - t_2)}{\ln(d_2/d_1)} \qquad (2)$$

ただし, $d_1 = 2r_1$, $d_2 = 2r_2$ である。

したがって, $d_1 = 40$ mm, $d_2 = 45$ mm, $\lambda = 80$ W/(m·K), $t_1 - t_2 = 100$°C, $l = 1$ m を式(2)に入れると,

$$Q = \frac{2 \times \pi \times 1 \times 80 \times 100}{\ln(45/40)} = 426\ 763\ \text{W} = 1\ 536.3\ \text{MJ/h}$$

重力単位系では, $\lambda = 68.8$ kcal/(m·h·°C) を用いて,

$$Q = \frac{2 \times \pi \times 1 \times 68.8 \times 100}{\ln(45/40)} = 367\ 016\ \text{kcal/h}$$

(367 016 × 4.186 8 = 1 536.6 × 10³ kJ/h = 1 536.6 MJ/h)

例題 3　第 2・10 図に示すような熱交換器において, 高温側の流体入口温度および出口温度が 80°C, 30°C, 低温側流体の入口および出口温度がそれぞれ 10°C, 20°C であるとすれば, 並流式と向流式について対数平均温度差を求めよ。

解　並流式の場合：式 (2・69) を適用する。$\theta_1 = t_{I1} - t_{II1} = 80 - 10 = 70$°C, $\theta_2 = t_{I2} - t_{II2} = 30 - 20 = 10$°C, $\therefore \theta_m = (70 - 10)/\ln(70/10) = 30.8$°C

第 2 章　熱　　　　　57

向流式の場合：$\theta_1 = t_{I2} - t_{II1} = 30 - 10 = 20\,°C$,　$\theta_2 = t_{I1} - t_{II2} = 80 - 20 = 60\,°C$,
$\therefore \theta_m = (20 - 60)/\ln(20/60) = 36.41\,°C$
したがって，向流式の方が大きい値となる。

2・7・3　伝熱に関する無次元数

物理量の次元については 1・6 において説明している。無次元数（dimensionless number）または無次元量は，読んで字のごとく次元の無い数量，すなわち単位の無い数量のことで，複雑な物理現象を一般化し，その特徴を明らかにするために多く用いられている。この無次元数は工学分野ごとに無数の種類があるが，人名の付いているものは現在 70 個程度知られている。

そのほとんどはヌッセルト数，レイノルズ数など外国の著名な研究者の名前であるが，日本人名の無次元数としては 1932 年に八田四郎次元東北帝国大学教授によって導入された，化学工学におけるガス吸収操作に関する八田数（ハッタ数，Hatta number）Ha が有名である。八田数は流体の吸収速度を表すのに重要な無次元数である。

もう一つの日本人名の無次元数として，1980 年代に立川正夫元鹿児島大学教授によって導入された，建築工学における風による飛散物の軌跡に関する立川数（タチカワ数，Tachikawa number）Ta がある。立川数は風下側の建築物に衝突する飛散物の位置を決定するのに重要な無次元数で，空気力と重力の比で表される。

ここでは，伝熱に関するおもな無次元数について，その名称，定義，意味などを第 2・1 表に示す。なお，同表下欄の各物理量については，SI と重力単位系の両方で示している。

第2章　熱

第2・1表　伝熱に関する無次元数

名　　称	定　　義	備　　考
ヌッセルト数 (Nusselt number)	$Nu = \dfrac{\alpha \cdot l}{\lambda}$	無次元熱伝達係数（λは流体の熱伝導率）。
レイノルズ数 (Reynolds number)	$Re = \dfrac{u \cdot l}{\nu}$	流動状態を支配する無次元数慣性力の粘性力に対する比を表す。
グラスホフ数 (Grashof number)	$Gr = \dfrac{g \cdot l^3}{\nu^2} \cdot \dfrac{\Delta\rho}{\rho}$ $= \dfrac{g \cdot l^3}{\nu^2} \cdot \beta \cdot \Delta t$ $= Ga \cdot \beta \cdot \Delta t$	浮力と粘性力の比。対流熱伝達に現れる無次元数（浮力は温度の等しくない流れにおいて密度の異なることより生じる）。
プラントル数 (Prandtl number)	$Pr = \dfrac{\nu}{a} = \dfrac{\mu \cdot c}{\lambda}$ $= Pe/Re$	流れと熱移動の関係を定める無次元数。流体の物質だけで定まる物性値。運動量対熱の伝播率を示す。
ペクレ数 (Peclet number)	$Pe = \dfrac{u \cdot l}{a} = \dfrac{u \cdot l}{\nu} \cdot \dfrac{\nu}{a}$ $= Re \cdot Pr = 1/Fo$	流体において対流熱伝達と熱伝導の比。
スタントン数 (Stanton number)	$St = \dfrac{\alpha}{c \cdot \rho \cdot u} = \dfrac{Nu}{Re \cdot Pr}$ $= Nu/Pe$	熱伝達の割合と流体のエンタルピの変化率との比。
オイラー数 (Euler number)	$Eu = \dfrac{\Delta P}{\rho \cdot u^2}$	流体の静圧と慣性力の比（ΔPは2点間の圧力差）。
フルード数 (Froude number)	$Fr = \dfrac{u^2}{g \cdot l}$	慣性力の重力に対する比。
ガリレオ数 (Galileo number)	$Ga = \dfrac{g \cdot l^3}{\nu^2} = Re^2/Fr$	流体において重力と粘性力の比。
マッハ数 (Mach number)	$M = \dfrac{u}{\bar{a}}$	弾性媒質中の実際の速度と音速の比。
ウェーバー数 (Weber number)	$We = \dfrac{\rho \cdot u^2 \cdot l}{\sigma}$	動圧（$\rho \cdot u^2$）と表面張力による圧力（σ/l）の比。
同時性数	$Ho = u \cdot \tau/l$	
ビオー数 (Biot number)	$Bi = \dfrac{\alpha \cdot l}{\lambda}$	固体内の温度場とその表面における熱伝達条件の関係を示す無次元数，すなわち内部熱抵抗と外部熱抵抗を示す（ヌッセルト数と同形であるが，この λ は固体の熱伝導率）。
フーリエ数 (Fourier number)	$Fo = \dfrac{a \cdot \tau}{l^2} = 1/Pe$	非定常熱伝導における無次元時間。

l＝代表長さ(m)，α＝熱伝達率(W/(m²·K)){kcal/(m²·h·℃)}，λ＝熱伝導率 (W/(m·K)) {kcal/(m·h·℃)}，u＝速度 (m/s，m/h)，$\nu = \mu/\rho$＝動粘性係数 (m²/s，m²/h)，g＝重力加速度 (m/s²)，ρ＝密度 (kg/m³) {kgf·s²/m⁴}，$\Delta\rho$＝密度差，β＝体積膨脹係数 (1/K，1/℃)，Δt＝温度差 (K，℃)，$a = \lambda/(c \cdot \rho)$＝温度伝導率 (m²/s，m²/h)，$\mu$＝粘性係数 (Pa·s) {kgf·s/m²}，$c$＝比熱 (J/(kg·K)) {kcal/(kgf·℃)}，ΔP＝圧力降下 (Pa) {kgf/m²}，$\bar{a}$＝音速 (m/s，m/h)，σ＝表面張力 (N/m) {kgf/m}，τ＝時間 (s，h)

第 2 章　熱　　　　　　　　　　　　　59

■　演　習　問　題　■

（三級程度）

1. 次の各項を説明せよ。
(1) ボイル・シャールの法則およびガス定数
(2) 定圧比熱および定容比熱
(3) 熱力学の第一法則および第二法則
解 (1), (2)は **2・3**, (3)は **2・2・1** と **2・6・1**　参照。

2. ボイル・シャールの法則に関する(1)～(5)の記述のうち，正しくない箇所を指摘して正しくせよ。
(1) 温度が一定であるとき，完全ガスの比容積は圧力に正比例する。
(2) 容積が一定であるとき，完全ガスの圧力は摂氏温度に正比例する。
(3) 圧力が一定であるとき，完全ガスの容積は絶対温度に逆比例する。
(4) 一定量の完全ガスの圧力は，容積に正比例する。
(5) 一定量の完全ガスの圧力は，絶対温度に逆比例する。
解 (1)正比例→逆比例，(2)摂氏温度→絶対温度，(3)逆比例→正比例，(4)正比例→逆比例，(5)逆比例→正比例

3. 次の(1)～(5)の記述中，正しいものに〇印を，正しくないものに×印をつけよ。
(1) 一定質量の気体の容積は，一定圧力では温度が1℃高くなるごとに0℃のときの容積の 1/273 ずつ増加する。（厳密には 1/273.15）
(2) 同温，同圧，同容積の気体の分子の数はそれぞれの気体の質量に比例する。
(3) 清水は 4℃ において密度が最大になる。（厳密には 3.98℃）
(4) 気体の定容比熱は定圧比熱より大である。
(5) 混合気体の圧力は，各成分気体がその混合気体と同温，同容積において示す圧力の和に等しい。
解 (1)〇，(2)×，(3)〇，(4)×，(5)〇

4. 完全ガスの状態変化に関して，次の文の （　） の中に適合する字句を記せ。
(1) 温度および（ ① ）が同じ場合，すべての気体は単位容積中に同数の（ ② ）を含む。
(2) 気体の容積が一定の場合，絶対圧力は（ ③ ）に正比例する。
(3) 気体が等容膨張をする場合，供給された熱量はすべて（ ④ ）エネルギの増加となる。
(4) カルノーサイクルは，2つの（ ⑤ ）変化と2つの（ ⑥ ）変化によって構成される。
(5) 熱機関において，作動流体に仕事をさせるには，これよりさらに（ ⑦ ）い温度の物体を必要とする。

60　　第 2 章　熱

解　①圧力，②分子，③絶対温度，④内部，⑤等温，⑥断熱(注：厳密には可逆断熱，また⑤と⑥が逆でもよい)，⑦低

5. 標準状態における空気の密度が 1.293kg/m³ の場合，ガス定数はいくらになるか。

　解　**2・3・3** の **例題** 参照。

6. 始動空気タンクの圧力計の示度が 3.0MPa {30.6kgf/cm²} で，そのときのタンク内の空気の温度は 31℃ であった。その温度が 17℃ に下がると圧力計の示度はいくらになるか。

　解　2.857MPa {29.14kgf/cm²}

　　温度は絶対温度に，圧力は絶対圧力に換算してからボイル・シャールの法則を適用する。答はゲージ圧力であることに注意する。

7. 絶対圧 2.0MPa {20.4kgf/cm²} の完全ガスが，容積 0.06m³ から 0.6m³ まで等温膨脹したとすれば，膨脹後の絶対圧力はいくらか。

　解　0.2MPa {2.04kgf/cm²}

　　ボイルの法則を適用する。

8. 絶対圧 1.2MPa {12.2kgf/cm²}，温度 195℃ の完全ガスを容積一定のまま 325℃ まで加熱した場合，絶対圧力はいくらになるか。

　解　1.53MPa {15.59kgf/cm²}

9. 一定質量の完全ガスを等圧のもとで 20℃ から 200℃ まで温度を上昇させると，このガスの密度はもとの何倍となるか。

　解　0.62 倍

　　$\rho_2/\rho_1 = v_1/v_2 = T_1/T_2 = 293.15/473.15 = 0.62$

10. 内径 1.0m，高さ 2.5m の円筒形の圧縮空気タンクに 20℃ の空気が絶対圧で 3.0 MPa {30.6kgf/cm²} 入っておれば，その空気の質量 {重量} はいくらか。

　解　70.0kg {70.0kgf}

　　$P \cdot V = m \cdot R \cdot T$ に $V = \pi \times 1^2 \times 2.5/4 = 1.963$m³，$R = 286.9$J/(kg·K) {29.25kgf·m/(kgf·K)} を代入する。

　　$m = 3.0 \times 10^6 \times 1.963/(286.9 \times 293.15) = 70.0$kg

　　　重力単位系では，$P \cdot V = G \cdot R \cdot T$ より

　　$G = 30.6 \times 10^4 \times 1.963/(29.25 \times 293.15) = 70.0$kgf

11. 内部エネルギ 85kJ {20.3kcal} を有する静止状態にある物体に熱を加えて，内部エネルギが 150kJ {35.8kcal} に増加し，さらに外部に対して 4 500N·m {458.9kgf·m} の仕事をしたとする。加えた熱量はいくらか。

第2章 熱   61

解 69.5 kJ {16.57 kcal}
 $dQ = dU + dW$ より $Q_{12} = U_2 - U_1 + W_{12}$ を用いて, $Q_{12} = 150 - 85 + 4.5 = 69.5$ kJ となる。
 重力単位系では, $Q_{12} = U_2 - U_1 + A \cdot W_{12} = 35.8 - 20.3 + 458.9/427 = 16.57$ kcal

12. 図は完全ガスが「$P \cdot v^n =$ 定数」で $n = 1$ なる関係にある場合の任意の1点Xで示される完全ガスの状態変化を表すP-v線図である。この図にnが次の場合の完全ガスの状態変化を図示せよ。
 (1) $n = 0$, (2) $n = \infty$, (3) $n = \kappa$ (κ は断熱指数)
 解 第2・5図の P-v 線図参照。

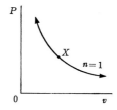

13. 15°Cの清水 1 000 kg {1 000 kgf} を -10°C の氷にするためには, 何 kJ {kcal} の熱を取り去ればよいか。ただし, 水の凝固熱を 335 kJ/kg {80 kcal/kgf}, 氷の比熱を 2.1 kJ/(kg·K) {0.5 kcal/(kgf·°C)} とする。
 解 419×10^3 kJ $= 419$ MJ $\{1.0 \times 10^5$ kcal$\}$
 $Q = m\{c_w(t_w - t_o) + S + c_i(t_o - t_i)\}$ (kJ)
 上式に, 清水の質量 $m = 1 000$, 清水の比熱 $c_w = 4.19$ kJ/(kg·K), 清水の温度 $t_w = 15$, $t_o = 0$°C, 水の凝固熱 $S = 335$, 氷の比熱 $c_i = 2.1$, 氷の温度 $t_i = -10$ をそれぞれ代入すると, $Q = 419 \times 10^3$ kJ となる。
 重力単位系では,
 $Q = G\{c_w(t_w - t_o) + S + c_i(t_o - t_i)\}$ (kcal) に, 清水の重量 $G = 1 000$, $c_w = 1$ kcal/(kgf·°C), $t_w = 15$, $t_o = 0$, $S = 80$, $c_i = 0.5$, $t_i = -10$ をそれぞれ代入すると, $Q = 1.0 \times 10^5$ kcal となる。

14. 厚さが 40 mm の平板において, 面積 1 m² 当たり 1 時間の伝熱量が 45 MJ {10 748 kcal} であるとき, この平板の両面の温度差はいくらか。ただし, この平板の熱伝導率は 40 W/(m·K) {34.4 kcal/(m·h·°C)} とする。
 解 12.5°C
 $Q = \lambda S(t_1 - t_2)/l$ (MJ/h){kcal/h} より, $t_1 - t_2 = Q \cdot l/(\lambda \cdot S) = 45 \times 10^6 \times 0.04/(40 \times 3\ 600 \times 1)$
 $= 12.5$ K $= 12.5$°C
 重力単位系では $t_1 - t_2 = 10\ 748 \times 0.04/(34.4 \times 1) = 12.5$°C となる。

15. 厚さ 6 mm, 熱伝導率 400 W/(m·K) {344 kcal/(m·h·°C)} の銅平板において, 高温面から低温面へ 1 分間の伝熱量が面積 1 m² 当たり 170 MJ {40 600 kcal} のとき, 高温面の温度が 100°C とすれば低温面の温度はいくらか。
 解 57.5°C
 (温度差が 42.5°C となる)

62   第 2 章   熱

16. 厚さが一様に 30 mm，熱伝導率 50 W/(m·K) {43 kcal/(m·h·°C)} の平鋼板の両面の温度差が 20°C とすれば毎時毎平方メートルについてどれだけの熱量が伝導されるか。
解   120 MJ/(m²·h) {28.7×10³ kcal/(m²·h)}

〔二級程度〕

17. 容積 5 m³ の空気タンクに絶対圧 2.94 MPa {30 kgf/cm²}，20°C の空気が入っている。いま，温度一定のまま 40 kg {40 kgf} の空気を取り出すとタンク内の圧力はいくらになるか。ただし，空気のガス定数を 0.287 0 kJ/(kg·K) {29.27 kgf·m/(kgf·K)} とする。
解   2.27 MPa {23.1 kgf/cm²}
  取り出す前のタンク内の空気の質量を m(kg) とすると，$P·V=m·R·T$ より，
  $m=2.94×10^3×5/(0.287\ 0×293.15)=174.7$ kg
  空気を取り出してもタンク内の温度は変わらないから，同様にして，
  $P=(174.7-40)×0.287\ 0×293.15/5$
    $=2.267×10^3$ kPa$=2.27$ MPa
  重力単位系では，空気の重量を G(kgf) とすれば $P·V=G·R·T$ より，
  $G=30×10^4×5/(29.27×293.15)=174.8$ kgf
  したがって，
  $P=(174.8-40)×29.27×293.15/5$
    $=23.13×10^4$ kgf/m²$=23.1$ kgf/cm²
  (計算において単位を間違えないこと)

18. 絶対圧 3.5 MPa {35.7 kgf/cm²}，温度 400°C の燃料空気混合ガスが，初め等容燃焼して絶対圧 5.0 MPa {51.0 kgf/cm²} に高まり，次に等圧燃焼して 3 倍の容積に膨脹すると，燃焼が終わったときの温度はいくらになるか。ただし，このガスを完全ガスとみなし，燃焼中の熱はどこへも失われないものとする。
解   2 612°C
  図において，等容燃焼過程では $T_2=T_1·P_2/P_1$ より T_2 が，等圧過程では $T_3=T_2·v_3/v_2$ より T_3 が求まる。ただし，$v_3/v_2=3$ である。

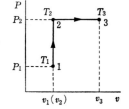

19. ボイラの平面伝熱部の厚さ 22 mm の鋼板の水側に厚さ 2.5 mm のスケールが，燃焼ガス側に厚さ 1 mm のすすが付着した。伝熱面の表面温度が水側で 230°C，ガス側で 400°C とすると，この伝熱面の 1 m²，1 時間当たりの熱伝導量はいくらとなるか。ただし，熱伝導率を鋼板 53.5 W/(m·K) {46 kcal/(m·h·°C)}，スケール 0.58 W/(m·K) {0.50 kcal/(m·h·°C)} およびすす 0.12 W/(m·K) {0.10 kcal/(m·h·°C)} とする。

第 2 章　熱　　　　　63

解　$13.0\,\mathrm{kW/m^2}\{10\,983\,\mathrm{kcal/(m^2 \cdot h)}\}$

$$Q = \frac{t_1 - t_2}{l_1/\lambda_1 + l_2/\lambda_2 + l_3/\lambda_3}\ (\mathrm{W/m^2})\{\mathrm{kcal/(m^2 \cdot h)}\}$$

を用いる。

（一級程度）

20. $20°\mathrm{C}$，標準気圧における空気 $1\,\mathrm{kg}\{1\,\mathrm{kgf}\}$ の容積が $0.830\,1\,\mathrm{m^3}$ であれば空気のガス定数はいくらか。また，この空気 $0.4\,\mathrm{kg}\{0.4\,\mathrm{kgf}\}$ を $0.025\,\mathrm{m^3}$ に断熱圧縮して，空気温度が $568°\mathrm{C}$ になったとすれば，このときの空気の圧力はいくらか。

解　$286.9\,\mathrm{J/(kg \cdot K)}\{29.26\,\mathrm{kgf \cdot m/(kgf \cdot K)}\}$
　　　$3.86\,\mathrm{MPa}\{39.4\,\mathrm{kgf/cm^2}\}$

21. 絶対圧で $3.0\,\mathrm{MPa}\{30.6\,\mathrm{kgf/cm^2}\}$ の完全ガス $0.05\,\mathrm{m^3}$ を等温膨脹させて $0.5\,\mathrm{m^3}$ の容積にするとすれば，この膨脹後の圧力はいくらか。また，膨脹中の外部への仕事量および等温を保つために外部から加える熱量はそれぞれいくらか。ただし，等温膨脹仕事 W は $W = P_1 \cdot V_1 \cdot \ln(V_2/V_1)$ で表される（添字 1，2 はそれぞれ膨脹前後の状態を示す）。

解　ボイルの法則より圧力は，$0.3\,\mathrm{MPa}\{3.06\,\mathrm{kgf/cm^2}\}$
　　　　$W = 3.0 \times 10^6 \times 0.05 \times \ln(0.5/0.05) = 345\,388\ \mathrm{N \cdot m} = 345.4\,\mathrm{kJ}$
　　　　　$= 30.6 \times 10^4 \times 0.05 \times \ln(0.5/0.05) = 35\,230\,\mathrm{kgf \cdot m}$
　　　等温膨脹では，$Q = W$ であるから
　　　　$Q = 345.4\,\mathrm{kJ}(345.4/4.186\,8 = 82.5\,\mathrm{kcal})$
　　　　　$= 35\,230/427 = 82.5\,\mathrm{kcal}$

22. 一定質量のガスのポリトロープ変化は，そのガスの絶対圧力を P，容積を V とすると，$P \cdot V^n = 定数$　として表される。この場合について次の問に答えよ。
(1)　$n = 0$ のときはどんな変化を表すか。
(2)　$n = \infty$ のときはどんな変化を表すか。
(3)　定圧比熱を c_p，定容比熱を c_v とすると $n = c_p/c_v$ のときはどんな変化を表すか。
(4)　$n = 1$ のときはどんな変化を表すか。

解　$2 \cdot 4 \cdot 6$ を参照。

23. 完全ガスの断熱変化について次の問に答えよ。
(1)　断熱変化の式を $P \cdot V^\kappa = 定数$　として表す場合，κ の値は何に等しいか。
(2)　単位質量のガスが断熱膨脹して，絶対圧力，容積が P_1，V_1 から P_2，V_2 にそれぞれ変化した場合，ガスのした外部仕事量は $\dfrac{1}{\kappa-1}(P_1 \cdot V_1 - P_2 \cdot V_2)$ となることを説明せよ。

ただし，定圧比熱を c_p，定容比熱を c_v，断熱膨脹前後のガスの絶対温度を T_1, T_2 とすれば，内部エネルギの変化は $c_v(T_1-T_2)$ で，かつ，ガス定数を R とすれば $c_p - c_v = R$ であるものとする。

解 (1) $\kappa = c_p/c_v$

(2) 外部仕事 W_{12} は $W_{12} = \int_1^2 P \cdot dV$，また，$P \cdot V^\kappa = C_0$(定数)とする。故に

$$W_{12} = \int_1^2 P \cdot dV = C_0 \int_1^2 \frac{dV}{V^\kappa} = \frac{C_0}{-\kappa+1}(V_2^{-\kappa+1} - V_1^{-\kappa+1})$$

$$= \frac{1}{-\kappa+1}(P_2 \cdot V_2 - P_1 \cdot V_1) = \frac{1}{\kappa-1}(P_1 \cdot V_1 - P_2 \cdot V_2)$$

24. 図はあるガスの断熱変化を示す P-v 線図で，点Aと点Bの圧力と比容積はそれぞれ次のようである。$\overline{OA_p} = 40.5$ mm, $\overline{OB_p} = 22.0$ mm, $\overline{OA_v} = 27.0$ mm, $\overline{OB_v} = 42.6$ mm 断熱変化では $P \cdot v^\kappa =$ 定数 であることを参考に定圧比熱と定容比熱の比すなわち κ を求めよ。

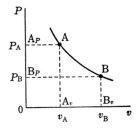

解 $(P_A/P_B) = (v_B/v_A)^\kappa$ より $\kappa = \ln(P_A/P_B)/\ln(v_B/v_A)$
$= \ln(40.5/22.0)/\ln(42.6/27.0) = 1.34$

25. 容量 2 m³ の始動空気タンクに圧縮空気を充てんした直後，タンク内の温度は 35°C, 圧力計の示度は 3.0 MPa {30.6 kgf/cm²} であった。その後，タンク内の温度は 25°C, 圧力計の示度は 2.6 MPa {26.5 kgf/cm²} にそれぞれ下がった。この間，始動空気タンク内の圧縮空気は使用されなかったとすると，漏れた空気の量はいくらか。

解 充てんした直後の状態を1，その後の状態を2とし，ボイル・シャールの法則を適用する。

$$m_1 - m_2 = \frac{V}{R}\left(\frac{P_1}{T_1} - \frac{P_2}{T_2}\right) = \frac{2}{286.9} \times \left(\frac{3.1 \times 10^6}{308.15} - \frac{2.7 \times 10^6}{298.15}\right) = 7.0 \text{ kg}$$

重力単位系では，

$$G_1 - G_2 = \frac{2}{29.25} \times \left(\frac{31.6 \times 10^4}{308.15} - \frac{27.5 \times 10^4}{298.15}\right) = 7.0 \text{ kgf}$$

26. ボイラにおいて，平板伝熱面の燃焼ガス側の熱伝達率が 30.0 W/(m²·K) {25.8 kcal/(m²·h·°C)}，水側の熱伝達率が 4 500 W/(m²·K) {3 870 kcal/(m²·h·°C)} で，平板の厚さおよび熱伝導率がそれぞれ 15 mm および 50.0 W/(m·K) {43.0 kcal/(m·h·°C)} であれば，この場合の熱通過率はいくらか。また，この場合の燃焼ガスおよび水の温度をそれぞれ 550°C および 150°C とすれば，伝熱面積 1 m² について通過する熱量は1時間当たりいくらか。

解 $1/K = 1/\alpha_1 + l/\lambda + 1/\alpha_2 = 1/30 + 0.015/50 + 1/4\,500 = 0.033\,86$

∴ $K = 29.54$ W/(m²·K)　また，

$1/K = 1/25.8 + 0.015/43 + 1/387\,0 = 0.039\,37$

第2章　熱　　　　　　　　　　　　　　　65

∴ $K = 25.40\,\mathrm{kcal/(m^2 \cdot h \cdot {}^\circ C)}$
　($25.40 \times 1.163 = 29.54\,\mathrm{W/(m^2 \cdot K)}$ となる)
伝熱量 Q は $Q = K(t_1 - t_2)$ より
$Q = 29.54 \times (550 - 150) = 11\,816\,\mathrm{W/m^2} = 42.54\,\mathrm{MJ/(m^2 \cdot h)}$
　$= 25.40 \times (550 - 150) = 10\,160\,\mathrm{kcal/(m^2 \cdot h)}$

27. 図のように接触する3層平板A，B，Cの両側に高温流体 $t_g = 1\,200\,{}^\circ\mathrm{C}$，低温流体 $t_l = 70\,{}^\circ\mathrm{C}$ がある場合において，単位時間中に平板の単位面積($\mathrm{m^2}$)を通して，高温流体から低温流体に流れる熱量はいくらか。ただし，A，B，Cそれぞれの熱伝導率は，$\lambda_1 = 0.093\,\mathrm{W/(m \cdot K)}\{0.08\,\mathrm{kcal/(m \cdot h \cdot {}^\circ C)}\}$, $\lambda_2 = 46.5\,\mathrm{W/(m \cdot K)}\{40.0\,\mathrm{kcal/(m \cdot h \cdot {}^\circ C)}\}$, $\lambda_3 = 2.1\,\mathrm{W/(m \cdot K)}\{1.8\,\mathrm{kcal/(m \cdot h \cdot {}^\circ C)}\}$，またA，B，Cそれぞれの厚さは，$l_1 = 2\,\mathrm{mm}$, $l_2 = 20\,\mathrm{mm}$, $l_3 = 1\,\mathrm{mm}$，高温流体とA面，

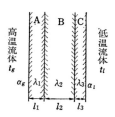

低温流体とC面のそれぞれの熱伝達率は，$\alpha_g = 28\,\mathrm{W/(m^2 \cdot K)}\{24\,\mathrm{kcal/(m^2 \cdot h \cdot {}^\circ C)}\}$, $\alpha_l = 5\,800\,\mathrm{W/(m^2 \cdot K)} = \{4\,990\,\mathrm{kcal/(m^2 \cdot h \cdot {}^\circ C)}\}$ として算出せよ。

解
$$Q = \frac{1\,200 - 70}{\dfrac{1}{28} + \dfrac{0.002}{0.093} + \dfrac{0.02}{46.5} + \dfrac{0.001}{2.1} + \dfrac{1}{5\,800}} = 19\,383\,\mathrm{W/m^2}$$
$= 69.78\,\mathrm{MJ/(m^2 \cdot h)}$

$$Q = \frac{1\,200 - 70}{\dfrac{1}{24} + \dfrac{0.002}{0.08} + \dfrac{0.02}{40} + \dfrac{0.001}{1.8} + \dfrac{1}{4\,990}} = 16\,637\,\mathrm{kcal/(m^2 \cdot h)}$$

28. 厚さ16 mm，熱伝導率 $58\,\mathrm{W/(m \cdot K)}\{49.9\,\mathrm{kcal/(m \cdot h \cdot {}^\circ C)}\}$ の平鋼板の片面に，厚さ0.2 mm，熱伝導率 $2.5\,\mathrm{W/(m \cdot K)}\{2.15\,\mathrm{kcal/(m \cdot h \cdot {}^\circ C)}\}$ のスケールが付着し，他の片面に，厚さ0.3 mm，熱伝導率 $0.15\,\mathrm{W/(m \cdot K)}\{0.13\,\mathrm{kcal/(m \cdot h \cdot {}^\circ C)}\}$ のすすが付着した場合，これらの付着する前に比較して伝熱量は何%減少するか。ただし，平鋼板の両面の温度差は付着する前後とも等しいものとする。

解 付着する前後の伝熱量を Q_1 および Q_2，両面の温度差を Δt とする。
$Q_1 = \Delta t / (l/\lambda) = \Delta t (0.016/58) = 3\,625\,\Delta t\,\mathrm{W/m^2}$
$$Q_2 = \frac{\Delta t}{l'/\lambda' + l/\lambda + l''/\lambda''} = \frac{\Delta t}{\dfrac{0.000\,2}{2.5} + \dfrac{0.016}{58} + \dfrac{0.000\,3}{0.15}} = 424.5\,\Delta t\,\mathrm{W/m^2}$$

したがって，$(Q_1 - Q_2)/Q_1 = 0.883$，すなわちスケールとすすが付着することによって伝熱量は88.3%も減少することになる。

■ 追加演習問題 ■

（三級程度）

1. 図は，カルノーサイクルのP-v線図の一例である．図における 1→2, 2→3, 3→4 および 4→1 の 4 つの状態変化の名称をそれぞれ記せ．
   解 1→2 は等温膨張，2→3 は断熱膨張，3→4 は等温圧縮，4→1 は断熱圧縮（第 2・6 図参照）

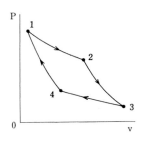

2. 図は，一定容積の空気を圧力 P_0 まで圧縮する場合のP-V線図の一例である．図において，(a), (b), (c)の曲線は下記①〜④のどれにそれぞれ該当するか．
   ①等容圧縮，②断熱圧縮，③ポリトロープ圧縮，④等温圧縮
   解 (a)—②, (b)—③, (c)—④（第 2・5 図参照）

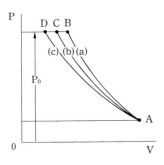

3. 圧縮比 13 のディーゼル機関において，標準状態の空気をゲージ圧 $4.0\text{MPa}\{40.8\text{kgf/cm}^2\}$ まで圧縮したとすれば，その温度はいくらになるか．
   解 853.15K（または 580.0℃）
   ボイル・シャールの法則 $P \cdot V/T =$ 定数を適用する．圧縮比 13 は，圧縮する前の容積を 13m^3，圧縮後の容積を 1m^3 とみなせばよい．
   $0.101 \times 13/273.15 = (4.0+0.101) \times 1/T$ より $T = 853.15\text{K}$, $t = 580.0℃$
   重力単位系では，$1.03 \times 13/273.15 = (40.8+1.03) \times 1/T$ より求めればよい．

4. 理想気体の性質に関する次の問に答えよ．
   (1) 絶対圧が $2.0\text{MPa}\{20\text{kgf/cm}^2\}$ のとき，体積が 1m^3 である気体を 4m^3 にまで等温膨張させるとすれば，膨張後の圧力は，絶対圧でいくらになるか．
   (2) 絶対圧が $1.0\text{MPa}\{10\text{kgf/cm}^2\}$，温度が 150℃ の気体を，体積が一定のまま 300℃ にまで加熱した場合，その圧力は絶対圧でいくらになるか．
   解 (1) ボイル・シャールの法則より，$P_1 \cdot V_1/T_1 = P_2 \cdot V_2/T_2$ いま，$T_1 = T_2$ $P_1 = 2.0\text{MPa}$, $V_1 = 1\text{m}^3$, $V_2 = 4\text{m}^3$ を代入すると，$P_2 = 0.5\text{MPa}$ となる．
   重力単位系では，$P_1 = 20\text{kgf/cm}^2$ とすれば，$P_2 = 5\text{kgf/cm}^2\text{abs}$．
   (2) 同様に，$V_1 = V_2$ $P_1 = 1.0\text{MPa}$ $T_1 = 273.15+150 = 423.15\text{K}$ $T_2 = 273.15+300 = 573.15\text{K}$（必ず℃を K に換算すること）を代入すると，$P_2 = 1.35\text{MPa}$ となる．
   重力単位系では，$P_1 = 10\text{kgf/cm}^2$ とすれば，$P_2 = 13.5\text{kgf/cm}^2\text{abs}$．

第2章　熱　　　　　67

5. 1日に冷却水量150t{150tf}を要する機関において，シリンダ冷却水の入口温度75℃，出口温度85℃のとき，冷却水に持ち去られる熱量はいくらか。ただし，冷却水の比熱は4.186kJ/(kg・K) {1.0kcal/(kgf・℃)}とする。

解 72.7kW{98.8PS}

$Q = \dot{m} \cdot c(t_2 - t_1)$において，$\dot{m}$は冷却水の質量流量で$\dot{m} = 150 \times 10^3/(24 \times 3\,600) = 1.736$kg/s，なお冷却水の温度差$(t_2 - t_1)$は，単位が[K]でも[℃]でも値は同じである。

$Q = 1.736 \times (85 - 75) \times 4.186 = 72.7kJ/s= 72.7$kW（求める答えは単位時間s当たりの熱量kJであるので，その単位は仕事率kWで表される。）

重力単位系では，冷却水の重量流量は1.736kgf/sであり質量流量と同じ値である。$Q = 1.736 \times (85 - 75) \times 1.0 = 17.36$kcal/s$= 98.8$PSとなる。

6. エンタルピとはどのようなことか，説明せよ。

解 **2・2・3**参照

7. 熱の移動に関する次の文の（　）の中に適合する字句を記せ。

(1) 固体の内部を熱が移動することを熱（①）という。

(2) 固体内のある点から他の点までの熱の移動する量はその間の温度差に（②）する。

(3) 固体の面と，それに接する流体との間の熱の移動を熱（③）という。

(4) 流体では，①によって熱が伝わるだけでなく，（④）によって熱が伝えられる。

(5) 中間の物体にたよらずに離れている物体に直接熱が移ることを熱の（⑤）という。

解 ①伝導，②比例，③伝達，④対流，⑤放射（ふく射でもよい）

8. p.39の第 2・8 図(a)に示すカルノーサイクルの温度－比エントロピ線図（$T\text{-}s$ 線図）において，1→2の変化中に受ける熱量をQ_1，3→4の変化中に放出する熱量をQ_2とするとき，次の問に答えよ。

(1) 熱効率ηは，どのような式で表されるか。

(2) 図中の1→2→3→4→1で囲まれる四角形の面積Wは，何を表しているか。また，Wはどのような式で表されるか。

解 (1) $\eta = W/Q_1 = (Q_1 - Q_2)/Q_1 = 1 - Q_2/Q_1 = 1 - T_2/T_1$，**5・6・2**参照

(2) Wは外部にする仕事を表しており，$W = Q_1 - Q_2$で示すことができる。仕事Wも，熱量QもSIではともに単位はJ（ジュール）である。

重力単位系では，仕事はkgf・m，熱量はkcalの単位であるので，仕事の熱当量A（kcal/(kgf・m)）を用いて，$W = (Q_1 - Q_2)/A$で示す。

（二級程度）

9. 内径150cm，長さ300cmの円筒形空気タンクにゲージ圧2.5MPa{25.5kgf/cm²}，温度25℃の空気が入っているとすれば，タンク内の空気の質量{重量}はいくらか。ただし，空気のガス定数を286.7J/(kg・K) {29.23kgf・m/(kgf・℃)}とする。

68　　　　　　　　　　　第2章　熱

解　161.3kg〔161.3kgf〕

　　ボイル・シャールの法則から，P・V＝m・R・T（この式は式（2・15）のvにv＝V/
　mを代入したもの。mは質量）を使う。

　　タンクの内容積Vはπ/4×1.5²×3＝5.30m²，P＝2.5＋0.101＝2.601MPa＝2.601
　×10⁶N/m²，T＝273.15＋25＝298.15K，R＝ガス定数　をそれぞれ代入すると，m
　＝161.3kgとなる。なお，1N・m＝1Jであり，この計算式の次元を確かめること。

　　重力単位系では，P・V＝G・R・T（Gは重量）のPに，P＝（25.5＋1.03）×10⁴kgf/m²を
　代入して計算すると，G＝161.3kgfが得られる。

10. 容積10 m³の空気タンクに圧力計の示度で3.0 MPa〔30kgf/cm²〕，温度35℃の空気
　が入っている。いま，温度一定のまま50kg〔50kgf〕の空気を取り出すと，圧力計の
　示度はいくらになるか。

　　ただし，空気のガス定数を287.03 J/(kg・K)〔29.27 kgf・m/(kg・K)〕とする。

解　問17の問題と類似であるが，絶対圧とゲージ圧に注意。取り出す前のタンク内
　の空気の質量をm（kg）とすると，P・V＝m・R・TよりP＝（3.0＋0.1013）×10⁶
　Pa（大気圧は0.1013MPa），V＝10 m³，T＝273.15＋35 K，R＝287.03 J/(kg・K)
　を代入すると，m＝350.6kg　空気を取り出してもタンク内の温度は変わらないか
　ら，同様にして，P＝（350.6－50）×287.03×308.15/10＝2.6588×10⁶Pa

　　故に，圧力計の示度は2.6588－0.1013＝2.5575MPa

　　重力単位系では，P＝（30＋1.033）×10⁴kgf/m²（大気圧は1.033kgf/cm²）となり，
　m＝344.1kgfとなる。50kgfの空気を取り出した後の圧力は，同様にして，P＝
　26.526 kgf/cm²abs. 故に圧力計の示度は26.526－1.033＝25.493 kgf/cm²

（一級程度）

11. 熱機関の性能改善に関する次の文の（　）の中に適合する字句を記せ。

　(1)　熱機関の熱効率は一般に（①）過程中の動作流体温度を高くするほど，また
　　（②）過程中の動作流体温度を低くするほどよくなる。しかし，①過程中の温度に
　　は熱機関の（③）や構造によって定まる上限があり，②過程中の温度には（④）温
　　度や（⑤）温度によって定まる下限がある。

　(2)　熱機関は一般に，相当に複雑なシステムであるが，システム内に存在する非
　　（⑥）性を減らせば熱効率は改善される。例えば，流体の流動に伴う（⑦）損失，
　　熱交換器における両流体間の（⑧）差および流体を混合するときの⑧差などを減ら
　　し，またシステム中のポンプ，ブロワおよびタービンなどの過程をできるだけ等
　　（⑨）変化に近づければ，全体としての熱効率は改善される。

解　①加熱，②冷却，③種類（材料），④冷却水（冷却海水），⑤大気（冷却用空気），
　⑥可逆，⑦摩擦，⑧温度，⑨エントロピ

第3章　蒸気の性質

3・1　蒸気とガス

蒸気(vapour)と**ガス**(gas)の区別は明確にされているわけではなく，便宜上，気体をこの二つに大別しているだけである。一般に，蒸気は凝縮や蒸発の起こる状態に比較的近い気体を指し，ガスはその状態から相当遠い気体を指している。したがって，どのような気体でも温度と圧力を変えれば蒸気またはガスの状態になり得るわけである。

ふつうにガスといわれている空気，酸素，窒素などは，かつて液化することができないと考えられていたために**永久ガス**(permanent gas)と呼ばれていたが，圧力を高め，温度を下げて容積を小さくすれば蒸気の状態になり，最終的には液体となる。一方，蒸気の状態にある気体でも圧力を低くし，温度を上げて容積を大きくすればガスの状態になり，すでに述べた完全ガス（理想気体ともいう）の性質に近づく。

なお，各種蒸気のうち，水蒸気に対して以前は「蒸汽」という文字を使って水蒸気以外のいわゆる「蒸気」とは区別をしていた。しかし，使用漢字が制限される現在では水蒸気を単に蒸気と書いて蒸汽の文字は用いられていない。その代わり，一般の蒸気に対してはふつうその物質を明示して，たとえば「フレオン蒸気」のように書くようになっている。また，英語では，一般の蒸気に対して「vapour（英），vapor（米）」の単語を使い，水蒸気(water vapour)に対しては「steam」の単語を使っている。

本書では，とくに断らない限り対象としているのは水蒸気である。

3・2　一定の圧力のもとにおける蒸発および臨界状態

いま，容器の中に入れた純粋な水を圧力一定，たとえば，標準大気圧（1 atm $=760\,\mathrm{mmHg}=101.325\,\mathrm{kPa}=1.033\,227\,\mathrm{kgf/cm^2}$）のもとで加熱する場合を考える。初めは水の温度が上昇し，容積も少し増加してくる。この温度の上昇のために使われる熱を**顕熱**(sensible heat)という。水の温度が100℃（厳密には

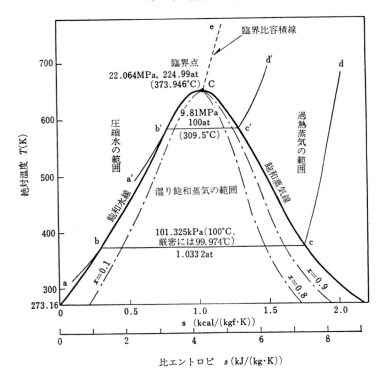

第3・1図　蒸気の T-s 線図

99.974℃) になるとそれ以上には温度は上昇せず一定になる。この一定温度は液体の種類や圧力によって決まる性質のもので，その圧力に対する**飽和温度** (saturation temperature) という。圧力が標準大気圧よりも高ければ水の飽和温度は 100℃ よりも高くなる。この飽和温度の状態にある水を**飽和水**[脚注](saturated water) という。また，飽和水の圧力をその温度に対する**飽和圧力** (saturation pressure) といい，この飽和圧力と飽和温度の間には一定の関係がある。一方，飽和温度以下の水は**非飽和水** (non-saturated water)，または同温度の飽和水よりも高い圧力にあることから，**圧縮水**[脚注] (compressed water) と呼ばれる。

　次に，この飽和水をさらに加熱すると，水の表面から同じ圧力，温度の蒸気が発生し，容積も急増する。この現象を**蒸発** (evaporation または vapourization) といい，とくに水の中で多数の気泡を発生して水面を乱しながら蒸発する

　脚注) 液体全体に対しては**飽和液**(saturated liquid)，**圧縮液**(compressed liquid)という。

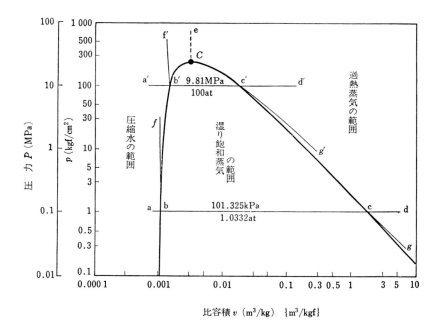

第3・2図 蒸気の P-v 線図

現象を**沸騰**(boiling)という。したがって，飽和温度のことを**沸騰点**または**沸点**(boiling point)ともいう。蒸気は水が全部蒸発してしまうまで飽和温度に保たれたまま，密度の差によって水の上部に存在している。このようにまだ水分を含んでいる状態にある蒸気を**湿り飽和蒸気**(wet saturated steam)という。

さらに加熱を続けると水が全部蒸発し，そのうえ蒸気中の細かい水滴も完全に蒸発してしまい，飽和温度のもとで水分をまったく含まない蒸気となる。これを**かわき飽和蒸気**(dry saturated steam)という。一般に，**飽和蒸気**(saturated steam)とは，この湿り飽和蒸気とかわき飽和蒸気を総称したものである。飽和水からかわき飽和蒸気になるまでに加えられた熱量は，温度上昇のために使われず，液相から気相への相変化のために吸収されてしまう。このような熱を**潜熱**(latent heat)という。飽和蒸気の圧力と温度の関係は飽和水の場合の両者の関係と同じである。

かわき飽和蒸気をさらに加熱すると飽和温度以上の蒸気となり，これを**過熱蒸気**(superheated steam)という。過熱蒸気の温度と，そのときの圧力に相当する飽和温度との差を**過熱度**[次ページ脚注](degree of superheat)といい，過熱度

72　　　　　　　　　　第3章　蒸気の性質

の高い蒸気ほど完全ガスの性質に近づく。

　以上の変化を T-s 線図（温度—比エントロピ線図，T-s diagram）と P-v 線図(圧力—比容積線図，P-v diagram) 上に表したものが第3・1図と第3・2図に示す線 abcd である。a 点は加熱される前の圧縮水の状態，b 点は飽和水の状態，c 点はかわき飽和蒸気の状態，そして d 点は過熱蒸気の状態をそれぞれ示している。いま，このような変化が標準大気圧よりも高い圧力，たとえば，9.806 65MPa ｛100kgf/cm²｝のもとで行われたとすると，両図において，線 a′b′c′d′ で示す変化となる。図から明らかなように，蒸発を開始する点 b′ と蒸発が終了する点 c′ とを結んだ線分 $\overline{b'c'}$ の長さが，線分 $\overline{bc}$ の長さよりも短くなっている。圧力を 9.81MPa よりもさらに高くしていくと，ついにはその線分の長さが0になってしまう。すなわち，蒸発の開始点と終了点が一致する点 C に到達する。この C 点を臨界点(critical point)という。この臨界点における圧力，温度および比容積をそれぞれ，**臨界圧力** (critical pressure)，**臨界温度** (critical temperature)および**臨界比容積** (critical specific volume) といい，それぞれ P_c, t_c, v_c で表すと，水の場合は，P_c=22.064MPa ｛p_c=224.99kgf/cm²｝，t_c=373.946℃，v_c=0.003 105 59m³/kg ｛0.003 105 59m³/kgf｝である。臨界圧力，または臨界圧力以上の圧力である**超臨界圧力** (super critical pressure) のもとで水を加熱すると，臨界圧力以下におけるような蒸発の現象を伴わずに水から過熱蒸気へと連続的に変化する。

　両図において，それぞれの圧力に応じた蒸発開始点を結んだ曲線 bb′C を**飽和水線**脚注 (saturated water line)，それぞれの圧力に応じた蒸発終了点を結んだ曲線 cc′C を**飽和蒸気線**(saturated steam line)といい，両曲線は臨界点で互いに接して1本の曲線となっている。この両曲線を一緒にして**飽和限界線**または**飽和境界線**(saturated limit line) と呼んでいる。

　なお，超臨界圧域では，水と蒸気の相をはっきりと分けることはできないが，近似的に両相の境界を考えることができる。これを**臨界比容積線** (critical specific volume line)といい，破線 Ce で示されている。

　T-s 線図および P-v 線図において，臨界比容積線と飽和水線の左側が水の範囲である。

　しかし，T-s 線図の線 ab および a′b′ は飽和水線と区別するために拡大して描いているが，実際はほとんど飽和水線に一致する。したがって，臨界圧力以

脚注）たとえば，圧力 1.255 0MPa ｛12.80kgf/cm²｝，温度 210℃ の過熱蒸気の過熱度は 20℃ である。(1.255 0MPa に対する飽和温度は 190℃ であるから，210−190＝20℃ となる)。
脚注）液体全体に対しては**飽和液線**(saturated liquid line)という。

第3章　蒸気の性質　　73

下では圧縮水の状態は飽和水線上で表されていると考えても実用上は何らさし
つかえない。また，P-v 線図において，a および a′ 点は 0°C でも $v=0.001$
m³/kg 付近であるため，圧縮水の範囲は飽和水線の左側のほんのわずかの範囲
で，圧力がそれほど高くなければ加熱による水の膨脹はあまり考慮しなくても
よい。

　湿り飽和蒸気の範囲は飽和限界線で囲まれた部分であり，過熱蒸気の範囲は
臨界比容積線と飽和蒸気線の右側の部分である。なお，P-v 線図の fbcg およ
び f′b′c′g′ は等温線を示している。

3・3　飽和水，飽和蒸気および過熱蒸気の状態量

3・3・1　状態量の基準

　これまでは，飽和水の比エンタルピと比エントロピの値を 0 とする基準点が
氷点の 0°C に決められていた。しかし，1956 年に氷点よりも正確に，かつ安
定して実現することのできる**水の三重点**である 0.01°C (273.16 K) を基準点に
して，その温度における飽和水の比エントロピと比内部エネルギの値を 0 とす
ることに改められた。したがって，0.01°C の飽和水の比エンタルピ h' をエン
タルピの定義式を用いて計算すると次のようになる。

$$h'=u'+P\cdot v'=0+611.66\times0.001\ 000\ 21=0.611\ 79\,\text{J/kg}$$
$$=0.000\ 611\ 79\,\text{kJ/kg}$$

重力単位系では，

$$h'=u'+A\cdot P\cdot v'=0+\frac{1}{427}\times0.006\ 232\times10^4\times0.001\ 000\ 21=0.611\ 79\,\text{J/kg}$$
$$=0.000\ 145\ 9\,\text{kcal/kgf}$$

この値は，実用上ほとんど 0 とみなすことができる。

　なお，比容積 v，比エンタルピ h，比エントロピ s および比内部エネルギ u
の各記号の右肩に，飽和水に対しては「′」を，かわき飽和蒸気に対しては「″」
を付け，湿り飽和蒸気と過熱蒸気に対しては符号を何も付けないのがふつうで
ある。また，本書では圧力は記号 P (Pa，重力単位系では kgf/m²) と p (重力単
位系の kgf/cm²)，温度は記号 T (K) と t (°C) でそれぞれ区別している。

3・3・2　飽和水

　一定圧力 P のもとで 273.16 K (0.01°C) の圧縮水 1 kg をその圧力に対する**飽
和温度** T_s になるまで，すなわち飽和水になるまで加える熱量を**液体熱** (heat

of liquid)といい，記号 q_l で表す．いま，c_p を水の定圧比熱とすると，圧力があまり高くなければ，c_p は温度のみの関数と考えてよいから，q_l は次式で表される．

$$q_l = \int_{273.16}^{T_s} c_p \cdot dT \quad (\text{J/kg}) \tag{3・1}$$

液体熱 q_l を $T\text{-}s$ 線図で示すと，第3・3図の左側の斜線を引いた面積で表される．ただし，圧縮水の等圧線は飽和水線に非常に接近しているために飽和水線と一致させて描いている．

定圧比熱 c_p と比エントロピの変化量 ds はそれぞれ次式で定義される．

$$c_p = (\partial q/\partial T)_P, \; ds = dq/T$$

ここで，q は加熱量を表す．いま，$P=$ 一定，$q=q_l$ であるから，上の2式は次のように書くことができる．

$$c_p = dq_l/dT, \; ds = dq_l/T$$

したがって，$dq_l = c_p \cdot dT$ から式(3・1)が得られ，さらに，$dq_l = T \cdot ds$ の関係を用いると

$$q_l = \int_0^{s'} T \cdot ds$$

となり，液体熱 q_l は第3・3図の $T\text{-}s$ 線図に示す面積で表されることがわか

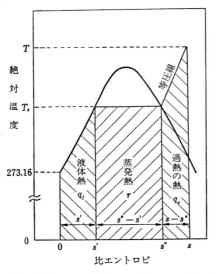

第3・3図　$T\text{-}s$ 線図における q_l, r および q_s

第3章　蒸気の性質　　　　75

る。

　次に，q_l に対して熱力学の第1基礎式 $dq=du+P\cdot dv$ を適用すると次式が得られる。

$$q_l=(u'-u_0)+P(v'-v_0) \quad \text{(J/kg)} \tag{3・2}$$

　一方，比エンタルピ h は $h=u+P\cdot v$ で定義されるから，式 (3・2) を変形すると，

$$q_l=(u'+P\cdot v')-(u_0+P\cdot v_0)=h-h_0 \quad \text{(J/kg)} \tag{3・3}$$

となる。両式において，添字 0 は 0.01℃ における圧縮水に対する値を示している。したがって，$u_0 \fallingdotseq 0$，$h_0 \fallingdotseq 0$，また，圧力がそれほど高くなければ，$v' \fallingdotseq v_0$. とおけるから，q_l は結局，次式で表される。

$$q_l \fallingdotseq u' \fallingdotseq h' \quad \text{(J/kg)} \tag{3・4}$$

　すなわち，液体熱は飽和水の比内部エネルギならびに比エンタルピに近似的に等しい。ただし，圧力が高くなれば式(3・4)の近似度は悪くなる。

　次に，飽和水の比エントロピ s' は

$$s'=\int_{273.16}^{T_s} dq_l/T = \int_{273.16}^{T_s} c_p \cdot dT/T \quad \text{(J/(kg・K))} \tag{3・5}$$

で表されるが，定圧比熱 c_p を一定とすると，上式を積分して次式が得られる。

$$s'=c_p \cdot \ln(T_s/273.16) \quad \text{(J/(kg・K))} \tag{3・6}$$

3・3・3　飽和蒸気

　1kg の湿り飽和蒸気中に x (kg) のかわき飽和蒸気が含まれていれば，残り $(1-x)$(kg)は飽和水である。この x を**かわき度** (dryness, dryness fraction, degree of dryness またはクオリティ quality) といい，$(1-x)$ を**湿り度** (wetness, wetness fraction または degree of wetness) という。したがって，$x=1$ ならばかわき飽和蒸気を，$x=0$ ならば飽和水をそれぞれ表していることになる。第3・1図の T–s 線図にこのかわき度一定の線を一部記入している。

　1kg の飽和水を一定圧力のもとで全部蒸発させて，かわき飽和蒸気にするために必要な熱量を**蒸発熱** (heat of vapourization) または**蒸発潜熱**といい，記号 r で表すと，

$$r=h''-h' \quad \text{(J/kg)} \tag{3・7}$$

となる。このように，蒸発潜熱 r はかわき飽和蒸気の比エンタルピ h'' と飽和水の比エンタルピ h' の差であり，第3・3図の中央の斜線を引いた面積で表される。

　蒸発潜熱 r は熱力学第2基礎式 $dq=dh-v\cdot dP$ を適用して，$q=r$，$dP=0$

76　　　　　　　　　　　第3章　蒸気の性質

(∵等圧変化) より,

$$r=\int_{'}^{''} dq=\int_{'}^{''} dh=h''-h'$$

を得る。また,

$$r=\int_{'}^{''} dq=\int_{'}^{''} T\cdot ds=T_s(s''-s')\ (\because 蒸発中の温度\ T=T_s=一定)$$

より, r は第3・3図に示す面積から求められることがわかる。

　また, 第1基礎式から, $r=(u''-u')+P(v''-v')$ が得られる。この式において, $(u''-u')$ は蒸発に伴う内部エネルギの増加量であるから, **内部蒸発熱または内部潜熱**(internal latent heat) といい, $P(v''-v')$ は蒸発に伴う容積増加のために外部になす仕事であるから, **外部蒸発熱または外部潜熱**(external latent heat) という。

　飽和蒸気の圧力が高くなると飽和温度も高くなり, 第3・3図の r を表す面積が小さくなっていき, 臨界点に達するとついに面積は0になる。このように, 超臨界圧では蒸発熱は0になることが T-s 線図における面積からも説明することができる。

　蒸発中, 一定の飽和温度 T_s のもとで蒸発潜熱 r が加えられるための比エントロピの増加量は $s''-s'$ であるから, エントロピの定義式より次のようになる。

$$s''-s'=r/T_s \qquad (\mathrm{J/(kg\cdot K)}) \tag{3・8}$$

かわき度 x の湿り飽和蒸気に対する比容積 v, 比内部エネルギ u, 比エンタルピ h および比エントロピ s は, それぞれ次式で表される。

$$v=x\cdot v''+(1-x)\,v'=v'+x(v''-v') \qquad (\mathrm{m^3/kg}) \tag{3・9}$$

$$u=x\cdot u''+(1-x)\,u'=u'+x(u''-u') \qquad (\mathrm{J/kg}) \tag{3・10}$$

$$h=x\cdot h''+(1-x)\,h'=h'+x(h''-h')$$

$$=h'+x\cdot r \qquad (\mathrm{J/kg}) \tag{3・11}$$

$$s=x\cdot s''+(1-x)\,s'=s'+x(s''-s')$$

$$=s'+x\cdot r/T_s \qquad (\mathrm{J/(kg\cdot K)}) \tag{3・12}$$

3・3・4　過熱蒸気

　かわき飽和蒸気を一定圧力のもとで飽和温度 T_s から任意の温度 T まで上昇させるのに要する熱量を**過熱の熱**(heat of superheating) といい, 記号 q_s で表すと,

$$q_s=\int_{T_s}^{T} c_p\cdot dT \qquad (\mathrm{J/kg}) \tag{3・13}$$

第3章　蒸気の性質　　　　77

となる。この q_s も第3・3図の斜線を引いた右側の面積で表される。

過熱蒸気の比エンタルピ h と比エントロピ s は，それぞれ次のようになる。

$$h = h'' + q_s \quad \text{(J/kg)} \tag{3・14}$$

$$s = s'' + \int_{T_s}^{T} c_p \cdot \frac{dT}{T} \quad \text{(J/(kg·K))} \tag{3・15}$$

重力単位系では，v(m³/kg)は(m³/kgf)を，u, h(J/kg)は(kcal/kgf)を，s(J/(kg·K))は(kcal/(kgf·K))または(kcal/(kgf·℃))を用いるのが一般である。

3・4　蒸気表および蒸気線図

3・4・1　蒸気の状態式

蒸気の性質を表す状態式は，完全ガスの状態式のような簡単なものではなく，非常に複雑である。従来，各国において独自の状態式を採用していたが，互いに異なった物性値や単位を使うことは非常に不便であるため，それらを国際的に共通なものにする必要があった。そこで，1963年9月にニューヨークで開かれた第6回国際蒸気性質会議（International Conference on the Properties of Steam，略称 ICPS）で，1000 bar，800 ℃ までの広い範囲にわたる**国際骨組蒸気表**（International Skeleton Tables，略称 IST）が決定された。骨組票とは，温度および圧力をある間隔でとり，それに対する比容積および比エンタルピの標準値と公差を記入した表である。さらに，この骨組表の値を基にして，**実用国際状態式**（1967）（The 1967 IFC Formulation for Industrial Use，略称 IFC-67）が，日本とドイツの提案した状態式により決定された。なお IFC は，**国際フォミュレーション委員会**（International Formulation Committee）の略称である。

この状態式 IFC-67 は実用上便利なように無次元化されており，さらにコンピュータにかけやすい形になっている。そして，熱力学的関係式を用いてこの状態式を微分，積分することによりその値の状態量も算出することができる。この IFC-67 とそれを基に発行された蒸気表（3・4・2参照）は，産業界や学会の専門家たちにとって貴重な国際標準として長年活用されてきた。

この間，1970年に創設された**国際水・蒸気性質協会**（International Association for the Properties of Water and Steam，略称 IAPWS）は，IFC-67 の精度の向上や計算速度の向上などを求めて研究を続けてきた。そして，1997年にドイツのエアランゲンで開催された IAPWS の理事会で，**IAPWS 実用国際状態式1997**（IAPWS Industrial Formulation 1997 for the Thermodynamic Properties of

78 第3章 蒸気の性質

Water and Steam, 略称 IAPWS-IF97 または IF97) が正式に新しい国際標準として承認された。これは，IFC-67 以来30年ぶりの全面改訂である。

IAPWS は現在も，水・蒸気の性質およびエネルギ・発電に関する国際的な活動を行っており，2017 年 8 月には IAPWS の年会が京都リサーチパークにおいて開催された。

3・4・2 蒸気表

蒸気表（steam table）は，蒸気の諸性質をいちいち状態式から計算して求めなくてもよいように，あらかじめ詳細に計算してその結果を表にまとめたものである。

日本最初の蒸気表は，昭和 9（1934）年に発行された**日本機械学會蒸汽表及び線圖**であり，当初から日本の蒸気表は，日本機械学会（Japan Society of Mechanical Engineer, 略称 JSME）によって発行されてきた。最新の蒸気表は，IAPWS-IF97（3・4・1 参照）に基づいて 1999 年に発行された **1999 日本機械学会蒸気表**（1999 JSME Steam Tables）である。この蒸気表は，多くの図表から構成されているがおもなものは飽和蒸気表と，圧縮水および過熱蒸気表である。

本書では，改訂前は，各種状態量に対して IFC-67 を基に発行された重力単位系による **1968 日本機械学会蒸気表**と SI による **1980 SI 日本機械学会蒸気表**の数値を用いた（両者は単位以外，内容はまったく同じである）が，この改訂版では基本的に **1999 日本機械学会蒸気表**の数値に変更した。両者による物性値の値は，その差が非常に小さく，実用上の使用にはまったく問題はない。

(1) 飽和表（温度基準）および飽和表（圧力基準）

飽和表は，飽和水およびかわき飽和蒸気の各種状態量を表している表である。かわき度 x の湿り飽和蒸気に対しては，かわき度 x とこの飽和表の値，および式（3・9）〜式（3・12）を用いて各種状態量を求めることができる。

温度基準の飽和表は，左端の縦の欄に温度 t（℃）と T（K）を表示し，その右隣りから順に，その温度に対する飽和圧力 P，比容積 v' と v''，密度 ρ，比エンタルピ h' と h''，蒸発潜熱（$h''-h'$），そして比エントロピ s' と s''，および（$s''-s'$）の値をそれぞれ表示している。温度範囲は 0 ℃〜臨界温度 373. 946 ℃（647. 096 K）である。

一方，圧力基準の飽和表は，左端の縦の欄に圧力 P（kPa，mmHg，MPa）を表示し，その右隣りから順に，その温度に対する飽和温度 t，以下温度基準と同様に各種状態量を表示している。圧力範囲は 1.0 kPa（7. 5 mmHg）〜臨界圧力 22. 064 MPa ｛224. 99 kgf/cm²｝である。

第3章　蒸気の性質　　79

本書巻末の付表1は飽和表（温度基準）で，付表2は飽和表（圧力基準）である。いずれも1999日本機械学会蒸気表から抜粋したもので，簡略化して表示している。

(2) 圧縮水表および過熱蒸気表

圧縮水表および過熱蒸気表は，ある圧力と温度に対する圧縮水と過熱蒸気の比容積 v，比エンタルピ h，および比エントロピ s の値を表している表である。圧縮水と過熱蒸気の境界は細線で仕切られている。

この表の温度範囲は $0\,℃\sim800\,℃$，圧力範囲は $1kPa\sim100MPa$ $\{1020kgf/cm^2\}$ である。また，$1kPa\sim10MPa$ の圧力に対して，$800℃\sim2000℃$ の高温過熱蒸気の比容積 v，比エンタルピ h，および比エントロピ s の値が表記されている。

本書巻末の付表 3-1 $\sim$ 3-3 は圧縮水表および過熱蒸気表である。この表も飽和表と同様，1999日本機械学会蒸気表から抜粋したもので，簡略化して表示している。この表は1999蒸気表とは逆に，各ページの左端の縦の欄に温度，上端の横の欄に圧力を表示し，圧縮水と過熱蒸気の境界は太線で仕切られている。

1999日本機械学会蒸気表には，以上の表のほかに，臨界域および超臨界域の比容積・比エンタルピ・比エントロピ，定圧比熱および定容比熱，音速，等エントロピ指数，プランドル数，粘性率および動粘性率，飽和状態の熱物性値，などの表が含まれている。

なお，これらの表に示されていない圧力および温度に対する各種物性値は，それに最も近い表に記載されている圧力，温度に対する値から補間法によって求めればよい。

3・4・3　蒸気線図

蒸気表は精密な計算を行う場合に必要であるが，蒸気の任意の状態変化に対する各状態量の変化を簡単に知るためには任意に選んだ2個の状態量を座標にとり，他の状態量をパラメータとした線図を用いると便利である。このような線図を**蒸気線図**（steam diagram または steam chart）という。蒸気往復機関 (steam reciprocating engine) に対しては P-v 線図が用いられたが，蒸気タービン (steam turbine) はノズルによって蒸気の保有する熱エネルギを運動エネルギに変換して仕事を行うから，保有熱量の変化を表す線図の方が使用に便利である。そこで，一般に広く利用されるのは比エントロピ s を横座標にもつ，T-s 線図と h-s 線図であるからこの二つの線図について説明する。

(1) T-s 線図

この温度−比エントロピ線図はすでに第3・1図と第3・3図に示されている。

この線図は縦軸に温度T，横軸に比エントロピsをとり，$q=\int T\cdot ds$の関係より変化曲線と横軸に囲まれた面積は熱量を表す。実際にこの線図上の面積から熱量を求めるためには，縦座標を0K(-273.15°C)から目盛る必要がある。

第3・4図にT-s線図の説明図を示す。境界線は飽和水線AGCと飽和蒸気線CPBであることはすでに述べたが，これは飽和蒸気表のTに対応するs'とs''の値をプロットすることによって描くことができる。

等圧線は圧縮水に対してはAGのように飽和水線に一致させてもほとんどさしつかえがなく，飽和蒸気に対してはGPのように等温線と同じ水平線になることはいうまでもない。過熱蒸気の等圧線は，一定の圧力に対するTとsの値を蒸気表から求めてプロットすれば曲線PIを描くことができる。この曲線は飽和蒸気線から遠く離れたところでは，式(3・15)のc_pを一定とおくことにより対数曲線になることがわかる。

等温線は当然，水平線OGPQとなる。

飽和蒸気の**等かわき度線**(constant dryness line)は式(3・12)の$s=s'+x\cdot r/T$からxを一定として，それぞれ異なるTに対するsを計算してプロットすればよい。また，図式的には等温線GP上に$\overline{GX}=x\cdot\overline{GP}$となるような点Xを求め，

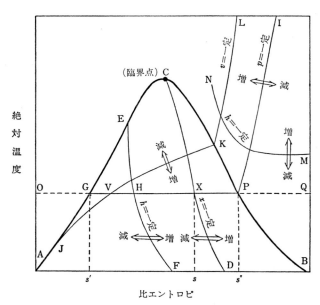

第3・4図 T-s線図の説明図

第3章　蒸気の性質　　81

各飽和温度に対してこのような点を結べば，臨界点を通る等かわき度線 CXD を描くことができる。これは次のように証明することができる。

図より，$\overline{OG}=s'$，$\overline{OP}=s''$，$\overline{GP}=s''-s'$ であるから $\overline{OX}=\overline{OG}+\overline{GX}=\overline{OG}+x\cdot\overline{GP}=s'+x(s''-s')=s$ となり，$\overline{OX}$ はかわき度 x である湿り飽和蒸気の比エントロピの大きさを表している。したがって，X 点のかわき度は x である。

次に，飽和蒸気に対する等容線は以下のようにして求めることができる。

$x=(v-v')/(v''-v')$ の式より，与えられた比容積 v の値に対して任意な温度 T におけるかわき度 x を求め，温度 T の等温線 GP 上にこの x の値を与える点 V をとれば，この V 点は求める等容線上の 1 点となる。各飽和温度に対して同じ方法で V 点を求めれば JVK の等容線が得られる。過熱蒸気に対しては，与えられた比容積になるように，過熱蒸気表から任意の圧力に対して温度を求めて，この圧力と温度に対する比エントロピの値を求めれば相対応する T と s の値が得られる。このようにして描いた等容線 KL は等圧線 PI よりも急傾斜の曲線になる。圧縮水の等容線はほとんど J 点に一致する。

最後に飽和蒸気の**等エンタルピ線**(constant enthalpy line)は EHF のような曲線となる。これは $x=(h-h')/r$ の式より，与えられた比エンタルピ h の値に対してかわき度 x が求められ，等容線の場合と同じ方法で描くことができる。過熱蒸気に対しても等容線を描いたと同じ方法で NM のような曲線が得られる。1999 日本機械学会蒸気表に添付されている T-s 線図は，水および水蒸気の温度・エントロピ線図（JSME Temperature-Entropy Chart for Water and Steam Based on IAPWS-IF97）である。本書巻末にその縮小図を付図 1 として載せている。

(2)　h-s 線図

この比エンタルピー比エントロピ線図（h-s diagram）は縦軸に比エンタルピ h を，横軸に比エントロピ s を座標とした線図で，1904 年ドイツのモリエ教授によって提案されたところから**モリエ線図**(Mollier diagram) とも呼ばれる。わが国で用いられている h-s 線図は，1999 日本機械学会蒸気表に添付されている，水および水蒸気のエンタルピ・エントロピ線図（JSME Enthalpy-Entropy Chart for Water and Steam Based on IAPWS-IF97）である。この線図の縮小図も本書巻末に付図 2 として載せている。なお，1999 蒸気表にボイラ等の設計に便利なように，エンタルピ・圧力線図（h-P 線図）が添付されたので，本書巻末にその縮小図を付図 3 として載せた。

h-s 線図では，可逆断熱変化（等エントロピ変化）が垂直線で表され，比エンタルピの変化量がその線分の長さで示されるために，蒸気タービンの熱計算

に大変便利な線図である。また，絞りのような等エンタルピ変化は水平な直線で表される。

第3・5図は蒸気の h-s 線図で，境界線は飽和水線 AGJC と飽和蒸気線 CKPB で表され，飽和蒸気表から相対応する h' と s'，および h'' と s'' をプロットすれば描くことができる。なお，点Cは臨界点を示す。圧縮水の状態は T-s 線図の場合と同様に飽和水線上で表されるとしてもさしつかえない。飽和蒸気は温度が一定であれば圧力も一定であるから，基礎式 $dq=dh-v \cdot dP=T \cdot ds$ において，$dP=0$ より，$dh/ds=T=$一定 となる。すなわち，等温線は図の直線 GXP で表され，その傾きは絶対温度に比例する。したがって，温度が高いほど直線の傾きは大きくなり臨界点Cの付近で最も傾斜が急になる。過熱蒸気の等温線は，蒸気表から一定温度 T に対して相対応する h と s の値をプロットすれば，PE のような急に折れた曲線が得られる。図の右方の過熱蒸気の低圧域では完全ガスの状態に近づき，この曲線はほとんど $h=$一定の水平な直線に近くなる。

一方，等圧線は湿り飽和蒸気の範囲においては当然，等温線と一致するが，過熱蒸気の範囲では等温線と分離する。この等圧線 PI は等温線のように飽和蒸気線のところで傾斜が急変せず，少しずつ傾きを増して上に向かっている。

等かわき度線と等容線は T-s 線図の場合と同様にして描くことができ，前者

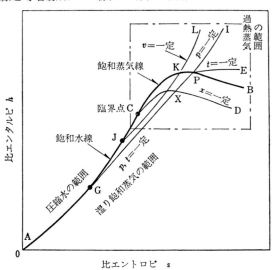

第3・5図　蒸気の h-s 線図

第3章 蒸気の性質

は臨界点を通る曲線 CXD で，後者は曲線 JKL で表される。等かわき度線を求めるためには第3・6図において，等圧線（等温線）AB 上に $\overline{AX}=x\cdot\overline{AB}$ となるような点 X をとる。いま，X点における比エンタルピと比エントロピをそれぞれ h および s とすると，図より $\overline{AX}/\overline{AB}=\overline{AC}/\overline{AD}$ であるから $\overline{AC}=x\cdot\overline{AD}$ となる。この $\overline{AC}$, $\overline{AD}$ に $\overline{AC}=s-s'$, $\overline{AD}=s''-s'$ の関

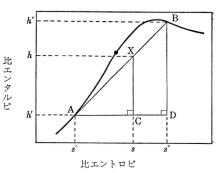

第3・6図 等かわき度線の求め方

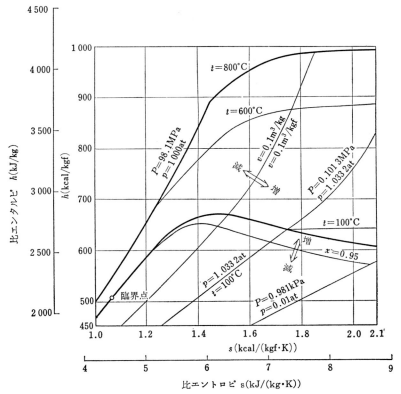

第3・7図 蒸気 h-s 線図の概略図

係を用いると，$s-s'=x(s''-s')$ が得られる．一方，$\overline{AX}/\overline{AB}=\overline{XC}/\overline{BD}$ であるから $\overline{XC}=x\cdot\overline{BD}$ となり，$\overline{XC}=h-h'$，$\overline{BD}=h''-h'$ の関係を用いると，$h-h'=x(h''-h')$ となる．すなわち，点Xの縦座標および横座標はそれぞれかわき度 x なる飽和蒸気の比エンタルピおよび比エントロピとなり，X点のかわき度は x であることがわかる．同じ方法で，各等圧線（等温線）に対してX点を求めればよい．

第3・7図は第3・5図の h-s 線図の一点鎖線で囲った実用範囲の部分を拡大したJSME蒸気 h-s 線図の概略図を示している．

3・5 蒸気の状態変化

3・5・1 等圧変化

等圧変化 ($P=$ 一定，$\therefore dP=0$) は第3・8図のように表される．飽和域においては圧力と温度は一定の関係にあるから等圧変化と等温変化は一致する．いま，状態1から状態2へ変化したとき，蒸気の運動エネルギを考えなければ変化中に加える熱量 q_{12} は式 (2・9) の熱力学第1基礎式より求めることができる．すなわち，

$$\begin{aligned}q_{12}&=\int_1^2 du+\int_1^2 P\cdot dv=(u_2-u_1)+P(v_2-v_1)\\&=(u_2+P\cdot v_2)-(u_1+P\cdot v_1)\\&=h_2-h_1 \quad (\text{J/kg})\end{aligned} \quad (3\cdot 16)$$

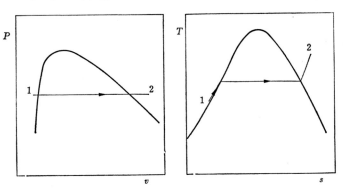

第3・8図　蒸気の等圧変化

となり，q_{12} は変化中の比エンタルピの差に等しい。

このときの絶対仕事 W と工業仕事 W_t はそれぞれ次のように表される。

$$W = \int_1^2 P \cdot dv = P(v_2 - v_1) \quad \text{(J/kg)} \tag{3・17}$$

$$W_t = -\int_1^2 v \cdot dP = 0 \quad \text{(J/kg)} \tag{3・18}$$

状態 1 および 2 がかわき度 x_1 および x_2 の湿り飽和蒸気である場合には，次の諸式が得られる。

$$\begin{aligned} v_2 - v_1 &= \{v_2' + x_2(v_2'' - v_2')\} - \{v_1' + x_1(v_1'' - v_1')\} \\ &= (x_2 - x_1)(v'' - v') \quad \text{(m}^3\text{/kg)} \\ &\quad (\because v_2'' = v_1'' = v'', \ v_2' = v_1' = v') \end{aligned} \tag{3・19}$$

$$\begin{aligned} q_{12} &= (x_2 - x_1)(h'' - h') \\ &= (x_2 - x_1) r \quad \text{(J/kg)} \end{aligned} \tag{3・20}$$

$$\begin{aligned} u_2 - u_1 &= q_{12} - P(v_2 - v_1) \\ &= (x_2 - x_1)\{(h'' - P \cdot v'') - (h' - P \cdot v')\} \\ &= (x_2 - x_1)(u'' - u') \quad \text{(J/kg)} \end{aligned} \tag{3・21}$$

$$W = P(x_2 - x_1)(v'' - v') \quad \text{(J/kg)} \tag{3・22}$$

3・5・2 等温変化

等温変化（$T = $ 一定，$\therefore dT = 0$）は第 3・9 図のようになり，飽和域では等圧変化と一致するが，過熱域では異なる。状態 1 から 2 へ変化させたとき，加熱量 q_{12} は，

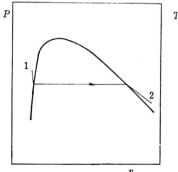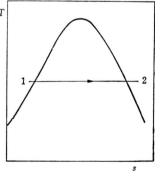

第 3・9 図 蒸気の等温変化

$$q_{12} = (u_2 - u_1) + \int_1^2 P \cdot dv \qquad \text{(J/kg)} \tag{3・23}$$

(∵ 飽和域外ではPは一定でない)

$$q_{12} = \int_1^2 T \cdot ds = T(s_2 - s_1) \qquad \text{(J/kg)} \tag{3・24}$$

絶対仕事 W は式(3・23)と式(3・24)より,

$$\begin{aligned} W &= \int_1^2 P \cdot dv = q_{12} - (u_2 - u_1) \\ &= T(s_2 - s_1) - \{(h_2 - P_2 \cdot v_2) - (h_1 - P_1 \cdot v_1)\} \end{aligned} \qquad \text{(J/kg)} \tag{3・25}$$

工業仕事 W_t は式(2・11)の第2基礎式より,

$$\begin{aligned} W_t &= -\int_1^2 v \cdot dP = q_{12} - (h_2 - h_1) \\ &= T(s_2 - s_1) - \{(u_2 + P_2 \cdot v_2) - (u_1 + P_1 \cdot v_1)\} \\ &= W + P_1 \cdot v_1 - P_2 \cdot v_2 \qquad \text{(J/kg)} \end{aligned} \tag{3・26}$$

でそれぞれ表される。

3・5・3 等容変化

蒸気を一定の大きさの高圧密閉容器に入れて加熱すると,第3・10図のような等容変化 ($v=$一定,∴ $dv=0$) となる。図の P-v 線図に示すように,等容変化では変化前の状態が臨界比容積よりも小さいか,大きいかによって高圧まで変化させた後の状態が圧縮水(3→4の変化),または過熱蒸気(1→2の変化)になる。

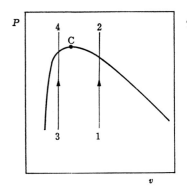
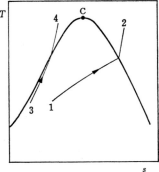

第3・10図　蒸気の等容変化

いま，状態1から状態2への変化を考えたとき，必要な加熱量 q_{12} は式 (3・23) において，$dv=0$ であるから，

$$q_{12} = (u_2 - u_1) = (h_2 - P_2 \cdot v_2) - (h_1 - P_1 \cdot v_1)$$
$$= (h_2 - h_1) - v(P_2 - P_1) \qquad (\mathrm{J/kg}) \qquad (3 \cdot 27)$$

となる。ただし，$v_2 = v_1 = v$ である。

また，絶対仕事 W と工業仕事 W_t は次のようになる。

$$W = \int_1^2 P \cdot dv = 0 \qquad (\mathrm{J/kg}) \qquad (3 \cdot 28)$$
$$W_t = -\int_1^2 v \cdot dP = -v(P_2 - P_1) \qquad (\mathrm{J/kg}) \qquad (3 \cdot 29)$$

状態1がかわき度 x_1 の湿り飽和蒸気とし，状態2が過熱蒸気であれば，$v_2 = v_1 = v_1' + x_1(v_1'' - v_1')$ の関係より，x_1 は次式で表される。

$$x_1 = (v_2 - v_1')/(v_1'' - v_1') \qquad (3 \cdot 30)$$

次に，状態2がかわき度 x_2 の湿り飽和蒸気であれば，$v_1 = v_1' + x_1(v_1'' - v_1')$ $= v_2 = v_2' + x_2(v_2'' - v_2')$ であるから，x_1 は次式で表される。

$$x_1 = \frac{v_2' - v_1' + x_2(v_2'' - v_2')}{v_1'' - v_1'} \qquad (3 \cdot 31)$$

ふつう，飽和水の比容積は圧力によってあまり変化しないから $v_1' \fallingdotseq v_2'$ とおける。したがって，上式は次のようになる。

$$x_1 = \frac{x_2(v_2'' - v_2')}{v_1'' - v_1'} \qquad (3 \cdot 32)$$

3・5・4 断熱変化

第3・11図に断熱変化を示す。可逆断熱変化は等エントロピ変化であって，$dq=0$ および $ds=0$ である。

熱力学の第1，第2基礎式である，式 (2・9)，(2・11) において，$dq=0$ とおけば，絶対仕事 W と工業仕事 W_t はそれぞれ次のようになる。

$$W = \int_1^2 P \cdot dv = (u_1 - u_2) \qquad (\mathrm{J/kg}) \qquad (3 \cdot 33)$$
$$W_t = -\int_1^2 v \cdot dP = (h_1 - h_2) \qquad (\mathrm{J/kg}) \qquad (3 \cdot 34)$$

図の 1→2 の方向の変化，すなわち断熱膨脹の場合は外部に対して仕事をする。蒸気タービンはこの代表的な例で，工業仕事を表す比エンタルピの差 $(h_1 - h_2)$ は断熱熱落差である。なお，2→1 の方向の場合は断熱圧縮といい，外部から仕事を得なければならない。この例として給水ポンプに加えるポンプ仕事がある。

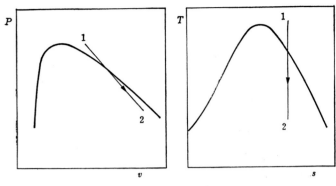

第3・11図　蒸気の断熱変化

　この変化はエントロピが一定であるから，状態1と状態2がともに飽和域にあるときは次式が得られる。

$$s = s_1' + x_1 \cdot r_1/T_1 = s_2' + x_2 \cdot r_2/T_2 \quad (\mathrm{J/(kg \cdot K)})$$

これより変化後のかわき度 x_2 は次式で求められる。

$$x_2 = (s - s_2')T_2/r_2 = (s_1' - s_2')T_2/r_2 + x_1 \cdot r_1 \cdot T_2/(r_2 \cdot T_1) \tag{3・35}$$

次に，蒸気の断熱変化に対しては，近似的に，

$$P \cdot v^k = 定数 \tag{3・36}$$

の式で表される。この式は完全ガスの断熱変化の式 $P \cdot v^\kappa = 定数$，$(\kappa = c_p/c_v)$ と同じ形であるから混同しないように注意しなければならない。式(3・36)は単に実用上さしつかえない程度に正しい断熱変化中の圧力と比容積の関係が表されるというもので，指数 k は蒸気の比熱比を示すものではない。

　ツォイナ(Zeuner)は圧力が約 2.45 MPa {25 kgf/cm²} 以下で，変化前の状態のかわき度 x_1 が 0.75 以上の飽和蒸気に対して，指数 k を次式で表した。

$$k = 1.035 + 0.1 x_1 \tag{3・37}$$

したがって，かわき飽和蒸気に対しては $x_1 = 1$ であるから，式(3・36)は

$$P \cdot v^{1.135} = 定数 \tag{3・38}$$

となる。また，過熱蒸気に対してはカレンダー(Callendar)は次式を与えている。

$$P \cdot v^{1.3} = 定数 \tag{3・39}$$

3・5・5　等かわき度変化

　等かわき度変化(constant dryness change)は飽和蒸気特有の変化で，この変

化中は蒸発も凝縮も起こらない。一定のかわき度を x としたとき，変化中に供給または取り去られる熱量 q_{12} は式 (2・11) の第2基礎式より次のようになる。

$$q_{12} = (h_2 - h_1) - \int_1^2 v \cdot dP$$
$$= (h_2' + x \cdot r_2) - (h_1' + x \cdot r_1)$$
$$- \int_1^2 v \cdot dP \quad \text{(J/kg)} \quad (3 \cdot 40)$$

いま，かわき度一定の圧縮を考える。第3・12図の T-s 線図において，かわき度が小さいときの変化 1→2 では面積Aで示

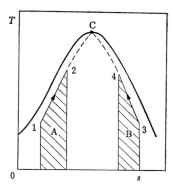

第 3・12 図　蒸気の等かわき度変化

される熱量の供給を必要とし，かわき度が大きいときの変化 3→4 では面積Bで示される熱量が取り去られる。

等かわき度変化における圧力 P(MPa) と比容積 v(m³/kg) の関係に対する式として，広い範囲において適用される次の菅原の式がある。

$$P^{0.93}(v + 0.005\ 5x^{1.5}) = 0.199\ 55x \quad (3 \cdot 41)$$

重力単位系では，式 (3・41) は

$$P^{0.93}(v + 0.005\ 5x^{1.5}) = 9\ 077x \quad (3 \cdot 41)'$$

ただし，P(kgf/m²)，v(m³/kgf) である。

3・5・6　絞　り

蒸気が弁やオリフィスのような狭い通路を通過する際，速度が増加するために圧力は下がるが，そこを過ぎても摩擦やうずの発生のために速度エネルギの一部しか圧力のエネルギに還元されない。このように蒸気が狭い通路を流れるときに圧力の下がる現象を**絞り** (throttling) という。絞りは代表的な不可逆変化である。絞りにおいては蒸気は外部に何ら仕事をしないし，また，熱の出入りがないとすれば流動のエネルギ式は次のようになる。すなわち，エンタルピと運動エネルギの和の総エネルギは不変であるから，$h_1 + w_1^2/2 = h_2 + w_2^2/2$，したがって，

$$(w_2^2 - w_1^2)/2 = h_1 - h_2 \quad \text{(J/kg)} \quad (3 \cdot 42)$$

ここで，添字 1，2 は絞りの前後の状態，w(m/s) は蒸気速度を表している。

重力単位系では，式 (3・42) は

$$\frac{A}{2g}(w_2^2 - w_1^2) = h_1 - h_2 \quad \text{(kcal/kgf)} \quad (3 \cdot 42)'$$

ここで，$A=$仕事の熱当量(kcal/(kgf・m))

もし，w_1 と w_2 がほとんど同じか，40m/s 以下であれば，$h_1=h_2$ とみなすことができる．すなわち，絞りの前後における比エンタルピが等しいから，絞りは**等エンタルピ変化**(constant enthalpy change)と考えてもよい．

第3・13図の T-s 線図と h-s 線図は絞りの状態変化を示しており，状態1は湿り飽和蒸気，状態2は過熱蒸気である．絞りの途中の変化は実際には図において，まず，絞り部を通るところでほぼ 1→1′ の断熱変化をして速度を増し，絞り部を通過した後，速度エネルギは摩擦やうずによって熱に変わり，エントロピを増加し，等圧線に沿って 1′→2 の変化になると考えられる．

なお，完全ガスの絞りでは温度降下が起こらないが，蒸気のような実在ガスでは温度降下が生じる．これを**ジュール・トムソン効果**(Joule-Thomson effect)といい，リンデ(Linde)はこの冷却効果を利用して空気を液化することに成功した．

絞りは蒸気タービンの出力調整や，減圧弁および流量測定などに利用されているが，その他あまり小さくない蒸気のかわき度測定にも利用される．かわき度を測定するためにはまず絞られた蒸気は必ず過熱蒸気でなければならない．いま，等エンタルピ変化を前提としているから，次の式が成り立つ．

$$h_1 = h_1' + x_1 \cdot r_1 = h_2$$
$$\therefore x_1 = (h_2 - h_1')/r_1 \tag{3・43}$$

湿り飽和蒸気の圧力または温度を測り，絞り後の過熱蒸気の温度と圧力を計測すれば，蒸気表から h_2，h_1' および r_1 の値が得られる．したがって，式(3・43)よりかわき度 x_1 を容易に計算することができる．また，この x_1 は h-s 線

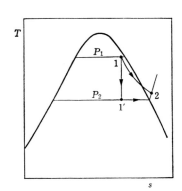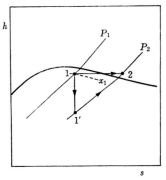

第3・13図　蒸気の絞り(等エンタルピ変化)

図からも求めることができる。すなわち，第3・13図の h-s 線図において，絞り後の過熱蒸気の温度と圧力より定まる点2から左へ水平に進んで，圧力 P_1 の湿り飽和蒸気の等圧線と交わる点1を通る等かわき度線が求めるかわき度 x_1 を表す。このように，絞りを利用してかわき度があまり小さくない湿り飽和蒸気のかわき度を測定する装置を**絞り熱量計**(throttling calorimeter)または**絞り湿り計**といい，第3・14図にその概略図を示す。

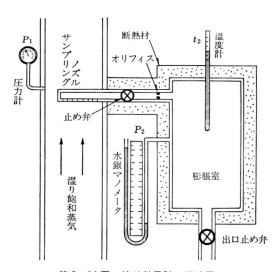

第3・14図　絞り熱量計の概略図

■ 演 習 問 題 ■

(三級程度)

1. 蒸気線図に関する下記の文中（　）内の①〜⑩に適合する字句を記せ。
   (1) 温度－エントロピ線図では，蒸気の等温変化は（ ① ）軸に（ ② ）な直線で表される。また，断熱変化は（ ③ ）軸に平行な直線で表され，断熱変化中は（ ④ ）が一定であることを示す。
   (2) エンタルピ－エントロピ線図では，蒸気の絞りによる変化は（ ⑤ ）軸に（ ⑥ ）な直線で表される。
   (3) 温度－エントロピ線図では，仕事に変換される単位質量の蒸気の熱量は，蒸気の状態変化の曲線と（ ⑦ ）軸との間の（ ⑧ ）で表される。
   (4) 単位質量の蒸気が，ある圧力からある圧力まで断熱膨張する間に利用し得る熱量を求めるには，（ ⑨ ）－エントロピ線図より（ ⑩ ）－エントロピ線図の方が便利である。
   解 ①エントロピ，②平行，③温度，④エントロピ，⑤エントロピ，⑥平行，⑦エントロピ，⑧面積，⑨温度，⑩エンタルピ

2. 図の蒸気の温度－比エントロピ線図において，次の①〜⑤の線はそれぞれ何を表しているか。
   ① EE′線，② BAC線，③ $\overline{DE}$線，
   ④ FF″線，⑤ HGII′線
   解 ①等圧線，②飽和境界線（Aを臨界点とすれば，BA が飽和水線，AC が飽和蒸気線である），③等圧・等温線，④等かわき度線，⑤等容線

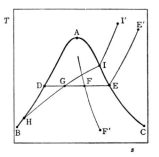

3. 図は蒸気の h-s 線図（モリエ線図）の略図である。図において，下記各項を表す線をそれぞれ記号で示せ。
   ①飽和水線および飽和蒸気線，②等圧線，③等温線，④等圧・等温線，⑤等かわき度線
   解 ① AA′K および KB′B，② A′B′D′ または ABD，③ A′B′C′ または ABC，④ A′B′ または AB，⑤KE または KF，KG，KH

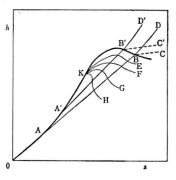

第3章　蒸気の性質　　93

4. 圧力 1 MPa {10.2 kgf/cm²}，かわき度 0.4 の湿り蒸気 1 kg {1 kgf} に等圧の下で熱を加え，容積が 2 倍になったとすれば，加えた熱量はいくらか。また，この場合のかわき度はいくらとなるか。ただし，圧力 1 MPa における蒸発潜熱を 2 014 kJ/kg {481 kcal/kgf} とする。

解　熱を加える前の状態を 1，後の状態を 2 とする。$v_1 = v_1' + x_1(v_1'' - v_1')$，$v_2 = 2v_1$ $= v_1' + x_2(v_1'' - v_1')$　（$\because$ 等圧変化），故に

$$x_2 = \frac{v_1'}{v_1'' - v_1'} + 2x_1 \fallingdotseq 2x_1 = 0.8$$

$$q_{12} = (x_2 - x_1) \cdot r = (0.8 - 0.4) \times 2\ 014 = 805.6\ \text{kJ/kg}$$

重力単位系では，

$$q_{12} = (0.8 - 0.4) \times 481 = 192.4\ \text{kcal/kgf}$$

5. 60°C の水 10 kg {10 kgf} を 120°C のかわき飽和蒸気にするためには何 kJ {kcal} の熱量を必要とするか。ただし，120°C における蒸発潜熱は 2 202.2 kJ/kg {526.0 kcal/kgf} である。

解　24 536 kJ {5 860 kcal}

水の比熱を $c_w = 4.19$ kJ/(kg·K)，水の質量を m(kg) そして蒸発潜熱を r(kJ/kg) とすれば，t_w(°C) の水を t(°C) のかわき飽和蒸気にするために要する熱量 Q(kJ) は次式で式えられる。

$$Q = m\{c_w(t - t_w) + r\} \qquad (\text{kJ})$$
$$= 10 \times \{4.19 \times (120 - 60) + 2\ 202.2\} = 24\ 536\ \text{kJ}$$

重力単位系では，水の重量を G(kgf)，$c_w = 1$ kcal/(kgf·°C) とすれば Q(kcal) は次式より求められる。

$$Q = G\{c_w(t - t_w) + r\} \qquad (\text{kcal})$$
$$= 10 \times \{1 \times (120 - 60) + 526.0\} = 5\ 860\ \text{kcal}$$

$$\left(\begin{array}{l} \text{蒸発潜熱の近似式}\quad(t = \text{飽和蒸気の温度 °C}) \\ \qquad r = 2\ 537 - 2.91\,t\,(\text{kJ/kg}) \\ \qquad = 606 - 0.695\,t\,(\text{kcal/kgf}) \end{array} \right)$$

（二級程度）

6. 水蒸気の絞り作用について下記の問に答えよ。

(1) 絞りの初めと終りでは，次の状態量はどのように変化するか。

①圧力，②エンタルピ，③エントロピ，④温度

(2) 比エンタルピ h_1（飽和水の比エンタルピを h_1'，蒸発熱を r_1 とする），かわき度 x の飽和蒸気を絞って，比エンタルピ h_2 の過熱蒸気になったとするとき，絞り前の蒸気のかわき度 x を，h_2，h_1'，r_1 を用いて式で示せ。

(3) 上記(2)の蒸気の状態変化の一例を図(a)および図(b)上に図示せよ。ただし，図に示す①は絞り前の蒸気の状態を示すものとする。

解　(1)　①減少する，②一定，③増加する，④減少する

(2)　$x = (h_2 - h_1')/r_1$

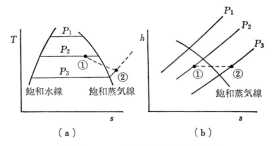

(3) 圧力 P_2 から P_3 まで絞るとして，図(a), (b)に破線で示す．

7. ある圧力の蒸気を 12°C の水 20 kg {20 kgf} の中に吹き込んだところ，水の温度が 40°C となり，質量が 21 kg {重量が 21 kgf} となった．吹き込んだ蒸気のかわき度はいくらであったか．ただし，この蒸気圧に相当するかわき飽和蒸気の比エンタルピを 2 800 kJ/kg {669 kcal/kgf}，飽和水の比エンタルピを 850 kJ/kg {203 kcal/kgf} とする．

解 12°C の水の $h'=50.377$ kJ/kg, 40°C の水の $h'=167.452$ kJ/kg であり，熱の平衡式を立てる．

$$20\times50.377+\{850+x(2\ 800-850)\}\times(21-20)=21\times167.452$$
$$\therefore x=0.850\ 7$$

重力単位系では，水の比熱を 1 kcal/(kgf·°C) とする．$20\times12.032+\{203+x(669-203)\}\times(21-20)=21\times39.995$　$\therefore x=0.850\ 3$

水の保有する熱量は比内部エネルギ u' であるが，ここでは近似的に $u'=h'$ とした．

（一級程度）

8. ゲージ圧 4.0 MPa {40.8 kgf/cm²}，温度 400°C の過熱蒸気を，内容積 1 m³ の直接噴射式の過熱もどし器において，100°C の給水を注入して同一圧力のかわき飽和蒸気に変える場合，注入すべき水量はいくらになるか．

ただし，この過熱蒸気の比エンタルピは 3 214.0 kJ/kg {767.7 kcal/kgf}，比容積は 0.071 48 m³/kg {m³/kgf}，同圧力における飽和水の比エンタルピは 1 094.56 kJ/kg {261.4 kcal/kgf}，蒸発熱は 1 705.3 kJ/kg {407.3 kcal/kg} とし，水の平均比熱を 4.19 kJ/(kg·K) {1.0 kcal/(kgf·°C)} として計算せよ．

解 注入すべき水量を m(kg) として，熱の平衡式を立てる．ただし，100°C の給水の $h'=100\times4.19=419$ kJ/kg とする．

$$3\ 214.0\times1/0.071\ 48+419m=(1\ 094.56+1\ 705.3)\times(1/0.071\ 48+m)$$
$$\therefore m=2.43\ \text{kg}$$

重力単位系では，水量を G(kgf) とする．
$$767.7\times1/0.071\ 48+100G=(261.4+407.3)\times(1/0.071\ 48+G)$$
$$\therefore G=2.44\ \text{kgf}$$

第3章　蒸気の性質　　95

9. 水蒸気の性質に関する次の問に答えよ。

(1) 圧力－容積線図(P-V線図)において，臨界温度以上の高温部分における等温線は，ポリトロープ変化を表す$P \cdot V^n = C_0$（定数）の曲線のうち，$n = 0$，$n = 1$および$n = \infty$のどの曲線に近づくか。

(2) かわき度xの飽和蒸気の場合，湿り蒸気の比容積v_mは，$v_m = x \cdot v'' + (1-x) v'$で表されるが，実用上$v_m \fallingdotseq x \cdot v''$とみなしてよいのはなぜか。ただし，$v'$は水の比容積，$v''$はかわき飽和蒸気の比容積を表す。

解 (1) 完全ガスの状態に近づくために，直角双曲線を表す$P \cdot V = C_0$（定数）すなわち$n = 1$の曲線に近づく。

(2) 臨界点付近以外では，v'はv''にくらべて小さく，実用上の湿り度$(1-x)$との積は，$x \cdot v''$にくらべて十分小さいのでv'の項は無視してもさしつかえない。

■　追 加 演 習 問 題　■

（三級程度）

1. 蒸気の性質に関する次の文の（　）の中に適合する字句を記せ。

　　圧力が一定のもとで水を加熱した場合，蒸発し始めた水が全部蒸気に変わるまでは水と蒸気の混合体であって，これを（①）蒸気という。また水が蒸発しつくして全部蒸気になったとき，これを（②）蒸気という。さらに，圧力が一定のまま加熱を続けると温度が上昇し，（③）温度より高い温度の過熱蒸気になる。この過熱蒸気の温度とその圧力に対する③温度との差を（④）といい，④の高い蒸気ほど（⑤）ガスの性質に近づく。

解　①湿り飽和，②かわき飽和，③飽和，④過熱度，⑤完全

2. 蒸気タービンの高圧部において，ある圧力差によって生じる熱落差は，低圧部における同一圧力差によって生じる熱落差に比べて，大きいか，小さいか，それとも同じか。

解　小さい（蒸気線図で確かめておくこと。）

第4章　蒸気サイクル

4・1　カルノーサイクル

　熱力学の第二法則より，熱機関には高温度熱源と低温度熱源，さらに作動流体が必要であることが示された。蒸気タービンプラントでいえば，ボイラが高温度熱源，復水器が低温度熱源で，蒸気が作動流体である。このような熱機関の理想的な可逆サイクルが，すでに2・6・2で述べたカルノーサイクルである。
　このサイクルの熱効率 η_{th} は次式で表される。

$$\eta_{th} = 1 - \frac{T_2}{T_1} \tag{4・1}$$

ここで，T_1 は高熱源の温度，T_2 は低熱源の温度で，ともに単位は絶対温度Kである。このように，カルノーサイクルの熱効率 η_{th} は両熱源の温度の比によって定まり，この両熱源の間で作用するあらゆるサイクルのうちで最高の効率を与える。したがって，蒸気タービンをカルノーサイクルまたはそれに近いサイクルで働かせるのが理想的である。第4・1図は蒸気を作動流体とした場合のカルノーサイクルの P-v 線図と T-s 線図である。圧力 P_1(温度 T_1)のかわき飽和蒸気1をタービン内で圧力 P_2(温度 T_2)まで断熱膨張させて外部に仕事をさせ，排気2を冷却器（復水器に相当する）で3まで冷却する。この3の状

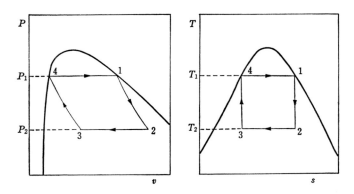

第4・1図　蒸気に対するカルノーサイクルの P-v 線図と T-s 線図

第4章　蒸気サイクル　　97

態は蒸気と水の二相混合体か極端な湿り飽和蒸気である。これを圧縮機（給水ポンプに相当する）で圧力 P_1（温度 T_1）まで断熱圧縮して飽和水4にし，この飽和水をボイラで加熱してもとのかわき飽和蒸気1にする。2→3は排気より潜熱を奪う凝縮過程であり，4→1は給水に潜熱を与える蒸発過程であるから，ともに等温・等圧変化である。

　しかし，このカルノーサイクルを蒸気プラントで実用化するのは非常に困難である。それはまず，かわき飽和蒸気1をタービンに流入して膨脹させるときは水分の多い湿り飽和蒸気になり，これが種々の不可逆作用の原因となる。次に，二相混合体3を断熱圧縮するとき，蒸気のみが温度上昇して過熱蒸気となり，一方，水は熱抵抗が大きいためにほとんど温度上昇をせずにボイラに入ることになる。したがって，圧縮仕事は非常に大きくなり，また，ボイラの中では過熱蒸気と，圧縮水が混合して不可逆変化となる。これらの点から蒸気タービンを理想サイクルとしてのカルノーサイクルで働かすことは全く不可能であることがわかる。

4・2　ランキンサイクル

4・2・1　ランキンサイクルの理論熱効率

　カルノーサイクルの実用化をはばんでいるのは，前述のように蒸気タービン自身よりも作動流体である蒸気の熱力学的性質，すなわちサイクル中に相変化を伴うからである。したがって，蒸気の性質を有効に利用した蒸気サイクルが必要となり，1854年イギリスのランキンが第4・2図～第4・4図の各線図に示すようなサイクルを提唱した。このサイクルが蒸気プラントの基本サイクルとして用いられるもので，**ランキンサイクル** (Rankine cycle) と呼ばれている。また，このサイクルはクラウジウスによっても提案されたから，**クラウジウスサイクル** (Clausius cycle) または，**ランキン・クラウジウスサイクル**とも呼ばれる。このランキンサイクルのもとで働く単純な蒸気タービンプラントの基本構成を第4・5図に示す。図中の番号は第4・2図～第4・4図の各線図中の番号に対応している。圧力 P_1，温度 T_1 の過熱蒸気1を蒸気タービンで圧力 P_2 まで可逆断熱膨脹させた後，排気2を**復水器**(condenser)で等圧冷却（等温圧縮）すると，復水 (condensate) 3となり，比容積が v_2 から v_3 まで減少する。復水は**給水ポンプ** (feed water pump) で加圧されて圧力 P_1 の圧縮水4になる。水を加圧しても容積の変化はわずかであるから，3→4の変化を近似的に等容変

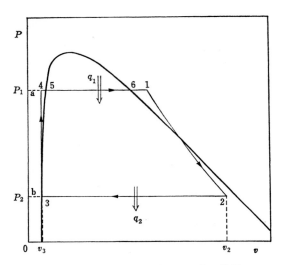

第4・2図 ランキンサイクルの P-v 線図

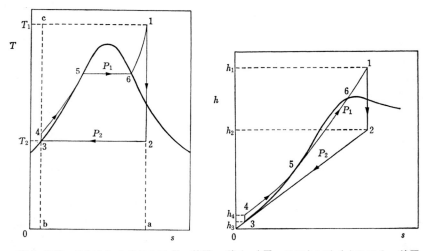

第4・3図 ランキンサイクルの T-s 線図 　第4・4図 ランキンサイクルの h-s 線図

化とみなすことができる。給水 (feedwater) 4 はボイラ (boiler) で等圧加熱されて飽和水5になり，さらに加熱が続くと飽和蒸気になる。かわき飽和蒸気6は**過熱器** (superheater) で等圧加熱されて最初の1の状態に戻りサイクルを完成する。

いま，ランキンサイクルにおいて，1kgの蒸気に対する熱と仕事の量を第4・2図～第4・4図の記号を用いて求めると次のようになる。

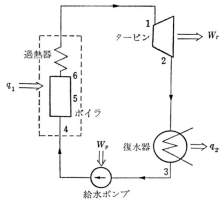

第4・5図　ランキンサイクルの基本構成

等圧加熱（4→5→6→1）におけるボイラと過熱器での加熱量 q_1(J/kg)は，

$q_1 = h_1 - h_4 =$ 第4・3図の面積 1ab4561

断熱膨脹（1→2）におけるタービンでの発生仕事 W_t(J/kg)は，

$$W_t = h_1 - h_2 = -\int_1^2 v \cdot dP = 第4・2図の面積 12ba1$$

等圧冷却（2→3）における復水器での冷却水が奪う熱量 q_2(J/kg)は，

$q_2 = h_2 - h_3 =$ 第4・3図の面積 2ab32

断熱圧縮（3→4）における給水ポンプ仕事 W_p(J/kg)は，

$$W_p = -(h_4 - h_3) = -\int_3^4 v \cdot dP \fallingdotseq -v_3(P_4 - P_3)$$

$=$ 第4・2図の面積 3ba43

（W_p の値が負であるのは，外部から仕事を得ることを意味する）

したがって，ランキンサイクルの理論熱効率 η_{th} は次式で表される。

$$\eta_{th} = \frac{サイクルにおける有効仕事}{サイクル中での加熱量}$$
$$= \frac{(h_1-h_2)-(h_4-h_3)}{(h_1-h_4)} \quad (4・2)$$

また，第4・3図の面積で η_{th} を表すと，

$$\eta_{th} = \frac{面積 1234561}{面積 1ab4561} \quad (4・3)$$

となる。いま，第4・6図に圧力 0.0049 MPa{0.05 kgf/cm²} の飽和水を各ボイラ圧力まで断熱圧縮したときの給水ポンプの理論仕事を示す。ボイラ圧力があ

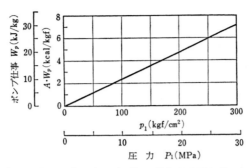

第4・6図 圧力 0.0049 MPa {0.05 kgf/cm²} の飽和水を圧力 P_1 まで断熱圧縮したときの給水ポンプの理論仕事

まり高くなければ，一般にポンプ仕事はタービンの発生仕事にくらべて無視できる．この場合，ランキンサイクルの各線図において 3 と 4 が一致するから，飽和水線に沿った 3→5 の変化になると考えてよい．したがって，理論熱効率は次式のように表される．

$$\eta_{th} = \frac{(h_1-h_2)-(h_4-h_3)}{(h_1-h_3)-(h_4-h_3)} \fallingdotseq \frac{h_1-h_2}{h_1-h_3} \tag{4・4}$$

断熱熱落差 (h_1-h_2) は h-s 線図から直接求められるが，ふつうこの h-s 線図には水の状態が表されていないから，h_3 を求めるためには蒸気表を用いなければならない．

重力単位系では，加熱量 q_1，復水器で冷却水に奪われる熱量 q_2 および比エンタルピ h の単位は，kcal/kgf である．また，重量 1 kgf 当たりのタービン仕事 W_t と給水ポンプ仕事 W_p の単位は kgf·m/kgf であるので，仕事の熱当量 $A=1/427$ kcal/(kgf·m) を用いて熱量単位に換算する．すなわち，W_t および W_p に対する式は次のようになる．

$$A \cdot W_t = h_1 - h_2 = -A \int_1^t v \cdot dP$$

$$A \cdot W_p = -(h_4 - h_3) = -A \int_3^t v \cdot dP \fallingdotseq -A \cdot v_3 (P_4 - P_3)$$

ここで，v, P の単位はそれぞれ m³/kgf，kgf/m² である．

なお，4・3・1，4・4・1 の再熱サイクルおよび再生サイクルの理論熱効率の項においても同様である．

4・2・2 蒸気の初圧，初温度および背圧が理論熱効率におよぼす影響

ランキンサイクルの理論熱効率 η_{th} の式(4・4)において，h_1 は蒸気の初圧と初温度によって定まり，h_2 と h_3 は背圧によって定まるから，効率 η_{th} は初圧，

初温度および背圧によって影響を受けることは明らかである。

(1) 初圧の影響

第4・7図 は，背圧 P_2 を 0.0049MPa {0.05kgf/cm²} に保持して，初圧 P_1 を変化させたとき，初圧 P_1 が理論熱効率 η_{th} におよぼす影響を示す。図より，初圧を増加させると比較的初温度の低いときは極大値があって，ある圧力以上ではむしろ効率は減少することがわかる。飽和蒸気を使用した場合は，$P_1 \fallingdotseq$ 16.67MPa {170kgf/cm²} で η_{th} が極大となる。また，初温度が高いときも，ある圧力以上になれば効率の増加する割合は小さくなってくる。一方において，圧力が高くなれば高圧に耐えるように材料の開発・選択およびボイラやタービンの設計の問題が関係してくる。さらに初圧を高くしていくと，η_{th} の他に膨脹後のかわき度 x_2 にも影響をおよぼす。第4・8図の T-s 線図において，初温度を一定にして初圧 P_1 を P_1' まで高めると，膨脹前（タービン入口）の状態は1から1'へ移動する。したがって，背圧 P_2 が一定であれば膨脹後の状態は2'と

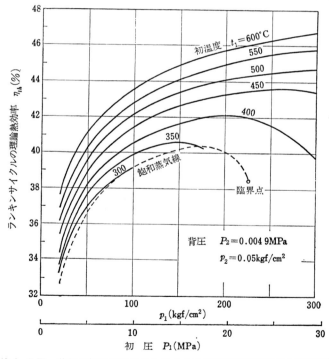

第4・7図　蒸気の初圧がランキンサイクルの理論熱効率におよぼす影響

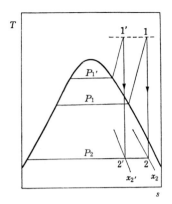

第4・8図　初圧の上昇による膨張後のかわき度 x_2 の低下

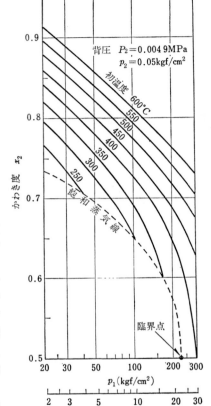

第4・9図　初圧および初温度と膨脹後のかわき度 x_2 との関係

なり，そのときのかわき度 x_2' は $x_2' < x_2$ であることがわかる。このように初圧を高めると，膨張に際して早く湿り域に入り，膨張後のかわき度も減少するから，排気中の水分によるタービンの内部損失が増加し，さらにタービン翼を腐食または浸食させるなどの不都合が生じる。一般に膨張後の湿り度は10％前後におさえている（最大でも12％以内）。

第4・9図に背圧を一定にしたときの初圧および初温度と膨脹後のかわき度 x_2 との関係を示す。

なお，初温度を一定にして初圧を高めると蒸気比容積が小さくなる。したがって，湿りによる摩擦損失の増加に加えて，**第8章**で明らかなように，漏えい損失や回転損失も増大する。また，これらの損失による影響はタービンが小形になるほど著しい。

(2) 初温度の影響

第4・10図に背圧を一定にしたときの初温度と理論熱効率との関係を示す。初圧の場合と異なり，初温度を高くすればするほど効率はますます増加する傾向がみられる。ただし，飽和蒸気を使用した場合は，$t_1 ≒ 350°C$（飽和圧力 16.5

第4章 蒸気サイクル

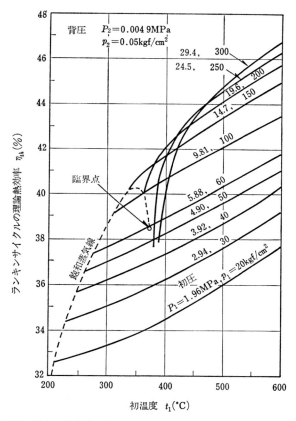

第4・10図　蒸気の初温度がランキンサイクルの理論熱効率におよぼす影響

MPa，169kgf/cm²）で η_{th} が極大となる。また，第4・11図に示すように，初圧を一定にして初温度を1から1'へ高めると，直線1'2'で示す膨脹をして $x_2'>x_2$ となり，膨脹後のかわき度を増加させるとともに膨脹の過熱域で行われる部分も多くなる。したがって，効率およびかわき度の両面から，初圧を高めるよりも初温度を高める方が良い結果を得る。また，蒸気の比容積も増加し，漏えい損失や回転損失に対して有利である（**第8章参照**）。

　しかし，実際には使用材料の高温強度上，むやみに初温度を上げることはできない。一般に舶用で使用されている最高温度は**フェライト鋼**の540～560°Cに制限されるが，舶用の常用温度は510°C前後である。これより高温の場合は**オーステナイト鋼**を使用する必要があるが，**オーステナイト鋼はフェライト鋼**

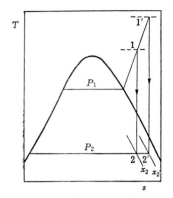
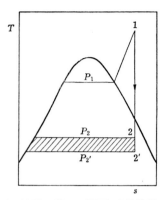

第4・11図　初温度の上昇による膨脹後のかわき度 x_2 の増加

第4・12図　背圧の低下による仕事の増加

に比して，高価であり，かつ，熱伝導率が低く，熱膨脹係数が大きいなど問題点が多い。

(3) 背圧の影響

　タービン入口の蒸気状態を一定にして，背圧を P_2 から P_2' まで低下させると，第4・12図の T-s 線図の斜線で示された面積だけ仕事が増加し，特に低圧域では背圧がわずかに低下してもその増加は著しい。いま，初圧および初温度を一定にして，復水器圧力すなわち背圧を変化させたときの理論熱効率の曲線

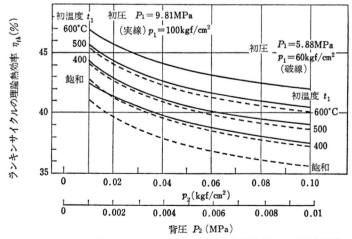

第4・13図　背圧がランキンサイクルの理論熱効率におよぼす影響

第4章 蒸気サイクル

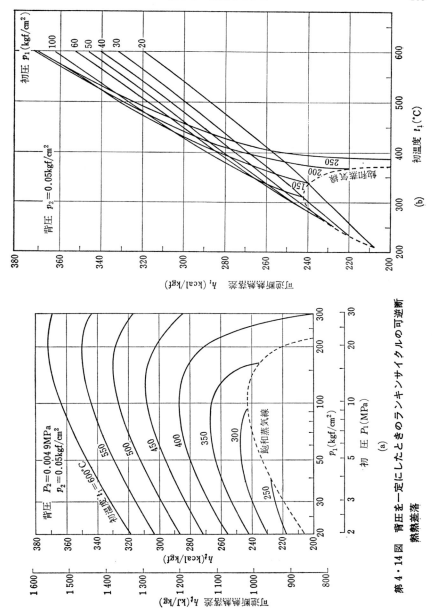

第4・14図 背圧を一定にしたときのランキンサイクルの可逆断熱熱落差

を第4・13図に示す．当然，背圧が低いほど理論熱効率は高くなるが，背圧を低くするには復水器の設計を改善し，空気エゼクタまたは真空ポンプの性能も高めなければならない．しかし，理想的な場合でも背圧の下限は復水器の冷却水温度に相当する飽和圧力である．一般に，背圧の設計値は，冷却水温度24°Cにおいて真空722mmHgである．これの絶対圧力はSIで，0.005 07MPa≒0.005MPa＝5kPa，重力単位系で，0.051 7kgf/cm²≒0.05kgf/cm²となる．

最後に背圧を一定にしたときのランキンサイクルの可逆断熱熱落差を第4・14図(a),(b)に示す．(a)より初温度一定のとき初圧をある値以上に上昇させると，熱落差が減少することがわかる．一方，(b)は初圧を一定にして初温度を上げていくと熱落差が急上昇することを示している．

4・3　再熱サイクル

すでに述べたように，ランキンサイクルの理論熱効率は，初圧および初温度を高めるか背圧を低くすることによって増加する．しかし，現実には初温度および背圧はそれぞれ材料強度および冷却水温度の面から制限を受けるが，圧力の上昇はボイラで問題があるものの，初温度や背圧にくらべて比較的実現しやすい．そこで初圧を高め，しかも排気の湿り度を増加させないサイクルとして**再熱サイクル**（reheating cycle）がある．これは再熱ランキンサイクルとも呼ば

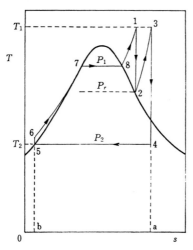
第4・15図　再熱サイクルの T-s 線図

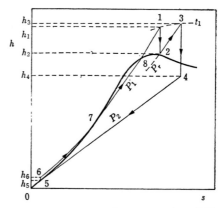
第4・16図　再熱サイクルの h-s 線図

れ，このサイクルの T-s 線図および h-s 線図を第4・15図および第4・16図に示す。また，第4・17図に再熱サイクルの基本構成を示しているが，図中の番号は T-s 線図と h-s 線図の番号にそれぞれ対応している。なお，図では簡単化のためにタービンを一つのもので表している。

再熱サイクルでは過熱蒸気1を中間の圧力 P_r（これを**再熱圧力**という）まで膨脹させ，タービンの途中から蒸気2を取り出して**再熱器**（reheater）に導いて，適当な温度（線図では初温度に等しくしている）まで再熱した後，再びタービンに戻して復水器圧力まで膨脹させる。このようにすれば，排気の湿り度はあまり増加しない。もし，タービン入口圧力が同一でこれと同じ湿り度を得るランキンサイクルの場合は，この T-s 線図および h-s 線図において曲線81と直線43を延長させた交点の温度まで初温度を上昇させねばならないことがわかる。

再熱を実際に行う場合には，効率の他に経済上の問題も考慮しなければならない。すなわち，タービンから再熱器を往復する配管，再熱器の設置およびタービン本体の修正などに要する初期費用の増大，また，配管が増すことによる蒸気の圧力損失も問題になる。しかし，最近の燃料費の高騰を考慮すると，熱効率の増加や湿り損失の減少を長所とする再熱サイクルはかなり有効である。

再熱は，初圧が $9.81\,\mathrm{MPa}\,\{100\,\mathrm{kgf/cm^2}\}$ 以上臨界圧力以下の場合は1回，超臨界圧火力発電用蒸気タービンプラントの場合でも1段または2段再熱がふつ

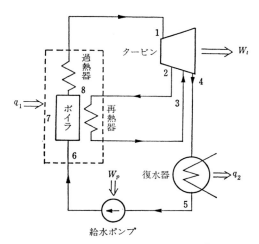

第4・17図　再熱サイクルの基本構成

108　　　　　　　　　第4章　蒸気サイクル

うである。舶用再熱蒸気タービンプラントにおいては，初圧 9.81 MPa{100 kgf/cm²}，1段再熱が一般に採用されている。また，再熱温度はふつう初温度に等しいか，それよりわずかに低くしているが，最近では材料強度の面から，圧力の低い再熱蒸気の温度を初温度よりも高くとって，熱効率改善をはかる傾向にある。

4・3・1　再熱サイクルの理論熱効率

ランキンサイクルの場合と同様に，第4・15図と第4・16図の記号を用いて再熱サイクルの理論熱効率を求める。

ボイラ，過熱器および再熱器での加熱量 $q_1(\mathrm{J/kg})$ は，

$$q_1 = (h_1 - h_6) + (h_3 - h_2)$$
$$= (h_1 - h_5) + (h_3 - h_2) - (h_6 - h_5)$$
$$= 第4・15図の面積 123ab6781$$

タービンでの発生仕事 $W_t(\mathrm{J/kg})$ は，

$$W_t = (h_1 - h_2) + (h_3 - h_4)$$

復水器での冷却水が奪う熱量 $q_2(\mathrm{J/kg})$ は，

$$q_2 = (h_4 - h_5)$$
$$= 第4・15図の面積 ab54a$$

給水ポンプ仕事 $W_p(\mathrm{J/kg})$ は，

$$W_p = -(h_6 - h_5)$$

でそれぞれ表される。

したがって，再熱サイクルの理論熱効率 η_{th} は式 (4・2) と同様に次式で表される。

$$\eta_{th} = \frac{(h_1 - h_2) + (h_3 - h_4) - (h_6 - h_5)}{(h_1 - h_5) + (h_3 - h_2) - (h_6 - h_5)} \tag{4・5}$$

また，第4・15図の面積で η_{th} を表すと，

$$\eta_{th} = \frac{面積\ 123456781}{面積\ 123ab6781} \tag{4・6}$$

となる。再熱サイクルでは一般に非再熱サイクル（ノンリヒートサイクル）に比して高い初圧が採用されているけれども，給水ポンプ仕事が省略できると仮定すれば式(4・5)は次のようになる。

$$\eta_{th} = \frac{(h_1 - h_2) + (h_3 - h_4)}{(h_1 - h_5) + (h_3 - h_2)} \tag{4・7}$$

4・3・2 最適再熱圧力

一段再熱における再熱圧力と理論熱効率との関係を第4・18図および第4・19図に示す。第4・18図の蒸気条件は，初圧9.81 MPa {100 kgf/cm²}，初温度500°C，背圧0.004 9 MPa {0.05 kgf/cm²} であり，再熱温度をパラメータにとっている。第4・19図は初温度と再熱温度を550°Cと等しくして，初圧をパラメータにとっている。ともに給水ポンプの仕事は無視している。

両図において，各曲線には極大値があり，これは最適な再熱圧力が存在していることを示している。第4・18図より，この**最適再熱圧力**は再熱温度に関係なく一定であり，再熱温度が高いほど熱効率も増加していることがわかる。第4・19図より，最適再熱圧力は初圧が高くなるにつれて右方へ移動するとともに，再熱圧力の熱効率におよぼす影響が少なくなることがわかる。したがって，設計上および運転上，再熱圧力が最適値から少々はずれても熱効率の減少はわずかであるからきわめて都合がよい。

最適再熱圧力と初圧の比は，初圧が低いほど小さく，初圧が高くなるにつれて大きくなるが，一般に，最適再熱圧力は初圧の約20%である。第4・20図

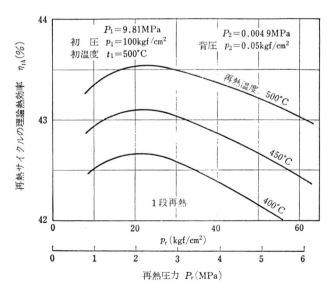

第4・18図 再熱サイクルの再熱圧力と理論熱効率との関係
（再熱温度を変化させたとき）

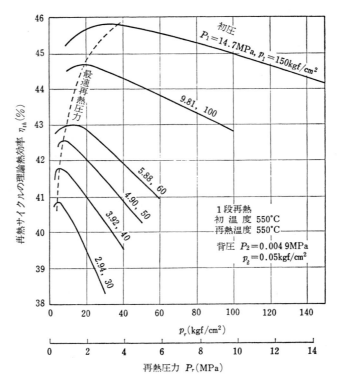

第4・19図 再熱サイクルの再熱圧力と理論熱効率との関係
(初圧を変化させたとき)

は初圧と初温度に対する最適再熱圧力の関係を示す。再熱温度は初温度に等しくとり，背圧は0.0049MPa {0.05kgf/cm²} である。最適再熱圧力は初圧が高いほど，また初温度が低いほど高くなることがわかる。

4・3・3 初圧，初温度，背圧および再熱段数が理論熱効率におよぼす影響

再熱温度が初温度に等しく，背圧が 0.0049MPa {0.05kgf/cm²} のとき，最適再熱圧力で1段再熱した場合の理論熱効率と初圧および初温度との関係を第4・21図に示す。また，初圧9.81MPa {100kgf/cm²}，初温度500°Cで背圧を変化させたときの理論熱効率を第4・22図に示す。

ランキンサイクルの効率曲線と比較すると，全体として熱効率は増加しているが，曲線の形は大体同じで初温度の影響が若干顕著である。したがって，再

第4章 蒸気サイクル

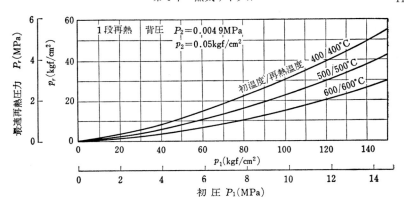

第4・20図 初圧と最適再熱圧力との関係

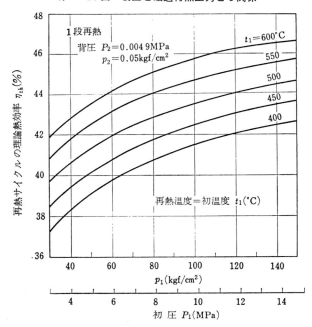

第4・21図 再熱サイクルの理論熱効率と初圧および初温度との関係
(最適再熱圧力で再熱したとき)

熱サイクルにおける初圧,初温度および背圧の影響は,ランキンサイクルの場合と同様であるといえる。

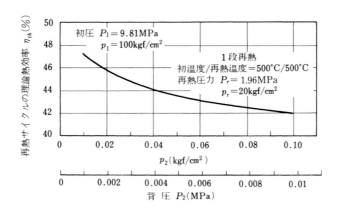

第 4・22 図　再熱サイクルの理論熱効率と背圧との関係

なお，再熱段数を増せば理論熱効率は増加するけれども，構造・取扱いが複雑となり，価格も高くなるのに対して，その増加の割合は段数が増すほど小さくなる。3 段以上再熱することは熱効率の面からもあまり得策であるとはいえない。

4・4　再生サイクル

ランキンサイクルとカルノーサイクルを比較した場合，第 4・3 図において復水器の冷却水に捨てる熱量は面積 2ab32 に相当し，これは両サイクルに共通である。しかし，発生する仕事はランキンサイクルでは面積 1234561，カルノーサイクルでは面積 123 c 1 で表される。この発生する仕事の差が，ランキンサイクルの方がカルノーサイクルよりも熱効率の低い原因である。そこで，復水器の冷却水に捨て去られる蒸発熱の一部を給水の加熱に用いることができれば，それに相当する熱損失が減少して熱効率が増加する。この給水を加熱する装置を**給水加熱器** (bleeder heater) という。実際には，給水加熱器をタービン内に設けることはできず，タービンで膨脹する途中から蒸気を抽出して給水を加熱する。このようにして熱効率の増進をはかるサイクルを**再生サイクル** (regenerative cycle) という。

いま，第 4・23 図において面積 155′2′1 で示される抽出蒸気（抽気）の保有する熱量が，面積 46′634 で示される給水をボイラの飽和温度まで上昇させるために要する熱量を供給するために用いられ，面積 122′1 で示される熱量と面積

43′34 で示される熱量が等しければ，このサイクルは 1 2′3 4 1 となる。これを**理想再生サイクル** (ideal regenerative cycle) と呼ぶ。ただし，蒸気の抽出部の変化 1 2′はタービン内の全蒸気量の保有する熱量の関係を示しており，タービン内の蒸気の状態を示しているわけではないことに注意しなければならない。また，給水ポンプの仕事は無視している。したがって，サイクル 1 2′3 4 1 とサイクル 1 2 3′4 1 はその発生する仕事が等しく，捨て去る熱量も等しい。すなわち，サイクル 1 2 3′4 1 はカルノーサイクルであるから，飽和蒸気を作用させる理想再生サイクルの熱効率はカルノーサイクルの熱効率に等しいことがわかる。

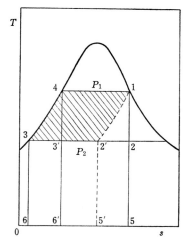

第 4・23 図　再生サイクルの原理図
（無限段抽気）

理想再生サイクルは，蒸気の抽出回数を無限に行った場合（**無限段抽気**）にのみ実現できるサイクルであるから，現実には実行不可能である。しかし，抽出回数を増やすことによって理想再生サイクルに近づけることはできる。たとえば，蒸気の抽出回数を 2 回とすれば，この再生サイクルの形は第 4・24 図において 1 a b c d e 3 4 1 となり，段階的ではあるが理想再生サイクルの形に似ている。この場合，タービン入口蒸気量を $\dot{m}$，a 点での抽出蒸気量を $\dot{m}_a$，および c 点での抽出蒸気量を $\dot{m}_c$ とすれば，タービン内の蒸気量が減少するために全蒸気量に対するエントロピは，

$$\frac{\dot{m}-\dot{m}_a}{\dot{m}}=\frac{\overline{\mathrm{bf}}}{\overline{\mathrm{af}}} \qquad \frac{\dot{m}-\dot{m}_a-\dot{m}_c}{\dot{m}-\dot{m}_a}=\frac{\overline{\mathrm{dg}}}{\overline{\mathrm{cg}}}$$

のように減少する。

実際の蒸気タービンプラントは過熱域

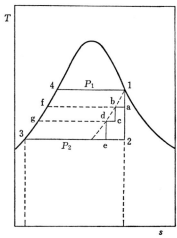

第 4・24 図　再生サイクルの原理図
（2 段抽気）

からも蒸気を抽出するから理想再生サイクルの形には一致しないけれども、再生サイクルは次のような利点があるために現在の大出力蒸気タービンプラントではすべてこのサイクルが用いられている。

① 熱効率がランキンサイクルにくらべてはるかに高い。
② 同じ出力の抽出を行わない全復水式のタービンと比較すると、高圧部へ流入する蒸気量が増加するから、高圧部の翼が比較的長くなり、翼損失が減少する。
③ 低圧部の蒸気量が減少するから、低圧部の翼は比較的短くなり翼強度の面から設計上有利になる。
④ 排気損失が減少するとともに蒸気中の水分の絶対量も減少するから、翼の腐食、浸食作用が軽減する。
⑤ 最終段の蒸気流路が定まっているときは、高圧部の蒸気量を増加させることができるから、タービンで発生できる限界出力（9・5参照）が大きくなり運転上有利である。

4・4・1 再生サイクルの理論熱効率

再生サイクルにおける給水加熱の方式はいろいろあるが、ここでは第4・25図〜第4・27図に示すような2段抽気再生サイクルの3型式における理論熱効率の式を求め、それをn段抽気再生サイクルの熱効率の式に拡張する。

第4・25図は給水と抽気を直接混合させる混合式給水加熱器(mixed bleeder

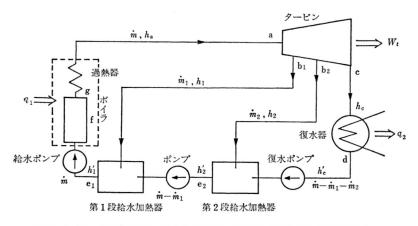

第4・25図　2段抽気再生サイクルの基本構成(1)（混合式給水加熱器型）

第4章　蒸気サイクル

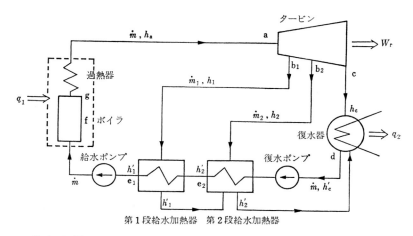

第4・26図　2段抽気再生サイクルの基本構成(2)（表面式給水加熱器型）

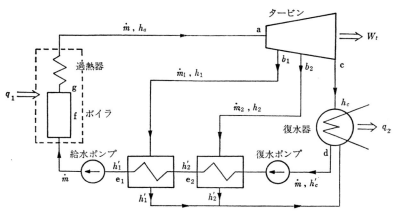

第4・27図　2段抽気再生サイクルの基本構成(3)（表面式給水加熱器型）

heater)（または**開放型給水加熱器**(open bleeder heater)ともいう）を使用する場合で，混合後の比エンタルピは抽気の飽和水の比エンタルピに等しい。この型式は，効率は良いけれども給水を加圧するポンプを適当に配置して，給水加熱器内の給水圧力と抽気圧力を等しくする必要がある。したがって，いずれかのポンプが1個でも故障すればプラント全体の運転が不能になるという欠点がある。

実際のプラントでは，混合式給水加熱器は**脱気給水加熱器** (deaerating feed heater) のみで，他はすべて次の表面式を採用している。第4・26図は**表面式給水加熱器**(surface bleeder heater)（または**密閉型給水加熱器** (closed bleeder heater)ともいう）を使用する場合で，給水と抽気の圧力を等しくする必要はないから，実施が容易であるが効率は混合型より劣る。この型式では，高圧側の給水加熱器を加熱した抽気は飽和水のドレンとなり，これはさらに低圧側の給水加熱器に導かれて低圧側の抽気とともに加熱して，両者のドレンは復水器に戻る。第4・27図も表面式給水加熱器を使用する場合であるが，各段の抽気は各段の給水加熱器を1回加熱するだけでドレンとなって復水器に戻るから，加熱器の構造は簡単になるが効率は第4・26図の場合よりも悪くなる。

この2型式の表面式給水加熱器型では，加熱器を通る給水量はタービン入口蒸気量に等しく，また，理想的には給水は抽気の飽和水の比エンタルピまで加熱される。

以上の各型式について理論熱効率を求めるために次のように符号を定める。

$\dot{m}$＝タービンに流入する単位時間当たりの蒸気量

h_a＝タービン流入蒸気の比エンタルピ

$\dot{m}_1, \dot{m}_2$＝第1段および第2段給水加熱器[脚注]における単位時間当たりの抽気量

h_1, h_2＝第1段および第2段抽気の比エンタルピ

h_1', h_2'＝第1段および第2段給水加熱器内で凝縮した飽和水の比エンタルピ

h_c＝タービン出口の蒸気の比エンタルピ

h_c'＝復水器出口の復水の比エンタルピ

第4・28図にこれら2段抽気再生サイクルの T-s 線図を示す。給水ポンプ仕事は無視している。

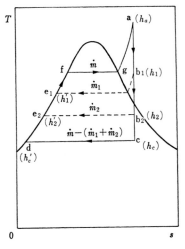

第4・28図　2段抽気再生サイクルの T-s 線図

(1) 混合式給水加熱器型再生サイクルの理論熱効率

[脚注] 給水加熱器は一般に低圧側から高圧側に向かって，第1段給水加熱器，第2段給水加熱器，……と呼んでいるが，ここでは式の展開上逆の呼び方を採用した。

第4章　蒸気サイクル

　抽気点 b_1 から抽出した蒸気が凝縮するときに吐き出す熱によって給水が第1段給水加熱器で e_2 から e_1 まで加熱され，同様に抽気点 b_2 から抽出した蒸気が吐き出す蒸発潜熱によって給水は第2段給水加熱器で d から e_2 まで加熱されるものとする。第1段給水加熱器で加熱される給水は $(\dot{m}-\dot{m}_1)$，第2段給水加熱器で加熱される給水は $(\dot{m}-\dot{m}_1-\dot{m}_2)$ であり，抽気の吐き出す熱量と給水の受ける熱量を等しいとおけば次式が得られる。

$$\dot{m}_1(h_1-h_1') = (\dot{m}-\dot{m}_1)(h_1'-h_2') \tag{4・8}$$

$$\dot{m}_2(h_2-h_2') = (\dot{m}-\dot{m}_1-\dot{m}_2)(h_2'-h_c') \tag{4・9}$$

　いま，タービン入口蒸気量に対する各抽気量の比をそれぞれ，m_1, m_2 で表すと，

$$m_1 = \dot{m}_1/\dot{m} \tag{4・10}$$

$$m_2 = \dot{m}_2/\dot{m} \tag{4・11}$$

となる。式(4・8)を書き直すと，

$$\dot{m}_1(h_1-h_2') = \dot{m}(h_1'-h_2') \tag{4・12}$$

となるから，m_1 は次式で表される。

$$m_1 = (h_1'-h_2')/(h_1-h_2') \tag{4・13}$$

　また，式(4・9)を書き直すと，

$$\dot{m}_2(h_2-h_c') = (\dot{m}-\dot{m}_1)(h_2'-h_c') \tag{4・14}$$

となるから，m_2 は次式で表される。

$$m_2 = (1-m_1)(h_2'-h_c')/(h_2-h_c') \tag{4・15}$$

　次に，給水ポンプ仕事を無視すると，この2段抽気によるタービン仕事の減少 ΔW_t は，

$$\Delta W_t = \dot{m}_1(h_1-h_c) + \dot{m}_2(h_2-h_c) \tag{4・16}$$

あるいは，

$$\Delta W_t/\dot{m} = m_1(h_1-h_c) + m_2(h_2-h_c) \tag{4・17}$$

したがって，2段抽気再生サイクルの理論熱効率 η_{th} は次式で表される。

$$\eta_{th} = \frac{(h_a-h_c) - \Delta W_t/\dot{m}}{h_a-h_1'}$$
$$= \frac{(h_a-h_c) - m_1(h_1-h_c) - m_2(h_2-h_c)}{h_a-h_1'} \tag{4・18}$$

この式は，給水加熱器の種類を問わず成り立つ。

　熱効率はまた，復水器の冷却水に捨て去る熱量 q_2 が単位蒸気量に対して，$q_2 = (1-m_1-m_2)(h_c-h_c')$ であるから，ボイラと過熱器での加熱量を q_1 とすれば，

$$\eta_{th} = 1 - \frac{q_2}{q_1} = 1 - \frac{(1-m_1-m_2)(h_c-h_c')}{h_a-h_1'} \tag{4・19}$$

で表すこともできる。

一般に，第 k 段抽気量 m_k は，

$$m_k=\left(1-\sum_{i=1}^{k-1} m_i\right)\frac{h'_k-h'_{k+1}}{h_k-h'_{k+1}}, \quad (h'_{n+1}=h'_c) \tag{4・20}$$

で表されるから，この型式の n 段抽気再生サイクルの理論熱効率は次式で与えられる。ただし，式 (4・21) は給水加熱器の種類を問わず成り立つ。

$$\eta_{th}=\frac{(h_a-h_c)-\sum_{i=1}^{n} m_i(h_i-h_c)}{h_a-h'_1} \tag{4・21}$$

$$\eta_{th}=1-\frac{(1-\sum_{i=1}^{n} m_i)(h_c-h_c')}{h_a-h'_1} \tag{4・22}$$

(2) 表面式給水加熱器型再生サイクルの理論熱効率

第 4・26 図に示す高圧側給水加熱器を加熱した抽気のドレンが，次の低圧側給水加熱器に導かれる場合は，加熱器を通る給水の量がすべて $\dot{m}$ であるから，(1)と同様に各給水加熱器におけるヒートバランス (heat balance) （**熱収支**または**熱勘定**ともいう）を考えると次のようになる。

$$\dot{m}_1(h_1-h_1')=\dot{m}(h_1'-h_2') \tag{4・23}$$

$$\dot{m}_2(h_2-h_2')+\dot{m}_1(h_1'-h_2')=\dot{m}(h_2'-h_c') \tag{4・24}$$

したがって，m_1 と m_2 は次式で表される。

$$m_1=(h_1'-h_2')/(h_1-h_1') \tag{4・25}$$

$$m_2=\frac{h_2'-h_c'}{h_2-h_2'}-m_1\frac{h_1'-h_2'}{h_2-h_2'} \tag{4・26}$$

この場合の理論熱効率の式は，式 (4・18) と全く同じ形になる。しかし，復水器の冷却水に捨て去る熱量は混合式給水加熱器の場合よりも単位蒸気量に対して，$(m_1+m_2)(h_2'-h_c')$ だけ多いから熱効率は少し低くなる。したがって，式 (4・19)に相当する理論熱効率の式は次のように表される。

$$\begin{aligned}\eta_{th}&=1-\frac{(1-m_1-m_2)(h_c-h_c')+(m_1+m_2)(h_2'-h_c')}{h_a-h_1'}\\&=1-\frac{(h_c-h_c')-(m_1+m_2)(h_c-h_2')}{h_a-h_1'}\end{aligned} \tag{4・27}$$

この型式の n 段抽気再生サイクルの抽気量と理論熱効率は次式で表される。

$$m_k=\frac{h'_k-h'_{k+1}}{h_k-h'_k}-\sum_{i=1}^{k-1} m_i\cdot\frac{h'_i-h'_{i+1}}{h_{i+1}-h'_{i+1}}, \quad (h'_{n+1}=h'_c) \tag{4・28}$$

$$\eta_{th}=式 (4・21)$$

または，

第4章　蒸気サイクル

$$\eta_{th} = 1 - \frac{(1 - \sum_{i=1}^{n} m_i)(h_c - h'_c) + \sum_{i=1}^{n} m_i(h'_n - h'_c)}{h_a - h_1'}$$

$$= 1 - \frac{(h_c - h'_c) - \sum_{i=1}^{n} m_i(h_c - h'_n)}{h_a - h_1'} \qquad (4 \cdot 29)$$

次に，第4・27図に示す高圧側給水加熱器を加熱した抽気のドレンが，次の低圧側給水加熱器に入らずに直接復水器に戻る場合の抽気量を求める。

$$\dot{m}_1(h_1 - h_1') = \dot{m}(h_1' - h_2') \qquad (4 \cdot 30)$$

$$\dot{m}_2(h_2 - h_2') = \dot{m}(h_2' - h_c') \qquad (4 \cdot 31)$$

したがって，m_1 と m_2 は次式で表される。

$$m_1 = (h_1' - h_2')/(h_1 - h_1') \qquad (4 \cdot 32)$$

$$m_2 = (h_2' - h_c')/(h_2 - h_2') \qquad (4 \cdot 33)$$

この場合の理論熱効率の式も式 (4・18) と同じである。

また，復水器の冷却水に捨て去る熱量は混合式給水加熱器の場合よりも単位蒸気量に対して，$m_1(h_1' - h_c') + m_2(h_2' - h_c')$ だけ多いから，熱効率の式は次のようにも表される。

$$\eta_{th} = 1 - \frac{(1 - m_1 - m_2)(h_c - h_c') + m_1(h_1' - h_c') + m_2(h_2' - h_c')}{h_a - h_1'}$$

$$= 1 - \frac{(h_c - h_c') - m_1(h_c - h_1') - m_2(h_c - h_2')}{h_a - h_1'} \qquad (4 \cdot 34)$$

n 段抽気再生サイクルの場合も前と同様にして次のようになる。

$$m_k = (h_k' - h'_{k+1})/(h_k - h'_k), \quad (h'_{n+1} = h'_c) \qquad (4 \cdot 35)$$

$$\eta_{th} = 式(4 \cdot 21)$$

または，

$$\eta_{th} = 1 - \frac{(1 - \sum_{i=1}^{n} m_i)(h_c - h_c') + \sum_{i=1}^{n} m_i(h_i' - h_c')}{h_a - h_1'}$$

$$= 1 - \frac{(h_c - h_c') - \sum_{i=1}^{n} m_i(h_c - h_i')}{h_a - h_1'} \qquad (4 \cdot 36)$$

4・4・2　再生サイクルの最適抽気点の選定

第4・29図は初圧 5.9MPa〔60kgf/cm²〕，初温度500℃ および 背圧0.004 9 MPa〔0.05kgf/cm²〕の場合に，1段抽気を行ったときの抽気圧力と理論熱効率および抽気量との関係を示している。図の効率曲線は熱効率を最大にする抽気圧力が存在することを示している。この最適抽気点を求める近似的方法は，ラ

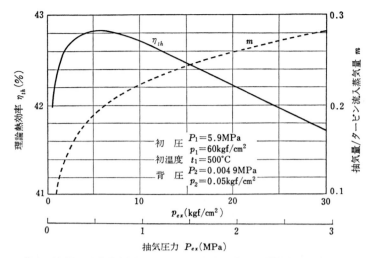

第4・29図　1段抽気再生サイクルの抽気圧力と理論熱効率との関係

ウピヒレル (Laupichler) によって初めて提唱された。それによると，第4・30図において1段抽気の再生サイクルでは可逆断熱熱落差 (h_a-h_c) を2等分する点，2段抽気の場合は3等分する点がそれぞれ最適抽気点である。したがって，一般に n 段抽気では $(n+1)$ 等分する点を通る圧力のところで抽気すれば，理論熱効率が大体最高になるということである。

このラウピヒレルの法則は，タービンが等エントロピ変化 ac を行う場合に適用できるものであるが，各段の内部効率が同じで，蒸気の状態変化が h-s 線図で傾斜した直線 ac' で表されると仮定すれば実際のタービンにおいてもこの法則が適用できる。このことは，キンケルダイ (Kinkeldei) によって確かめられている。なお，この法則は厳密には混合式給水加熱器型再生サイクルの場合にのみ適用できる。最適抽気点についてはその他，岡村，シェフ (Schäff)，ソルスベリ (Salisbury)，武田などの研究がある。

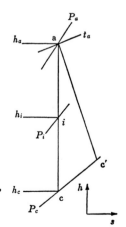

第4・30図　最適抽気点

圖　混合給水加熱器型再生サイクルの最適抽気点

再生サイクルの理論熱効率の式には，各抽気点の蒸気の比

第 4 章　蒸気サイクル

エンタルピと，それに対する飽和水の比エンタルピが含まれており，いずれか一方が決定されると抽気点の蒸気の圧力が定まるから抽気点が求まる。この両者の関係がわかれば，最適抽気点を数学的に求めるのに大変都合がよい。そこで，第4・30図の断熱膨張線 ac の中間の i 点における蒸気の比エンタルピ h_i と，その圧力に相当する飽和水の比エンタルピ h'_i を求める。同じことを，ac 上の各段の点で行うと h と h' の関係が得られる。この関係は背圧を一定にして，入口蒸気条件を変えてもほぼ一定で，傾きが約 45° の直線で近似できる。いま，第4・31図においてこの直線を式で表すと，

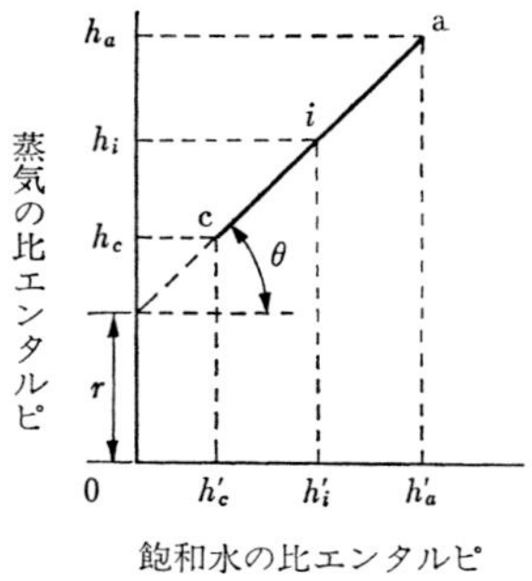

$$h_i = h'_i \cdot \tan\theta + r$$

となり，傾き θ を近似的に 45° とおけば，

$$h_i = h'_i + r, \quad (i=1, 2, \cdots\cdots, n) \qquad \text{(a)}$$

同様に，

$$h_a = h'_a + r \qquad \text{(b)}$$
$$h_c = h'_c + r \qquad \text{(c)}$$

第 4・31 図　タービンの各段落における蒸気の比エンタルピとその飽和水の比エンタルピとの近似関係

ここで，定数 r は近似的には蒸気の蒸発熱に相当する。

次に，各給水加熱器における給水の比エンタルピの上昇を，$h_1' - h_2' = \Delta h_1$，$h_2' - h_3' = \Delta h_2$，$\cdots\cdots$，$h'_n - h'_c = \Delta h_n$ とすれば，式(4・8)より，

$$\frac{\Delta h_1}{h_1 - h'_1} = \frac{m_1}{1 - m_1} \ \text{または} \ 1 + \frac{\Delta h_1}{h_1 - h_1'} = \frac{1}{1 - m_1} \qquad \text{(d)}$$

式(4・9)より，

$$\frac{\Delta h_2}{h_2 - h_2'} = \frac{m_2}{1 - m_1 - m_2} \ \text{または} \ 1 + \frac{\Delta h_2}{h_2 - h_2'} = \frac{1 - m_1}{1 - m_1 - m_2} \qquad \text{(e)}$$

この両式より，2 段抽気の場合は，

$$\left(1 + \frac{\Delta h_1}{h_1 - h_1'}\right)\left(1 + \frac{\Delta h_2}{h_2 - h_2'}\right) = \frac{1}{1 - m_1 - m_2} \qquad \text{(f)}$$

3 段抽気の場合は，

$$\left(1 + \frac{\Delta h_1}{h_1 - h_1'}\right)\left(1 + \frac{\Delta h_2}{h_2 - h_2'}\right)\left(1 + \frac{\Delta h_3}{h_3 - h_3'}\right) = \frac{1}{1 - m_1 - m_2 - m_3} \qquad \text{(g)}$$

となり，一般に n 段抽気再生サイクルに対して，

$$\left(1 + \frac{\Delta h_1}{h_1 - h_1'}\right)\left(1 + \frac{\Delta h_2}{h_2 - h_2'}\right)\cdots\cdots\left(1 + \frac{\Delta h_n}{h_n - h'_n}\right) = \frac{1}{1 - \sum\limits_{i=1}^{n} m_i} \qquad \text{(h)}$$

また，式(a)を用いれば，

$$\left(1 + \frac{h_1' - h_2'}{r}\right)\left(1 + \frac{h_2' - h_3'}{r}\right)\cdots\cdots\left(1 + \frac{h'_n - h'_c}{r}\right) = \frac{1}{1 - \sum\limits_{i=1}^{n} m_i} \qquad \text{(i)}$$

混合給水加熱器型の理論熱効率の式は，式(4・22)で与えられている。式中の h_a, h_c,

h'_c は最初に与えられるから，η_{th} を最大にするためには，$(1-\sum_{i=1}^{n} m_i)/(h_a-h_1')$ を最小にすればよい。また，

$$\varphi = (h_a-h_1')/(1-\textstyle\sum m_i) \tag{j}$$

とおけば，関数 φ の値を最大にすればよい。さらに，式(j)は式(i)より次のように表される。

$$\varphi = (h_a-h_1')\Big(1+\frac{h_1'-h_2'}{r}\Big)\Big(1+\frac{h_2'-h_3'}{r}\Big)\cdots\cdots\Big(1+\frac{h_n'-h_c'}{r}\Big) \tag{k}$$

η_h を最大にするための条件式は，

$$\frac{\partial\varphi}{\partial h'_1}=0, \quad \frac{\partial\varphi}{\partial h_2'}=0, \quad \frac{\partial\varphi}{\partial h_3'}=0, \quad \cdots\cdots, \quad \frac{\partial\varphi}{\partial h'_n}=0 \tag{l}$$

であるから，この偏微分を行って整理すると次の関係が得られる。

$$h_a'-h_1'=h_1'-h_2'=h_2'-h_3'=\cdots\cdots=h'_{n-1}-h_n'=h_n'-h_c' \tag{m}$$

または，

$$h_a'-h_1'=\varDelta h_1=\varDelta h_2=\cdots\cdots=\varDelta h_{n-1}=\varDelta h_n \tag{n}$$

これより各段の給水加熱器における給水の比エンタルピの上昇は，$(h_a'-h_c')$ を $(n+1)$ 等分したものに等しいことがわかる。水の比エンタルピの単位を kcal/kgf とすればあまり高圧でない場合，近似的にその温度に等しいから，$\varDelta h$ は各加熱器における給水の温度上昇と考えてもよい。

また，式(a)の関係より式(m)は，

$$h_a-h_1=h_1-h_2=h_2-h_3=\cdots\cdots=h_{n-1}-h_n=h_n-h_c \tag{o}$$

となる。この式は各抽気点における蒸気の比エンタルピの差が等しいことを示しており，ラウビヒレルの法則に一致する。

次に，第4・27図に示す表面給水加熱器型の場合は，混合式の場合と同様の解析を行うことによって最適抽気点を求めることができる。すなわち，まず，式(4・35)と式(a)，(b)，(c)から次の関係が得られる。

$$m_1=(h_1'-h_2')/r, \quad m_2=(h_2'-h_3')/r, \quad \cdots\cdots, \quad m_n=(h_n'-h_c')/r \tag{p}$$

$$h_1-h_c=h_1'-h_c', \quad h_2-h_c=h_2'-h_c', \quad \cdots\cdots, \quad h_n-h_c=h_n'-h_c' \tag{q}$$

これらの関係を，理論熱効率 η_{th} に対する式(4・21)に代入すると，

$$\eta_{th}=\frac{(h_a-h_c)-\{m_1(h_1-h_c)+m_2(h_2-h_c)+\cdots\cdots+m_n(h_n-h_c)\}}{h_a-h_1'}$$

$$=\frac{h_a-h_c}{h_a-h_1'}-\frac{(h_1'-h_2')(h_1'-h_c')+(h_2'-h_3')(h_2'-h_c')+\cdots\cdots+(h_n'-h_c')^2}{r(h_a-h_1')} \tag{r}$$

となり，この η_{th} を最大にする条件式は，

$$\frac{\partial\eta_{th}}{\partial h_2'}=0, \quad \frac{\partial\eta_{th}}{\partial h'_3}=0, \quad \cdots\cdots, \quad \frac{\partial\eta_{th}}{\partial h_n'}=0 \tag{s}$$

であるから，この偏微分を行って整理すると，

$$h_1'-h_2'=h_2'-h_3'=\cdots\cdots=h'_{n-1}-h_n'=h_n'-h_c'=(h_1'-h_c')/n \tag{t}$$

となり，この場合にも各給水加熱器における給水の比エンタルピの上昇は等しいことがわかる。また，この式(t)から得られる

$$h_2'-h_c'=(h_2'-h_3')+(h_3'-h_4')+\cdots\cdots+(h_n'-h_c')=(n-1)(h_1'-h_c')/n$$

第4章　蒸気サイクル

$$h_3' - h_c' = (h_3' - h_4') + (h_4' - h_5') + \cdots\cdots + (h_n' - h_c') = (n-2)(h_1' - h_c')/n$$

$$\cdots\cdots\cdots\cdots\cdots\cdots\cdots\cdots\cdots\cdots\cdots\cdots\cdots\cdots\cdots\cdots\cdots\cdots\cdots\cdots\cdots$$

$$h_{n-1}' - h_c' = (h_{n-1}' - h_n') + (h_n' - h_c') = 2(h_1' - h_c')/n$$

の関係，および

$$1 + 2 + 3 + \cdots\cdots + n = n(n+1)/2$$

の関係を用いて η_{th} を表すと次のようになる。

$$\eta_{th} = \frac{1}{r(h_a - h_1')}\left\{ r(h_a - h_c) - \frac{(h_1' - h_c')^2}{n} - \frac{(n-1)(h_1' - h_c')^2}{n^2} - \frac{(n-2)(h_1' - h_c')^2}{n^2}\right.$$

$$\left. - \cdots\cdots - \frac{(h_1' - h_c')^2}{n^2}\right\} = \frac{1}{r(h_a - h_1')}\left\{ r(h_a - h_c) - \frac{n+1}{2n}(h_1' - h_c')^2\right\} \tag{u}$$

この η_{th} を最大にする h_1' を定めるためにはまず，$\partial\eta_{th}/\partial h_1' = 0$ の偏微分を行い次式を得る。

$$h_1'^2 - 2h_a\cdot h_1' + 2h_a\cdot h_c' - h_c'^2 + 2n\cdot r(h_a - h_c)/(n+1) = 0 \tag{v}$$

したがって h_1' は，

$$h_1' = h_a - \sqrt{(h_a - h_c')^2 - 2n\cdot r(h_a - h_c)/(n+1)} \tag{w}$$

となる。上式と式(t)から最適抽気点が決定される。また，圧力があまり高くなければ各段の給水加熱器による給水の温度上昇を等しくすればよいことになる。さらに，蒸気の比エンタルピから最適抽気点を決定するために，式(a)を用いると式(t)，(w)は次のようになる。

$$h_1 - h_2 = h_2 - h_3 = \cdots\cdots = h_{n-1} - h_n = h_n - h_c = (h_1 - h_c)/n \tag{x}$$

$$h_1 = h_a + r - \sqrt{(h_a - h_c')^2 - 2n\cdot r(h_a - h_c)/(n+1)} \tag{y}$$

すなわち，この式(y)を用いてまず h_1 を求め，次に $(h_1 - h_c)$ を n 等分すればよい。この方法は最初に h_1 を決定する点で混合給水加熱器型再生サイクルに対するラウピヒレルの法則とは異なっている。最適抽気を行ったときの理論熱効率は最大となり，これは式(w)の h_1' の値を式(u)に代入すれば求めることができる。また，この最大理論熱効率を η_{thmax} とすれば，式(u)，(v)より次のような簡単な式で表される。

$$\eta_{thmax} = \frac{n+1}{n\cdot r}(h_1' - h_c') \tag{z}$$

最後に，第4・26図に示すような表面式給水加熱器の場合について述べる。理論熱効率を表す式(4・21)に式(4・28)を代入すると非常に複雑な式となり，前2者のようにその式を h_1'，h_2'，……で微分して0とおく方法は一般に困離である。しかし，この場合も前2者の結果から推測して次式が成り立つと考える。すなわち，

$$h_k' - h_{k+1}' = \frac{\Delta h}{n} = \frac{(h_1' - h_c')}{n}, \quad (k=1, 2, \cdots\cdots n, \ h_{n+1}' = h_c')$$

この関係および式(a)を式(4・28)に代入して，3段および4段抽気再生サイクルに対する m_1，m_2，……の値を求めると次のようになる。

3段抽気$(n=3)$　　$m_1 = \dfrac{\Delta h}{3r}$，$m_2 = \dfrac{\Delta h}{3r} - \dfrac{(\Delta h)^2}{9r^2}$，

$$m_3 = \frac{\Delta h}{3r} - \frac{2(\Delta h)^2}{9r^2} + \frac{(\Delta h)^3}{27r^3}$$

4 段抽気 $(n=4)$　　$m_1 = \dfrac{\Delta h}{4r}$, $m_2 = \dfrac{\Delta h}{4r} - \dfrac{(\Delta h)^2}{16r^2}$,

$$m_3 = \dfrac{\Delta h}{4r} - \dfrac{2(\Delta h)^2}{16r^2} + \dfrac{(\Delta h)^3}{64r^3},$$

$$m_4 = \dfrac{\Delta h}{4r} - \dfrac{3(\Delta h)^2}{16r^2} + \dfrac{3(\Delta h)^3}{64r^3} - \dfrac{(\Delta h)^4}{256r^4}$$

これらの式を式(4・21)に代入し、第4・31図の関係と $h_k' - h'_{k+1} = (h_1' - h_c')/n$ を用いると熱効率 η_{th} の式はそれぞれ次のようになる。

3 段抽気 $(n=3)$
$$\eta_{th} = \dfrac{1}{r(h_a - h_1')}\left\{r(h_a - h_c) - \dfrac{2(h_1' - h_c')^2}{3} + \dfrac{4(h_1' - h_c')^3}{27r}\right.$$
$$\left. - \dfrac{(h_1' - h_c')^4}{81r^2}\right\}$$

4 段抽気 $(n=4)$
$$\eta_{th} = \dfrac{1}{r(h_a - h_1')}\left\{r(h_a - h_c) - \dfrac{5(h_1' - h_c')^2}{8} + \dfrac{5(h_1' - h_c')^3}{32r} - \dfrac{5(h_1' - h_c')^4}{256r^2}\right.$$
$$\left. + \dfrac{(h_1' - h_c')^5}{1\,024\,r^3}\right\}$$

この両式の{ }内の第2項までとった式が第4・27図の場合の熱効率の式(ロ)に等し

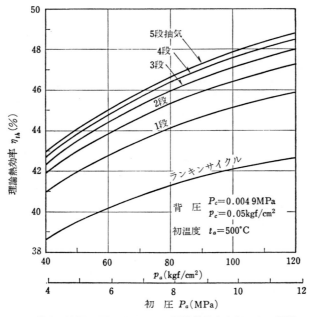

第4・32図　再生サイクルの理論熱効率と初圧との関係

い。すなわち，第4・26図の場合は抽気のドレンを繰り返し次段の給水加熱に使用しているから，{ }内の第3項以下はその分だけの効率の増加を示している。また，この両式には h_1' が含まれており，この値を決定するためには，$\partial \eta_{th}/\partial h_1' = 0$ の条件を満足させなければならない。これを解析的に解くことは一般に困難で，図式的に解くか，または種々の h_1' の値に対して η_{th} の値を計算し，この関係を曲線に描いて η_{th} を最大にする h_1' の値を求めてもよい。

4・4・3 初圧，初温度，背圧および抽気段数が理論熱効率におよぼす影響

再生サイクルの熱効率は抽気点の位置によって大きく影響を受けるばかりでなく，蒸気の初圧，初温度および背圧，さらに抽気段数によっても影響を受ける。そこで，混合式給水加熱器を使用した再生サイクルに対して，ラウピヒレルの法則を適用して理論熱効率 η_{th} と初圧 P_a との関係を示したものが，第4・32図である。これは抽気段数をパラメータにしており，無抽気であるランキンサイクルに対する曲線も描いている。いずれも熱効率は初圧が増すにつれて増加しているが，初圧の低い方がその増加割合は大きい。また，抽気段数が増すほど全体に効率の増加割合は大きくなっている。

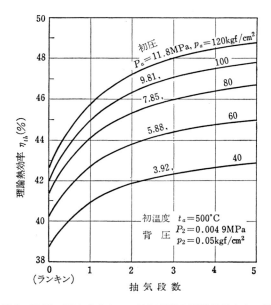

第4・33図 再生サイクルの抽気段数と理論熱効率との関係

なお，初温度および背圧が熱効率におよぼす影響は初圧の場合と同様にランキンサイクルとほぼ同じ傾向を示す。しかし，初温度の増加による熱効率の増加割合は抽気段数が増すにしたがいやや減少するのに対して，背圧の低下による熱効率の増加割合は抽気段数が増すほど大きくなる。

第4・33図は抽気段数の影響を示したもので，段数の少ない間はその増加による熱効率への寄与は大きいが，段数が多くなるとそれが小さくなることを示している。図は初圧をパラメータにとっているが，初温度および背圧をパラメータにしても同様のことがいえる。一般に，舶用主機タービンでは4～5段抽気を採用している。

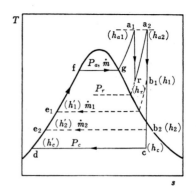

第4・34図　1段再熱2段抽気再生サイクルの $T\text{-}s$ 線図

4・5 再熱再生サイクル

再熱サイクルのおもなる目的は，高圧の蒸気を使用した場合にタービン排気の湿り度を許容値(約12%)にすることである。一方，再生サイクルのおもなる目的は，タービンの中間より抽気して給水を加熱することによって復水器において冷却水により失われる熱量を少なくして熱効率の改善を計ることである。したがって，大出力タービンプラントではこの両者の利点を利用した再熱を行う再生サイクルすなわち**再熱再生サイクル**(reheating and regenerative cycle)が採用されている。ふつう，初圧が臨界圧力以下の場合には1段再熱を行い，これに数段の再生サイクルを組み合わせる場合がほとんどである。

第4・34図の $T\text{-}s$ 線図に示す1段再熱2段抽気再生サイクルの理論熱効率 η_{th} は次式で表される。

$$\eta_{th} = \frac{(h_{a1}-h_r)+(h_{a2}-h_c)-\{m_1(h_1-h_c)+m_2(h_2-h_c)\}}{(h_{a1}-h_1')+(h_{a2}-h_r)} \qquad (4\cdot 37)$$

一般に，1段再熱 n 段抽気再生サイクルの理論熱効率は同様にして次式で表される。

第4章　蒸気サイクル

$$\eta_{th} = \frac{(h_{a1} - h_r) + (h_{a2} - h_c) - \{m_1(h_1 - h_c) + m_2(h_2 - h_c) + \cdots\cdots + m_n(h_n - h_c)\}}{(h_{a1} - h_1') + (h_{a2} - h_r)}$$

(4・38)

ただし，添字 n は第 n 段目の抽出蒸気の状態を表している。

式(4・37)と式(4・38)はそれぞれ再生サイクルの熱効率の式である式(4・18)および式(4・21)の分母と分子に再熱に要する熱量$(h_{a2} - h_r)$を加えたものに等しい。したがって，再熱を行うことによって，熱効率が増加することがわかる。

実船に採用されている再熱再生サイクルのヒートバランスの一例を第4・35図と第4・36図に示す。第4・35図は，石川島播磨重工業社（現(株)IHI）のR-804形舶用タービンプラントに対するものであり，第4・36図は，川崎重工業社のUR-315形舶用タービンプラントに対するものである。この両プラントの主要目を第4・1表に示す。

第4・1表　R-804 と UR-315 の主要目

形　　式	R-804	UR-315
常　用　出　力	22 370 kW{30 420 PS}	20 600 kW{28 000 PS}
過熱器出口蒸気圧力 〃　　〃　　温度	8.58 MPa{86.5 ata} 513°C	10.30 MPa{105 ata} 525°C
タービン入口蒸気圧力 〃　　〃　　温度	8.37 MPa{85.4 ata} 510°C	9.90 MPa{101 ata} 520°C
復　水　器　真　空	0.005 1 MPa{722 mmHg}	0.005 1 MPa{722 mmHg}
主機蒸気消費率	2.69 kg/(kW・h) {1.98 kgf/(PS・h)}	2.69 kg/(kW・h) {1.98 kgf/(PS・h)}
燃　料　消　費　率	254.7 g/(kW・h) {187.3 gf/(PS・h)}	252.8 g/(kW・h) {186 gf/(PS・h)}
主ボイラ効率 （燃料高位発熱量基準）	90 %	90.7 %

128　第4章　蒸気サイクル

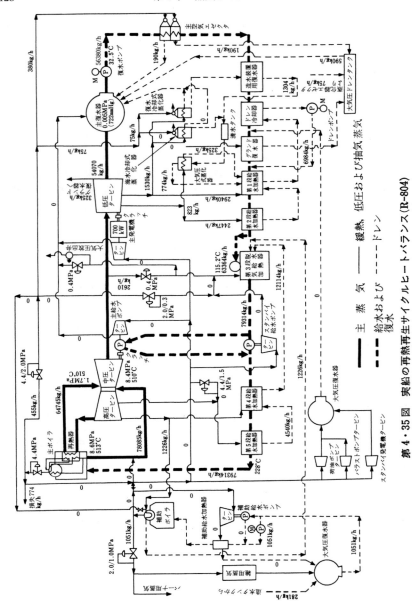

第4・35図　実船の再熱再生サイクルヒートバランス(R-804)

第4章 蒸気サイクル

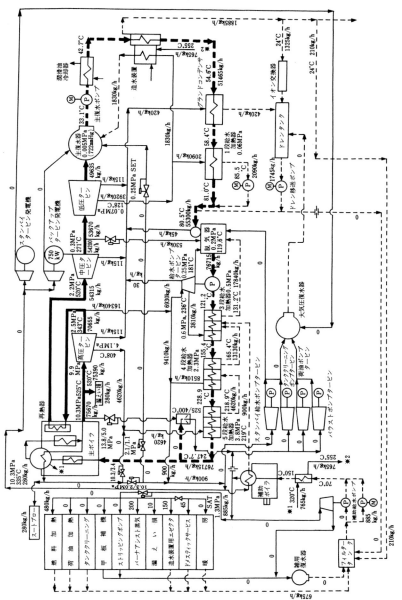

第4・36図 実船の再熱再生サイクルヒートバランス（UR-315）

130　　　　　　　　　第4章　蒸気サイクル

■　演　習　問　題　■

(三級程度)

1. 図は蒸気タービンの理想的熱サイクルの圧力－容積線図（P-V 線図）を示す。図中のA，B，CおよびD点はそれぞれどのような状態を表すか。また，面積 ABEFA は何を表すか。
   解　4・2・1 および第4・2 図参照。
   A点＝タービン排気が復水となり，給水ポンプで断熱圧縮される直前の状態。
   B点＝給水がボイラ圧力まで断熱圧縮されてボイラに入った状態。
   C点＝給水がボイラで等圧加熱されて蒸気になった状態。
   D点＝排気がタービンで断熱膨脹して，復水器で凝縮される直前の状態。
   面積 ABEFA＝断熱圧縮するための給水ポンプ仕事。

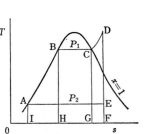

2. 図は蒸気タービンのランキンサイクルを T-s 線図によって示したものである。図中ボイラの圧力をP_1，復水器の圧力を P_2，$\overline{BC}$ はボイラ内において一定圧力のもとにおける蒸発（等温膨脹），$\overline{CD}$ は過熱器内での等圧加熱，$\overline{DE}$ はタービン内の断熱膨脹，$\overline{EA}$ は復水器内での復水過程（等温圧縮），$\overline{AB}$ は飽和状態の復水がボイラ内で受熱によって飽和線に沿って等圧加熱されるものとして下記(1)～(3)の問に答えよ。

   (1) 面積 IABHI，面積 HBCGH および面積 GCDFG はそれぞれ何を表すか。
   (2) 面積 IABCDFI，面積 EFIAE および ABCDEA はそれぞれ何を表すか。
   (3) このランキンサイクルの理論熱効率はどのように表されるか。
   解　第3・3図，第4・3図および **4・2・1** 参照。
   (1) それぞれ，液体熱，蒸発熱および過熱の熱を表す。
   (2) それぞれ，加熱量，放熱量およびサイクルにおける有効仕事を表す。
   (3) 理論熱効率を η_{th} とし，ポンプ仕事を無視する。h を各状態点における比エンタルピとすると，
   $$\eta_{th}=\frac{h_D-h_E}{h_D-h_A}=\frac{面積\ ABCDEA}{面積\ ABCDFIA}$$

3. 蒸気タービンのランキンサイクルに関する下記文中（　）内の①～⑤に適合する字句を記せ。
   蒸気タービンで，かわき飽和蒸気および過熱蒸気を用いた場合のランキンサイクル

第4章 蒸気サイクル

は，ボイラ内において単位質量の飽和水が一定圧力のもとに蒸発，すなわち（①）膨脹し，この蒸気は過熱器内で（②）加熱され，次にタービン内で（③）膨脹，および復水器内で等温（④）され，この飽和状態の復水がボイラ内に送られて受熱によって飽和線に沿って（⑤）加熱されて完結するサイクルである。
　解　①等圧（または等温），②等圧，③断熱，④圧縮（または冷却），⑤等圧

4. 蒸気タービンにおける再熱サイクルおよび再生サイクルについて，それぞれの概要を述べよ。
　解　4・3および4・4参照。

5. 再熱サイクルについて，次の文の（　）の中に適合する字句または数字を記せ。
　　ランキンサイクルの熱効率は，蒸気の（①）ならびに（②）を高めることにより，また，（③）を低めることにより増加できるが，使用材料の強度のうえで，②には最高限度があり，また，③は（④）によって制限を受けるので，②の最高および③の最低を一定とすれば，熱効率を増進させるためには①を高める以外にない。しかし，①を高くすれば，膨脹終わりの蒸気の（⑤）が増す。タービン機関に①の高い蒸気を使用すると摩擦その他の（⑥）損失が増加し，熱効率が低下するだけでなく，タービン翼の腐食や浸食を促進し，機関の運転取扱いに困難をおよぼすので，現在では⑤は（⑦）％以内に止めるようにしている。蒸気の①を高め，しかも膨脹終わりの蒸気の（⑧）を下げないために蒸気を途中で再熱する方法が考えられる。
　解　①初圧，②初温度，③背圧，④復水器冷却水温度，⑤湿り度，⑥内部，⑦約10，⑧かわき度

6. 再熱サイクルを採用した船舶において，後進運転時にボイラの再熱器を保護する必要があるのはなぜか。また，どのような方法で保護しているか。
　解　後進運転時には，再熱器に蒸気が流れないために再熱器を保護しなければ焼損してしまう。保護方法としては，ダンパの切換えやシールエアによって，燃焼ガスが再熱器へ流入することを防いでいる。再熱器を保護する方法の1つの例としては次のようなものがある。ボイラの後部煙道を2つの部分に仕切り，再熱器を装備した方のガス流路の出口にダンパを設け，再熱器を使用しないときはガス流を止めて再熱器の焼損を防いでいる。ダンパは二重になっており，その中間にシールエアを送り込んでガスの漏れるのを防いでいる。さらに，再熱器側ガス流路にはその入口に過熱器管の一部を配置しており，万一ダンパにガス漏れがあっても，再熱器へは過熱器の一部で冷却されたガス流が流入するようにしている。

7. 再生サイクルを行うタービン船の給水系統を示す次の流れ図の中の①～⑤に適合する機器名を，下記a～fの語群の中から選べ。

語群（a 空気エゼクタ，b 給水ポンプ，c 脱気器（2段給水加熱器），d 3段給水加熱器，e グランド復水器，f エコノマイザ）
解 ①a，②e，③c，④b，⑤d

8. 再生サイクルを行うタービン船の復水が，ボイラドラムに入るまでに通過する熱交換器においては，どのような熱源によって加熱されるか。熱源の種類をあげよ。
解 主機タービンからの抽気，給水ポンプタービン排気，グランド蒸気，発電機タービン排気

9. 図はランキンサイクルの T-s 線図の一例を示す。図に関して次の問に答えよ。
   (1) ボイラおよび過熱器における受熱量を面積で示せ。
   (2) 有効仕事を面積で示せ。
   (3) P-V 線図で表すとどのようになるか（図を描いて示せ）。

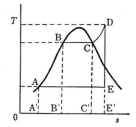

解 (1) 面積 ABCDE'A'A
   (2) 面積 ABCDEA
   (3) 第4・2図

10. 蒸気タービンにおいて，再生サイクルがランキンサイクルに比較してすぐれている点を述べよ。
解 4・4参照。

11. 舶用蒸気プラントとして，再熱サイクルが再生サイクルより採用されることが少ない理由を記せ。
解 再熱サイクルは熱効率は高く，排気の湿り度も減少するが，再生サイクルにくらべて，初期費用が高く，装置および取扱いが複雑であるから。また，蒸気圧力も，再熱サイクルの効果を出すために再生サイクルよりも高くしなければならない。（標準で，再生サイクルの入口圧力は 6 MPa {60at}，再熱サイクルで 10 MPa {100 at} である）。(4・3参照)

12. 次頁の図は舶用蒸気プラントの系統図の略図を示す。図の①～⑥の機器はそれぞれ何か。下記の a～i の語群の中から選べ。
語群（a．ドレンポンプ，b．主給水ポンプ，c．第1段給水加熱器，d．復水ポンプ，e．脱気器，f．大気圧ドレンタンク，g．第3段給水加熱器，h．グランド復水器，i．第4段給水加熱器）
解 ①d，②h，③c，④e，⑤b，⑥g

（二級程度）

13. 蒸気タービンに関する下記(1)～(5)の文のうち，正しくないものを2つだけあげよ。

第4章 蒸気サイクル

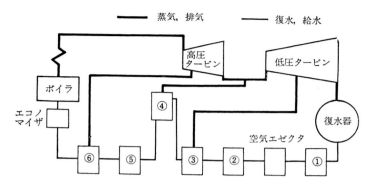

(1) ランキンサイクルにおいて，タービンの初圧を上げると蒸気の比容積が減じ，内部損失が増加する．
(2) 再熱サイクルにおいて，再熱点における圧力は蒸気の初状態によって決められる．
(3) 再生サイクルにおいて，抽気点は過熱蒸気域にある方が湿り蒸気域にあるものより熱損失は少ない．
(4) 再生サイクルでは，タービンの低圧部に流れる蒸気量は高圧部に流れる蒸気量より少ない．

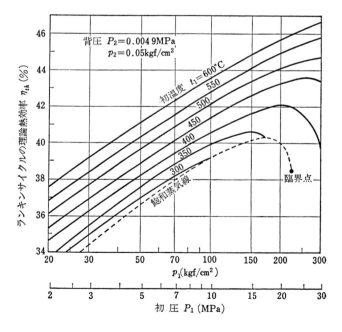

(5) ランキンサイクルにおいて，タービンの初温度を一定とした場合，初圧を上げるほどサイクル効率は高くなる。

解 (3)と(5)
(3) 抽気点の選定は，ラウピヒレルの法則にしたがえば最適点が得られ，蒸気の過熱域や湿り域に関係しない。
(5) 第4・7図または圧力を対数目盛にとった前頁の図を参照。

14. 図は2段抽気を行って，表面式給水加熱器を使用した場合の再生サイクルの骨組図（スケルトン図）である。このサイクルを T-s 線図に描いて，次の各点を図上に示せ。
ボイラの出口点（A点），第1段抽気点（B点），復水器入口点（C点），復水ポンプ入口点（D点）

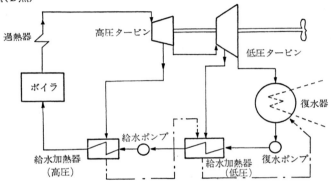

解 第4・26図および第4・28図参照。

15. 蒸気タービンにおいて，復水器の真空が一定の場合，排気のかわき度は蒸気の初圧および初温度とどんな関係があるか。h-s 線図または T-s 線図を描いて説明せよ。
解 4・2・2, 第4・8図, 第4・11図および第4・9図（または次頁の図）を参照。

(一級程度)

16. 蒸気タービンに関する下記(1)～(3)の問に簡単に答えよ。
(1) タービンの初圧だけを高めると，一般に小形タービンより大形タービンの方が効率を高めるのに有効であるのはなぜか。
(2) タービンの初温だけを高めると，一般に小形および大形タービンのいずれにも効率を高めるのに有利であるのはなぜか。
(3) 排気の湿り度が x であるタービンにおいて，排圧を変えずに初圧のみを高めた場合の排気の湿り度を x'，また，初温のみを高めた場合の湿り度を x'' とすれば，x，x' および x'' の大きさはどのような順位となるか。
解 4・2・2参照。

第4章 蒸気サイクル

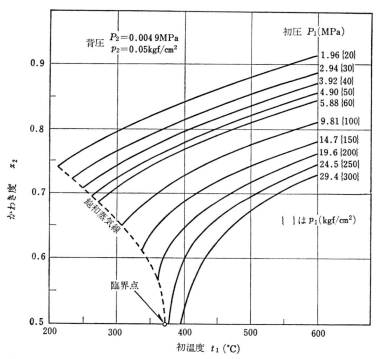

初圧だけを高めて，比容積が小さくなることによる，漏えい損失，摩擦損失，および湿り損失などの内部損失の増加による影響は小形タービンに著しい．初温度だけを高める場合は，かわき度が増大し，蒸気比容積も大きくなるから漏えいおよび摩擦損失は小さく，小形，大形のいずれのタービンに対しても有効である．断熱熱落差については，第4・14図(a), (b)を比較せよ．

17. 蒸気タービンに関する下記の問に答えよ．
    (1) 蒸気タービンにおいて，ランキンサイクルの熱効率を高くするにはどのようにすればよいか．また，これには実際上それぞれどのような点から制限されるか．
    (2) 再熱タービンにおいて，再熱点の圧力はタービンの初圧の何%ぐらいの場合，熱効率が高くなるか．
    解 (1) 4・2・2参照．
    (2) 約20%, 4・3・2参照．

18. タービンプラントにおいて，再熱サイクルを用いる場合の理論熱効率を T-s 線図を描いて説明せよ．また，近年舶用主機に再熱タービンが採用される理由を述べよ．

136　第4章　蒸気サイクル

解 4・3および第4・15図参照。

19. 絶対圧 4.4 MPa{45 kgf/cm²}，温度 450°C の蒸気を，絶対圧 2.9 MPa{30 kgf/cm²} に絞って蒸気タービン内へ入れ，絶対圧 0.29 MPa{3 kgf/cm²} まで膨脹させ，再び 400°C まで再熱した後，復水器の絶対圧 0.002 9 MPa{0.03 kgf/cm²} まで膨脹させる場合と，再熱せずにそのまま復水器の絶対圧まで膨脹させる場合では，理論熱効率はどちらが高いか。h-s 線図を用いて求めよ。ただし，蒸気の膨脹は可逆断熱膨脹とし，絶対圧 0.002 9 MPa における飽和水の比エンタルピは 99.60 kJ/kg{23.79 kcal/kgf} とする。なお，h-s 線図上に，最初の蒸気，絞られて絶対圧 2.9 MPa になった蒸気，再熱された蒸気および最終段落における蒸気のそれぞれの状態の位置を記入せよ。

解 題意より図の h-s 線図を得る。

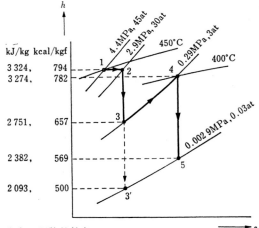

再熱したときの理論熱効率

$$\eta_{Re} = \frac{(h_2-h_3)+(h_4-h_5)}{(h_1-h')+(h_4-h_3)} = \frac{(3\ 324-2\ 751)+(3\ 274-2\ 382)}{(3\ 324-99.60)+(3\ 274-2\ 751)} = 0.391$$

再熱しないときの理論熱効率

$$\eta_{Ra} = \frac{h_2-h_3'}{h_1-h'} = \frac{3\ 324-2\ 093}{3\ 324-99.60} = 0.382$$

ただし，h' は 0.002 9 MPa における飽和水の比エンタルピであり，絞りは等エンタルピ変化である。
重力単位系の h の値を用いて計算しても当然同じ結果が得られる。

第4章　蒸気サイクル　　　137

■　追加演習問題　■

（三級程度）

1. 高圧タービンと低圧タービンから成る舶用主蒸気タービン（入口部の蒸気圧および温度は 6.0MPa{61kgf/cm²}，510℃，復水器真空は 722mmHg（0.005MPa）{0.052 kgf/cm²} に関する次の問に答えよ。
　(1)　定格運転時，高圧タービンの回転数および出力は，低圧タービンの回転数および出力に比べて，それぞれ高いか，低いか，それともほぼ等しいか。
　(2)　定格運転時，高圧タービンではいくらの蒸気圧まで膨張させるか。下記の①〜④の中から選べ。
　　①　3.0〜2.8MPa {31〜29kgf/cm²}　②　2.1〜1.9MPa {21〜19kgf/cm²}
　　③　1.1〜0.9MPa {11〜9kgf/cm²}　④　0.6〜0.4MPa {6〜4kgf/cm²}
　解　(1)　高圧タービンの方が回転数は高く，出力はやや低い。　(2)　④

2. 蒸気タービンに過熱蒸気を使用する場合の利点をあげよ。
　解　4・2・1参照
　　・蒸気タービンプラントの熱効率の向上と蒸気消費率の減少
　　・低圧域での湿り度の減少による腐食・浸食防止と水滴による内部損失の軽減

3.　蒸気タービンにおいて，再生サイクルが採用される理由をあげよ。
　解　最大の理由は，熱効率が高いことである。p.99 に示している再生サイクルの利点①〜⑤を参照。

4.　蒸気タービンに関する次の文の（　　）の中に適合する字句を記せ。
　(1)　初温度（タービン入口の蒸気温度）と背圧（復水器の真空度）が一定の場合，初圧（タービン入口の蒸気圧）を高くするほど，排気の（①）度は減少する。この場合，タービンの低圧段において，蒸気中に含まれる水滴は，動翼の（②）面に衝突し，（③）作用を与え，腐食や浸食を発生させる。
　(2)　この低圧段の腐食や浸食を防止するには，（④）を上昇させるか，（⑤）サイクルを採用するか，またはドレンを排出する装置を設けるなどの方法がとられている。
　解　(1)　①かわき，②背，③制動
　　　　(2)　④初温度，⑤再熱

5.　蒸気タービン船の熱勘定図（ヒートバランスダイヤグラム）に関する次の問に答えよ。
　(1)　熱勘定図とは，どのようなものか。
　(2)　図中には，どのようなことが記されているか。
　解　(1)　プラントの構成図に，熱量バランスおよび質量バランスを表したもの。第4・35，4・36図を参照

138　　　　　　　　　第4章　蒸気サイクル

(2) 主機および補機の系統図に描かれている各機器の出入口における，蒸気あるいは
　　復水・給水・ドレンの流量，圧力，温度等が記されている。

（二級程度）

6. 再生サイクルの給水加熱器について，次の問に答えよ。

(1) 高圧給水加熱器へ入る蒸気流量は，ある制御弁で制御されている。その名称は何か。

(2) 表面式給水加熱器は，混合式給水加熱器と比べてどのような利点と欠点がある
　　か。それぞれ1つずつあげよ。

解 (1) 抽気加減弁　(2) **4・4・1** 参照

7. 蒸気タービンにおいて，復水器の真空度が一定の場合，排気のかわき度は蒸気の初
圧および初温とどのような関係があるか。h–s 線図を描いて説明せよ。ただし，蒸気
はタービン内にて断熱膨脹をするものとする。

解 **4・2・2** 参照　**h–s** 線図においても **T–s** 線図と同様に説明できる。かわき度は初
圧が高くなるほど減少し，初温が高くなるほど増加する。

8. 510℃と24℃の高低温両熱源間で働くカルノーサイクルにおいて，低温熱源に捨て
る熱量が 50kW のとき得られる最大仕事および熱効率はいくらか。

解 最大仕事　82kW{111PS}，熱効率　62.1%

　　式 (2・55) より，$Q_1 = Q_2 \times T_1/T_2 = 50 \times (273.15 + 510)/(273.15 + 24) = 132 \mathrm{kW}$
故に，最大仕事 W は $W = Q_1 - Q_2 = 82 \mathrm{kW}$，熱効率 η は $\eta = 1 - T_2/T_1 = 0.621$

（一級程度）

9. 圧力 3.0MPa，温度300℃($v = 0.081\ 16 \mathrm{m^3/kg}$, $h = 2\ 995.1 \mathrm{kJ/kg}$, $s = 6.542\ 2 \mathrm{kJ/}$
$(\mathrm{kg \cdot K})$) の蒸気を 15.0kPa までノズル中で可逆断熱膨脹させたとき，膨脹後のかわ
き度はいくらになるか。また，この条件で作動するランキンサイクルの理論熱効率およ
びカルノーサイクルの熱効率はそれぞれ何%になるか。ただし，ランキンサイクルの給
水ポンプ仕事は無視する。なお，15.0kPa のときの飽和蒸気表の値は下記の通りである。

P(kPa)	t(℃)	v'	v"	h'	h"	s'	s"
15.0	54.0	0.001 014	10.022 8	225.973	2 599.2	0.754 92	8.009 33

解 かわき度79.8%，熱効率(ランキン) 31.6%，熱効率(カルノー) 42.9%

　　可逆断熱膨脹であるからノズル入口と出口の蒸気のエントロピは一定である。し
たがって，かわき度 x は $x = (s - s')/(s" - s') = (6.542\ 2 - 0.754\ 92)/(8.009\ 33$
$- 0.754\ 92) = 0.798$，ノズル出口蒸気の比エンタルピ h_z は $h_z = h' + x\,(h" - h')$
$= 225.973 + 0.798 \times (2\ 599.2 - 225.973) = 2\ 119.8$故に，ランキンサイクルの熱効率
ηは各点のエンタルピの値を用いて，$\eta = (2\ 995.1 - 2\ 119.8)/(2\ 995.1 - 225.973)$
$= 0.316$，カルノーサイクルの熱効率 η は両熱源の温度のみで表され，$\eta = 1 - T_2/T_1$
$= 1 - (273.15 + 54.0)/(273.15 + 300) = 0.429$

第4章 蒸気サイクル

10. 混合式給水加熱器を有する下図に示すような再生サイクルについて次の問に答えよ。ただし、タービン内の状態変化は可逆断熱膨張で、復水および給水ポンプ仕事は無視できるものとする。また、蒸気条件は下記の通りである。

タービン入口蒸気：4.0MPa, 450℃（h＝3 331.2, s＝6.939）, 復水器圧力：5.0kPa（t_s＝32.9℃, h'＝137.8, h"＝2 561.6, s'＝0.476, s"＝8.396）, 抽気条件（かわき飽和）：350kPa（t_s＝138.9℃, h'＝584.2, h"＝2 731.6, s'＝1.727, s"＝6.939）

(1) 給水加熱器の熱バランスから抽気量を求めよ。
(2) このサイクルの理論熱効率を求めよ。
(3) 同じ蒸気条件で給水加熱を行わない場合の理論熱効率およびこの温度条件で作動するカルノーサイクルの熱効率をそれぞれ求めよ。

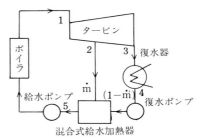

解 (1)タービン入口蒸気量の17.2%,
(2)40.4%, (3)38.1%と57.7%（カルノー）
$\dot{m}(h_2-h_5)=(1-\dot{m})(h_5-h_4)$ より, $\dot{m}=(584.2-137.8)/(2\,731.6-137.8)$
＝0.172, 問6.を参考にタービン出口蒸気のかわき度0.816と比エンタルピh_3
＝2 115.6を求める。したがって, $\eta_{th}=\{(h_1-h_3)-\dot{m}(h_2-h_3)\}/(h_1-h_5)=\{(3\,331.2-2\,115.6)-0.172\times(2\,731.6-2\,115.6)\}/(3\,331.2-584.2)=0.404$, 給水加熱を行わない場合は$\eta_{th}=(h_1-h_3)/(h_1-h_4)=(3\,331.2-2\,115.6)/(3\,331.2-137.8)$
＝0.381, カルノーサイクルの場合は$\eta=1-(273.15+32.9)/(273.15+450)=0.577$

（一級程度）

11. 1段再熱ランキンサイクルにおいて、圧力1.4MPa, 温度300℃の過熱蒸気（h＝3 041.6kJ/kg, s＝6.956 1kJ/(kg・K)）を高圧タービンで圧力300kPaまで可逆断熱膨張させた後、等圧のもとで再熱器で温度300℃まで加熱し、その過熱蒸気（h＝3 069.7, s＝7.703 4）を低圧タービンに戻して、復水器圧力6kPaまで可逆断熱膨張させたとき、タービン発生仕事と理論熱効率を求めよ。また、このときの給水ポンプ仕事はタービン発生仕事の何パーセントか。ただし、下記は飽和蒸気表の抜粋である。

P(kPa)	t(℃)	v'(m³/kg)	v"	h'(kJ/kg)	h"	s'(kJ/(kg・K))	s"
6	36.18	0.001 006 37	23.741 0	151.502	2 567.5	0.520 88	8.331 24
300	133.54	0.001 073 50	0.605 562	561.429	2 724.7	1.671 64	6.990 90

解 タービン発生仕事は1 027.5kJ/kg, 理論熱効率は31.6%, 給水ポンプ仕事はタービン発生仕事の0.137%

下図のT-s線図において、高圧タービン出口蒸気のかわき度x_2と比エンタルピh_2は、$x_2=(s_1-s'_2)/(s''_2-s'_2)=(6.956\,1-1.671\,64)/(6.990\,90-1.671\,64)=0.993$
$h_2=h'_2+x_2(h''_2-h'_2)=561.429+0.993\times(2\,724.7-561.429)=2\,709.6$ また低圧タービン出口蒸気のかわき度x_4と比エンタルピh_4は同様に、$x_4=(7.703\,4-0.520\,88)/(8.331\,24-0.520\,88)=0.920$ $h_4=151.502+0.920\times(2\,567.5-151.502)=2\,374.2$ し

たがって，タービン発生仕事は$W_t=(h_1-h_2)+(h_3-h_4)=(3041.6-2709.6)+(3069.7-2374.2)=1027.5$ kJ/kg また，給水ポンプ仕事は$W_p=\int vdP ≒ v\int_5^6 dP=v'_5(P_6-P_5)=0.00100637\times(1400-6)=1.403$ kJ/kg 給水ポンプ出口蒸気の比エンタルピは$h_6=h_5+W_p=151.502+1.403=152.9$ 故に，加熱量は$Q=(h_1-h_6)+(h_3-h_2)=3248.8$ kJ/kg 理論熱効率は$\eta=W_t/Q=31.6\%$ $W_p/W_t=0.137\%$

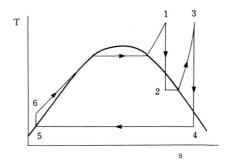

第5章 蒸気タービンの基本形式および分類

5・1 概 要

　蒸気タービン，ガスタービン，ディーゼルエンジンおよびガソリンエンジンなどはいわゆる**熱機関** (heat engine) の一種である。一般に，熱機関は，「作動流体（working fluid）を媒介として，燃料が化学反応あるいは核分裂反応によって発生する熱エネルギを機械的仕事に変換する原動機（prime mover）」と定義されている。

　熱機関の主な分類とその特徴を次に記す。

(1) 内燃式と外燃式による分類

① **内燃機関** (internal combustion engine)

（長所）　間接伝熱面は不要で，別の燃焼系もなく，小形で安価である。

（短所）　燃料は高級で，燃焼生成物が膨脹機の作動流体として実用にさしつかえないものでなければならない。したがって，燃料の使用可能範囲も狭く，その性状が機関性能におよぼす影響が大きい。

② **外燃機関** (external combustion engine)

（長所）　作動流体は燃焼ガスと無関係であり，燃焼系も独立しているために燃料の種類を自由に選ぶことができる。

（短所）　加熱のために大きな間接伝熱面が必要で，装置が大仕掛けで複雑となり，一般に製作費が高く熱損失なども必然的に増す。

(2) 膨脹機関による分類

① **速度形熱機関**

（長所）　一般に，作動流体単位流量当たりの出力は小さいが，大流量の作動流体を処理することができ，作動流体の比容積の大きいときや，大出力に適する。当然，定常流式となるからトルク変動が少なく，回転も一様で振動や騒音を発しない。間けつ的な流入流出制御機構が要らず，構造が簡単である。

（短所）　一般に高回転数であるため，低速駆動させるためには減速装置を設ける必要がある。また，作動流体を流すための圧力損失や熱損失が増す。

② **容積形（または圧力形）熱機関**

（長所） 作動流体の比容積が小さいときに適する。サイクルの許容高熱源を高くとることができ，作動流体単位流量当たりの出力は大きい。処理流量の点で大出力に向かず小出力に適する。これはピストンにかかる静圧を利用しているので，回転数によるトルクの変化も少なく，低速時もトルクが減少しない。

（短所） 作動が間けつ的で，制御上や構造強度上，回転数や気筒容積に限度がある。回転中のトルクの変動が大きく，振動が問題となる。

(3) サイクルによる分類

① **クローズドサイクル（closed cycle）熱機関**

（長所） 同一の作動流体を繰り返し使用するので，その熱機関に最も適した任意の物質を使用することができる。初圧と背圧を大気圧に無関係に任意にとれる。

（短所） 加熱，冷却は間接伝熱になり，一般に大きな伝熱面が必要で，構造が複雑で高価となる。

② **オープンサイクル（open cycle）熱機関**

（長所） 冷却を自然界に行わせるから，冷却器や冷却水が不要で，構造が簡単になり安価である。

（短所） 絶えず新しい作動流体を必要とするので，自然界に豊富に存在し，自由にできるものでなければならない。

　蒸気タービンは上の分類にしたがうと，クローズドサイクル外燃式速度形熱機関となり，ディーゼル機関はオープンサイクル内燃式容積形熱機関となる。

　蒸気タービンは他の熱機関に比して顕著な長所をもっている。それは出力範囲が非常に大きいことで，小は 100kW 前後の補機用タービンから，大は 1 500MW（150 万kW）以上の火力・原子力発電用蒸気タービンまである。一方，商船の所要出力は約 1 500kW｛2 000PS｝から約 44 000kW｛60 000PS｝の範囲である。これに適用できる熱機関は蒸気タービンとディーゼル機関であるが，1973/79 年の 2 度の石油危機以来燃料費が高騰して，大形タンカーや高速コンテナ船など大出力を必要とする分野で優位を保っていた蒸気タービンは，その座をディーゼル機関に譲ってしまった。しかし，脱石油の社会的要請で出現した液化天然ガス（LNG：Liquefied Natural Gas）を運ぶ LNG 船にはタービン主機が適している。LNG は -162℃ に冷却液化されて体積が約 1/600 になっており，輸送中に発生するボイルオフガス（BOG：Boil Off Gas）はメタンを主成分とする可燃性ガスであるので，これを安全・有効に処理するためにはボイラで燃

第5章 蒸気タービンの基本形式および分類

焼させて蒸気を発生し，タービンを駆動させることが最も確実な方法である。

世界で最初にLNG船が就航したのは1964年で，その後2005年までに約200隻が建造されており，その主機はほとんど蒸気タービンであった。ところが，その後，燃費の優れたガス焚き可能な4ストローク中速二元燃料ディーゼル機関と推進用電動機を組み合わせた電気推進プラントDFDEが登場し，2005年頃から現在まで相当数のDFDE搭載LNG船が就航している。また，2007年より再液化装置付き低速重油専焼ディーゼル推進プラントDRLが登場した。これは熱効率が最も高く，一般の商船に広く採用されている，2ストローク低速ディーゼル機関をそのままLNG船に搭載したプラントで，BOG処理のために再液化装置を設置しなければならない。これに対して，2012年頃から高圧噴射されたガスも焚くことのできる低速二元燃料ディーゼル推進プラントME-GIを搭載したLNG船が登場し，さらに，2018年に低圧噴射の推進プラントX-DFが登場した。このような動きに対して，世界でたった2社の舶用蒸気タービンメーカである川崎重工と三菱重工は，ともに蒸気圧力を6 MPaから10～12 MPaに上げた再熱サイクルを採用して15 %の効率向上を図ったURAおよびUSTプラントを開発した。そして，三菱重工は2018年にこのUSTを小型化したH-USTを片舷側に，反対舷側にDFDEを搭載した2軸方式のSTaGEプラントのLNG船を就航させた。

蒸気タービンプラントは，LNG船の主機としてディーゼル機関と競合しながら性能向上を目指して技術革新を続け，今後とも主要な地位を占めるものと思われる。

なお，蒸気タービンとLNG船に関する詳細は，本書下巻の序章に詳述されている。

次に，蒸気タービンの歴史について簡単に記述する。第5・1図は，B.C. 120年にアレキサンドリアのヒーロ（Hero；またはヘロン（Heron）と記すこともある）によって記述された装置で，（純）反動タービンの元祖といわれているものである。これは二つの穴をあけた金属球の中に，中空の軸を通って蒸気が導かれるようになっている。そして，二つの穴にそれぞれ反対方向に曲がった管をさし込み，その管から吹き出す蒸気の反動によって球が回転する。これは非常に簡単な装置でうまく工夫されているが，しょせんはおもちゃに過ぎない。このような蒸気の力を実際に利用しようという考えは，1629年にイタリアの科学者であるジョヴァンニ・ブランカ（Giovanni

第5・1図　ヒーロのタービン
　　　（Stodolaによる）

de Branca）によって提案された。これを第5・2図に示す。ヒーロのタービンとは異なり、蒸気は静止している人形の管から吹き出して高速となり、タービンの翼にぶつかって蒸気の方向が変わり速さは減少する。したがって、蒸気の運動量が減少するから、翼は衝動力を受けてタービンは回転する。これは記録にある最初の衝動タービンである。しかし、このブランカのタービンは実際につくられたかどうかははっきりしていないが、おそらく当時の工

第5・2図　ブランカのタービン
（Stodolaによる）

作技術では摩擦やその他の損失が大きいためにつくられていないものと思われる。

　その後、1700年代に入るとサベリーやニューコメンによって**蒸気往復機関**(steam reciprocating engine)が世に出され、急速に発達し始めた。1807年にロバート・フルトンが最初に商業的に成功した蒸気船「クラモント号」をハドソン川に浮かべ、1840年にはイギリスのキューナード汽船会社の最初の船「ブリタニア号」が大西洋横断航路を走り始めた。このように、原理的には早くから知られていた蒸気タービンの現われる前に往復運動をする蒸気機関の方が先に商業的に成功している理由の一つは蒸気タービンは本質的に高速度の機械であるためにその設計が複雑になり、さらにそれの製造に必要な高度の技術が当時の工業技術では不可能であったためである。

　最初に高速回転する蒸気タービンの実用化に成功したのが、スウェーデンのブラゼンボルグのエンジニアであったカール・ド・ラバル（Carl de Laval）で

あった。彼は酪農で要請の強いクリーム分離機に使う高速原動機を研究しているときに、1883年いわゆる**デラバル（またはドラバル）タービン**の発明に成功した。これは第5・3図に示すように、1個またはそれ以上のノズルから出る高速蒸気を単一段の翼列に吹きつけて回転させる衝動タービンである。このタービンの成功はデラバルノズルともいわれる末広ノズルの採用によって蒸気の保有するポテンシャルエネルギを有効に速度エネルギに変換し、一様強度のいわゆるデラバル円板形状のロータで高速回転に伴う遠心応力問題を解

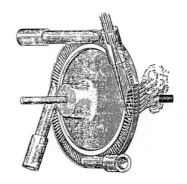

第5・3図　デラバルタービン
（Stodolaによる）

第5章 蒸気タービンの基本形式および分類

(a) 上部ケーシング

(b) ロータおよび下部ケーシング

第5・4図 パーソンタービン

決し，さらに第一次危険回転数より高いところで運転する弾性軸を採用したことにある。

イギリスのチャールス・パーソンス卿(Sir Charles A. Parsons)は1884年に第5・4図に示すような**パーソンタービン**を発明した。彼は多数の段を設け，蒸気の全圧力降下を細分割することで回転数の減少をはかった。また，回転する翼をノズルのような形状にして，この翼を通る蒸気の反作用からも回転力を得るようにしたもので，「衝動・反動タービン」である。

アメリカのチャールス・ゴルドン・カーチス(C. G. Curtis)は，回転数を減少させる方法として，1個の翼車に2列の動翼を設け，ノズルから出た蒸気は1列目の翼にぶつかり固定した翼で方向を変えて2列目の翼にぶつけるようにしている。すなわち，高速の蒸気のもつ速度エネルギを2列の翼で受けもつから，それだけ回転数は減少する。理論的には，最高効率を得るために，デラバルタービンでは蒸気速度の約1/2の周速度が必要であるが，2列の翼をもつ**カーチスタービン**では約1/4の周速度でよい。

デラバルタービン，パーソンタービンおよびカーチスタービンは現代の蒸気タービンの発達の基礎となるものであり，5・3でさらに詳しく説明する。

5・2 蒸気タービンの作動原理

ニュートンの運動の第二法則は力の定義に関する法則であり，次式で表される。

$$F = m \cdot \alpha = m \cdot \frac{dw}{dt} = \frac{d(m \cdot w)}{dt} \quad (\mathrm{N = kg \cdot m/s^2}) \qquad (5 \cdot 1)$$

ここで，$F=$力 (N)，$m=$流体の質量(kg)，$\alpha=$加速度(m/s^2)，$w=$速度 (m/s)，$t=$時間 (s) である。

一方，$\dot{m}/dt$[脚注]は単位時間当たりの質量流量であるから，$\dot{m}$ を単位時間当たりの質量流量とすれば式(5・1)は次のようになる。

$$F = \dot{m} \cdot dw \qquad (5・2)$$

ここで，$\dot{m}$＝流体の質量流量（kg/s）である。

蒸気タービンの作動原理は，この式(5・1)または式(5・2)を応用したもので，流動蒸気の運動量（momentum）（＝〔質量〕×〔速度〕）の変化または〔質量流量〕×〔速度変化〕によって得た力を利用している。すなわち，ノズル（nozzle）を通して比較的高温高圧の蒸気を圧力の低いところへ流すと蒸気は膨脹して容積は大きくなり，その速度は増加する。このことは，蒸気のもっている**熱エネルギ**（heat energy）が**運動エネルギ**（kinetic energy）に変換したことになる。噴流となってノズルから出た高速の蒸気を**動翼**（moving blade）（**回転翼**または**回転羽根**ともいう）の凹面に沿って流入させると，翼の入口と出口で流動方向が変わり，蒸気の運動量に変化が生じる。それ故，動翼に力が作用し，**翼車**（wheel）（**羽根車**ともいう）を回転させて**機械的仕事**（mechanical work）をする。ノズルと動翼は蒸気タービンの主要な構成要素であり，これを組み合わせたものを，**段**または**段落**（stage）と呼ぶ。したがって，たとえば8段の蒸気タービンというのは，ノズルと動翼の組合せが8組あるタービンのことである。

次に，流動蒸気の作用をもう少し詳しく説明する。

5・2・1　蒸気噴流の平板および半円形翼への作用

第5・5図(a)に示すように，流量 $\dot{m}$（kg/s）の蒸気がノズルから w_1（m/s）の速度で固定された平板に衝突したとき，平板に作用する力 F(N) は式(5・2)より次のように表される。

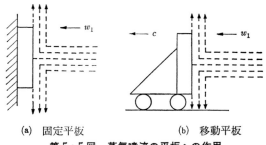

(a) 固定平板　　　　　(b) 移動平板

第5・5図　蒸気噴流の平板への作用

脚注）dw/dt は時間 dt 当たりの速度変化 dw，すなわち加速度であって，w を t で微分することを意味するが，便宜上 $dw \div dt$ として取り扱うことができる。

第5章　蒸気タービンの基本形式および分類　　　147

$$F=\dot{m}(w_1-0)=\dot{m}\cdot w_1 \quad \text{(N)} \tag{5・3}$$

次に，第5・5図(b)のように，移動できる平板に蒸気が衝突したとき，平板が蒸気噴流と同一方向に c(m/s) の速度で進むとする。このとき動いている平板自身から見た蒸気の速度 u(m/s) は (w_1-c) である。この速度 u を**相対速度** (relative velocity) という。これに対して，w_1 や c のように静止した場所から見た速度を**絶対速度** (absolute velocity) という。

この場合の平板にかかる力 F (N) は次のように表される。

$$F=\dot{m}(w_1-c) \quad \text{(N)} \tag{5・4}$$

また，〔仕事〕＝〔力〕×〔移動距離〕であるから，単位時間に平板が蒸気によってなされる仕事 W_t は次式で表される。

$$W_t=\dot{m}(w_1-c)c \quad \text{(N・m/s=J/s=W)} \tag{5・5}$$

上式より，$c=0$ または $c=w_1$ のとき，$W_t=0$ となることがわかる。すなわち，平板が固定されたとき ($c=0$)，または蒸気の速度と同じ速度で平板が移動するとき ($c=w_1$) は蒸気は平板に何ら仕事をしない。したがって，c が 0 と w_1 の間のある値のときに W_t が最大となる。この c の値を求めるためには，式(5・5)を c で微分して 0 とおけばよい。すなわち，

$$\frac{dW_t}{dc}=-\dot{m}(2c-w_1)=0$$

$$\therefore \quad c=w_1/2 \quad \text{(m/s)} \tag{5・6}$$

これより，仕事が最大となるのは，平板の速度が蒸気の速度の½のときであることがわかる。したがって，この最大仕事 W_{tmax} は，式 (5・5) に式 (5・6) を代入して次式のように表される。

$$W_{tmax}=\dot{m}\cdot w_1^2/4 \quad \text{(W)} \tag{5・7}$$

一方，ノズルから出た蒸気噴流のもっている運動エネルギは $\dot{m}\cdot w_1^2/2$ であるから，このときの最大効率 η_{max} は次のようになる。

$$\eta_{max}=\frac{\dot{m}\cdot w_1^2}{4}\Big/\frac{\dot{m}\cdot w_1^2}{2}=0.5 \tag{5・8}$$

次に，平板の代わりに半円形翼を用いると，蒸気噴流はこの翼を通過する間に 180°方向転換する。まず，第5・6図(a)の半円形の固定された翼に蒸気が接線方向に作用し，しかも摩擦のない理想的な場合を考える。このとき，翼入口の蒸気速度と出口蒸気速度は方向が反対で相等しい。したがって，蒸気が翼に作用する力は次式で表すことができる。

$$F=\dot{m}(w_1-w_2)=\dot{m}\{w_1-(-w_1)\}$$

$$=2\dot{m}\cdot w_1 \quad \text{(N)} \tag{5・9}$$

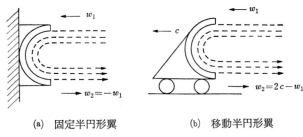

(a) 固定半円形翼　　　　　(b) 移動半円形翼
第5・6図　蒸気噴流の半円形翼への作用

これは式(5・3)より明らかなように，固定平板の場合の2倍の力である。

最後に，第5・6図(b)に示すように，蒸気噴流が移動できる半円形翼の接線方向に作用し，翼が同方向に速度 c で進む場合を考える。固定された翼の場合は仕事をしないから摩擦を無視すれば，入口および出口における蒸気の絶対速度は等しい。しかし，この場合は翼が移動するから，蒸気の入口相対速度 u_1 は $u_1=w_1-c$ となり，摩擦を無視すれば蒸気の出口相対速度 u_2 は u_1 に等しく，方向は反対であるから，$u_2=-u_1=-(w_1-c)$ となる。また，出口の絶対速度 w_2 は，$u_2=w_2-c$ より $w_2=c+u_2=c+(c-w_1)=2c-w_1$ である。したがって，蒸気がこの翼に作用する力は次式で表される。

$$F=\dot{m}\{w_1-(2c-w_1)\}$$
$$=2\dot{m}(w_1-c) \quad \text{(N)} \qquad (5・10)$$

これは，式(5・4)の移動平板の場合の2倍の力である。このときの仕事 W_t は次のようになる。

$$W_t=2\dot{m}(w_1-c)c=2\dot{m}\cdot w_1^2\cdot\frac{c}{w_1}\left(1-\frac{c}{w_1}\right)$$
$$=2\dot{m}\cdot w_1^2\cdot\xi(1-\xi) \quad \text{(W)} \qquad (5・11)$$

ここで，$\xi=c/w_1$ は**速度比** (ratio of velocity または velocity ratio) といい，タービンの効率に重要な影響を与える因子である。

仕事の最大値 W_{tmax} は移動平板の場合と同様にして，$\xi=1/2$ のときに得られる。式(5・11)に，$\xi=1/2$ を代入すると，

$$W_{tmax}=\dot{m}\cdot w_1^2/2 \quad \text{(W)} \qquad (5・12)$$

となる。これは蒸気噴流の運動エネルギに等しいから，このときの効率は100%である。すなわち，$w_2=2c-w_1$ に $c=w_1/2$ を代入すると $w_2=0$ となり，蒸気の出口絶対速度が0ということは蒸気の有する運動エネルギが移動半円形翼

において100%完全に利用されることがわかる。

効率 η は，式(5・11)を用いて次のように表すことができる。

$$\eta = \frac{2\dot{m} \cdot w_1^2 \cdot \xi(1-\xi)}{\dot{m} \cdot w_1^2/2} = 4\xi(1-\xi) \qquad (5・13)$$

第5・7図は上式より得た，速度比 ξ と効率 η との関係を示している。

5・2・2 衝動力と反動力

反動力 (reaction force) を利用したものに，ロケットやヒーロのタービンなどがある。

また，5・2・1で明らかなように，固定および移動する半円形翼にかかる力は，それぞれ平板にかかる力の2倍になっている。これは，平板にかかる力は衝動力のみであるが，半円形翼の場合はそれに反動力が加わるためである。すなわち，翼入口に蒸気が流入して流路中で90°方向転換したときに衝動力が作用し，さらに90°転換して翼出口から流出するときに反動力が作用する。

反動力のもう一つの例は，第5・8図に示すように，固定したノズルの入口蒸気速度 w_1 がノズル中で加速されて出口から $w_2(>w_1)$ の速度で流出するときにノズルにかかる力である。図では，$w_1=0$ のときの反動力 F_r を示しており，右方向の力を＋（プラス）にとっている。したがって，回転する翼の中でも蒸気が加速するように工夫すれば，ノズルにかかる力と同じ意味の反動力が翼にかかる。ただし，動翼の場合に用いる蒸気速度は相対速度である。

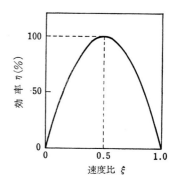

第5・7図 式(5・13)による ξ と η との関係

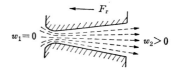

第5・8図 ノズルにかかる反動力

以上のように，衝動力と反動力の区別ははっきりとつけがたいもので，衝動タービンでも蒸気は厳密に言えば翼の入口で衝動力を，そして翼の出口では反動力として作用する。したがって，**蒸気タービンでは衝動力と反動力を次のように定義している**。すなわち，衝動力は，蒸気が動翼を通過する間にその運動量を減少するときに生じる力であり，反動力は，蒸気が動翼を通過する間にその速度を加速するときに生じる力である。それ故，衝動タービンにおいては**動翼の前後の蒸気圧力に差がなく**，蒸気の入口相対速度 u_1 と出口相対速度 u_2 の

間には，$u_1 \geqq u_2$ の関係がある。不等号は摩擦力などの損失を考慮した場合である。一方，反動タービンでは動翼中で蒸気が膨脹するから，動翼出口の蒸気圧力は減少して $u_1 < u_2$ の関係がある。ドイツでは両タービンの特徴をはっきりさせて，**衝動タービン**を**等圧タービン**（Gleichdruckturbine），反動タービンを**不等圧タービン**（Überdruckturbine）と呼んでいる。

重力単位体系では，式(5・1)の単位を次のように書き換える。すなわち，$F=$力(kgf)，$m=$流体の質量（kgf·s²/m），したがって，単位時間当たりの質量流量 m/dt は，G を単位時間当たりの重量流量（kgf/s）とすれば，G/gに等しい（∵重量流量 G を重力加速度 g(m/s²) で割って質量流量に換算している）

それ故，式(5・2)は次のように表される。

$$F = \frac{G}{g} \cdot dw \qquad \text{(kgf)} \qquad\qquad (5 \cdot 2)'$$

同様にして

$$F = w_1 \cdot G/g \qquad \text{(kgf)} \qquad\qquad (5 \cdot 3)'$$

$$F = (w_1 - c)\,G/g \qquad \text{(kgf)} \qquad\qquad (5 \cdot 4)'$$

$$W_t = (w_1 - c)\,c \cdot G/g \qquad \text{(kgf·m/s)} \qquad\qquad (5 \cdot 5)'$$

$$W_{tmax} = w_1^2 \cdot G/(4g) \qquad \text{(kgf·m/s)} \qquad\qquad (5 \cdot 7)'$$

$$F = 2w_1 \cdot G/g \qquad \text{(kgf)} \qquad\qquad (5 \cdot 9)'$$

$$F = 2(w_1 - c)\,G/g \qquad \text{(kgf)} \qquad\qquad (5 \cdot 10)'$$

$$W_t = 2w_1^2 \cdot \xi(1 - \xi)\,G/g \qquad \text{(kgf·m/s)} \qquad\qquad (5 \cdot 11)'$$

$$W_{tmax} = w_1^2 \cdot G/(2g) \qquad \text{(kgf·m/s)} \qquad\qquad (5 \cdot 12)'$$

5・3　蒸気タービンの基本形式

蒸気タービンの基本形式は，一般に次のように分けることができる。

5・3・1　単式衝動タービン

単式衝動タービン（simple impulse turbine）は**単段落衝動タービン**（single stage impulse turbine）とも呼ばれ，第5・9図に示すように，ノズルと**円板形翼車**（disk wheel）に取り付けられた1列の動翼から構成されている最も簡単なタービンである。図において，上部はタービンの上半分の縦断面図，中央部はノズルと翼の展開図をそれぞれ示しており，下部は蒸気がノズルと翼を通る間に，その圧力，絶対速度および比容積がどのように変化するかを近似的に示している。

蒸気は1個または数個のノズルの中で，初圧から終圧まで膨脹し，非常な高速（たとえば，約1 000m/s）となって動翼に入る。終圧はこの形式のタービン

第5章　蒸気タービンの基本形式および分類

ではふつう大気圧が多いが，復水式のタービンであれば終圧は大気圧以下の復水器圧力である。このように，蒸気の膨脹は1段のノズルのみで行われるから圧力降下(pressure drop)は極めて大きく，ノズル出口圧力はノズル入口圧力に対する臨界圧力以下である(6・2・3参照)。したがって，蒸気の熱エネルギを有効に速度エネルギに変換するため，図に示したような形の**末広ノズル**(divergent nozzle)を用いる。

動翼の中では蒸気は膨脹せず，翼車を矢印の方向に回転させるとともに速度を減じて流出する。この流出速度はもはや利用されないから，全部損失となる。この損失を**流失損失**(leaving loss または carry-over loss)と呼ぶ。この損失は約10%にも達する。

単式衝動タービンの効率を最大にするには，速度比を約½にする必要がある。したがって，ノズル出口蒸気速度が1 000 m/sであれば動翼の**周速度**は500 m/sとなる。経済的な理由で，この形式のタービンはせいぜい400 kW程度の比較的小出力用として用いられているから，翼車はかなり小さくなり，その結果回転数は高くなる[脚注]。回転数は小形のタービンで30 000 rpm (rpmは毎分回転数，revolution per minuteの略)，大形タービンでも10 000 rpmに達するから，タービン軸には**たわみ軸**(弾性軸)(flexible shaft)を採用している。一方，駆動される機械はそのような高速を必要としないから，ふつうは**減速歯車**(reduction gear)を用いて，1/10～1/13に減速される。

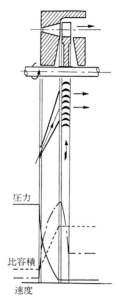

第5・9図　デラバルタービン

第5・10図　デラバルタービン

この形式のタービンはデラバルによって最初に作られたために**デラバルタービン**(de Laval turbine)ともいう。第5・10図にデラバルタービンの写真を示す。

脚注) 周速度 c(m/s) は，$c = \pi \cdot D \cdot N/60$ で表されるから，翼車径 D(m) と回転数 N(rpm) に比例することがわかる。

5・3・2 速度複式衝動タービン

速度複式衝動タービン（velocity-compounded impulse turbine）の代表的なものとしては**カーチスタービン**（Curtis turbine）がある。

1896年にカーチスは一つの翼車に2列または3列の動翼を植え込み，各翼において蒸気速度を変化させて速度エネルギを有効に利用することを最初に考案した。このようにすることによって，翼車の周速度を小さくすることができ，単式衝動タービンにおける高速回転を避けることができる。このタービンをカーチスタービンといい，このような構成の段を**カーチス段**（Curtis stage）または**速度段**（velocity stage）という。

速度複式タービンには，その他，カーチスタービンと原理は同じであるが構造が異なる**テリータービン**（Terry turbine）や**エレクトラタービン**（Elektra turbine）などがあるが，これらは特殊なタービンで現在ではあまり使用されていない。

第5・11図は3列の動翼をもったカーチスタービンのノズルと動翼の配置，および圧力や蒸気速度などの変化を示している。このような3列の動翼をもつ翼車を**3列翼車**（three-row-wheel）といい，翼車の間に配置されている**静翼**（fixed blade または stationary blade）（**固定翼**または**固定羽根**ともいう）を**案内翼**（guide blade）と呼んでいる。この案内翼は**車室**（casing）の全周に設ける必要はなく，ノズルまたはノズル群より少し大きい円弧を覆えばよい。蒸気はデラバルタービンと同じように，末広ノズルによって臨界圧力以下まで膨張し，それ以後の動翼や案内翼の中では膨張しない。

ノズルから出た高速の蒸気は，第1列動翼によってその速度エネルギの一部を仕事に換え，速度を減じて第1の案内翼に入る。案内翼は単に，蒸気の流動方向を適当に変えて次の第2列動翼に入れるだけであるが，そこを通過して方向転換する間に摩擦抵抗などのためにわずかに蒸気速度は減少する。蒸気はさらに第2列動翼で第1列動翼の流出速度の一部を仕事に変え，第2の案内翼に入る。このようにして，第3列動翼を出る蒸気速度は比較的小さくなっているから流出損失も小さく，大体最初の蒸気エネルギの

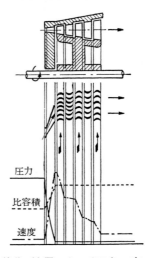

第5・11図 カーチスタービン

第5章 蒸気タービンの基本形式および分類 153

約2%である。

このように，カーチスタービンでは速度エネルギを仕事に変換することを数列の翼で行わせるから，最高効率を与える速度比は小さくなる。たとえば，この速度比の値は2列翼で約¼，3列翼で約⅙であるから，ノズル出口蒸気速度が1 000m/sのとき，デラバルタービンでは翼の周速度が約500m/sであったのがカーチスタービンではそれぞれ約250m/sおよび約170m/sに減少する。したがって，動翼の列数を選ぶことによって適当な回転数を得ることができる。しかし，列数を増やすと今度は摩擦損失が増えて効率が悪くなる傾向にある。

また，見方を変えて周速度を一定とすると，速度比が小さいということは1個の翼車で消化することのできる熱落差が大きいことになるから，多少効率は低下しても小形化したいとする**補機用タービン**（auxiliary turbine）または舶用主機タービン（marine main turbine）の**後進タービン**（astern turbine）によく用いられる。さらに，次に説明する1段で消化できる熱落差の小さい圧力複式衝動タービンや反動タービンの初段落（first stage）（これを**調速段**（control stage）と呼ぶ）に用いると，このカーチス段の圧力降下が大きいために，以後の段の圧力および温度は低くなり，またタービンの全長を短くすることができるなど，設計上有利になる。

5・3・3 圧力・速度複式衝動タービン

カーチス段を2段以上直列に用いた多段カーチスタービンを**圧力・速度複式衝動タービン**（pressure-velocity-compounded impulse turbine）という。カーチス段はその翼列数を増加すれば回転数を減少させることができるが効率は悪くなる。したがって，カーチス段では2列翼が一番効率が良いために，この段を2段またはそれ以上設けて有効エネルギを分割させる方法が考えられた。このタービンは構造的には比較的簡単で，多段の圧力複式衝動タービンよりもはるかに小形である。タービン発達の初期には，**シュルツタービン**（Schulz turbine）や**ブラウン・カーチスタービン**（Brown-Curtis turbine）などのように，陸用，舶用として相当広く採用されていたが，カーチス段自身の段落効率が低いうえに，多段にすれば摩擦損失も大幅に増加して効率が非常に悪くなるために現在では，後進タービンや補機用タービンの一部に2段程度で使用されている以外はほとんど姿を消している。

5・3・4 圧力複式衝動タービン

圧力複式衝動タービン（pressure-compounded impulse turbine）は，第5・12

図に示すようにノズルと動翼を交互に直列に並べたもので，多くの単式衝動タービンを同軸上に配置したものと考えることができる。デラバルタービンは初圧から終圧まで1段のノズルによって蒸気を完全に膨脹させたが，この圧力複式タービンは初圧から終圧までの圧力降下を段数に応じて分割するもので，1段の圧力降下は小さくなり，したがって段数を増やせばそれだけ翼の周速度は減少する。しかし，プロペラのような非常に低い回転数を得るためには極端に段数を多くする必要があり，そこまで回転数を落すことは実際には不可能である。

このタービンは全体の圧力降下を分割するところから圧力複式と呼ばれ，1段の圧力降下は臨界値以下であるために末広ノズルではなく，**先細ノズル** (convergent nozzle) または**先細平行ノズル** (convergent-parallel nozzle) を使用する。また，圧力降下が小さいために，それだけ流出速度も小さくなり，さらに各段の流出速度の一部は次の段に有効に利用されるから全体の流出損失はデラバルタービンにくらべて小さく，一般に全有効エネルギの1〜2%程度である。この形式のタービンは中容量および大容量タービンとして最適のもので，最近製作される高圧大容量の陸上発電機用タービンや舶用タービンはほとんどこの圧力複式衝動タービンである。

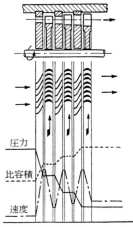

第5・12図 ラトータービン

ラトータービン (Rateau turbine) や**ツェリータービン** (Zoelly turbine) はこの形式に属し，この**圧力段** (pressure stage) を**ラトー段** (Rateau stage) ともいう。

5・3・5 軸流反動タービン

軸流反動タービン (axial-flow reaction turbine) は第5・13図に示すように，車室の内側に取り付けられた衝動タービンのノズルに相当する**静翼**と，**胴形翼車**

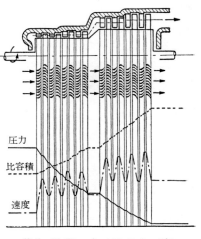

第5・13図 パーソンスタービン

第5章　蒸気タービンの基本形式および分類　　155

(drum wheel) に直接植え込まれた動翼とが交互に配置されている。蒸気は第1列の静翼で少し膨脹して速度を増し，第1列の動翼に入る。そして，衝動タービンと同じようにここで方向転換して運動量変化による衝動力を動翼に与える。また，この形式では動翼の流路面積を出口に向かうにしたがって狭くしてあるから，蒸気は動翼中でも膨脹して圧力降下を生じ加速される。その結果，蒸気は動翼に出口速度と反対方向の反動力を与える。このように，この形式のタービンは蒸気の衝動力と反動力の両方の作動原理を応用したもので，**衝動・反動タービン** (impulse-reaction turbine) と呼ぶことがあるが，5・2・2 の定義にしたがい，一般には単に**反動タービン**と呼んでいる。このタービンでは静翼出口蒸気速度と，動翼の周速度がほぼ等しいときに最大効率が得られる。すなわち，このタービンの最適速度比は約 1.0 である。しかし，実際には翼列数を減少するために蒸気速度は幾分，周速度よりも大きくしている。流出損失はふつう，単列翼車を有する多段衝動タービンとほぼ同じである。

　この形式の代表的なタービンは，**パーソンスタービン** (Parsons turbine) であって，これは同一断面形の翼を静翼と動翼に用いているから，両翼における断熱熱落差は等しい。このことを，反動度が 0.5 であると表現する。

　第5・13図の蒸気の圧力変化の状態からわかるように，軸流反動タービンは蒸気を初圧から終圧まで各段で徐々に膨脹させており，あたかも全体の蒸気通路が1個のノズルのようになっている。したがって，通路全体を蒸気が充満して流れることになり，蒸気の流動が衝動タービンにくらべてはるかに円滑になる。一方，蒸気の比容積は圧力に大体逆比例するから，タービンの高圧部では比容積は小さく，低圧部にいくにしたがい急に増加してくる。もし，蒸気を一定の軸流速度で流動させるためにはこの比容積に比例して流路面積を大きくしなければならない。そのためには，高圧部から低圧部にいくにしたがい翼の長さを長くするか，胴形翼車と車室の直径を大きくする必要がある。そこで，古くからパーソンスタービンで行われていたように階段的に流路面積を増加する（第5・13図）か，または円錐形に流路面積を増加するかのどちらかの方法が採用される。前者の場合は工作が比較的簡単であるが効率の点で劣る。これに対して，後者の場合は翼の長さと翼車の直径の一方または両方を連続的に増加する必要があって，工作が複雑で高価となるが，流路が滑らかなために効率が良くこの形式が多く採用されている。第10・57図はその一例である。

　また，高圧部に関しては，衝動タービンのようにノズル数を加減して動翼の長さをある限度以下にならないようにする**部分流入** (partial admission) が不可能で，全周に設けられた静翼から蒸気を流入するいわゆる**全周流入** (full, complete または all-round admission) となるから動翼の長さは短くなる．それ故，翼先端の隙間（clearance）と翼高さとの比が大きくなり翼先端漏えい蒸気量が増して高圧部での効率は悪くなる．

第5・4図はこのパーソンスタービンの写真を示している．

5・3・6 半径流反動タービン

これまで述べてきたタービンは，蒸気の流動方向がほぼ回転軸に平行な軸流式であった．ところが，この半径流反動タービン（radial flow reaction turbine）のような形式は蒸気の流動方向が回転軸に直角で蒸気は半径方向に流動する．半径流衝動タービンにはエレクトラタービンに代表される半径流復流動式衝動タービン（radial-flow reentry impulse turbine）があるが，半径流反動タービンには最も有名でよく使われているユングストロームタービン（Ljungström turbine）またはスタルタービン（Stal turbine）と呼ばれる半径流（またはふく流）複回転式（または複動式）反動タービン（radial-flow double motion reaction turbine）がある．このタービンの模式図を第5・14図に示す．これは相対している2個の円板にそれぞれ同じ列数の翼がリング状に植え込んであり，一方の円板の翼列の間に他方の円板の翼列が交互に組み合わさった構造となっている．蒸気は左右両円板の軸中心付近に開けられた数個の孔から入り，翼列を通過しながら外周方向に流動する．このタービンは両側の円板がともに反対方向に同一速度で回転しているから静翼がなく，各翼は互いに相手の翼の案内翼の役目をすると同時に，蒸気を膨脹させて熱エネルギを機械的エネルギに変換する作用をしている．したがって，1列の翼を1段と考えることができ，反動度は1.0である．また，最適速度比は軸流反動タービンと同じく，

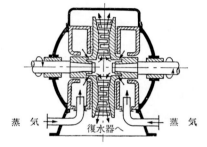

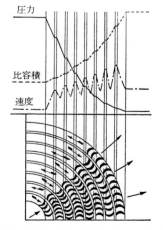

第5・14図 ユングストロームタービン

第5章　蒸気タービンの基本形式および分類　　157

ほぼ1.0である。

　このタービンの**特徴**としては，

① 蒸気は**外向き半径流**（radial outward flow）であるから圧力降下による蒸気比容積の増加に応じて，それほど翼の長さを大きくしなくても流路面積は増大し，蒸気速度の増加を緩和する上においても好都合である。

② 動翼の長い軸流タービンでは，翼の先端と根元での周速度に差があり，効率に影響を与えるが，このタービンでは翼の全長にわたって周速度は一定である。

③ 複回転式であるから，比較的少ない段落数で効率よく蒸気を作用させることができ，他の形式のタービンにくらべて著しく小形にすることができる。

④ 高温の蒸気が軸中心付近に集中しており，熱膨脹に対して軸対称設計となっているから起動を非常に早くすることができる。

⑤ 車室に接触する蒸気圧は復水器圧とほとんど等しく，温度も低いから車室の厚さは薄くてよく，表面からの放熱損失も少ない。

などが考えられるが，その反面次のような**短所**がある。

① 構造がかなり複雑となる。

② 1台のタービンで左右2台の発電機などを備える必要がある。

③ 蒸気をタービンの中央に流入するために簡単なノズル調速ができない。

④ 高圧部の蒸気漏えいに対して複雑な装置が必要である。

　この形式のタービンでは，出力を大きくするために半径流タービンの排気を同軸上に設けた軸流タービンに流入させる方法がよく用いられる。スタル社ではこれを Double rotation axial turbine の略記号を用いて Durax 式と呼び同社の特許となっている。なお，筆者の一人が1986年に同社を訪れた時にはすでに半径流反動タービンの製造は中止されていた。

　なお，これは複回転式であったが単回転式では**半径流単回転式反動タービン**（radial-flow single motion reaction turbine）の**ジーメンスタービン**（Siemens turbine）がある。このタービンは案内翼を車室に固定しているのでスタルタービンよりも段数は増加する。このタービンには外向き半径流と**内向き半径流**（radial inward flow）の組合せのものと外向きばかりのものがあり，一般に補機用に用いられている。

5・4　蒸気タービンの分類

　蒸気タービンはいろいろな見地から分類される。たとえば，次のような分類の仕方が考えられる。

5・4・1 蒸気の作用による分類

(1) 衝動タービン
① 単式衝動タービン（デラバルタービン）
② 速度複式衝動タービン（カーチスタービン）
③ 圧力・速度複式衝動タービン
④ 圧力複式衝動タービン（ラトータービン，ツェリータービン）
⑤ カーチス段とラトー段の組合せタービン
⑥ 半径流衝動タービン（エレクトラタービン）
⑦ 接線流衝動タービン（テリータービン）
(2) 反動タービン
① 軸流反動タービン（パーソンタービン）
② 半径流反動タービン（ユングストロームタービン，ジーメンスタービン）
(3) 混式タービン（combination turbine または combination impulse and reaction turbine）
① カーチス・パーソンタービン
② ラトー・反動タービン

注 実際の軸流衝動タービンでは，蒸気の翼に対する作用が純衝動でなく若干の反動度を有しているものがある。とくに低圧段の長い翼に対してはかなりの反動度をつけるのがふつうである。このように，反動度をつけると翼の形は転向角の小さいものとなり，また，蒸気は加速されることになる。したがって，翼速度係数が大きくなり，翼の効率を良くすることができる。

5・4・2 蒸気の流動方向による分類

(1) 軸流タービン（axial-flow turbine）
① 軸流衝動タービン
② 軸流反動タービン
(2) 半径流タービン（radial-flow turbine）
① 半径流衝動タービン
② 半径流反動タービン
(3) 接線流タービン（tangential-flow turbine）

注 半径流衝動タービンには速度複式タービンの一種で，代表的なものにコルブ（Kolb）によって最初に設計されたエレクトラタービンがある。これは，第5・15図に示すように反復流動式であり，図の例では4速度段である。

第5章　蒸気タービンの基本形式および分類

一方，テリータービンに代表される**接線流タービン**は，エレクトラタービンと同様に速度複式衝動タービンの一種で，また反復流動式でもある。この作動原理を第5・16図に示す。すなわち，ロータの円周上に半円形のみぞ形に動翼が作られており，ノズルから出た蒸気はその翼の一方の側から接線方向に流入される。そして，翼の中で180°方向転換をして他方の側から流出した蒸気は，その前方に設けられた**反転室**（reversing chamber）によって再び180°の方向転換をして翼の中へ流入する。このように，蒸気はら旋状の流動を数回繰り返してその速度エネルギをロータに伝える。

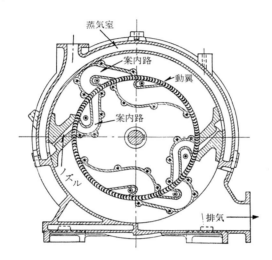

第5・15図　エレクトラタービン（Stodola による）

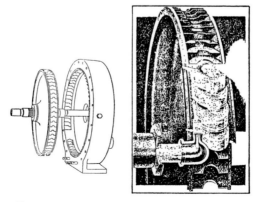

第5・16図　テリータービン（Stodola による）

160 　第5章　蒸気タービンの基本形式および分類

5・4・3　動翼を通る蒸気流の繰返しによる分類

(1)　単流動タービン (single-flow turbine)

　動翼を1度通った蒸気は，その翼を2度と通らないもので，ほとんどのタービンはこの形式である。なお，大容量の低圧タービンになると翼の長さが極端に長くなるので，蒸気を車室の中央から入れて両側に流動させる方法が採用される。このようなタービンを複流タービン (double-flow turbine) という。

(2)　反復流入タービン (reentry turbine または repeat-flow turbine)

　これは蒸気の流動を単列の動翼に対して繰り返し作用させるもので，1個の翼車において多速度段をなす巧妙な構造になっている。しかし，蒸気流路の方向転換がほとんど180°になるから流動抵抗は大きい。構造が簡単で小容量の補機用タービンに適しているが，最近ではほとんど見られない。

5・4・4　車室の数とすえ付配置による分類

(1)　単室タービン (single casing turbine)

　これは，蒸気が1個の車室の中で終圧まで膨脹するもので，中・小容量タービンに使用される。

(2)　複式または多室タービン(compound turbine または multi-casing turbine)

　これは2個またはそれ以上の別々の車室を設け，高圧車室から低圧車室まで連続して蒸気を膨脹させる。複式タービンを車室のすえ付配置によって分類すると，次のようになる。

①　タンデムコンパウンドタービン または くし形複式タービン (tandem compound turbine)

　　各車室を同一軸上に配置したもので，火力，原子力発電用タービンなどに多く採用されている。

②　クロスコンパウンドタービン または 並列複式タービン (cross-compound turbine)

　　これは各車室を分離して，横に水平に並置したものである。この形式のタービンは大容量の火力，原子力発電用タービンや舶用主機タービンに多く見られる。

③　塔形タービンまたは垂直複式タービン (steeple turbine または vertical compound turbine)

　　これは，床面積の制限されるところで既設の低圧タービンの上に高圧タービンをすえるか，既設の背圧タービンの下に低圧タービンをすえる場合のよ

第5章　蒸気タービンの基本形式および分類　　161

うに，車室を上下に配置したもので，その例は比較的少ない。

5・4・5　蒸気の使用法や排気条件などによる分類

(1)　復水タービン（condensing turbine）

これは高圧高温の蒸気をタービン内で復水器の真空まで膨脹させるタービンである。低圧の蒸気比容積は大きいから最終段付近の翼は長くなるが，効率増進による蒸気消費率の減少や熱落差の大なることから，火力，原子力発電などの大出力用や，舶用主機，舶用発電機タービンなどに多く採用されている。

(2)　再生タービン（regenerative turbine）

（4・4 参照）

(3)　再熱タービン（reheating turbine）

（4・3 参照）

(4)　再熱再生タービン（reheating and regenerative turbine）

（4・5 参照）

(5)　不凝縮タービン（noncondensing turbine）

復水器の冷却水が得られない場合，または冷却水のコストが高い場合，さらに排気を何らかの目的に使用する場合などには復水器を備えない。したがって，排気の圧力は大気圧かそれ以上の圧力となる。このようなタービンを不凝縮タービンといい，翼の高さは低くなるが，蒸気の熱落差は小さく効率も悪いので小，中容量タービンに多い。

(6)　背圧タービン（back pressure turbine）

これは不凝縮タービンの一種で，大量の蒸気を加熱などの作業用に必要とする場合，このタービンで動力を発生させるとともに大気圧以上の排気を有効に利用する。

(7)　前置タービン（topping turbine または superpose turbine）

高圧の蒸気ボイラを新設した場合，新しく高圧タービンを設け，その排気を既設の中，低圧タービンに使用することがある。この高圧タービンを前置タービンという。

(8)　抽気タービン（extraction turbine）

これはタービンの途中から作業用として蒸気を抽出するようにしたタービンである。抽気口は1個または数個あり，そこに抽気弁を設けて流量を加減することによって圧力を自動的に調節するものと，ただ抽気口だけのものとがある。このタービンは，舶用タービンや火力，原子力発電用タービンと区別するために，とくに**産業用タービン**（industrial turbine）と呼ぶ場合がある。

5・4・6 用途による分類

(1) 陸用タービン (land turbine)

このタービンの代表的なものは，火力，原子力発電用の大出力蒸気タービンである。この他に，動力や蒸気を供給する工場用タービンなどがある。

(2) 舶用タービン (marine turbine)

船舶に使用されるタービンは，まず舶用主機タービン，さらに舶用発電機タービン (marine generator turbine)，給水ポンプタービン (feed water pump turbine) そして荷油タービン (cargo oil turbine) などの補機用タービンである。

舶用主機タービンが，陸用タービンと比較して特に考慮が払われている点は，次のようである。

① すえ付場所の関係からタービンの容積，質量を軽減させること。

② 運転の安全信頼性は陸用タービンの場合よりもさらに重要となる。

③ 一般に，後進用タービンを必要とする。ただし，可変ピッチプロペラの採用や電気推進の場合は不要である。

④ タービンの回転数は一定ではなく，船速に依存する。

5・5 衝動タービンと反動タービンの比較

軸流の衝動タービンと反動タービンの比較は，これまで説明してきた両者の特徴から推察することができるが，大体一方の長所が他方の短所となっている。

(1) 衝動タービンの長所

① 1段落でする仕事の量，すなわち1段落で消化する蒸気の熱落差が大きいから段落数が少なくてすみ，タービンの全長が短くなり，同一の出力の反動タービンに比して質量容積が小さい。

（衝動タービンの最適速度比は反動タービンのそれの約½である。それ故，周速度が等しければ衝動タービンの方が蒸気速度が2倍となるから消費できる熱落差も2倍となる）（第7・1表参照）

② ノズル内で蒸気を膨脹させるから，タービン入口の高圧高温の蒸気にさらされる部分は初段のノズルとノズル室のみである。したがって，タービン車室に過度の力を受けないから変形する恐れが少ない。

③ 動翼の前後の圧力差がなく，膨脹は単にノズルのみで行わせるので部分負荷のとき，ノズル締切調速を採用することができて有利である。

第5章　蒸気タービンの基本形式および分類　　163

④　比容積が小さい高圧部においては，蒸気を部分流入することによって翼の高さをある程度高くすることができる。したがって，翼先端の隙間と翼高さの比が小さくなり漏えい蒸気量が減少するから高圧部の効率は良い。

⑤　動翼の中では蒸気は膨脹しないから，先端からの蒸気の漏えい量は反動タービンほど多くはなく，隙間をある程度大きくして翼の損傷を防止することができる。

⑥　動翼にかかる軸方向の推力（スラスト）は，蒸気の動的推力のみであるから，推力軸受は著しく小さくてすむ。

⑦　各段落がある程度独立しているので，一つの段落に故障を生じても他の段落に影響することが少ない。

(2)　衝動タービンの短所

①　低圧部では蒸気の比容積が非常に大きくなるために，段落数の少ない衝動タービンでは翼の高さが急に増大し，摩擦損失やその他の損失が増加して効率が低下する。

②　蒸気速度が大きいから，ノズルの中での摩擦損失が大きい。とくに湿り度の大きい低圧部ではこの影響が大である。また，翼車の回転による摩擦損失も大きい。

③　仕切板と軸の隙間から蒸気が漏れ，また損傷する恐れがある。しかし，漏えい部分の径は反動タービンのそれに比してはるかに小さく，段落数も少ないからその損失は比較的小さい。

(3)　反動タービンの長所

①　低圧部では翼の高さも高くなり，翼前後の圧力差も小さくなるので翼先端の漏えい損失は減少する。さらに低圧部の蒸気流路は反動タービン本来の特性から非常に滑らかである。したがって，低圧部の効率は衝動タービンよりもすぐれている。

②　蒸気の流路が車室と回転胴の間に制限されているので摩擦損失が少ない。

③　仕切板が無いので開放検査および掃除が容易である。

④　各段落からの流出速度を次の段落で利用しやすい。

⑤　異なる速度比に対する効率曲線の最大値付近は，衝動タービンのそれよりも平坦であるから，負荷変動などによる速度比の変化が効率におよぼす影響は小さい。

⑥　動翼に作用する蒸気の動的な力は衝動タービンのそれに比較して小さく，したがって動翼を軽小に作ることができる。とくにパーソンスタービンでは，動翼と静翼を同一の形状に作ることができ，加工上有利である。

164　　　第5章　蒸気タービンの基本形式および分類

⑦　全周流入であるので，衝動タービンの高圧部における部分流入のときのように，動翼に加わる力が回転とともに間けつ的に繰り返して作用することはなく，疲れによる翼の損傷や，繰返し作用による軸方向の振動などに対する危険が免れる。

(4)　反動タービンの短所

①　同一周速度，同一出力の衝動タービンに比して多くの段落数を必要とするから容積質量が大となる。

②　ノズルを有しないので高圧高温の蒸気を使用することは困難である。また，1段落の熱落差が小さく，動翼でも蒸気は膨脹するので車室の中程まで高温蒸気にさらされるから変形する恐れがある。

③　動翼中でも蒸気が膨脹するので，初段より全周流入しなければならないので，出力調整法としては絞り調速をする必要がある。

④　初段から全周流入を行うので高圧部の翼の高さは低くなり，翼先端漏えい蒸気量が増加して効率は悪い。

⑤　動翼の中で蒸気は膨脹するから，圧力差のために蒸気の漏れが生じる。とくに翼が短い高圧部において翼先端からの漏れ量が多いので隙間を極めて小さくしており，翼と車室との接触などによる損傷の危険が多い。

⑥　動翼に作用する蒸気の静的な推力をつり合わすためにバランスピストンを必要とし，この部分における蒸気の漏れや損傷が生じやすい。

⑦　各段落は互いに密接に関連しているので，1段落の故障が全体に大きく影響する。

第5章 蒸気タービンの基本形式および分類

■ 演 習 問 題 ■

（三級程度）

1. 衝動タービンと反動タービンの蒸気作動上の相違を述べよ。
   解 5・2・2, 5・3および5・5を参照。

2. 反動タービンの静翼Aおよび動翼B中における蒸気の圧力Pおよび速度wの変化を示す下図①～⑤のうち、正しいものを1つだけあげよ。

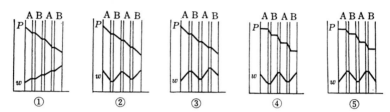

   解 ③, 5・3・5および第5・13図参照。

3. 蒸気タービンに関する下記(1)～(5)の文のうち、正しくないものを2つだけあげよ。
   (1) ノズル弁は、タービンの出力を調整するためにノズルの数を加減するのに用いられる。
   (2) ノズルは、蒸気を必要な方向に噴射して動翼に有効に作用させるのに用いられる。
   (3) 衝動段では、蒸気速度は動翼を流動中に増加する。
   (4) 一般に、反動度が0.5未満のタービンを反動タービンという。
   (5) タービンの高圧部に衝動段を、低圧部に反動段を設けるものを混式タービンという。
   解 (3)と(4)

4. 衝動タービンの次の①～④に該当するものを㋑～㋣より選べ。
   ① 単段落タービン
   ② 圧力複式タービン
   ③ 速度複式タービン
   ④ 圧力速度複式タービン
   ㋑パーソンスタービン、㋺ツェリータービン、㋩デラバルタービン、㋥ラトータービン、㋭カーチスタービン、㋬ユングストロームタービン、㋣ブラウンカーチスタービン
   解 ①―㋩, ②―㋺と㋥, ③―㋭, ④―㋣

166　　第5章　蒸気タービンの基本形式および分類

5. 蒸気タービンに関して下記(1)~(5)の記述のうち，正しいものを2つあげよ．
 (1)　ノズルでは，蒸気の保有する熱が運動のエネルギに転換される．
 (2)　衝動タービンでは，蒸気の圧力降下が動翼内において著しい．
 (3)　反動タービンでは，蒸気は動翼内を流動中にその速度を増加する．
 (4)　圧力複式タービンでは，段落数を多くすれば，回転速度を大きくすることができる．
 (5)　速度複式タービンでは，動翼の列数を2倍にすれば，周速度を約2倍にすることができる．
 解　(1)と(3)

6. 蒸気タービンに関する下記(1)~(5)の記述のうち，正しくないものを2つあげよ．
 (1)　衝動タービンでは，1段落でする仕事量が多いからタービンの全長を短くすることができる．
 (2)　蒸気がノズル内を流動する間に，その熱エネルギが機械的仕事に転換される．
 (3)　反動タービンでは，蒸気の圧力は動翼内を通過中にも降下する．
 (4)　衝動タービンでは，蒸気は動翼内においては膨脹しない．
 (5)　反動タービンは，高圧蒸気を利用するのに適している．
 解　(2)と(5)

7. 蒸気タービンに関する下記(1)~(5)の記述のうち，正しくないものを2つだけ記せ．
 (1)　速度比はタービン翼の周速度とノズル出口における蒸気の相対速度の比である．
 (2)　デラバルタービンには末広ノズル（中細ノズル）が用いられる．
 (3)　タービン主機のタービン車室は後部を減速歯車室の台上に固定している．
 (4)　単段落タービンとしては，主に反動タービンが用いられる．
 (5)　テーパ翼はタービンの低圧部分に用いられる．
 解　(1)と(4)

8. 下記(1)~(5)の蒸気タービンは，それぞれ衝動タービンおよび反動タービンのいずれに適合するか．
 (1)　動翼に作用する蒸気スラストをつり合わすために，つり合いピストンを設けるタービン．
 (2)　高圧高温の過熱蒸気を使用するのに適するタービン．
 (3)　ノズル数を加減することにより蒸気量を調整するタービン．
 (4)　動翼の隙間から蒸気の漏れる恐れが少ないタービン．
 (5)　蒸気の通路がケーシングとロータの間に制限されているので蒸気の摩擦損失が少ないタービン．
 解　(1)　反動タービン，(2)　衝動タービン，(3)　衝動タービン，(4)　衝動タービン，
 　　(5)　反動タービン

第5章　蒸気タービンの基本形式および分類　　167

9. 蒸気タービンに関する下記(1)，(2)の文中（　）内の①～⑩に適合する字句を記せ。

(1)　衝動タービンにおいては，蒸気は（　①　）内を通過中に膨脹して（　②　）を増加し（　③　）を低下するが，（　④　）を通過中には蒸気の（　⑤　）は変わらない。

(2)　反動タービンにおいては，蒸気の膨脹は（　⑥　）および（　⑦　）を通過中に行われる。蒸気が動翼を通過中に（　⑧　）作用によって仕事をすると同時に圧力が（　⑨　）して，速度増加による（　⑩　）作用によっても仕事をする。

解　①ノズル，②速度，③圧力，④動翼，⑤圧力，⑥静翼，⑦動翼，⑧衝動，⑨降下，⑩反動

10. 蒸気タービンに関する次の(1)～(5)の文のうち，正しくないものを2つだけ記せ。

(1)　蒸気タービンにおいては，同一圧力差によって生じる熱落差は低圧部より高圧部の方が大きい。

(2)　衝動タービンにおいては，一般に低圧部にカーチス段落を設ける。

(3)　衝動タービンの反動度はふつうゼロである。

(4)　再生タービンにおいて，抽出された蒸気はふつう給水の加熱に利用される。

(5)　速度段落を2列設けた速度複式衝動タービンでは，蒸気はノズル，動翼，案内翼および動翼の順に流動する。

解　(1)と(2)

11. 蒸気タービンに関する次の文の（　）内の語のうちから適合する字句を選べ。

(1)　タービンの膨脹段落の途中から抽出した蒸気を給水加熱に利用するタービンは（再熱タービン，再生タービン）である。

(2)　ノズル出口の蒸気圧がノズル入口の蒸気の臨界圧よりも低いのは（末広，平行，先細）ノズルである。

(3)　タービン車室内を数室に区切り，ノズルを設けた仕切板と動翼列とが交互に配置されているタービンは（圧力複式，速度複式）衝動タービンである。

(4)　単段落カーチスタービンは，1個の円板形翼車上にふつう（1列，2列以上）の動翼列を設ける。

(5)　タービンの排気端から復水器に連なる排気管の摩擦や形状による抵抗損失は，タービンの（内部損失，外部損失）である。

解　(1)　再生タービン，(2)　末広（**6・3・2**参照），(3)　圧力複式，(4)　2列以上，(5)　外部損失（**8・2・3**参照）

12. 速度複式衝動タービンに関する次の問に答えよ。

(1)　1個の円板形翼車上に2列の翼列を設けたカーチスタービンのノズルと翼列の配置を略図を描いて示せ。またこの場合蒸気の圧力降下はどの部分で行われるか。

(2)　速度複式衝動タービンは，舶用タービン主機のどの部分に主に用いられるか。

解　(1)　第**5・11**図参照，蒸気の圧力降下はノズル内で行われる。

(2)　高圧タービンの初段，および後進タービンに用いられる。

168   第5章　蒸気タービンの基本形式および分類

13. 反動タービンについて述べた下記文中の（　）の中に適合する字句を記せ。

　　反動タービンでは，蒸気は静翼および動翼の中を流動中も膨脹し続けるので，静翼は衝動タービンの（　①　）のような役目をする。動翼内を流動中の蒸気は，衝動タービンのように（　②　）作用によって仕事をすると同時に膨脹を続ける。したがって，蒸気圧が（　③　）し，速度が（　④　）することによって生じる（　⑤　）作用によっても仕事をするので反動作用のみでなく，衝動作用と反動作用の両作用によって仕事をするものである。

　解　①ノズル，②衝動，③降下，④増加，⑤反動

14. 蒸気タービンに関する次の文の中で，正しくないものを2つだけ記せ。
　(1)　ノズル弁は，ノズルの数を加減してタービンの出力を調整するために用いる。
　(2)　ノズルは，蒸気を必要な方向に噴射して，動翼に有効に作用させるために用いる。
　(3)　蒸気は，衝動タービンの動翼内を流動中，速度を増加する。
　(4)　蒸気は，反動タービンの動翼内を流動中，膨脹する。
　(5)　混式タービンは，一般に高圧部に反動タービンを，低圧部に衝動タービンを設ける。

　解　(3)と(5)

15. 蒸気タービンに関する次の文の中で，正しくないものを2つだけ記せ。
　(1)　衝動タービンは，反動タービンよりも高圧部における効率が悪い。
　(2)　衝動タービンは，高圧部を部分給気とすることができる。
　(3)　反動タービンは，開放検査や掃除が容易である。
　(4)　反動タービンは，翼車の直径をあまり大きくできない。
　(5)　反動タービンは，蒸気の摩擦損失が大きい。

　解　(1)と(5)

（二級程度）

16. 混式衝動タービンに関する下記の問に答えよ。
　(1)　圧力速度複式タービンは，圧力複式タービンをくし形に並べるか，それとも速度複式タービンをくし形に並べるか。
　(2)　高出力タービンの高圧側にカーチスタービンを設けるとどのような利点があるか。
　(3)　速度段落を2列設けるカーチスタービンのノズル，案内翼および動翼の配列とその部分の蒸気の圧力および速度の変化を略図を描いて示せ。

　解　(1)　速度複式タービンをくし形に並べる。
　(2)　**5・3・2**を参照。
　(3)　第5・11図の3列カーチスタービンの例を参照。

（一級程度）

17. 蒸気タービンに蒸気を流入する場合，一般に衝動タービンでは部分流入とし，反動

第5章　蒸気タービンの基本形式および分類

タービンでは全周流入とするのはなぜか。

解　タービン入口蒸気の比容積は非常に小さいので，第1段を全周流入にすると動翼の高さが非常に低くなって損失が増加する。そこで，衝動タービンでは部分流入にして翼を適当な高さに維持する。しかし，反動タービンでは，動翼においても蒸気を膨張させるために翼環に蒸気を充満して流す必要があり，部分流入は不可能で全周流入を採用せざるを得ない。

5・3・5および8・1・6を参照。

18. 蒸気タービンに関する次の文のうち，正しいものには○印を，正しくないものには×印を記せ。
  (1) 反動タービンにおいて，高圧部から低圧部に至るほど翼の長さを順次長くするのは，蒸気を同一速度で流動させるためである。
  (2) タービンの機械効率は，ロータ軸が車室を貫く部分に設けてあるラビリンスパッキンの漏えい蒸気量が変化しても変わらない。
  (3) 動翼の入口角は，速度線図から求められる翼入口角より一般に小さくする。
  (4) ロータ軸の第1次危険速度の最大振幅は軸受間の中央付近に現れる。
  (5) 円板形翼車の回転損失は，蒸気の密度が高くなるほど大きくなる。

解　(1) ○，(2) ×，(3) ×，(4) ○，(5) ○
  (2)は9・1・3，(3)は8・1・2，(4)は10・4・4，(5)は8・1・6をそれぞれ参照。

■　追加演習問題　■

(三級程度)

1. 図は，蒸気タービン主機の一部を示す略図である。図に関する次の問に答えよ。
  (1) ①～④の名称はそれぞれ何か。
  (2) この形式のタービンは，前進タービンの高圧側に用いられるか，それとも低圧側に用いられるか。

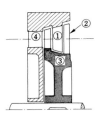

解　(1) ①案内翼，②動翼（または第2列動翼），③円板形翼車（またはディスクホイール），④ノズル
  (2) 前進タービンの高圧側に用いられる。

2. 次の蒸気タービンはどのようなタービンか。それぞれ簡単に述べよ。
  (1) 再生タービン
  (2) 混圧タービン

解　(1) 4・4参照
  再生サイクルを構成するタービンで，タービン内で膨張中の蒸気の一部を途中の数カ所から抽出して給水を加熱することによって熱効率の増進をはかるタービンである。

170　　　　　第5章　蒸気タービンの基本形式および分類

(2)　本書下巻の **17・6** 参照

　　　多段タービンの途中段へ外部から低圧蒸気を供給することができるようになっているタービンで，第1段からの高圧蒸気とともに低圧蒸気を有効に利用するものである。ディーゼル船における排ガスエコノマイザを組み込んだ蒸気プラントにこの混圧タービンを採用して，省エネルギ効果をあげている。

3.　次の(1)〜(3)の蒸気タービンは，どのようなタービンか。それぞれ説明せよ。

(1)　再熱タービン　　　(2)　背圧タービン　　　(3)　混圧タービン

解　(1)　**4・3** 参照　タービン内の膨脹途中で，過熱蒸気あるいは高かわき度の蒸気すべてを取り出し，ボイラの再熱器へ送って初温度あるいはそれ以上の温度まで再加熱してタービンに戻し，さらに膨脹させるタービンである。これにより排気の湿り度を減少させ，熱効率も増加する。

(2)　**5・4・5** 参照　タービン出口圧力を大気圧以上の所定の圧力に保ち，排気を加熱用などに使用して全体の熱の有効利用をはかるタービンである。

(3)　前問(2)参照

4.　高圧および低圧の2シリンダから成る蒸気タービンにおいて，衝動段（衝動段落）が高圧シリンダに用いられる理由を述べよ。

解　**5・5** および **8・1・5(2)** 参照

　　　動翼先端漏洩損失は，翼先端隙間 δ と翼長 ℓ との比 δ/ℓ に比例して大きくなる。高圧タービンは翼長が短くて δ/ℓ が低圧タービンよりも大きく，各段落の圧力差も大きいため動翼前後で圧力差がない衝動段に有利である。さらに，高圧タービン初段の翼長をある限度以上の高さにするため，衝動段を採用して部分流入としなければならない。また，ノズル締切調速が可能で，部分負荷時の効率の低下を少なくすることができる。高圧高温の蒸気にさらされる高圧タービンでは，1段落当たりの熱落差が大きい衝動段を用いて段落数を少なくすることができる。

5.　高圧および低圧の2シリンダから成る蒸気タービンにおいて，反動段（反動段落）が低圧シリンダに用いられる理由を述べよ。

解　**5・5** および **8・1・5(2)** 参照

　　　上記問題の**解**を，低圧タービンを対象にして考えればよい。反動タービンは全体が1個のノズル形状となって蒸気を流動させるものであるから，一般的には衝動タービンよりも効率のよいタービンといえる。

6.　蒸気タービン主機の後進タービンに関する次の問に答えよ。

(1)　後進タービンはふつうどこに設けられるか。

(2)　後進タービンには，一般にどのような形式のタービンが用いられるか。また，その理由はなにか。

解　**5・3・2**，**7・4・1** および本書下巻の **10・10** 参照

第5章　蒸気タービンの基本形式および分類　　171

(1)　一般にほとんどの場合，低圧前進タービンの排気側に設けられている。

(2)　ふつう，第1段に大きな熱落差を消費できる2列翼のカーチス段を用い，第2段に2列翼あるいは3列翼のカーチス段またはラトー段を用いる。その理由は，ある程度効率は犠牲にしても，できるだけ形状を小形にして大出力を得るためである。

（二級程度）

7.　前進低圧蒸気タービンの排気側に接続して設ける後進蒸気タービンに関して，次の問に答えよ。

(1)　後進タービンに用いられる形式は，一般に，何か。また，その形式が用いられる理由は，何か。

(2)　後進タービンの出力は，どのような事項を基準として決められるのか。

(3)　後進運転中，排気が前進タービンに衝突するのを防止するため，どのような方法がとられているか。

解　(1)　**5・3・2** 参照

　　　1段で消化できる熱落差が大きいカーチス段を用いる。理由は，小形で大出力を発生できるから。

(2)　本書下巻の **10・10** 参照

　　①　船が前進全出力から停止するまでに要する時間と距離，および後進速度などの操船上の要求。

　　②　減速歯車の小歯車面圧力からくる強度上の制約。

　　③　前進全出力よりも後進全出力の方が所要蒸気量が大きく，ボイラの蒸発容量による制約。

(3)　本書下巻 **10・7** 参照

　　　排気案内板（ガイドベーン）や排気そらせ板（ディフレクタ）を設ける。また，後進タービンの排気方向を前進低圧タービンの排気方向と同じにする。

（第 10・41 図）

第6章 ノズル(または静翼)および動翼を通る蒸気の流れ

6・1 ノズル内蒸気流動の基礎式

すでに述べたように,蒸気タービンは蒸気のもつ熱エネルギを運動エネルギに変換して機械的仕事を得る熱機関の一種である。したがって,この熱エネルギを運動エネルギに変換する場所は蒸気タービンの最も重要な構成要素の一つであり,衝動タービンではノズル,反動タービンでは静翼がそれに相当する。

いま,任意の断面積を有する第6・1図の流路内における蒸気またはガスのような弾性流体の**定常流** (steady flow)(時間によって流量の変化がない流れ)を考える。ここで,弾性流体を単位質量(1 kg)の蒸気とし,この蒸気が図の左から右へ流動するものとする。中央の長方形の部分がタービンまたはノズルを示すものとする。いま,説明の便宜上,入口側と出口側の管には摩擦がなく,蒸気の速度と同じ速度で動くピストンを仮想する。また,この流路の入口および出口の状態をそれぞれ添字1および2で表す。

ここで,図中の記号はそれぞれ,

$S =$ 管の断面積 (m²)
$P =$ 蒸気の圧力 (Pa)

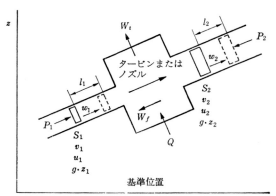

第6・1図 定常流の一般エネルギ式に関する系

第6章　ノズル（または静翼）および動翼を通る蒸気の流れ　　173

v ＝蒸気の比容積　　　　　　　　　　　　　　　　　　　　　(m³/kg)

u ＝蒸気の比内部エネルギ　　　　　　　　　　　　　　　　　(J/kg)

w ＝蒸気の流動速度　　　　　　　　　　　　　　　　　　　　(m/s)

l ＝仮想ピストンの移動距離　　　　　　　　　　　　　　　　(m)

z ＝基準面からの高さ　　　　　　　　　　　　　　　　　　　(m)

W_t ＝外部になす機械的仕事　　　　　　　　　　　　　　　　(J/kg)

W_f ＝摩擦仕事　　　　　　　　　　　　　　　　　　　　　　(J/kg)

Q ＝外部からの供給熱量　　　　　　　　　　　　　　　　　　(J/kg)

　　　（外部へ熱を与えるときは負になる）

1kg の蒸気が流路に流入することによって入口側のピストンを前方に押し進める距離 l_1 は，$l_1 = v_1/S_1$(m)，ピストンに作用する力は，$P_1 \times S_1$(N) であるから，流路に入る蒸気がする仕事は，$P_1 \cdot S_1 \times l_1 = P_1 \cdot v_1$(N・m/kg＝J/kg)，同様にして流路から出ていく蒸気がその直前にある蒸気を追い出すためにする仕事は，$P_2 \cdot v_2$ となる。また，摩擦仕事 W_f による熱量は一般に再び蒸気に加わる。一方，位置エネルギは $g \cdot z$，運動エネルギは $w^2/2$ で表すことができるから，第6・1図に示す系に**エネルギ保存則**(principle of the conservation of energy)を適用すると次式が成り立つ。

$$P_1 \cdot v_1 + u_1 + w_1^2/2 + Q + W_f + g \cdot z_1$$
$$= P_2 \cdot v_2 + u_2 + w_2^2/2 + W_t + W_f + g \cdot z_2 \qquad (6 \cdot 1)$$

ここで，g は重力加速度(m/s²)である。

上式において，**位置エネルギ**(potential energy)の差は一般に無視できる。そして，エンタルピの定義式，$h = u + P \cdot v$ を用いて整理すると，次式のようになる。

$$h_1 + w_1^2/2 + Q = h_2 + w_2^2/2 + W_t \qquad (6 \cdot 2)$$

この式は，定常流に対するエネルギの基礎式であって，摩擦（流路壁との摩擦，またはうずなどの内部摩擦）の有無に関係なく一般に成り立つ。したがって，式(6・2)は任意の形状のノズルに対して，運動エネルギや速度の関係を与えるだけでなく，流動中に仕事をする蒸気タービンや，流動中に仕事がなされる空気圧縮機などの装置内の流動に対しても適用される一般式である。

いま，蒸気タービンについて考えてみると，蒸気がタービン内で断熱膨脹し，入口と出口の蒸気速度が等しいか，またはその差が十分小さければ，式(6・2)において，$Q = 0$，$w_1 = w_2$ とおけるから次式が得られる。

$$W_t = h_1 - h_2 \qquad \text{(J/kg)} \qquad (6 \cdot 3)$$

すなわち，タービンのする仕事は，蒸気の入口，出口のエンタルピの差で与

174 第6章 ノズル（または静翼）および動翼を通る蒸気の流れ

えられる。この仕事 W_t が，2・4・1 で述べた工業仕事である。

次に，ノズルの場合は明らかに機械的仕事 W_t はゼロであり，また，蒸気が
ノズル内を通過する時間は極めて短く，ほとんど断熱膨脹をするものとみなせ
るから，$Q=0$ とおける。したがって，式(6・2)は，

$$(w_2{}^2 - w_1{}^2)/2 = h_1 - h_2 \qquad \text{(J/kg)} \tag{6・4}$$

または，

$$w_2 = \sqrt{2(h_1 - h_2) + w_1{}^2} \qquad \text{(m/s)} \tag{6・5}$$

となる。式(6・4)は運動エネルギの差がエンタルピの差に等しいことを表して
おり，式(6・5)は外部と熱絶縁されているときのノズル出口の蒸気速度を表す
一般式であって，摩擦仕事の有無にかかわらず成り立つ。ここで，・・断熱という
言葉は，2・4・5 でも説明したように，単に変化の間に熱の形でエネルギが流
体に出入りしないことを意味しており，断熱であってさらに変化が可逆的であ
れば，**等エントロピ断熱**または**可逆断熱**という。また，**理論断熱**という言葉を
使う場合もある。しかし，実際のノズルでは摩擦が存在しているためにエント
ロピの増加を伴い，厳密には等エントロピ断熱にならないからこれを，**非可逆
断熱**と呼んで区別する場合が多い。

いま，圧力 P_1，温度 t_1 の蒸気がノズル内で終圧 P_2 まで膨脹するとき，可逆
断熱の場合と摩擦のある非可逆断熱の場合について比較してみる。両者におけ
る運動エネルギの増加は式(6・4)により，可逆断熱の場合は，

$$(w_2{}^2 - w_1{}^2)/2 = h_1 - h_2 = h_t \qquad \text{(J/kg)} \tag{6・6}$$

非可逆断熱の場合は，

$$(w'_2{}^2 - w_1{}^2)/2 = h_1 - h_2{}' = h_t{}' \qquad \text{(J/kg)} \tag{6・7}$$

となる。ここで，w_1，w_2 はそれぞれ蒸気の入口，出口速度で，h_1，h_2 はそれ
ぞれ入口，出口蒸気の比エンタルピである。h_t は断熱熱落差を示し，$'$（プライ
ム）は非可逆断熱の場合を表す。したがって，摩擦による運動エネルギの損失
Z は，式(6・6)，(6・7)より，

$$Z = h_t - h_t{}' = h_2{}' - h_2 \qquad \text{(J/kg)} \tag{6・8}$$

で与えられ，このエネルギに相当する熱量は蒸気内に復帰してエントロピが増
加し，そのために蒸気の出口状態は変化する。これを $h-s$ 線図で表すと，第
6・2図のようになる。

摩擦損失のために，蒸気の出口状態はBからB′に変わり，膨脹中の状態変
化はAB′で示される。このAB′の状態変化はノズル内の損失分布によって異
なる。たとえば，末広ノズルでは臨界圧力までの摩擦損失は少なく，ほとんど
可逆断熱変化をするから，損失の大部分は末広部で生じる。したがって，図の

AIB′ の変化となる。反対に，膨脹の最初の部分に損失が多ければ AⅢB′ の変化をするであろうが，実際にはそこまで厳密に考慮する必要は無い。ふつう，先細ノズルでは AⅡB′ の変化で表される。

実際の運動エネルギの増加に相当する熱落差 h_t' は長さ $\overline{AC}$，そして，損失 Z は長さ $\overline{CB}$ で与えられる。

次に，ノズル内蒸気流動に対するもう一つの基礎式である**連続の式**（equation of continuity）を簡単に説明する。いま，$\dot{m}$ (kg/s) を単位時間当たりの定常蒸気流量とする。そ

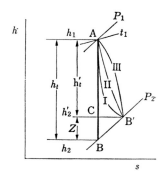

第 6・2 図　可逆および非可逆断熱熱落差

して，蒸気の流動方向に直角なノズル断面積を S(m²)，そこにおける蒸気の比容積を v(m³/kg) とすれば，その断面を通る蒸気の容積流量は $\dot{m}\cdot v$(m³/s) となる。一方，その断面を通過する蒸気の速度が均一で，w(m/s) であれば蒸気流量はまた，$S\cdot w$(m³/s) で表される。それ故，

$$\dot{m}\cdot v = S\cdot w \tag{6・9}$$

が成り立つ。この簡単な式が連続の式である。蒸気がノズル内のあらゆる部分を満たしておれば，蒸気流路のすべての箇所でこの式は満足されなければならない。

重力単位系では，P(kgf/m²)，v(m³/kgf)，u(kcal/kgf)，W_t(kgf·m/kgf)，W_f(kgf·m/kgf)，Q(kcal/kgf)，h(kcal/kgf)，$A=1/427$(kcal/(kgf·m)) の各単位を用いて，式(6・1)～式(6・9)はそれぞれ次のようになる。

$$A\cdot P_1\cdot v_1 + u_1 + A\cdot w_1^2/(2g) + Q + A\cdot W_f + A\cdot z_1$$
$$= A\cdot P_2\cdot v_2 + u_2 + A\cdot w_2^2/(2g) + A\cdot W_t + A\cdot W_f + A\cdot z_2 \tag{6・1}′$$
$$h_1 + A\cdot w_1^2/(2g) + Q = h_2 + A\cdot w_2^2/(2g) + A\cdot W_t \tag{6・2}′$$
$$A\cdot W_t = h_1 - h_2 \qquad\qquad\text{(kcal/kgf)} \tag{6・3}′$$
$$A(w_2^2 - w_1^2)/(2g) = h_1 - h_2 \qquad\qquad\text{(kcal/kgf)} \tag{6・4}′$$
$$w_2 = \sqrt{2g(h_1 - h_2)/A + w_1^2} \qquad\qquad\text{(m/s)} \tag{6・5}′$$
$$A(w_2^2 - w_1^2)/(2g) = h_1 - h_2 = h_t \qquad\qquad\text{(kcal/kgf)} \tag{6・6}′$$
$$A(w_2'^2 - w_1^2)/(2g) = h_1 - h_2' = h_t' \qquad\qquad\text{(kcal/kgf)} \tag{6・7}′$$
$$A\cdot Z = h_t - h_t' = h_2' - h_2 \qquad\qquad\text{(kcal/kgf)} \tag{6・8}′$$
$$G\cdot v = S\cdot w \qquad\qquad\text{(m³/s)} \tag{6・9}′$$

ただし，G は蒸気の重量流量(kgf/s)である。

6・2 蒸気の膨脹による理論速度，流量および所要断面積

6・2・1 理論蒸気速度

ノズル出口蒸気速度 w_2 は式 (6・5) で表された。いま，静止状態からの膨脹を考え，$w_1=0$ とおくと次式が得られる。

$$w_2 = \sqrt{2(h_1-h_2)} = \sqrt{2h_t} \quad \text{(m/s)} \quad (6・10)$$

h の SI 単位は $[J/kg]=[N\cdot m/kg]=[kg\cdot m/s^2]\times[m/kg]=[m^2/s^2]$ であるから，$\sqrt{h}$ の単位はm/sとなる。

したがって，w_2 は第6・2図の直線 $\overline{AB}$ の長さから容易に求まる。JSMEの $h-s$ 線図にはこの h_t と w_2 の関係尺度が記入されている。ただし，この場合は h_t の単位は (kJ/kg) であるので，$w_2 = \sqrt{2\,000 h_t}$ (m/s) となる。

また，理論速度 w_2 は次のように表すことができる。熱力学の一般エネルギ式より，

$$dq = du + P\cdot dv = dh - v\cdot dP \quad \text{(J/kg)} \quad (式(2・11)の再掲) \quad (6・11)$$

可逆断熱膨脹に対しては，$dq=0$ であるから，上式は，

$$dh = v\cdot dP \quad \text{(J/kg)} \quad (6・12)$$

となる。これを積分して，$\int_2^1 dh = (h_1-h_2) = \int_2^1 v\cdot dP$，さらに式 (6・6) を用いる。

$$(w_2^2 - w_1^2)/2 = \int_2^1 v\cdot dP \quad (m^2/s^2 = J/kg) \quad (6・13)$$

この積分は完全ガスの断熱変化の式，$P\cdot v^\kappa=$ 定数，（$\kappa=$ 比熱比）に準じて，蒸気の場合も下記の，式 (6・14) が成り立つと仮定すれば容易に積分することができる。また，$W_t = \int_2^1 v\cdot dP$ であるから，工業仕事 W_t は第6・3図の $T-s$ 線図において，面積 1 2 3 4 1 で表される。

$$P\cdot v^k = C, \quad (C=定数) \quad (6・14)$$

$\int_2^1 v\cdot dP$ に $v = C^{1/k}\cdot P^{-1/k}$ を代入して積分を行うと次のようになる。

$$\int_2^1 v\cdot dP = C^{\frac{1}{k}}\int_2^1 P^{-\frac{1}{k}}\cdot dP = \frac{k}{k-1}\cdot C^{\frac{1}{k}}\left(P_1^{\frac{k-1}{k}} - P_2^{\frac{k-1}{k}}\right)$$
$$= \frac{k}{k-1}\left(C^{\frac{1}{k}}\cdot P_1^{-\frac{1}{k}}\cdot P_1 - C^{\frac{1}{k}}\cdot P_2^{-\frac{1}{k}}\cdot P_2\right) = \frac{k}{k-1}(P_1\cdot v_1 - P_2\cdot v_2)$$

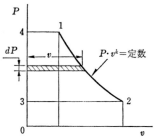

第6・3図 蒸気の断熱膨脹による仕事

第6章　ノズル（または静翼）および動翼を通る蒸気の流れ　　177

すなわち,

$$\frac{w_2{}^2-w_1{}^2}{2}=\frac{k}{k-1}(P_1\cdot v_1-P_2\cdot v_2) \qquad\qquad (6\cdot15)$$

$$w_2=\sqrt{\frac{2k}{k-1}(P_1\cdot v_1-P_2\cdot v_2)+w_1{}^2}$$

$$=\sqrt{\frac{2k}{k-1}P_1\cdot v_1\left\{1-\left(\frac{P_2}{P_1}\right)^{\frac{k-1}{k}}\right\}+w_1{}^2}\quad\text{(m/s)}\qquad (6\cdot16)$$

$w_1=0$　のときは,

$$w_2=\sqrt{\frac{2k}{k-1}(P_1\cdot v_1-P_2\cdot v_2)}$$

$$=\sqrt{\frac{2k}{k-1}\cdot P_1\cdot v_1\left\{1-\left(\frac{P_2}{P_1}\right)^{\frac{k-1}{k}}\right\}}\quad\text{(m/s)}\qquad (6\cdot17)$$

ここで注意しなければならないことは，式 (6・13) の関係が成り立つのは可逆断熱膨脹の場合に限るという点である。容易にこの積分ができるように蒸気の可逆断熱膨脹が式 (6・14) で表されると仮定したに過ぎない。指数 k の値は 3・5・4 で示したように次の値が一般に用いられている。

　　　$k=1.035+0.1x$ （Zeuner の式）

　　　　　($x=$蒸気の入口かわき度)

　　　$=1.135$　（かわき飽和蒸気）

　　　$=1.3$　（過熱蒸気）（Callendar の式）

重力単位系では，理論蒸気速度 w_2 は，式 (6・5)′ に $w_1=0$, $g=9.8$, $A=1/427$ を代入して求めることができる。すなわち,

$$w_2=91.5\sqrt{h_1-h_2}=91.5\sqrt{h_t}\quad\text{(m/s)}\qquad (6\cdot10)'$$

また，各式は次のように表される。

$$dq=du+A\cdot P\cdot dv=dh-A\cdot v\cdot dP\qquad\text{(kcal/kgf)}\qquad (6\cdot11)'$$

$$dh=A\cdot v\cdot dP\qquad\text{(kcal/kgf)}\qquad (6\cdot12)'$$

$$A(w_2{}^2-w_1{}^2)/(2g)=A\int_2^1 v\cdot dP\qquad\text{(kcal/kgf)}\qquad (6\cdot13)'$$

$$(w_2{}^2-w_1{}^2)/(2g)=(P_1\cdot v_1-P_2\cdot v_2)k/(k-1)\qquad (6\cdot15)'$$

$$w_2=\sqrt{\frac{2g\cdot k}{k-1}\cdot P_1\cdot v_1\left\{1-\left(\frac{P_2}{P_1}\right)^{\frac{k-1}{k}}\right\}+w_1{}^2}\quad\text{(m/s)}\qquad (6\cdot16)'$$

$$w_2=\sqrt{\frac{2g\cdot k}{k-1}\cdot P_1\cdot v_1\left\{1-\left(\frac{P_2}{P_1}\right)^{\frac{k-1}{k}}\right\}}\quad\text{(m/s)}\qquad (6\cdot17)'$$

注　**カートン（Kearton）による式(6・13)の誘導**

　カートンはノズル出口蒸気速度を運動量の式から誘導した。次頁の図に示すようなノズルを通しての蒸気の流れを考える。ノズル軸に垂直な平面では圧力および蒸気の速度は一様であると仮定する。しかし，実際にはノズル壁面には**境界層**（boundary

第6章 ノズル(または静翼)および動翼を通る蒸気の流れ

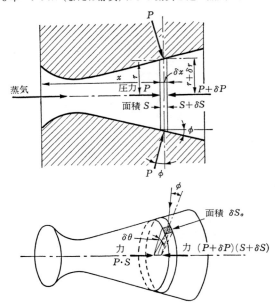

layer)が存在するため，そこでの速度はゼロで，ノズル中心に向かってある速度分布を有する。

いま，ノズル軸に沿って δx 隔てた2つの横断面の間に囲まれた微小量の蒸気を考える。上流側の圧力を P (Pa)，それを受ける断面積を S (m²) とし，下流側の圧力を $P+\delta P$，面積を $S+\delta S$ とする。δP は当然，負である。この微小量の蒸気の質量は比容積を v (m³/kg)とすれば，$S\cdot\delta x/v$ (kg)で表され，この蒸気は蒸気圧力に基づく軸方向の合力によって前方へ押される。また，この合力は囲まれた蒸気を加速するのに用いられる。いま考えている二つの断面の間に囲まれた蒸気に作用する力は次の通りである。

①上流側の力＝$P\times S$
②下流側の力＝$(P+\delta P)\times(S+\delta S)$
　　　　　　＝$P\cdot S+P\cdot\delta S+S\cdot\delta P$，（$\delta P\cdot\delta S$ を無視する）
③ノズルの境界壁によって生ずる力の合力

　蒸気はノズル壁に圧力を加えると，逆にそれと等しい圧力をノズル壁が蒸気に作用する。もし，図に示すように，ノズルの末広部を考えているのであれば，ノズル壁によって蒸気に加わる力は加速力となる。いま，図中の記号を使って，微小面積要素 δS_0 を考えると，

　　　$\delta S_0 = r\cdot\delta\theta\times\delta x\cdot\sec\phi$

となり，この面に垂直に作用する力は，$P\cdot r\cdot\delta\theta\cdot\delta x\cdot\sec\phi$ であるから，この力の軸方向の成分は，

第6章　ノズル（または静翼）および動翼を通る蒸気の流れ　　179

$P \cdot r \cdot \delta\theta \cdot \delta x \cdot \sec\phi \cdot \sin\phi = P \cdot r \cdot \delta\theta \cdot \delta x \cdot \tan\phi$

したがって，この力の合力は，

$2\pi \cdot P \cdot r \cdot \delta x \cdot \tan\phi = 2\pi \cdot P \cdot r \cdot \delta r = P \cdot \delta S$

④摩擦力（friction force）$= \delta F$

故に，①～④の力を加えた合成加速力は $P \cdot S - P \cdot S - P \cdot \delta S - S \cdot \delta P + P \cdot \delta S - \delta F =$ $-S \cdot \delta P - \delta F$ となる。〔質量〕×〔加速度〕＝〔力〕，〔加速度〕$= dw/dt$，$w =$速度（m/s），$t =$時間（s），の関係を用いると，

$$\frac{S \cdot \delta x}{v} \cdot \frac{dw}{dt} = -S \cdot \delta P - \delta F$$

また，$w = dx/dt$ より，

$w \cdot dw = -v \cdot \delta P - v \cdot \delta F / S$

または，$d(w^2/2) = -v \cdot \delta P - v \cdot \delta F / S$

長さ δx での摩擦に打ち勝つために，単位時間に蒸気のする仕事は，$w \cdot \delta F$，このときの蒸気流量は，$S \cdot w / v$ であるから単位質量の蒸気のする仕事，δW_f は，

$$\delta W_f = w \cdot \delta F \times \frac{v}{S \cdot w} = \frac{v \cdot \delta F}{S}$$

したがって，

$d(w^2/2) = -v \cdot \delta P - \delta W_f$

となり，ノズル入口，出口の状態をそれぞれ，1，2で表すと，

$$\frac{w_2{}^2 - w_1{}^2}{2} = -\int_1^2 v \cdot dP - \int_1^2 dW_f = \int_2^1 v \cdot dP - W_f$$

ここで，W_f はノズル内の摩擦仕事である。上式で，$W_f = 0$ とすれば，

$$\frac{w_2{}^2 - w_1{}^2}{2} = \int_2^1 v \cdot dP$$

となり，式(6・13)に一致することがわかる。

6・2・2　蒸気流量および所要断面積

ノズル内の任意の圧力 P（Pa＝N/m²）において，得られる蒸気速度 w(m/s)は入口蒸気速度が0のとき，式(6・17)より，

$$w = \sqrt{\frac{2k}{k-1} \cdot P_1 \cdot v_1 \left\{ 1 - \left(\frac{P}{P_1}\right)^{\frac{k-1}{k}} \right\}} \qquad \text{(m/s)} \tag{6・18}$$

となる。添字1はノズル入口状態を表している。いま，圧力が P である箇所のノズル断面積を S(m²)，その断面における蒸気の比容積を v(m³/kg) とし，蒸気の単位時間当たりの流量を $\dot{m}$(kg/s) とすれば，式(6・9)の連続の式より，

$\dot{m} = S \cdot w / v$ 　　(kg/s) $\tag{6・19}$

また，式(6・14)より，

$v = v_1 (P_1/P)^{1/k}$ 　　(m³/kg) $\tag{6・20}$

であるから，$\dot{m}$ は次式で表される。

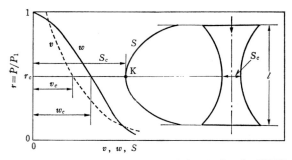

第6・4図 圧力比に対する比容積，速度およびノズル断面積の関係

$$\dot{m} = S\sqrt{\frac{2k}{k-1} \cdot \frac{P_1}{v_1}\left\{\left(\frac{P}{P_1}\right)^{\frac{2}{k}} - \left(\frac{P}{P_1}\right)^{\frac{k+1}{k}}\right\}} \quad \text{(kg/s)} \qquad (6 \cdot 21)$$

この式を，**サン・ベナン (Saint Vénant) の式**という．一方，与えられた蒸気流量 $\dot{m}$ に対する所要断面積 S は上式を書き換えて，

$$S = \dot{m} \bigg/ \sqrt{\frac{2k}{k-1} \cdot \frac{P_1}{v_1}\left\{\left(\frac{P}{P_1}\right)^{\frac{2}{k}} - \left(\frac{P}{P_1}\right)^{\frac{k+1}{k}}\right\}} \quad \text{(m}^2\text{)} \qquad (6 \cdot 22)$$

となる．これらの式より明らかなように，速度 w，比容積 v，流量 $\dot{m}$ および所要断面積 S は，蒸気の初状態 P_1, v_1, および k の値が一定であれば，P または**圧力比**(pressure ratio) $r = P/P_1$ のみの関数である．したがって，圧力比 r を変数として，これらの関係を図示すると第6・4図のようになる．すなわち，断面積 S は圧力比 r が減少するにつれて次第に小さくなり，K点で最小値に達する．圧力比がさらに減少すると今度は逆に断面積は増加し始める．このような現象が生じるのは，面積は連続の式から決定されるのに対して，蒸気の膨脹中における比容積の増加と速度の増加との割合が同じ関係比で変化しないためである．すなわち，K点に相当する圧力比までは蒸気速度 w の増加割合の方が比容積 v の増加割合よりも大きいが，それ以下の圧力比になると逆に比容積 v の増加割合の方が大きくなるからである．このK点の圧力比が次に説明する**臨界圧力比**である．

重力単位系では，式(6・18)～式(6・22)は次のようになる．

$$w = \sqrt{\frac{2g \cdot k}{k-1} \cdot P_1 \cdot v_1 \left\{1 - \left(\frac{P}{P_1}\right)^{\frac{k-1}{k}}\right\}} \quad \text{(m/s)} \qquad (6 \cdot 18)'$$

$$G = S \cdot w/v \quad \text{(kgf/s)} \qquad (6 \cdot 19)'$$

$$G = S\sqrt{\frac{2g \cdot k}{k-1} \cdot \frac{P_1}{v_1}\left\{\left(\frac{P}{P_1}\right)^{\frac{2}{k}} - \left(\frac{P}{P_1}\right)^{\frac{k+1}{k}}\right\}} \quad \text{(kgf/s)} \qquad (6 \cdot 21)'$$

第6章　ノズル(または静翼)および動翼を通る蒸気の流れ　　　181

$$S=G\Big/ \sqrt{\frac{2g\cdot k}{k-1}\cdot\frac{P_1}{v_1}\left\{\left(\frac{P}{P_1}\right)^{\frac{2}{k}}-\left(\frac{P}{P_1}\right)^{\frac{k+1}{k}}\right\}} \quad (\mathrm{m^2}) \qquad (6\cdot22)'$$

6・2・3　臨界圧力

　前項で説明したように，ノズル内の途中で断面積が最小になる箇所が存在する。この部分を**ノズルの喉**(nozzle throat)という。このように，与えられた流量に対して断面積が最小になる条件，または与えられた断面積に対して単位時間当たりの流量が最大になる条件は，式(6・21)または式(6・22)において，$\sqrt{}$ の中の式が最大になる条件で与えられる。式中，k，P_1 および v_1 は一定であるから，$P/P_1=r$ とおけば，$(r^{\frac{2}{k}}-r^{\frac{k+1}{k}})$ が最大になる条件を求めることになり，これは r について微分して 0 とおけばよい。この条件を満足するときの r を**臨界圧力比**(critical pressure ratio)といい，記号 r_c で表す。また，このときの圧力を**臨界圧力**(critical pressure)といい，$P_c(\mathrm{N/m^2}=\mathrm{Pa})$ で表す。

　いま，r_c を求めると，

$$\frac{d(r^{\frac{2}{k}}-r^{\frac{k+1}{k}})}{dr}=\frac{2}{k}\cdot r^{\frac{2-k}{k}}-\frac{k+1}{k}\cdot r^{\frac{1}{k}}=\frac{r^{\frac{1}{k}}}{k}\left\{2r^{\frac{1-k}{k}}-(k+1)\right\}=0$$

$r^{1/k}/k \neq 0$ であるから，$2r^{\frac{1-k}{k}}-(k+1)=0$ でなければならない。したがって，

$$r^{\frac{1-k}{k}}=\frac{k+1}{2} \quad \therefore r=\left(\frac{k+1}{2}\right)^{\frac{k}{1-k}}=\left(\frac{2}{k+1}\right)^{\frac{k}{k-1}}, \quad \text{故に，}$$

$$r_c=\frac{P_c}{P_1}=\left(\frac{2}{k+1}\right)^{\frac{k}{k-1}} \qquad (6\cdot23)$$

となり，k のみの関数であるから，上式に k の値を代入して r_c を求めると，次のようになる。

　　$r_c=0.577\ 4$　（かわき飽和蒸気）

　　　$=0.545\ 7$　（過熱蒸気）

　　　$=0.528\ 3$　（空気）

　また，ノズルの喉における比容積を v_c とすれば，

$$v_c=v_1\left(\frac{P_1}{P_c}\right)^{\frac{1}{k}}=v_1\cdot r_c^{-\frac{1}{k}}=v_1\left(\frac{k+1}{2}\right)^{\frac{1}{k-1}} \qquad (6\cdot24)$$

となり，この v_c を**臨界比容積**(critical specific volume)という。

　同様に，ノズルの喉における速度 w_c を**臨界速度**(critical velocity)といい，式(6・18)を用いて，次式で表される。

$$w_c = \sqrt{\frac{2k}{k-1} \cdot P_1 \cdot v_1 \left\{1 - \left(\frac{P_c}{P_1}\right)^{\frac{k-1}{k}}\right\}} = \sqrt{\frac{2k}{k-1} \cdot P_1 \cdot v_1 \left\{1 - \left(\frac{2}{k+1}\right)\right\}}$$

$$= \sqrt{\frac{2k}{k+1} \cdot P_1 \cdot v_1} \quad \text{(m/s)} \tag{6・25}$$

また，$P_1 = P_c \left(\frac{2}{k+1}\right)^{\frac{-k}{k-1}}$, $v_1 = v_c \left(\frac{k+1}{2}\right)^{\frac{-1}{k-1}}$ であるから，$P_1 \cdot v_1 = \frac{k+1}{2} \cdot P_c \cdot v_c$ の関係が得られ，これを式(6・25)に代入すると，

$$w_c = \sqrt{k \cdot P_c \cdot v_c} \quad \text{(m/s)} \tag{6・26}$$

となる．この式は，P_c, v_c の状態にある流体内を伝わる弾性波の速度，すなわち**音速**(acoustic velocity, sonic velocity または sound velocity)を表す．故に，ノズル中を断熱無摩擦流動している蒸気の臨界速度は，臨界点すなわちノズルの喉において得られ，その大きさはその点の蒸気状態における音速に等しい，という興味のある結果が得られる．式(6・26)はまた，次のように書くことができる．

$$w_c = \sqrt{k \cdot R \cdot T_c} \quad \text{(m/s)} \tag{6・27}$$

ここで，$R=$ガス定数(J/(kg・K))，$T_c=$絶対温度(K)，である．いま，空気に対して上式に，$k=1.4$, $R=287.2$ J/(kg・K) を代入すると，

$$w_c = 20.05\sqrt{T_c} \quad (空気) \quad \text{(m/s)}$$

となり，この音速は圧力には無関係で，気体の局所温度 T_c のみに依存する．過熱蒸気に対しては，$k=1.3$, $R=461.5$ J/(kg・K) であるから，

$$w_c = 24.49\sqrt{T_c} \, (過熱蒸気) \, \text{(m/s)}$$

となる．ただし，式(6・27)は完全ガスに対する $P \cdot v = R \cdot T$ の式を用いたものであるが，一般に w_c は完全に圧力に無関係とはいえない．過熱蒸気は高温になると完全ガスにある程度近づき，圧力の影響は小さくなる．第6・5図は，蒸気の温度をパラメータにしたとき，過熱蒸気中の音速と圧力との関係を示している．

次に，ノズル出口断面積が最小である先細ノズルのとき，式(6・21)において，$S=0.5$ cm², $P_1=1.86$ MPa $\{19$ kgf/cm²$\}$, $t_1=280$ °C$(v_1=0.129\,5$

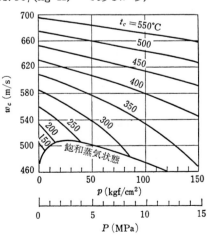

第6・5図　過熱蒸気中の音速

第6章 ノズル(または静翼)および動翼を通る蒸気の流れ　183

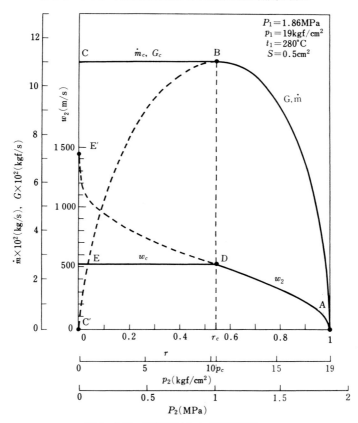

第6・6図　臨界流量および臨界速度

m³/kg)として，蒸気流量 $\dot{m}$(kg/s)と圧力比 r の関係を図示すると，第6・6図のBを頂点とする放物線になる．背圧 P_2 が入口圧力 P_1 に等しいとき ($r=1$ のとき)は，ノズル前後で圧力差が無いために，当然 $\dot{m}=0$ であるが，P_2 が減少して P_c まで減ずる間は曲線 AB のように $\dot{m}$ は増加してくる．しかし，P_2 がさらに減少すると破線で示すように $\dot{m}$ は減少し，極限の状態である $P_2=0$ ののときには，$\dot{m}=0$ となり，ノズルには蒸気が流れないという事実に反する結果となっている．これは，ノズル流出端の圧力 P_0 が常に背圧 P_2 に等しいと仮定したために生じたことで，実際には P_2 が臨界圧 P_c よりも大きければ当然，$P_0=P_2$ であるが，臨界圧以下のとき ($P_2<P_c$) には，$P_0=P_c$ となり，ノズル流出端の圧力 P_0 は背圧 P_2 には全く無関係となる．したがって，P_2 を P_c 以下に下げ

184　　　第6章　ノズル（または静翼）および動翼を通る蒸気の流れ

ても流量は一定のままであるから，同図の直線 BC で表される。また，式(6・17) によって得られる流出速度 w_2 は曲線 ADE′ で表されるが，実際には曲線 ADE のような変化をし，臨界速度 w_c 以上にはならない。

なお，ノズル入口蒸気速度 w_1 を考慮した場合の臨界圧力比 $r_c{}'$ と，臨界速度 $w_c{}'$ はそれぞれ次式で表される。

$$r_c{}'=r_c\left(1+\frac{k-1}{2k}\cdot\frac{w_1{}^2}{P_1\cdot v_1}\right)^{\frac{k}{k-1}} \tag{6・28}$$

$$w_c{}'=\sqrt{w_c{}^2+\frac{k-1}{k+1}\cdot w_1{}^2}\quad(\mathrm{m/s}) \tag{6・29}$$

上式より，$r_c{}'$ および $w_c{}'$ は $w_1=0$ のときの臨界圧力比 r_c および臨界速度 w_c よりもそれぞれ大きいことがわかる。

重力単位系では，式(6・25)～式(6・28)は重力加速度 g を挿入して次式のようになる。

$$w_c=\sqrt{\frac{2g\cdot k}{k+1}\cdot P_1\cdot v_1}\quad(\mathrm{m/s}) \tag{6・25}'$$

$$w_c=\sqrt{g\cdot k\cdot P_c\cdot v_c}\quad(\mathrm{m/s}) \tag{6・26}'$$

$$w_c=\sqrt{g\cdot k\cdot R\cdot T_c}\quad(\mathrm{m/s}) \tag{6・27}'$$

$$r_c{}'=r_c\left(1+\frac{k-1}{2g\cdot k}\cdot\frac{w_1{}^2}{P_1\cdot v_1}\right)^{\frac{k}{k-1}} \tag{6・28}'$$

また，空気に対する音速は，式(6・27)′に $R=29.29\mathrm{kgf\cdot m/(kgf\cdot K)}$ を代入し，過熱蒸気に対しては同様に，$R=47.06\mathrm{kgf\cdot m/(kgf\cdot K)}$ を代入すれば，SI で求めた結果と同じになる。

6・3　ノズルの形状

6・3・1　蒸気が可逆断熱膨脹をする場合のノズルの形状

いま，圧力 $P_1=0.98\mathrm{MPa}$ {$10\mathrm{kgf/cm^2}$}，温度 $t_1=250°\mathrm{C}$ の過熱蒸気（流量 $\dot{m}=1\mathrm{kg/s}$）が，圧力 $P_2=0.0196\mathrm{MPa}$ {$0.2\mathrm{kgf/cm^2}$} までノズルを通して可逆断熱膨脹する場合を考える。蒸気表から，この入口蒸気の比エンタルピ $h_1=2943.7\mathrm{kJ/kg}$ {$703.1\mathrm{kcal/kgf}$}，比エントロピ $s_1=6.9359\mathrm{kJ/(kg\cdot K)}$ {$1.6566\mathrm{kcal/(kgf\cdot K)}$}，比容積 $v_1=0.2375\mathrm{m^3/kg}$ {$\mathrm{m^3/kgf}$}，がそれぞれ得られる。これは等エントロピ変化であるから，膨脹が過熱域で行われるときは過熱蒸気表の値を用い，補間法によって比エンタルピおよび比容積を求めることができる。たとえば，$0.932\mathrm{MPa}$ {$9.5\mathrm{kgf/cm^2}$} まで膨脹したときの比エンタルピ h は $2931.6\mathrm{kJ/kg}$ {$700.2\mathrm{kcal/kgf}$}，比容積 v は $0.2471\mathrm{m^3/kg}$ となる。したがって，断

第6章 ノズル(または静翼)および動翼を通る蒸気の流れ

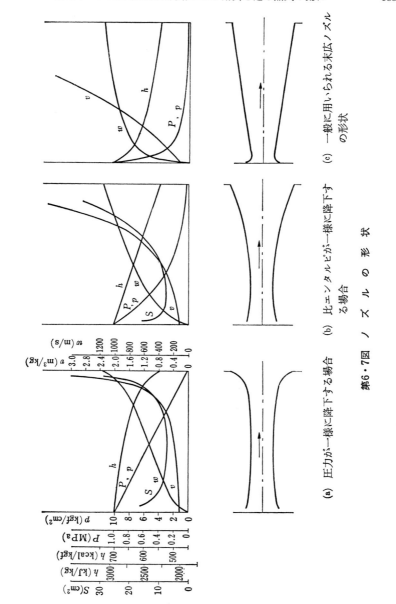

第6・7図 ノ ズ ル の 形 状

(a) 圧力が一様に降下する場合
(b) 比エンタルピが一様に降下する場合
(c) 一般に用いられる末広ノズルの形状

熱熱落差 h_t は 12.1kJ/kg{2.9kcal/kgf} となるから，速度 w は式(6・10)より，$\sqrt{2\times12\,100}=155.6$m/s{$91.5\sqrt{2.9}=155.8$m/s}，ノズルの断面積 S は連続の式より 15.86cm² がそれぞれ求まる。ノズルの断面が円形であるとすれば，その直径 D は $D=2\sqrt{S/\pi}=4.49$cm となる。蒸気の膨脹が飽和域に入れば，式(3・12)より，まずかわき度 x を求め，次に式(3・9)および式(3・11)より v および h を求めて，過熱域と同様の計算を行えばよい。

このような計算を繰り返すことによって，横軸にノズルの長さをとり，ノズル軸に沿って圧力降下を均一にしたときの各パラメータを縦軸にとると，第6・7図(a)が得られる。図中に円形ノズル(circular nozzle)の断面形状も示している。第6・7図(b)はノズル軸に沿って断熱熱落差が一様に増加するとき，すなわち h が直線で変化する場合の図である。このときのノズルの形状は，出口での拡がりがそれほど急ではないので(a)に示したノズルの形状よりも良い。同様にして，ノズル軸に沿って蒸気速度の増加や比容積の増加が一様である線図を描くことができ，ノズルの形状もそれぞれ異なる。第6・7図(c)に示すノズルは一般に用いられている形状のものである。このノズルは拡がり部(flaring portion)が直線状のテーパをなしていて，これと円弧の丸みをもった入口部を有している。

この形状のノズルは作り易く，かつ，少なくとも他のどの形状のものとくらべても同程度の効率であるので最もよく用いられている。この(c)の形状にする場合，ノズル軸に沿って一様に変化するものはなく，比容積がややその傾向を示しているだけである。

6・3・2 先細ノズルと末広ノズル

第6・7図で示したように，一定の蒸気流量に対して必要なノズルの断面積は，背圧 P_2 が臨界圧力 P_c よりも高くても低くても最小断面積 S_c よりも常に大きくなる。したがって，ノズルの形状も P_2 と P_c の関係によって異なってくる。

いま，$P_2>P_c$ の場合の圧力変化は第6・8図(a)の曲線 $a_1\,a_2\,a_3$ で表され，出口における最大速度 w_{max} は臨界速度 w_c よりも小さい。

さらに，P_2 が減少して $P_2=P_c$ になると曲線 $a_1\,a_2'\,a_3'$ のような圧力変化となり，流出速度 $w_{max}=w_c$ となる。このように $P_2\geqq P_c$ のときのノズル流出端の圧力 P_0 は背圧 P_2 に等しく，ノズル出口付近における蒸気の流動は滑らかである。このようなノズルを先細ノズル(convergent nozzle)といい，ノズル出口部の断面積が最も小さい。とくに蒸気の流出方向を正確にするために出口端に

第6章　ノズル（または静翼）および動翼を通る蒸気の流れ

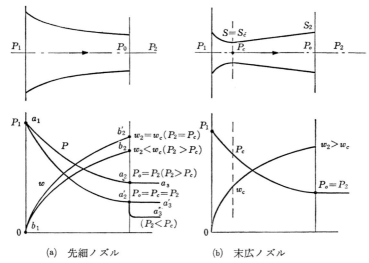

(a) 先細ノズル　　　(b) 末広ノズル
第6・8図　ノズル内の圧力と速度の変化

平行部分をつけたものを**先細平行ノズル**(convergent-parallel nozzle)または単に**平行ノズル**(parallel nozzle)という。

　ノズル入口圧力 P_1 が一定であれば $P_2=P_c$ のときに出口断面積は最小になる。ところが，$P_2<P_c$ の場合にこの先細ノズルを使用すると，流出端の圧力 P_0 は $P_0=P_c$ であるから圧力変化は第6・8図(a)の曲線 $a_1 a_2' a_3''$ のようになり，ノズル出口付近で急激に蒸気は膨張し，蒸気の流動は乱れたものになる(この現象が**不足膨脹**である)。したがって，$P_2<P_c$ の場合には第6・8図(b)に示すように圧力が P_c に達するまでは先細で，それ以後はノズル内で背圧 P_2 まで十分膨脹できるように末広になったノズルを使用する。図の圧力曲線は $P_0=P_2$ になるように末広部が作られている場合である。このようなノズルを**末広ノズル**(divergent nozzle)または**中細ノズル**と呼ぶが，その他に**先細ー末広ノズル**(convergent-divergent nozzle)あるいは発明者の名をとって**デラバルノズル**(de Laval nozzle)ということもある。この末広ノズルの最小断面積の部分がノズルの喉である。

　末広ノズルはノズル内で臨界圧力よりも低い圧力まで降下させて，流出速度を臨界速度 w_c 以上に増加させることができるから，デラバルタービンやカーチスタービンのように大きい熱落差を有効に速度エネルギに変換する場合に用いられる。これに対して先細ノズルは比較的1段落の熱落差の小さい，ラトー

188　第6章　ノズル（または静翼）および動翼を通る蒸気の流れ

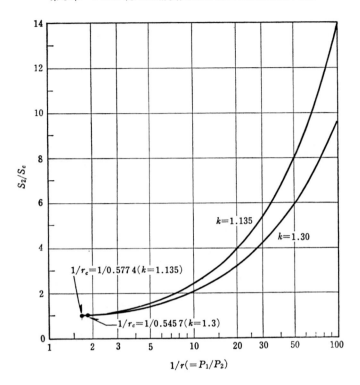

第6・9図　末広ノズルの拡がり率

タービンやツェリータービンに使用される。また，反動タービンの場合は翼先端漏えい損失を少なくするなどのために，常に臨界圧力以下には膨脹させないから，その静翼や動翼の流路の形状は先細になっている。

次に，末広ノズルの出口面積 S_2 と喉の面積 S_c の関係を調べる。式(6・21)よりノズル出口蒸気流量 $\dot{m}_2$ は次式のように表される。

$$\dot{m}_2 = S_2 \sqrt{\frac{2k}{k-1} \cdot \frac{P_1}{v_1} \left\{ \left(\frac{P_2}{P_1}\right)^{\frac{2}{k}} - \left(\frac{P_2}{P_1}\right)^{\frac{k+1}{k}} \right\}} \quad \text{(kg/s)} \quad (6・30)$$

また，式(6・23)を用いると喉を通過する蒸気流量 $\dot{m}_c$ は，

$$\dot{m}_c = S_c \sqrt{\frac{2k}{k-1} \cdot \frac{P_1}{v_1} \left\{ \left(\frac{2}{k+1}\right)^{\frac{2}{k-1}} - \left(\frac{2}{k+1}\right)^{\frac{k+1}{k-1}} \right\}} \quad \text{(kg/s)} \quad (6・31)$$

となる。定常流動であると，蒸気流量は常にノズルのどの断面でも同じである

第6章 ノズル(または静翼)および動翼を通る蒸気の流れ

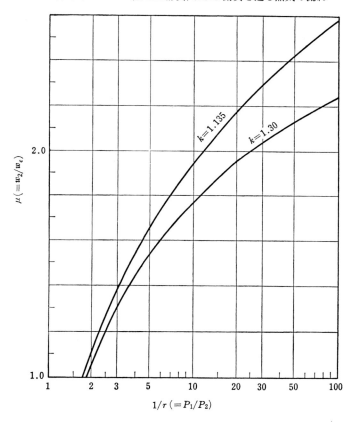

第6・10図 末広ノズルの速度増加率

から $\dot{m}_2=\dot{m}_c=\dot{m}$ となり, 上の両式から S_2/S_c を求めると次式のようになる.

$$\frac{S_2}{S_c}=\sqrt{\frac{\left(\frac{2}{k+1}\right)^{\frac{2}{k-1}}-\left(\frac{2}{k+1}\right)^{\frac{k+1}{k-1}}}{\left(\frac{P_2}{P_1}\right)^{\frac{2}{k}}-\left(\frac{P_2}{P_1}\right)^{\frac{k+1}{k}}}} \qquad (6\cdot32)$$

この S_2/S_c を末広ノズルの**拡がり率** (expansion ratio of nozzle) という. 式(6・32)にかわき飽和蒸気の断熱指数 $k=1.135$ と過熱蒸気の $k=1.3$ を代入して S_2/S_c と $P_1/P_2(=1/r)$ の関係をプロットしたものが第6・9図である. これより同じ P_1/P_2 に対する拡がり率は, かわき飽和蒸気の方が常に過熱蒸気の場合よりも大きいことがわかる.

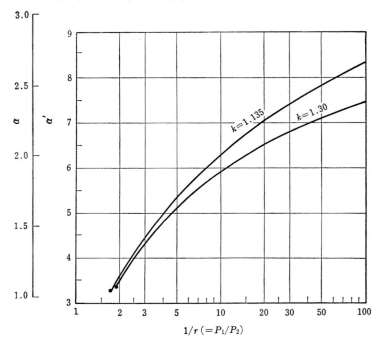

第6・11図　式(6・34)の定数 α および式(6・34)'の定数 α'

次に，ノズル出口速度 w_2 と臨界速度 w_c との比を考える。w_2 は式(6・17)，w_c は式(6・25)から得られるからこの比を μ とすると，

$$\mu = \frac{w_2}{w_c} = \sqrt{\frac{1-r^{\frac{k-1}{k}}}{1-r_c^{\frac{k-1}{k}}}} = \sqrt{(1-r^{\frac{k-1}{k}})\frac{k+1}{k-1}} \tag{6・33}$$

となり，μ は圧力比 r と断熱指数 k のみの関数である。この μ を**速度増加率**といい，第6・10図に μ と $1/r$ の関係を図示している。これによって一定の入口圧力に対し，出口圧力を臨界圧力よりも低い任意の値まで下げたときの出口蒸気速度を推定することができる。さらに，式(6・33)と式(6・25)から出口蒸気速度 w_2 は，

$$w_2 = \mu \cdot w_c = \sqrt{(1-r^{\frac{k-1}{k}})\frac{2k}{k-1}} \sqrt{P_1 \cdot v_1}$$

$$= \alpha \sqrt{P_1 \cdot v_1}, \quad \left(\alpha = \sqrt{\left(1 - r^{\frac{k-1}{k}}\right) \frac{2k}{k-1}} \right) \tag{6・34}$$

で表されるから，異なる r に対する α の値を求めておけば，あとは蒸気の入口状態 P_1, v_1 のみを知ることにより容易に出口速度を計算することができる。第6・11図に α と $1/r$ の関係を図示する。なお，最大蒸気速度 $w_{\max}$ は極限の状態 $P_2=0$ $(r=0)$ のときに得られるから，式(6・17)および式(6・33)より，

$$w_{\max} = \sqrt{\frac{2k}{k-1} \cdot P_1 \cdot v_1} = \sqrt{\frac{k+1}{k-1}} \cdot w_c \tag{6・35}$$

が得られる。したがって，

$$w_{\max} = 3.977 \, w_c \quad \text{(かわき飽和蒸気)}$$
$$= 2.769 \, w_c \quad \text{(過熱蒸気)}$$
$$= 2.449 \, w_c \quad \text{(空 気)}$$

重力単位系では，式(6・30)と式(6・31)は次のように表される。ただし，G は重量流量(kgf/s)である。

$$G_2 = S_2 \sqrt{\frac{2g \cdot k}{k-1} \cdot \frac{P_1}{v_1} \left\{ \left(\frac{P_2}{P_1}\right)^{\frac{2}{k}} - \left(\frac{P_2}{P_1}\right)^{\frac{k+1}{k}} \right\}} \quad \text{(kgf/s)} \tag{6・30}'$$

$$G_c = S_c \sqrt{\frac{2g \cdot k}{k-1} \cdot \frac{P_1}{v_1} \left\{ \left(\frac{2}{k+1}\right)^{\frac{2}{k-1}} - \left(\frac{2}{k+1}\right)^{\frac{k+1}{k-1}} \right\}} \quad \text{(kgf/s)} \tag{6・31}'$$

また，式(6・34)は次式となり，定数 α' に $g=9.806\,65$ を代入して求めた値を第6・11図に示している。

$$w_2 = \alpha' \sqrt{P_1 \cdot v_1}, \quad \left(\alpha' = \sqrt{\left(1 - r^{\frac{k-1}{k}}\right) \frac{2g \cdot k}{k-1}} \right) \tag{6・34}'$$

6・4 実際のノズル内での蒸気の膨脹

6・1 で概述したように，実際にノズル内で蒸気が膨脹する場合は，常に摩擦を伴うから可逆断熱膨脹ではなく非可逆膨脹をし，蒸気の状態はその損失のために流動中に変化する。その結果，流出蒸気速度が減少し，同時に蒸気流量も影響を受ける。第6・2図の Z で示されるノズル中の損失は，種々の原因により複雑に影響をおよぼし合っているために，各損失を個々に決定することは困難である。これらの損失の影響因子のうち主要なものを列挙すると次のようになる。

(1) ノズル流路断面の形状
① 方形または長方形の断面よりも，丸い断面の方が摩擦損失が小さい。
② 大きいノズル，すなわち断面積と周囲の長さとの比である水力学的平均直

径の大きい方が摩擦損失が小さい。

③　ノズルの長い方が摩擦損失が大きい。

④　直線ノズルまたはわずかにわん曲したノズルの方が，大きい曲率のノズルにくらべて摩擦損失が小さく，流れの**はく離現象** (flow separation) も生じない。

⑤　**拡がり角** (divergent angle) が大きすぎると，はく離が生じて蒸気がノズル壁から離れてうず流れとなり，損失を増す。また，拡がり角が小さすぎると，不足膨脹によるエネルギ損失が生じる。

⑥　出口端の厚さは出口付近のうずによる損失を避けるために薄くする。

(2)　**ノズルの構造，流路表面の仕上げの良否および粗滑の程度**

①　せん孔ノズル (reamed nozzle または drilled nozzle) 間の広い部分や翼形ノズル (foil nozzle) の入口端の厚さによって，流れの乱れが蒸気流路まで入り込んで損失の原因となる。

②　流路表面が粗いと当然，摩擦損失が増える。

(3)　**蒸気の種類，蒸気速度および状態変化**

（平衡断熱膨脹かまたは過飽和のように不平衡断熱膨脹）

①　過熱蒸気の方が飽和蒸気よりも摩擦損失が小さい。また，湿り蒸気は蒸気と水滴との衝撃による損失も生じる。

②　蒸気速度が増加すると摩擦損失は増える傾向を示す。

③　湿り蒸気が膨脹するとき，過飽和現象を起こせば損失となる。

(4)　**流路面積の不連続や過不足**

先細部分の不適や末広部分の拡がり率が適当でなければ，蒸気の収縮や超過膨脹または不足膨脹が生じ損失となる。

6・4・1　ノズルの速度係数，ノズル効率および流量係数

すでに述べたように，蒸気がノズル内で可逆断熱膨脹したときの変化は第6・2図の直線 AB で表され，ノズル前の蒸気速度を 0 とすれば，ノズル出口における蒸気の理論速度 w_a は式 (6・10) より，

$$w_a = \sqrt{2(h_1 - h_2)} = \sqrt{2h_t} \quad \text{(m/s)} \tag{6・36}$$

となる。ここで，$h_t =$ 可逆断熱熱落差 (J/kg) である。

しかし，実際のノズルにおいては種々の損失があるために，ノズル出口速度は理論速度よりも当然小さくなる。そして，ノズル内で摩擦抵抗があると摩擦仕事がなされ，これが熱に変わって蒸気に加わるために，次のような影響が生じる。

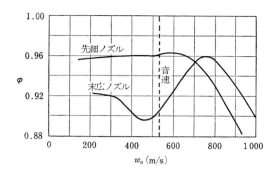

第6・12図　ノズル速度係数(Keenan による)

① 蒸気のエントロピを増加させる。
② ノズル前後の圧力間で利用できるエネルギを減少させる。
③ 蒸気の流出速度を減少させる。
④ 蒸気の比容積を増加させる。
⑤ 蒸気の温度を高くする(過熱域のとき)。
⑥ 湿り蒸気であれば,かわき度を増加させる。
⑦ 一般に,蒸気流量を減少させる。

したがって,実際のノズル出口の蒸気状態は第6・2図のB′点で表される。このときの出口速度 w_2 は,

$$w_2 = \sqrt{2(h_1 - h_2')} = \sqrt{2h_t'} \quad \text{(m/s)} \tag{6・37}$$

ここで,h_t'=実際の熱落差(actual heat drop)(J/kg)または非可逆断熱熱落差である。

蒸気の流出速度に対する損失の影響を表すために,次式で定義される**ノズル速度係数**(velocity coefficient of nozzle) φ (ファイ)が用いられる。

$$\varphi = \frac{\text{実際の出口蒸気速度}}{\text{理論出口蒸気速度}} = \frac{w_2}{w_a} \tag{6・38}$$

また,

$$w_2 = \varphi \cdot w_a \quad \text{(m/s)} \tag{6・39}$$

第6・12図はキーナン(Keenan)による先細ノズルおよび末広ノズルの速度係数 φ と理論蒸気速度 w_a との関係である。これによると,先細ノズルでは音速をわずかに超えた速度で最大の速度係数を示し,音速以下ではかなり広い範囲にわたって損失の少ない状態で使用することができる。一方,末広ノズルでは速度係数の最大値は先細ノズルのそれとほぼ等しいが,この値を得る速度範

194 第6章 ノズル（または静翼）および動翼を通る蒸気の流れ

囲は非常に狭く，蒸気速度が広く変化する場合にはこの末広ノズルは不適当である。

次に，**ノズル効率**(nozzle efficiency) η_n は次式で定義されるもので，摩擦の影響のために1より小さい。この流体摩擦は運動エネルギの一部を失わせ，それに相当するエンタルピを蒸気に還元する。このような非可逆作用によってエントロピが増加する。このことを**再熱**(reheat)という。

$$\eta_n = \frac{\text{実際の運動エネルギの増加}}{\text{理論運動エネルギの増加}} = \frac{(w_2{}^2 - w_1{}^2)/2}{(w_a{}^2 - w_1{}^2)/2}$$
$$= \frac{w_2{}^2 - w_1{}^2}{w_a{}^2 - w_1{}^2} \qquad\qquad (6 \cdot 40)$$

入口速度 w_1 が0であれば，式(6・38)を用いて，

$$\eta_n = w_2{}^2 / w_a{}^2 = \varphi^2 \qquad\qquad (6 \cdot 41)$$

となり，ノズル効率はノズル速度係数の2乗に等しい。また，第6・2図の記号を用いれば η_n は次式のように表される。

$$\eta_n = \frac{h_1 - h_2{}'}{h_1 - h_2} = \frac{h_t{}'}{h_t} \qquad\qquad (6 \cdot 42)$$

効率 η_n は速度係数 φ と同じ意味をもつものであるから，この値は実験によって求めなければならない。

また，ノズル損失 Z_n(J/kg)は，

$$Z_n = \frac{w_a{}^2 - w_2{}^2}{2} = \frac{w_a{}^2 - \varphi^2 \cdot w_a{}^2}{2} = (1 - \varphi^2)\frac{w_a{}^2}{2} \qquad (6 \cdot 43)$$

で表され，入口速度が0の場合，$w_a{}^2/2 = h_t$ であるから，

$$Z_n = (1 - \varphi^2)h_t = \zeta_n \cdot h_t \qquad (\text{J/kg}) \qquad\qquad (6 \cdot 44)$$

となる。ここで，$\zeta_n = 1 - \varphi^2$ で，この ζ_n を**ノズル損失係数**という。したがって，φ, η_n および ζ_n の関係は，

$$\eta_n = \varphi^2 = 1 - \zeta_n \qquad\qquad (6 \cdot 45)$$

で表される。

次に，蒸気流量に対する損失の影響を表すのに次式で定義される**流量係数**(flow coefficient またはdischarge coefficient) ϕ が用いられる。

$$\phi = \frac{\text{実際のノズル流出蒸気流量}}{\text{理論ノズル流出蒸気流量}} = \dot{m}_{act} / \dot{m}_{th} \qquad\qquad (6 \cdot 46)$$

実際の蒸気流量は実測することにより得られ，理論蒸気流量は静止蒸気が可逆断熱膨脹するとして連続の式から計算できる。一般に，摩擦損失のためにノズル出口における蒸気の比容積 v_2' は可逆断熱膨脹の場合の比容積 v_2 よりも増加し，$v_2' > v_2$ となるから実際の蒸気流量 $\dot{m}_{act}$ は，S をノズル出口断面積とす

第6章　ノズル（または静翼）および動翼を通る蒸気の流れ　　195

れば，

$$\dot{m}_{act}=\frac{S\cdot w_2}{v_2{}'}=\frac{S\cdot \varphi\cdot w_a}{v_2{}'}=\varphi\cdot \frac{v_2}{v_2{}'}\cdot \frac{S\cdot w_a}{v_2}=\varphi\cdot \frac{v_2}{v_2{}'}\cdot \dot{m}_{th}$$

となり，$\phi=\dot{m}_{act}/\dot{m}_{th}=\varphi\cdot v_2/v_2{}'$ であるから $v_2<v_2{}'$，$\varphi<1$ の関係より $\phi<1$ となる。気体の流量係数は常に 1 より小さく 0.98〜0.99 で，この値は過熱蒸気にも当てはまる。しかし，湿り蒸気では 6・4・3 で述べるように過飽和などの影響により ϕ は 1 よりも大きくなり得る。実際のタービン設計においては，流量係数のわずかな変化はタービン性能にそれほど影響を与えないので，ノズル速度係数のような正確な値をあまり必要としない。

　ノズル速度係数と流量係数は摩擦の他にも種々の影響を受ける。すなわち，境界層の影響，はく離による蒸気が充満して流れないこと，蒸気の衝撃(steam shock)，過飽和，水滴の影響などがある。しかし，これらの個々の理論は不十分であって，φ，ϕ の値にはそれらの影響がすべて入っているので，広範囲の実験のもとで得られた値を用いれば実用上十分である。たとえば，チャーチ(Church)によると，

　　　$\varphi=0.80\sim0.98$

　　　$\phi=0.95\sim1.05$　　（入口に丸みをつけた直線ノズル）

ストドラ(Stodola)によると，φ と ζ_n は，

　　　$\varphi=0.975\sim0.92$

　　　$\zeta_n=0.05\sim0.15$

である。なお，湿り蒸気における φ と ϕ については，6・4・4 で述べられている。

　重力単位系では，式(6・36)，(6・37)，(6・43)，(6・44)および式 (6・46) はそれぞれ次のようになる。

$$w_a=\sqrt{2g(h_1-h_2)/A}=91.5\sqrt{h_t}\quad\text{(m/s)}\qquad\qquad(6\cdot36)'$$

$$w_2=\sqrt{2g(h_1-h_2{}')/A}=91.5\sqrt{h_t{}'}\quad\text{(m/s)}\qquad\qquad(6\cdot37)'$$

$$A\cdot Z_n=A(1-\varphi^2)\,w_a{}^2/(2g)\quad\text{(kcal/kgf)}\qquad\qquad(6\cdot43)'$$

$$A\cdot Z_n=\zeta_n\cdot h_t\quad\text{(kcal/kgf)}\qquad\qquad(6\cdot44)'$$

$$\phi=G_{act}/G_{th}\qquad\qquad(6\cdot46)'$$

6・4・2　超過膨脹と不足膨脹

　ノズルの断面形状が正確に所要の断面積を有するように製作されていない場合や，正確に製作されていても運転条件が設計点から変化した場合，などには蒸気の膨脹が滑らかに行われずエネルギの損失を伴うことがある。とくに末広

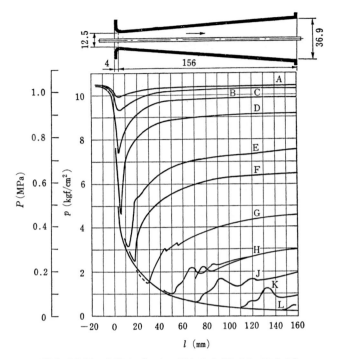

第6・13図　末広ノズル内の圧力分布(Stodola による)

ノズルでは拡がり部を有し，圧力降下も大きいためにその影響は大きい。たとえば，ノズル出口圧力 P_2 が設計値よりも高くなると蒸気はノズル内で一度 P_2 以下まで膨脹し，それから次第に P_2 まで圧縮される。この現象を**超過膨脹**(over expansion)という。また逆に，P_2 が設計値よりも低くなると蒸気はノズル内で十分圧力が下がらず，ノズルを出た後も圧力降下し再び圧縮される。これを**不足膨脹**(under expansion)という。

このような場合，蒸気は不規則な圧力分布をなし，速度係数したがってノズル効率を低下させることになる。

超過膨脹と不足膨脹に関して，長さ 156mm の実験用末広ノズルを使用した有名なストドラ(Stodola)の実験結果がある。第6・13図はノズル入口圧力を一定にして，出口圧力を変化させたときのノズル中心における圧力分布を，φ3mm と φ5mm の測定管にて測定した結果である。曲線Aは入口と出口の圧力差がきわめて小さい場合で，入口近くの喉で流路が狭くなっているために

第6章 ノズル(または静翼)および動翼を通る蒸気の流れ 197

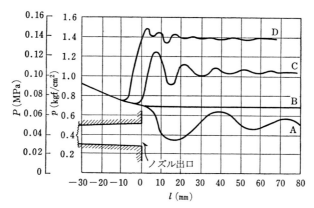

第6・14図 末広ノズル出口付近の圧力変化

速度が急に増加して，慣性のために出口圧力よりも低くなり，末広部でディフューザ作用により速度は減少し，徐々に圧力が回復して出口圧力に等しくなる。曲線 B, C, D と出口圧力が下がるにつれて喉付近での超過膨脹が大きくなるが，曲線 E, F, G と出口圧力がある程度以下に下がると，逆に超過膨脹は小さくなってくるが曲線 G, H, J, K に見られるように圧力変化は波形となる。曲線Lは出口圧力が設計値に一致した場合で，ノズル内の圧力分布は滑らかである。第6・8図(b)の圧力曲線はこの曲線Lの場合に相当する。

　第6・14図は同じく Stodola の実験結果で，末広ノズルの出口圧力を変化させたときのノズル出口付近の圧力変化を示している。曲線Aは出口圧力が設計値よりも小さく，不足膨脹が起こっている場合で，流出端の圧力が出口圧力よりも高いためにノズル内で十分膨脹せず，ノズルを出た後も膨脹を続け，慣性の影響で圧力曲線は波形になる。曲線Bは出口圧力が設計値に一致している場合で，圧力変動はほとんど生じていない。

　曲線 C, D は出口圧力が設計値よりも大きく，超過膨脹が起こっている場合で，ノズル内で出口圧力以下の設計値まで膨脹したために，曲線Cでは出口付近で，さらに出口圧力の大きい曲線Dではノズル内でそれぞれ再圧縮され，慣性のために波形となる。

　このような圧力変動が生じるために蒸気の流動はノズルを出た後，第6・15図に示すような形になる。この超過膨脹および不足膨脹によって，ノズル出口蒸気速度は正規の膨脹の場合よりも減少する。

　第6・16図はグーディ(Goudie)による不足膨脹と超過膨脹に対する損失と，

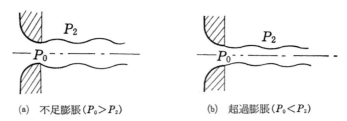

(a) 不足膨脹 ($P_0 > P_2$)　　(b) 超過膨脹 ($P_0 < P_2$)

第6・15図　先細ノズルの出口圧力の影響

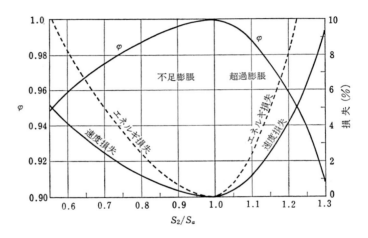

第6・16図　不足膨脹と超過膨脹に対する損失とノズル速度係数

ノズル速度係数の関係を示している．ここで，S_2は実際のノズル出口面積で，S_aは完全に膨脹するための理論出口面積である．したがって，$S_2/S_a>1$であれば超過膨脹，$S_2/S_a<1$であれば不足膨脹である．ノズル出口速度 w_2 は入口速度を無視すれば $w_2^2/2 = h_t$ で表されるから，これを微分すれば $w_2 \cdot dw_2 = dh_t$ となり，この2式より $2dw_2/w_2 = dh_t/h_t$ の関係が得られる．すなわち，エネルギ損失のパーセントの値は速度損失のそれの2倍である．図より，超過膨脹による損失は不足膨脹による損失よりかなり大きいことがわかる．たとえば，30％の超過膨脹のとき速度損失は9.4％であるからエネルギ損失は18.8％となる．一方，30％の不足膨脹のときは速度損失が2.5％でエネルギ損失は5.0％に過ぎない．

したがって，ノズル内壁の摩耗による流路面積の増加や，低負荷の運転中における超過膨脹による損失を軽減するために，定格負荷の状態で幾分不足膨脹

第6章 ノズル（または静翼）および動翼を通る蒸気の流れ

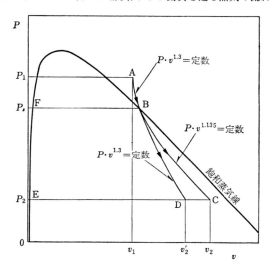

第6・17図 過飽和膨脹の $P\text{-}v$ 線図

をするように設計製作する方が良い。

6・4・3 蒸気の過飽和

かわき飽和蒸気または過熱度の小さい過熱蒸気をノズル内で急激に膨脹させると圧力が下がり，飽和線を過ぎて湿り域に入っても湿り蒸気とならず，かわき蒸気のままであることがある。このような現象を蒸気の**過飽和**（supersaturation）または**過冷却**（undercooling）といい，この状態の蒸気を**過飽和蒸気**[脚注]（supersaturated steam）と呼ぶ。

過飽和蒸気は非常に不安定な準平衡状態（metastable state）にあり，ある限界に達すると凝縮して水滴が生じ，湿り蒸気となって急激に安定な平衡状態に回復してしまう。このような過飽和状態が続く限界はノズルの種類や拡がり角，膨脹の様相などの条件によって変わるが，一般に，蒸気の湿り度が2～4.5％の範囲にある。膨脹を急激に行わせる末広ノズルでは約4.5％の湿り度，ノズルの拡がり角を2°以下に保つか，または背圧を高くして膨脹をゆっくりと行わせると，約2％の湿り度がそれぞれ過飽和限界となる。モリエ線図上にこの過飽和限界を示した曲線を**ウイルソン線**（Wilson line）という。これはウイ

脚注）過飽和蒸気の温度は同圧力における平衡状態の蒸気温度よりも低いことから，**過冷蒸気**（undercooled steam または supercooled steam）ということもある。

ルソンの過飽和現象に対する研究に対してマーチン (Martin) が名付けたものである．ウイルソン線はこのように湿り蒸気範囲に存在し，この線までは過熱蒸気域の等温線や等圧線などが連続することになる．

第6・17図の $P-v$ 線図において，A 点の過熱蒸気が断熱膨張を始め，B 点で飽和蒸気線と交わる．それ以後，安定な平衡状態での変化ではC点まで膨張する．したがって，変化 AB は $P \cdot v^{1.3}$=定数 の式に従い，変化 BC は $P \cdot v^{1.135}$=定数 の式に従う．しかし，不安定な過飽和状態で膨張を続けると，膨張曲線は AB に滑らかにつながる BD となるから，これは $P \cdot v^{1.3}$=定数 の変化である．図から明らかなように，ノズル出口における蒸気の比容積は $v_2' < v_2$ となり，**飽和膨張**(saturated expansion)の場合よりも**過飽和膨張**(supersaturated expansion) の場合の方が比容積は小さくなる．また，第6・18図の $P-t$ 線図より，飽和膨張の場合のノズル出口温度 t_2 は過飽和膨張の場合の出口温度 t_2' よりも高いことがわかる．すなわち，飽和膨張では蒸気の一部が凝縮して蒸発熱を吐き出すから，過飽和膨張の場合の温度よりも高くなる．

次に，第6・17図の A, B, C, D の各点における比エンタルピをそれぞれ h_A, h_B, h_C, h_D で表して，熱力学の第2基礎式 $dq=dh-v \cdot dP$ を用いる．断熱変化であるから $dq=0$ より $dh=v \cdot dP$ となり，BC と BD 間でこの式を積分すると，

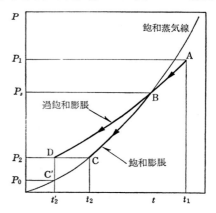

第6・18図 過飽和膨張の $P-t$ 線図

$$\int_C^B dh = h_B - h_C = \int_C^B v \cdot dP = 面積\ BCEFB$$
$$\int_D^B dh = h_B - h_D = \int_D^B v \cdot dP = 面積\ BDEFB$$

となり，両式の差をとれば，

$$h_D - h_C = \Delta h_s = 面積\ BCDB \qquad (6 \cdot 47)$$

が得られる．すなわち，ノズル内で同じ圧力まで膨張した場合，過飽和膨張の方がノズル出口蒸気の比エンタルピは面積 BCDE で表される分だけ大きい．Church は蒸気の初状態をかわき度 $x=1.0 \sim 0.85$，初圧 $P_1=0.027\ 5 \sim 0.333$

MPa〔0.28〜3.4kgf/cm²〕の範囲で変化させて Δh_s を計算した結果，近似的に第6・19図の1本の曲線で表すことができた。Δh_s はかわき度には無関係で，初圧が高くなるとわずか減少する程度である。ここで，P_2 は膨脹線とウイルソン線が交わる点の圧力である。

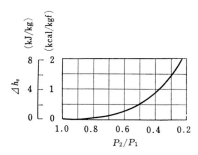

第6・19図　過飽和による損失

いま，ノズル出口速度 w，ノズル速度係数 φ，蒸気流量 $\dot{m}$ および流量係数 ϕ の添字に過飽和膨脹の場合 ss を，飽和膨脹の場合 s をそれぞれ付けて表すと，次の関係が得られる。

$$w_{ss}=\sqrt{2(h_A-h_D)},\ w_s=\sqrt{2(h_A-h_C)},\ さらに\ h_D>h_C より \ w_{ss}<w_s$$

となる。また，近似的に，

$$\varphi_{ss}=\varphi_s\sqrt{\frac{h_A-h_D}{h_A-h_C}}=\varphi_s\sqrt{\frac{(h_A-h_C)-\Delta h_s}{h_A-h_C}}=\varphi_s\sqrt{1-\frac{\Delta h_s}{h_A-h_C}}$$

の関係から $\varphi_{ss}<\varphi_s$ となる。最後に ϕ に関しては，

$$\phi_{ss}=\frac{\dot{m}_{ss}}{\dot{m}_s}=\left(\frac{S\cdot w_{ss}}{v_2'}\right)\bigg/\left(\frac{S\cdot w_s}{v_2}\right)=\left(\frac{w_{ss}}{w_s}\right)\left(\frac{v_2}{v_2'}\right)$$

ここで，S はノズル出口面積で，$w_{ss}<w_s$，$v_2'<v_2$ であるが，過飽和膨脹の比容積の減少の割合が速度の減少の割合を上回っているから $\phi_{ss}>1$ である。菅原は 0.49MPa〔5kgf/cm²〕のかわき飽和蒸気がノズル内で膨脹するときの ϕ の値を計算し，その結果を第6・20図に示した。それによると，ノズル出口圧力が約 0.3MPa〔3kgf/cm²〕のとき $\phi_{ss}=1.05$ で，0.1MPa〔1kgf/cm²〕のとき $\phi_{ss}=1.145$ であるが，実際には摩擦損失があり，また，過飽和にはウイルソン線で示されるような限界があるから，ϕ_{ss} の値はこれよりも小さくなる。

リー(Lee)は第6・21図に示すように $\phi_{ss}=1.0〜1.03$ を与えている。

以上をまとめると，過飽和膨脹により減少するものは，ノズル出口蒸気の温度と比容積，出口蒸気速度およびノズル速度係数であり，増加するものはノズル出口蒸気のエンタルピおよび流量係数である。

なお，過飽和の程度を表すものに**過飽和度** (degree of supersaturation) と**過冷度** (degree of undercooling) がある。過飽和度 ω は過飽和蒸気の圧力 P_2 と過飽和蒸気の温度に相当する飽和圧力 P_0 との比で，次式で表される。

$$\omega=P_2/P_0 \qquad\qquad (6\cdot48)$$

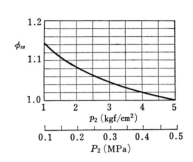

第6・20図　過飽和による流量係数

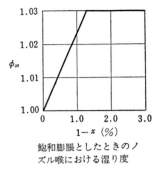

飽和膨張としたときのノズル喉における湿り度

第6・21図　過飽和による流量係数

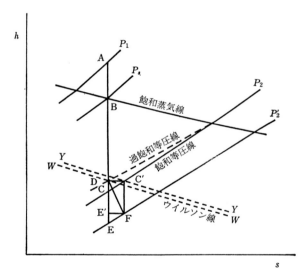

第6・22図　過飽和膨脹の h-s 線図（可逆変化）

ここで，P_2 と P_0 はそれぞれ第6・18図のDとC′点の圧力である。ω の極限値は Wilson によると7.9，Stodola によると 3.1～3.3 で Kelvin もこれに近い値を得ている。また，過冷度 t_c は過飽和蒸気の圧力に相当する飽和温度 t_2 と過飽和蒸気の温度 t_2' との差で，次式で表される。

$$t_c = t_2 - t_2' \tag{6・49}$$

ここで，t_2 と t_2' はそれぞれ第6・18図のCとD点の温度である。

第6・22図の h-s 線図は Martin およびイエロット (Yellott) による可逆断

第6章 ノズル(または静翼)および動翼を通る蒸気の流れ

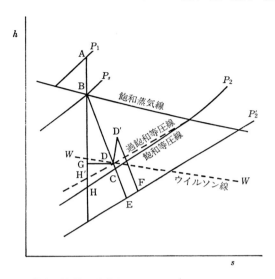

第6・23図 過飽和膨脹の h-s 線図(非可逆変化)

熱膨脹の場合の状態変化を表している。過熱蒸気がAから膨脹を開始してBでかわき飽和状態に達するが，湿り蒸気とならずそのまま膨脹を続けて，過飽和限界を示すウイルソン線との交点Dまで過冷却される。Dで安定な平衡状態が回復されて DC' の変化をする。DC' はここでは完全なものとして絞りの場合と同様に等エンタルピ変化で表しているが，実際にはこれは正しくない。C'からは湿り蒸気となってFまで膨脹を続ける。したがって，全有効エネルギは $\overline{AD}+\overline{C'F}$ である。もし，過飽和現象が起こらず，平衡状態のままDからEまで膨脹すると有効エネルギは $\overline{AE}$ となる。それ故,有効エネルギの損失は $\overline{EE'}$ で，近似的には $\overline{CD}$ で表される。もし，平衡状態への回復が瞬間的に起こらなければ，DC'F の代わりに DF のように非可逆経路をとって同様の損失を伴う。W-W 線は Martin らによるウイルソン線で凝縮が開始する点の過飽和状態の軌跡である。また，Y-Y 線は Yellott によって提示された凝縮の完了する平衡状態の軌跡である。

第6・23図の h-s 線図はビニー(Binnie)とウッズ(Woods)によるもので，Aから膨脹が開始し，過熱域において損失を無視する。可逆断熱熱落差 $\overline{AH'}$ に対して摩擦などのノズル損失が $\overline{GH'}$ である。Dは凝縮の開始する過飽和蒸気の状態を示し，これはウイルソン線 W-W 上にある。凝縮により，わずかにエントロピを増してDから D' までエンタルピが上昇し，湿り蒸気となって再び

Fまで膨脹を続ける。DF は BD に平行であると仮定する。過飽和現象が生じない場合は，膨脹は BE となるから，過飽和による損失はF点とE点のエンタルピの差である。この図は第6・22図にくらべてノズル中の摩擦などを考慮しており，実際の蒸気状態に対してかなり正確である。また，ウイルソン線の傾きも異なっている。

過飽和の起こる原因としては，蒸気中に凝縮核が不足すること，および凝縮に必要な時間の不足ということが考えられる。すなわち，蒸気が凝縮するためには何か中心になるもの（核）があってそのまわりに蒸気の分子が集まって凝縮し，徐々に大きくなるから，もし，蒸気中にこの核になるものが不足すると凝縮が遅れ過飽和現象が生じる。また，核があってもノズルでの膨脹が非常に速いと，蒸気が潜熱を吐き出してその飽和温度を維持するのに十分な速さでその核のまわりに集まることができないために凝縮が遅れる。

6・4・4 湿り蒸気の膨脹による流量変化と速度係数

蒸気がノズル内において膨脹して湿り度を増してくると，生成する水滴の径も大きくなってくる。水滴がある大きさ以上になると，もはや蒸気と同じ速度で流動することができず水滴の速度は小さくなる。したがって，蒸気が水滴を加速させることになるから蒸気の速度も小さくなる。そのために，蒸気と水滴との間に衝撃などが生じ内部損失が増加することになる。

この湿り度の影響を調べるために，G. E 社は $P_1=0.22\mathrm{MPa}\{2.24\mathrm{kgf/cm^2}\}$，$P_2/P_1=0.65$（$P_1$，$P_2$ はノズル入口，出口圧力）の圧力範囲で，過熱度 111°C から湿り度 15% まで変化させて実験を行い，第6・24図に示す速度係数 φ の値を求めた。実験値には過飽和の影響が少しあるだろうが，湿り度が増加するにつれてノズル速度係数が減少するという結果は過飽和によっては説明できず，

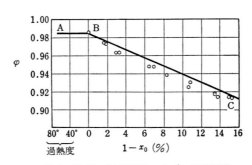

第6・24図 湿り蒸気のノズル速度係数

第6章 ノズル(または静翼)および動翼を通る蒸気の流れ

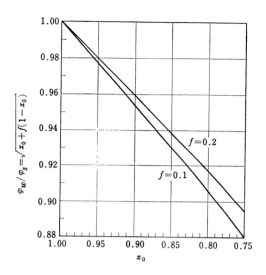

第6・25図 Goodenough による湿り蒸気の速度係数の減少

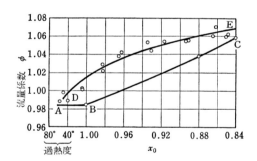

第6・26図 過飽和および水滴の影響による流量係数

もっぱら蒸気と水滴との速度差によるものと考えられる。グーデナフ (G. A. Goodenough) は水滴の速度を考慮して，φ に対する次の理論式を求めた。

$$\varphi_w = \varphi_s \sqrt{x_0 + f(1-x_0)} \qquad (6・50)$$

ここで，φ_w＝湿り蒸気の速度係数，φ_s＝過熱蒸気の速度係数，x_0＝ノズル入口蒸気のかわき度，f＝水滴と蒸気の理論的な速度比，である。fの値は次のようにして求めることができ，普通の状態では 0.1～0.2 の値をとる。

いま，ノズル入口圧力に相当する飽和蒸気の比エンタルピを h_0''，飽和水の比エンタルピを h_0' として，それぞれ出口圧力まで可逆断熱膨張して比エンタ

206　第6章　ノズル（または静翼）および動翼を通る蒸気の流れ

ルビが h_2''，h_2' になったとき f は，

$$f=\sqrt{\frac{h_0'-h_2'}{h_0''-h_2''}} \qquad (6\cdot51)$$

で表される。式 $(6\cdot50)$ に，$\varphi_s=0.984$，$f=0.15$ を代入して計算すると，第6・24図の直線 BC で示すように実験結果とよく合っている。なお，式 $(6\cdot50)$ の φ_s の係数とかわき度 x_0 の関係を第6・25図に示す。

　上と同じ実験で求めた流量係数と湿り度の関係を第6・26図に示す。曲線 DE は実験値の平均を表しているが，これによると蒸気が最初幾分過熱していても流量係数が1以上になることを示している。これは過飽和による影響であるが，湿り度が増加するにつれて流量係数がさらに大きくなっている。Goodenough はこの流量増加の原因を過飽和の他に蒸気湿り度に求め，次の理論式を得た。

$$\phi_w=\phi_s/\sqrt{x_0+f(1-x_0)} \qquad (6\cdot52)$$

　ここで，$\phi_w=$湿り蒸気の流量係数，$\phi_s=$過熱蒸気の流量係数，x_0 と f は式 $(6\cdot50)$ の場合と同じである。

　式 $(6\cdot52)$ に $f=0.15$，$\phi_s=0.984$ を代入して ϕ_w と x_0 の関係を求めると第6・26図の曲線 ABC で表される。曲線 DE は湿り度と過飽和の両方の影響を表しているから両曲線の差が過飽和による流量増加を示すことになる。

　湿り度の影響によって流量係数が1以上になるのは $x_0\fallingdotseq0.96$，すなわち湿り度が約4％以上のときであるからそれまでの流量増加の原因は過飽和のみである。湿り度がさらに増加して約10％$(x_0=0.90)$になると湿り度の影響と過飽和の影響はほとんど等しくなる。

　このように，湿り度の小さい場合には流量増加の大部分は過飽和によるものであるが，湿り度が大きくなると湿り度による影響が支配的になり，$x_0=0.8$ にも達すると過飽和による流量増加の影響はほとんど無視することができ，式 $(6\cdot52)$ を用いて流量係数を計算することができる。

6・4・5　気流の偏向

　ノズルの出口端がノズル軸に直角の場合には先細ノズルや平行ノズルにおいて出口圧力は入口圧力の臨界圧力に等しいかまたは臨界圧力より大きく，末広ノズルではその拡がり率に応じて出口圧力は入口圧力に対してある一定の値になる。もし出口圧力が設計値と異なれば不足膨脹あるいは超過膨脹となり，蒸気流の乱れが生じるが気流の平均方向はノズル軸の方向である。ところが，蒸気タービンに用いられるノズルは，高速の蒸気流をそれに続く動翼において有

第6章 ノズル（または静翼）および動翼を通る蒸気の流れ

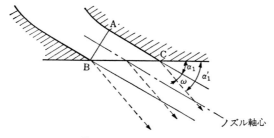

第6・27図　気流の偏向

効に利用させるため，ノズル軸を動翼流入面に対して常にある一定の傾斜角を有しなければならない。したがって，第6・27図のノズル断面に示すように △ABC の傾斜部分が生じる。蒸気がノズル軸に沿って膨張してきて AB 面に達すると，ノズル凹面ではB点で終圧に達するが，凸面のA点ではまだ圧力が高く AC まで膨張してC点で終圧に達する。このように，ノズル傾斜部分で圧力変化を伴うから蒸気の流れは内側に偏り，実際の流出角度α_1'はノズル出口角度 α_1 よりも大きくなる。これを**気流の偏向** (deflection of jet) といい，$\omega = \alpha_1' - \alpha_1$ を**偏向角**(deflection angle)という。この偏向角ωはノズル角 α_1 が小さいほど，ピッチが大きいほど，また蒸気速度が大きいほど大きくなる。なお，このノズル傾斜部分でも蒸気は膨張するから，先細ノズルまたは平行ノズルでも臨界圧力以下まで膨張することができ，末広ノズルでも出口圧力が拡がり率に相当する圧力以下になることがある。

いま，先細ノズルにおいて，ノズル出口角α_1とノズル出口で到達し得る最低の圧力 P_e との関係を求めると次式が得られる。P_1はノズル入口圧力である。

$$P_e = \left(\frac{2}{k+1}\right)^{\frac{k}{k-1}} (\sin \alpha_1)^{\frac{2k}{k+1}} P_1 \qquad (6・53)$$

第6・28図にこの式による圧力比 P_e/P_1 と α_1 の関係を示している。$k=1.3$ において，$\alpha_1=90°$ のとき $P_e/P_1=0.5457$ となり出口最低圧力は臨界圧力であるが，$\alpha_1=20°$ になると $P_e/P_1=0.1623$ となり臨界圧力よりもかなり低くなる。一般に，先細ノズルで臨界圧力以下まで膨張させたときの偏向角は2°〜4°になる。

なお，ある条件のもとで偏向角が負，すなわち気流の出口角度がノズル角よりも小さくなることがある。菅原らの空気を用いた直線平行ノズルの実験によると，圧力比が 0.35〜0.45 以上になると負の偏向が生じる。また，出口角が大きくなると負の偏向は起こらない。この現象は不足膨張や後縁の厚さに影響

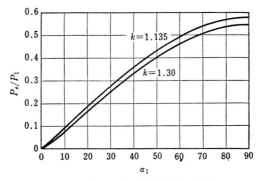

第6・28図　ノズル角と圧力比の関係

される。

6・5　動翼内の蒸気流動

動翼内の蒸気の流動はノズル（または静翼）の場合とは異なり，動いている流路内での流動であるからより一層複雑である。流動中におけるエネルギ損失の主な原因はノズルの場合と同じく，
① 蒸気条件(蒸気の圧力，温度，湿り度および速度など)。
② 翼の寸法，形状，構造および平滑度など翼固有の性質。
の他に，
③ 翼入口角(inlet angle of blade)と蒸気流入角との不一致。一般に，定格運転のときに両者がほぼ一致して蒸気が翼入口端に衝突することなしに流入するように設計されているから，それ以外の運転では常に衝突による損失が生じる。この詳細については 8・1・2 を参照。
④ 翼のピッチ(pitch of blade)
　ピッチが小さいほど流れが整うが，流路が狭くなり壁面との摩擦損失を増して効率が悪くなる。また，ピッチが大きすぎると流れが不整となり，十分転向せずに乱れが生じて損失を増す。菅原は最適のピッチとして次式を提案している。

$$s/c \fallingdotseq 0.55 \tag{6・54}$$

ここで，s はピッチ，c はコード (chord) で第6・29図に示すとおりである。
⑤ ノズル出口端の厚さ　ノズル出口端は強度上，ある厚さを有しているため

第6章　ノズル(または静翼)および動翼を通る蒸気の流れ

に出口うず (trailing voltices) が形成され翼に与える運動エネルギの減少となる。

⑥ 翼入口端の厚さ　翼流入角の不適の場合と同様，衝突による損失が生じる。

など種々の原因がある。

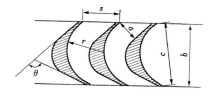

第6・29図　翼のピッチ s，コード c，幅 b，転向角 θ，曲率半径 r，流路幅 a

このように動翼におけるエネルギ損失の原因は多く，互いに複雑に影響をおよぼし合っている。また，動翼内で蒸気の膨張を生じない衝動タービンと，膨張を生じる反動タービンとでは翼の断面形状が異なるだけではなく蒸気速度にも相違があるから同じ原因でもその程度に差があり，そのうえ異なる特有の損失を有する。したがって，これらの損失を決定するためには多くの実験結果を必要とするが，翼流路自身が高速で動いているために実際の状態で実験することが困難であることと，翼を静止状態にして実験した結果を実際の運転状態に適用するのに問題が多いことなどの理由でまだ不十分な点が多いが，現在では多くの研究者達の実験結果から実用上満足できる値が得られている。

ノズルの場合は，ノズル損失を考慮した実際の出口蒸気速度を求めるために，ノズル速度係数 φ を定義したが，動翼の場合もこの φ に相当する**翼速度係数** (velocity coefficient of blade) ψ(プサイ)を定義することができる。

いま，ノズル出口から絶対速度 w_1 で翼の入口に達した蒸気が相対速度 u_1 で翼の中に流入し，相対速度 u_2 で流出する場合を考える。翼はある周速度で動いているために当然，$w_1 > u_1$ である。衝動タービンであれば動翼内では圧力降下がないから翼入口圧力 P_1 は出口圧力 P_2 に等しい。もし，エネルギ損失のない理想的な場合には入口および出口における蒸気の比エンタルピは等しく，したがって $u_1 = u_2$ である。しかし，実際には抵抗があるために蒸気の速度エネルギの一部がこの抵抗に打ち勝つために費やされる。そして，これが熱に変わって蒸気に加わり比エンタルピが増加するから，出口比エンタルピが増えると同時に $u_2 < u_1$ となる。すなわち，蒸気の相対速度は蒸気が動翼中を流れる間に減少する。一方，反動タービンであれば圧力降下があるから $P_1 > P_2$ であって，蒸気の膨張により比エンタルピが h_1 から h_2 まで減少する。したがって，この熱落差に相当する速度が加わるから $u_2 > u_1$ となる。これは実際の抵抗のある場合にもいえることで，ただ $h_2 - h_1$ の値が小さくなるだけである。

このように，衝動タービンでも反動タービンでも動翼中における損失のため

210　　　第6章　ノズル（または静翼）および動翼を通る蒸気の流れ

に，実際の流出速度 u_2 が損失のない理論流出相対速度 u_{2a} よりも小さくなるから，この両者の比を**翼速度係数** ψ と定義し，次式で表す。

$$\psi = \frac{実際の流出相対速度}{理論流出相対速度} = \frac{u_2}{u_{2a}} \tag{6・55}$$

いま，Z_b を動翼内の全エネルギ損失とすれば，次の動翼内蒸気流動の一般関係式が得られる。

$$u_1^2/2 + (h_1 - h_2) = u_{2a}^2/2 = u_2^2/2 + Z_b \tag{6・56}$$

したがって，動翼損失 Z_b (J/kg) は，

$$Z_b = (u_{2a}^2 - u_2^2)/2 = u_{2a}^2(1 - \psi^2)/2 \quad (\text{J/kg}) \tag{6・57}$$

となる。ここで，添字 1 および 2 はそれぞれ動翼入口および出口の状態を表す。

また，**翼損失係数** ζ_b はノズル損失係数 ζ_n と同様に次式で定義される。

$$\zeta_b = 1 - \psi^2 \tag{6・58}$$

さらに，式(6・56)より

$$u_{2a} = \sqrt{u_1^2 + 2(h_1 - h_2)} \quad (\text{m/s}) \tag{6・59}$$

が得られ，衝動タービンでは，$h_1 - h_2 = 0$ であるから $u_{2a} = u_1$ となり，衝動タービンの翼速度係数は次のようにも定義できる。

$$\psi = \frac{実際の流出相対速度}{実際の流入相対速度} = \frac{u_2}{u_1} \tag{6・60}$$

この場合の動翼内損失は，

$$Z_b = \frac{u_1^2 - u_2^2}{2} = \frac{u_1^2(1 - \psi^2)}{2} \quad (\text{J/kg}) \tag{6・61}$$

この速度係数 ψ はノズルの場合と同様，動翼流路内において生じるすべての損失を含むものであるが，実際には特定のパラメータを変化させて実験的に ψ の値を求めている場合が多い。Stodola は ψ の値は主に流路の曲がりを表す**転向角** (angle of turning で，angle of deflection または deflection angle と記す場合もあるが，この語は偏向角の意味もありまぎらわしい) θ に影響されるとして実験を行い，第6・30図に示す結果を得た。

この転向角は次式で表される。

$$\theta = 180° - (\beta_1 + \beta_2) \tag{6・62}$$

ここで，β_1 と β_2 はそれぞれ翼入口角と翼出口角である。

図中の曲線Aは衝動翼に対するもので，$\psi = 0.8 \sim 0.9$ の範囲はワグナー (Wagner) によって確かめられている。一方，曲線Bは反動翼に対するもので，衝動翼の場合よりも ψ の値は大きく，θ が大になるほど両者の差は大きくなる。一般に，転向角の増加につれて ψ は減少する傾向にある。フリューゲル

(Flügel)は同じく流路の曲がりによるϕの影響を翼の凹面(concave surface)の曲率半径rと翼の幅bとの比で表した。第6・31図より，曲率半径が大きいほど，また，翼の幅が小さいほど，すなわち，rとbの比が大きいほどϕは大きくなり，$r/b \geqq 1.5$ではほぼ一定になることがわかる。このように，流路がわん曲していると，蒸気がそこを通過する際に遠心力が作用して翼の凹面に圧縮が生じ，凸面(convex surface)では境界層のはく離が生じる。したがって，流路内の圧力分布や速度分布に不同が生じ，流路に沿った一次元流動の他にねじ形の二次元流動が生じる。また，流路の内側と外側における流路の長さが異なるために，蒸気と壁面との摩擦の他に蒸気同士の間にも摩擦が生じて損失の増加を引き起こす。第6・32図はChurch

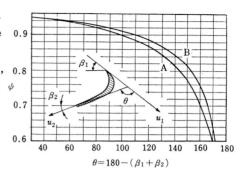

第6・30図　転向角θと翼速度係数ϕの関係

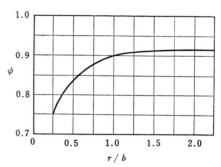

第6・31図　rとbの比と翼速度係数の関係

が引用した米国のメーカーの翼速度係数の線図である。これによると相対速度が増加するほど，翼幅が大きいほど速度係数は小さくなる。フォルチン(Faltin)はϕを相対速度uの関数とせずに，一般に他の条件の場合にも適用できるようにレイノルズ数(Reynolds number)R_eの関数として第6・33図に示す実験結果を得た。図中の曲線は実験データの平均を表しており，Aは翼角が24°，Bは翼角が28°の，ともに等角翼の場合である。レイノルズ数は次式で表される。

$$R_e = \frac{u \cdot d}{\nu} \tag{6・63}$$

ここで，$u=$理論流出相対蒸気速度(m/s)，$d=$平均流路面積の水力学的直径(m)，$\nu=$蒸気の動粘性係数(m²/s)　である。

これによると，BよりもA，すなわち転向角が8°大きい方が約5%だけϕの値が小さい。

212　第6章　ノズル(または静翼)および動翼を通る蒸気の流れ

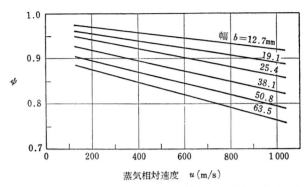

第6・32図　蒸気相対速度および翼幅と翼速度係数の関係

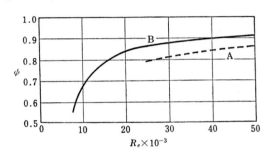

第6・33図　翼速度係数とレイノルズ数の関係

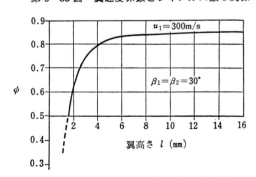

第6・34図　翼速度係数と翼高さの関係

　第6・34図は Stodola の実験による ψ と翼高さ l の関係を示しており，実験に用いた翼は翼角30°の等角翼で，翼高さがそれぞれ 2，4，16mm である。l が小さくなるとともに ψ も小さくなるが，$l=4\sim16$mm では比較的ゆるやか

第6章　ノズル(または静翼)および動翼を通る蒸気の流れ　　213

に減少し，$l=4\,\text{mm}$ 以下になると急激に減少することがわかる。

また，Church はベリーゾ(Belleezo)の式を改良して次式を与えている。この式は蒸気の比容積の影響を考慮している。

$$\phi = 0.97 - \frac{0.007\,15\,u_1\sqrt{a/r}}{(180-\theta)\sqrt[3]{v}} \tag{6・64}$$

ここで，$u_1=$翼入口相対蒸気速度 (m/s)，$a/r=$翼流路幅と曲率半径の比，$\theta=$転向角，$v=$翼入口における蒸気比容積(m³/kg)である。

比容積が小さいほど ϕ が小さくなることがこの式よりわかる。上式は ϕ に関して多くの因子を含んでおり，満足な結果を与えるが，湿りによる損失は考慮していない。

重力単位系で，式(6・56)，(6・57)，(6・59)，(6・61)はそれぞれ次のように表される。

$$\frac{A}{2g}\cdot u_1{}^2 + (h_1-h_2) = \frac{A}{2g}\cdot u_{2a}{}^2 = \frac{A}{2g}\cdot u_2{}^2 + A\cdot Z_b \tag{6・56}'$$

$$Z_b = \frac{1}{2g}(u_{2a}{}^2 - u_2{}^2) = \frac{1}{2g}\cdot u_{2a}{}^2(1-\varphi^2) \qquad (\text{kgf·m/kgf}) \tag{6・57}'$$

$$u_{2a} = \sqrt{u_1 + 2g(h_1-h_2)/A} \qquad (\text{m/s}) \tag{6・59}'$$

$$Z_b = \frac{1}{2g}(u_1{}^2 - u_2{}^2) = \frac{1}{2g}\cdot u_1{}^2(1-\varphi^2) \qquad (\text{kgf·m/kgf}) \tag{6・61}'$$

214　　第6章　ノズル（または静翼）および動翼を通る蒸気の流れ

■　演　習　問　題　■

（三級程度）

1. 衝動式蒸気タービンに関する次の文の（　）の中の字句や数字で，正しいものを記せ。
(1) タービンの再熱係数は1より（①大きい，②小さい）。
(2) ノズルの速度係数は1より（①大きい，②小さい）。
(3) ノズル効率は速度係数の（①2，②3）乗に等しい。
(4) 動翼の速度係数は1より（①大きい，②小さい）。
(5) 翼の転向角は180°より（①大きい，②小さい）。
解 (1)①（**9・1・2**を参照），(2)②，(3)①，(4)②，(5)②

2. 蒸気タービンのノズルに関する次の文の中で，正しいものに○印を，正しくないものには×印を記せ。
(1) ノズルの出口圧力が入口圧力に対する臨界圧力より低い場合は，末広ノズル（中細ノズル）を用いる。
(2) 末広ノズル（中細ノズル）の拡がり率は，ノズルの出口面積と入口面積の比をいう。
(3) 平行ノズルは，ノズルの入口から出口まで断面積は同じである。
(4) 超過膨脹の現象は，平行ノズルでも起こることがある。
(5) せん孔ノズルは，こう配きりで所要の形状に仕上げる。
解 (1)○，(2)×，(3)×，(4)○，(5)○（**10・2・2**を参照）。

3. 蒸気タービンのノズルに関する次の問に答えよ。
(1) ノズル出口の蒸気圧力が入口圧力に対する臨界圧力以下になるのは，どんな形状のノズルか。
(2) 圧力複式衝動タービンの仕切板には，どんな形状のノズルが用いられるか。
(3) 蒸気がノズルを通過して得られる流出速度は，理論上の流出速度より小さくなるのはなぜか。
解 (1) 末広ノズル，　(2) 先細ノズル，　(3) ノズル内の蒸気の流動損失が原因である（主に，蒸気とノズル内壁との摩擦損失や，蒸気分子間の摩擦損失，**6・4** 参照）。

4. 蒸気タービンに関する下記(1)，(2)の問に答えよ。
(1) 先細ノズル，末広ノズルが用いられるタービンを下記①〜③のうちからそれぞれ選べ。
①カーチス，②パーソンス，③ツェリー
(2) ノズルの出口圧力を P_2，臨界圧力を P_c としたとき，次の①，②の場合にそれぞれ用いられるノズルを下記ⓐ〜ⓒのうちからそれぞれ選べ。
① $P_2 < P_c$，② $P_2 > P_c$

第6章　ノズル(または静翼)および動翼を通る蒸気の流れ　　215

ⓐ先細ノズル，ⓑ末広ノズル，ⓒ平行ノズル

解　(1)　先細ノズルは③，末広ノズルは①，(②は先細ノズルの流路形状をした静翼を用いる)。

(2)　①ⓑ，②ⓐⓒ

5.　蒸気タービンのノズルに関する下記文中(　)内の①〜⑤に適合する字句または記号を入れよ。

　　蒸気タービンのノズルを形状から分類すると，(　①　)ノズル，(　②　)ノズルおよび(　③　)ノズルとなる。いま，これらのノズル出口における蒸気圧をP，入口圧に相当する臨界圧をP_cとすれば，①ノズルはP(　④　)P_c，②，③ノズルはP(　⑤　)P_cの場合に用いられる。

解　①末広，②先細，③平行，④<，⑤≧(平行ノズルは$P=P_c$，と誤解しがちであるが，これは先細ノズルの出口部に流れを整える平行部をつけただけで蒸気の膨脹には無関係である)。

(二級程度)

6.　蒸気タービンのノズル内に起きる下記の現象は，それぞれどのようなことか。

(1)　超過膨脹，(2)　不足膨脹，(3)　過飽和

解　(1)と(2)　**6・4・2**を参照，(3)　**6・4・3**を参照。

7.　蒸気タービンのノズルに関する次の文の中で，正しくないものを2つだけ記せ。

(1)　ノズルの入口から出口までの各点における蒸気の流量は一定である。

(2)　ノズルの入口から出口までの各点における蒸気の比容積は，ノズルの入口から出口にかけて減少する。

(3)　ノズルの入口から出口までの各点における単位断面積当たりの蒸気流量は，ノズルの喉の部分が最大である。

(4)　ノズル内における蒸気圧は臨界圧が最大である。

(5)　末広ノズルにおける蒸気速度は，ノズルの喉の部分が最大である。

解　(2)と(4)，(2)と(5)，(4)と(5)

8.　蒸気タービンのノズルに関する次の文の中で，正しくないものを2つだけ記せ。

(1)　ノズル内における超過膨脹は，末広ノズル(中細ノズル)だけに起こる現象である。

(2)　末広ノズル(中細ノズル)では，ノズル出口の圧力は臨界圧力以下に膨脹する。

(3)　組立ノズルは，一般に高圧段落に用いられる。

(4)　高圧段落のノズルには，一般に耐熱鋼が用いられる。

(5)　ノズル角は，動翼の入口角より大きくしなければならない。

解　(1)と(5)，((3)と(4)は**10・2・2**を，(5)は**8・1・2**を参照)。

9.　蒸気タービンのノズルに関する下記(1)〜(3)の問に答えよ。

216 第6章 ノズル（または静翼）および動翼を通る蒸気の流れ

(1) ノズル入口と出口の蒸気の比エンタルピの差を h_t(kJ/kg)または h_t(kcal/kgf)とすると，ノズル出口の蒸気の速度wが $w=\sqrt{2\,000h_t}$ (m/s) または $w=91.5\sqrt{h_t}$ (m/s) となるためには，どのような条件でなければならないか。

(2) 末広ノズル（中細ノズル）のノズル入口から出口までの形状（断面積）は，蒸気のどのような状態の変化に応じて決められたものか。

(3) 末広ノズル（中細ノズル）において，ふつうの運転状態のときノズル入口蒸気圧と臨界圧の比は，入口蒸気圧の変化によって変わるか，それとも変わらないか。また，この比はかわき飽和蒸気と過熱蒸気ではいずれが大きいか。

解 (1) ノズル入口蒸気速度が出口速度にくらべて無視できるほど小さいこと。

(2) ノズル内の蒸気速度変化と蒸気比容積変化に応じて決められる。（6・2・2参照）。

(3) 臨界圧力比は断熱指数のみの関数であり，入口蒸気圧に影響されない。また，この比はかわき飽和蒸気の方が大きい。（6・2・3 参照）

10. 動翼の転向角を大きくすると，速度係数はどのように変わるか。

解 転向角が大きいと，動翼内での蒸気の方向転換が急になり摩擦などが増えて速度係数が低下する。（6・5 参照）。

11. 蒸気タービンのノズルに関する下記の問に簡単に答えよ。

(1) ノズル内の蒸気の臨界圧力とはどこの圧力をいうか。

(2) 末広ノズル（中細ノズル）において，ノズルの入口から出口までの蒸気の比容積および速度の変化の状態はそれぞれどのようになるか。

解 (1) ノズルの喉の圧力，(2) 第6・4図および第6・7図参照。

〈一級程度〉

12. 蒸気タービンのノズルに関して，次の問に答えよ。

(1) ノズルの速度係数とはなにか。（式で示せ）

(2) ノズル効率はどのように表されるか。また，蒸気状態によってどのように変化するか。

(3) ノズル効率は蒸気状態の他，どのような事項によって変化するか。

解 6・4 を参照。

(1) $\varphi = w_2/w_a$

(2) $\eta_n = h_t'/h_t = w_2{}^2/w_a{}^2 = \varphi^2$

飽和蒸気より過熱蒸気の方が η_n は大きい。湿り蒸気は過飽和現象や水滴の影響によって η_n は減少する。

(3) ノズルの形状，大きさ，流路壁面の仕上げの程度，流路面積の不連続や過不足，蒸気速度など。

13. 蒸気タービンのノズルに関する次の問に答えよ。

(1) ノズル入口の蒸気の速度を無視した場合，ノズル効率と速度係数の間にはどのよ

第6章　ノズル（または静翼）および動翼を通る蒸気の流れ　　217

うな関係があるか。

(2) ノズル内において，蒸気が過飽和の状態になると，ノズルを通る蒸気の流量は理論蒸気量にくらべて増加するか，それとも減少するか。また，それはなぜか。

(3) ノズル内において，蒸気が過飽和の状態になると，ノズル内の蒸気の断熱膨脹の熱落差は，可逆断熱膨脹の熱落差にくらべて大きくなるか，それとも小さくなるか。

解 (1) $\eta_n = \varphi^2$ （**6・4・1** 参照）。

(2) 増加する。

(3) 小さくなる。$\Big\}$ （**6・4・3** 参照）。

---

14. ノズル内に起きる蒸気の過飽和（または過冷）とは，どのような現象か。

解 **6・4・3** を参照。

---

15. 蒸気タービンのノズルに関する次の問に答えよ。

(1) ノズルの拡がり率とはなにか。

(2) ノズルの拡がり角が小さすぎた場合，および大きすぎた場合には，それぞれどのような影響があるか。

(3) 飽和蒸気を使用した場合，ノズルの入口圧力 P_1 と臨界圧力 P_c の間にはどのような関係があるか。

(4) ノズルの入口および出口にける蒸気の比エンタルピをそれぞれ h_1, h_2 とした場合，ノズルの入口における蒸気の速度をゼロとすれば，ノズルの出口における蒸気速度はどのように表されるか。

解 (1) ノズル喉断面積に対するノズル出口断面積の比。（**6・3・2**参照）。

(2) 拡がり角が小さすぎると不足膨脹によるエネルギ損失，大きすぎると超過膨脹によるエネルギ損失および壁面からの蒸気のはく離による損失が増加する。（**6・4・2** 参照）。

(3) $r_c = P_c/P_1 = \left(\dfrac{2}{k+1}\right)^{\frac{k}{k-1}} = 0.577\ 4$ （ただし，かわき飽和蒸気は $k = 1.135$ である）（**6・2・3** 参照）。

(4) $w_2 = \sqrt{2\ 000(h_1 - h_2)}$ 　　　$(h : \text{kJ/kg})$

　　 $= 91.5\sqrt{h_1 - h_2}$ 　　　$(h : \text{kcal/kgf})$

---

16. 蒸気タービンのノズルの入口および出口における蒸気の圧力，比エンタルピおよび速度をそれぞれ，$P_1(\text{Pa})$, $h_1(\text{J/kg})$, $w_1(\text{m/s})$ ならびに $P_2(\text{Pa})$, $h_2(\text{J/kg})$, $w_2(\text{m/s})$ とする場合，ノズルの入口および出口の蒸気の速度変化を表す関係式はどのようになるか。また，ノズル入口の蒸気速度がゼロの場合は，ノズル出口速度はどのようになるか。ただし，ノズル内では摩擦のない断熱膨脹を行うものとする。

解 $(w_2{}^2 - w_1{}^2)/2 = h_1 - h_2$

$w_1 = 0$ のとき，$w_2 = \sqrt{2(h_1 - h_2)}$

重力単位系では，$P(\text{kgf/m}^2)$，$h(\text{kcal/kgf})$，仕事の熱当量 $A(\text{kcal/(kgf·m)})$，重力加速度 $g(\text{m/s}^2)$ とすれば，

$$\frac{A}{2g}(w_2{}^2-w_1{}^2)=h_1-h_2$$

$w_1=0$ のとき，$w_2=\sqrt{2g(h_1-h_2)/A}$

17. 蒸気タービンのノズル内で，蒸気が摩擦を伴う断熱膨張をする場合における蒸気のノズル入口および出口の速度変化ならびに摩擦損失について，$h\text{-}s$ 線図の略図を描いて，簡単に説明せよ。

解 6·1，第6·2図を参照。$h\text{-}s$ 線図上に入口蒸気の有する速度エネルギを示す。

18. 蒸気がノズルの入口から出口まで，摩擦のない断熱膨張を行うものとすれば，ノズル出口における蒸気速度 w_2 および断面積 S_2 は，それぞれどのような式で表されるか。ただし，入口および出口における蒸気の比エンタルピ，h_1，$h_2(\text{J/kg})$，蒸気の速度 w_1，$w_2(\text{m/s})$，蒸気の比容積 v_1，$v_2(\text{m}^3/\text{kg})$，ノズルの断面積 S_1，$S_2(\text{m}^2)$，そして，蒸気の流量 $\dot{m}(\text{kg/s})$ とする。

解 $w_2=\sqrt{2(h_1-h_2)+w_1{}^2}$ (m/s)

$S_2=\dot{m}\cdot v_2/\sqrt{2(h_1-h_2)+w_1{}^2}$ (m²)

重力単位系では，$h(\text{kcal/kgf})$，$v(\text{m}^3/\text{kgf})$，$G(\text{kgf/s})$，$A(\text{kcal/(kgf·m)})$，$g(\text{m/s}^2)$ とすれば，

$w_2=\sqrt{\dfrac{2g}{A}(h_1-h_2)+w_1{}^2}$ (m/s)

$S_2=G\cdot v_2/\sqrt{\dfrac{2g}{A}(h_1-h_2)+w_1{}^2}$ (m²)

19. 末広ノズルにおいて，ノズル入口から出口までの蒸気の比容積および速度の変化をそれぞれグラフに描くとどのようになるか。

解 第6·7図を参照。

20. 図は蒸気タービンにおけるノズル内の蒸気の熱落差を表す $h\text{-}s$ 線図を示す。蒸気が初圧 P_1，初温 t_1 のA点から終圧 P_2 まで膨張するものとし，ノズル内で摩擦抵抗がない場合の終状態をB点，摩擦抵抗がある場合の終状態をC点とする。A，B およびC点の比エンタルピをそれぞれ，h_A，h_B，h_C としたとき，次の各項を算式で示せ。

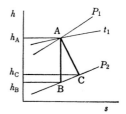

(1) 摩擦抵抗がない場合の蒸気流出速度：w_a
(2) 摩擦抵抗がある場合の蒸気流出速度：w_2
(3) ノズル速度係数：φ
(4) ノズル効率：η_n
(5) ノズル効率と速度係数の関係

第6章 ノズル(または静翼)および動翼を通る蒸気の流れ　219

解 (1) $w_a = \sqrt{2(h_A - h_B)}$，(ノズル入口速度が無視できるものとする)．
(2) $w_2 = \sqrt{2(h_A - h_C)}$，ともに h の単位は J/kg である．
(3) $\varphi = w_2/w_a = \sqrt{(h_A - h_C)/(h_A - h_B)}$
(4) $\eta_n = (h_A - h_C)/(h_A - h_B) = w_2^2/w_a^2$
(5) $\eta_n = \varphi^2$

重力単位系では，
(1) $w_a = \sqrt{2g(h_A - h_B)/A}$
(2) $w_2 = \sqrt{2g(h_A - h_C)/A}$

ただし，g は重力加速度，A は仕事の熱当量，h の単位は kcal/kgf である．

21. 絶対圧 1.2 MPa，温度 290°C の蒸気がノズルを通って，絶対圧 0.2 MPa となって噴出している場合，h-s 線図にノズルの入口および出口における蒸気の状態位置を示せ．また，ノズル通過の蒸気量が毎時 5 000 kg とすれば，ノズル出口の断面積はいくらとなるか．ただし，ノズルの入口における蒸気の速度は無視できるほど微小であり，またノズル内の蒸気の膨張は摩擦のない断熱流とする．

解 h-s 線図上から，または蒸気表から下図(a)の h-s 線図上の値を得る．

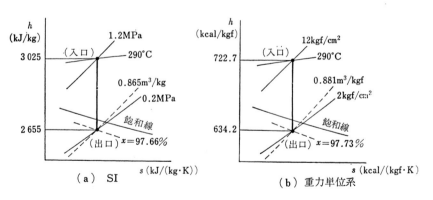

(a) SI　　　(b) 重力単位系

$w = \sqrt{2(3\,025 - 2\,655) \times 10^3} = 860$ m/s であるから，連続の式より断面積 S は次式から得られる．

$$S = \frac{\dot{m} \cdot v}{w} = \frac{5\,000 \times 0.865}{860 \times 3\,600} = 13.97 \times 10^{-4}\,\text{m}^2 \fallingdotseq 14.0\,\text{cm}^2$$

重力単位系で，入口圧力を 12 kgf/cm²，出口圧力を 2 kgf/cm²，蒸気流量を 5 000 kgf/h として，ノズル出口断面積 S を求める．上図(b)の値および $g = 9.81$ m/s²，$A = 1/427$ kcal/(kgf·m) を用いて，

$w = \sqrt{2 \times 9.81 \times (722.7 - 634.2) \times 427} = 861$ m/s

$$S = \frac{G \cdot v}{w} = \frac{5\,000 \times 0.881}{861 \times 3\,600} = 14.21 \times 10^{-4}\,\text{m}^2 \fallingdotseq 14.2\,\text{cm}^2$$

220　　　第6章　ノズル（または静翼）および動翼を通る蒸気の流れ

22. 蒸気圧が絶対圧で 1.8MPa，蒸気温度が 330°C の蒸気が，ノズル内を断熱膨脹して蒸気圧が絶対圧で 0.05MPa，かわき度 0.9 の湿り蒸気となって，1時間当たり 5 000kg が噴出している場合のノズルの出口面積を算出せよ。

　　ただし，ノズル入口における蒸気の比エンタルピ h_1 は 3 098.4kJ/kg，ノズル出口における蒸気の比容積 v_2 は 2.92m³/kg，0.05MPaにおける飽和水の比エンタルピ h_2' およびかわき飽和蒸気の比エンタルピ h_2'' はそれぞれ 340.56kJ/kg，2 646.0kJ/kg とする。

　解　ノズル出口における蒸気の比エンタルピ h_2 は，
$$h_2 = h_2' + x(h_2'' - h_2') = 340.56 + 0.9 \times (2\ 646.0 - 340.56) = 2\ 415.5 \qquad \text{kJ/kg}$$
したがって，ノズル出口蒸気速度 w は，
$$w = \sqrt{2(h_1 - h_2)} = \sqrt{2 \times (3\ 098.4 - 2\ 415.5) \times 10^3} = 1\ 168.7 \qquad \text{m/s}$$
故に，ノズル出口断面積 S は，
$$S = \dot{m} \cdot v_2 / w = 5\ 000 \times 2.92 / (1\ 168.7 \times 3\ 600)$$
$$= 34.70 \times 10^{-4}\text{m}^2 = 34.7\text{cm}^2$$

重力単位系で，入口圧力を 18kgf/cm²，出口圧力を 0.5kgf/cm²，蒸気流量を 5 000kgf/h として，断面積 S を求める。ただし，$h_1 = 740.2$kcal/kgf，$v_2 = 2.97$m³/kgf，$h_2' = 80.86$kcal/kgf，$h_2'' = 631.8$kcal/kgf，$g = 9.81$m/s²，$A = 1/427$kcal/(kgf·m) とする。
$$h_2 = 80.86 + 0.9 \times (631.8 - 80.86) = 576.71\text{kcal/kgf}$$
$$w = \sqrt{2g(h_1 - h_2)/A} = \sqrt{2 \times 9.81 \times (740.2 - 576.71) \times 427} = 1\ 170.3 \qquad \text{m/s}$$
$$S = G \cdot v_2 / w = 5\ 000 \times 2.97 / (1\ 170.3 \times 3\ 600) = 35.25 \times 10^{-4}\text{m}^2 \fallingdotseq 35.3\text{cm}^2$$

23. 蒸気が末広ノズルを通って断熱膨脹する場合，ノズル入口の蒸気の圧力（絶対圧，以下同じ）を P_1，比容積を v_1 とし，ノズルの喉の断面積を S，蒸気圧を P，比容積を v，断熱変化の指数を k とすれば，毎秒ノズルの喉を通過する蒸気流量 $\dot{m}$ は，
$$\dot{m} = S\sqrt{\frac{2k}{k-1} \cdot \frac{P_1}{v_1}\left\{\left(\frac{P}{P_1}\right)^{\frac{2}{k}} - \left(\frac{P}{P_1}\right)^{\frac{k+1}{k}}\right\}}$$
として表される。

$P/P_1 = r$ とするとき，$\dot{m}$ を最大にする r は
$$\frac{d}{dr}\left(r^{\frac{2}{k}} - r^{\frac{k+1}{k}}\right) = 0$$
とおいて求めることができるとして，r を求める式を導け。

　解　6·2·3 を参照して，$r = \left(\dfrac{2}{k+1}\right)^{\frac{k}{k-1}}$ を導く。

24. 末広ノズルにおいて，圧力低下の割合をノズル全長に対して均一にするとどのような形状になるか。また，この形状が採用されないのはなぜか。

　解　6·3·1 参照。圧力降下を均一にした場合は第6·7図(a)に示すように，ノズル出口付近で急に拡がるラッパ状となる。このように拡がり角が大きいと，ノズル中

第6章　ノズル（または静翼）および動翼を通る蒸気の流れ　221

で蒸気のはく離現象が生じてノズル効率が非常に低下する。

25. ノズル内における蒸気の過飽和となる原因は何か。また，過飽和となるとノズルを通る蒸気の流量は，理論蒸気量に比べて増加するか，それとも減少するか。

解　6・4・3 参照。原因は，蒸気中の凝縮核の不足および凝縮に必要な時間の不足である。また，流量は増加する。

■　追加演習問題　■

（三級程度）

1. 蒸気タービンにおいて，同一圧力差によって生じる熱落差は，高圧部と低圧部ではどちらの方が小さいか。

解　高圧部の方が小さい。例えば，圧力差 0.1MPa の場合，かわき飽和蒸気 0.1MPa から 0.9MPa までの断熱熱落差は約 20kJ/kg で，0.2MPa から 0.1MPa までの熱落差は約 120kJ/kg である。

（二級程度）

2. 蒸気タービンのノズルに関する次の問に答えよ。

(1) ノズルの出口圧が，入口圧に対する臨界圧より高い場合および低い場合は，それぞれどのようなノズルを使用するか。

(2) 下記の①～④のタービンは，上記（1）の 2 種類のノズルの内どちらのノズルをそれぞれ使用するか。

　①カーチスタービン，②ツェリータービン，③デラバルタービン，④ラトータービン

解　(1)　高い場合は先細ノズルで，低い場合は末広ノズルを使用する。

(2)　先細ノズルは②，④で，末広ノズルは①，③である。

（一級程度）

3. 蒸気タービンのノズルについて，次の問に答えよ。

(1) ノズル内で摩擦があることによって，ノズル出口の蒸気状態はどのような変化があるか。

(2) 蒸気流出速度が広く変化する場合，先細ノズルが適するか，それとも末広ノズルが適するか。

解　6・4・1 参照

(1)　圧力一定で変化するので，過熱域では温度が高くなり，湿り域ではかわき度が高くなる。また，エントロピおよび比容積が増加する。

(2)　先細ノズルの方が，広い速度範囲にわたって速度係数が高い。

222   第6章　ノズル(または静翼)および動翼を通る蒸気の流れ

4. 本文中の第6・14図は，蒸気タービン主機の末広ノズルにおいて，入口蒸気圧を一
   定とし，出口蒸気圧を変化させたときのノズル出口付近の蒸気の圧力変化を示す。図
   に関する次の問に答えよ。
   (1)　AおよびCで示される現象を，それぞれ何というか。
   (2)　低負荷運転中に発生するのはどの現象か。
   (3)　ノズル出口蒸気速度が最も大きいのはどれか。
   解　6・4・2参照
   (1)　「A」は不足膨脹で，「B」は超過膨脹である。
   (2)　多段タービンのノズル締切調速の場合，第1段ノズル出口圧力は設計値よりも
       低くなるので不足膨脹となる。第2段以降の段落および絞り調速の場合の各段落
       は，ノズルの圧力比が小さく超過膨脹気味になる。
   (3)　ノズル出口圧力が設計圧力と一致している「B」の場合である。
       「A」と「C」はともにノズル速度係数を小さくする。

5. 蒸気の過飽和に関する次の文の（　）の中に適合する字句を記せ。
   飽和蒸気または過熱度の低い蒸気を，蒸気タービンのノズルから急速かつ短時間に
   膨脹させると飽和線を越えてもしばらく（①）の発生が遅延して，いわゆる過飽和現
   象を起こす。そして，ある極限に至って不連続な（②）上昇を伴って急に凝縮し始め
   る。蒸気h-s線図上に記入されるウィルソン線はこの（③）線を示す。その位置はノ
   ズルの種類および（④）角などの条件によって相違し，急激な膨脹の場合には4.5%
   の（⑤）度線にほぼ一致するが，比較的緩慢な膨脹では約2%の⑤度線付近まで移
   動する。
   解　①水滴，②圧力，③限界，④傾斜（広がり），⑤湿り

6. 蒸気タービンのノズルに関する次の問に答えよ。
   (1)　ノズル入口の蒸気の速度を無視した場合，ノズル効率 η_n とノズルの速変係数 φ
       の間にはどのような関係があるか，式で示せ。
   (2)　ノズル出口における比容積を v'，理論的断熱膨脹をする場合の比容積を v とする
       と，ノズルの速度係数 φ と流量係数 ϕ の間にはどのような関係があるか，式で示
       せ。
   (3)　ノズルの速度係数と流量係数は，摩擦のほかにどのような事項の影響を受ける
       か。
   解　6・4・1参照
   (1)　$\eta_n = \varphi^2$
   (2)　$\phi = \varphi \cdot v/v'$
   (3)　蒸気の衝撃，過飽和，ノズル形状不適による流れの乱れ等。

第7章　段落線図効率

7・1　速度線図

　いま，ノズルから出た蒸気が，翼速度（blade velocity）c で回転している動翼に絶対速度 w_1，相対速度 u_1 で流入し，絶対速度 w_2，相対速度 u_2 で流出する場合，これらの各速度を動翼の入口と出口において**ベクトル線図**[脚注]（vector diagram）で表すと，軸流タービンの場合は，翼速度 c は翼の入口と出口において同一の大きさをもつので，第7・1図に示すように2個の三角形となる。これを**速度線図**（velocity diagram）または**速度三角形**（triangle of velocities）といい，これは蒸気の流れ線図（flow diagram）でもある。

　蒸気の流れる方向と動翼の回転方向との関係から，$w_1>u_1$，$w_2<u_2$ であり，u_1 と u_2 の関係はすでに6・5で説明したように，衝動タービンであれば，$u_2<u_1$ となり，反動タービンでは，$u_2>u_1$ となる。ここでは，衝動タービンの場合について説明する。

　速度線図を描く手順は，第7・1図において，まず，ノズルでの可逆断熱熱落差 h_t（J/kg）とノズル速度係数 φ が既知であれば，翼入口絶対速度 w_1 は，$w_1=\varphi\sqrt{2h_t}$（m/s）より適当に選択した尺度を用いると，$\overline{AB}$ の長さとして定まる。一方，∠ABC をノズルから流出する蒸気流れが円周方向となす角 α_1 に等しくとる。もし，ノズル出口において気流の偏向が生じなければ，α_1 は**ノズル角**（nozzle angle）と等しくなる。

　次に，翼速度 c はタービンの回転数 N(rpm) と翼車の平均直径 D(m) が

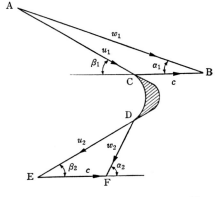

第7・1図　速度線図（エクステンド形）

脚注）速度は，大きさ(magnitude)および方向(direction)をもっているから，ベクトル量(vector quantity)である。

わかっておれば，

$$c = \pi \cdot D \cdot N/60 \quad \text{(m/s)} \tag{7・1}$$

から求めることができる．この翼速度 c を**周速度** (circumferential velocity または peripheral velocity) という．w_1 と同じ尺度で水平線上に $\overline{BC} = c$ に相当する点Cをとり，AとCを結べば，この直線 $\overline{AC}$ が w_1 から c をベクトル的に差し引いたもの，すなわち翼入口相対速度 u_1 の大きさと方向を表すことになる．それ故，蒸気が翼に流入する角度は u_1 と円周方向とのなす角 β_1 であるから，翼入口角度を β_1 に等しくとれば，蒸気は翼に衝突することなく円滑に流入する．しかし，もし衝突した場合，翼の背（凸）面より腹（凹）面の方が損失は少ないので，実際には入口角を β_1 よりわずかに大きくとっている（これについては，8・1・2を参照）．

蒸気は動翼を通過中に方向転換して，一般に翼出口角 β_2 に等しい角度で流出するとみなせるから，翼速度係数 ψ が既知であれば，翼出口相対速度 u_2 は $u_2 = \psi \cdot u_1$ より直線 $\overline{DE}$，さらに周速度 c は直線 $\overline{EF}$ でそれぞれ描くことができる．したがって，翼出口絶対速度 w_2 は，u_2 と c とをベクトル的に加えたもの，すなわち直線 $\overline{DF}$ で表され，そのときの蒸気の流出する方向と円周方向とのなす角度は α_2 である．

このようにして求めた1組の $\triangle ABC$ と $\triangle DEF$ が1段の速度線図であるから，多段のタービンでは各段についてこのような速度線図が描かれる．蒸気が動翼に作用する仕事，翼の入口角と出口角，軸方向の推力（スラスト）などはこの速度線図から求めることができる．第7・1図は理解しやすいように翼の断面形状を示しているが，一般にはこれを省略するのが普通である．第7・2図に示す線図は第7・1図のAとDを突き合わせたものである．W は回転方向の速度成分 (whirl component of velocity) を示し，W_1 は回転方向の入口速度 (entrance velocity of whirl)，W_2 は回転方向の出口速度 (exit velocity of

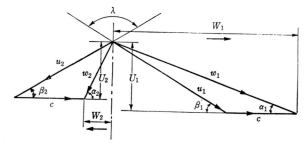

第7・2図　ボーラ形速度線図

第7章 段落線図効率

whirl）である。また，Uは回転方向に直角，すなわち軸方向の速度成分（axial component of velocity）を示し，U_1は軸方向の入口速度（entrance axial velocity），U_2は軸方向の出口速度（exit axial velocity）である。(U_1-U_2)は動翼に対して軸方向の推力として作用する。蒸気が動翼を通過中に方向転換する角度は λ で表され，もし，β_1 が翼入口角に等しければ λ は転向角 θ に相当する。この速度線図は**ポーラ形線図**（polar form of diagram）と呼ばれ，速度複式のような複雑なものに対して便利である。速度線図はこの他に次のような種々の表し方がある。

第7・3図は**エクステンド形線図**（extended form of diagram）と呼ばれ，第7・1図のCとDを突き合わせたものである。この線図は第7・6図(a)のように翼断面を線図中に記入するのに便利であり，ノズルや翼の角度の関係が明りょうになる。

第7・4図は**コンデンス形線図**（condensed form of diagram）と呼ばれ，周

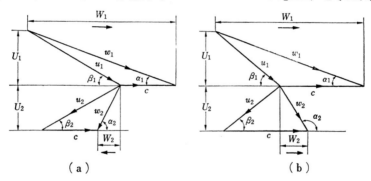

第7・3図　エクステンド形速度線図

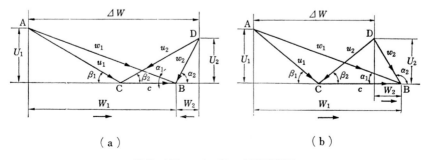

第7・4図　コンデンス形速度線図

速度を底辺として二つの三角形を重ねたものである。蒸気が動翼になす仕事を計算するときに重要な因子となる回転方向の速度変化 $\varDelta W(=W_1-W_2)$ が直接この線図上に示される。

第7・5図もコンデンス形線図と呼ばれるもので，第7・2図の出口側の速度三角形を，頂点を通る垂直軸に対して180°回転させている。この線図は相対速度の変化が直接示される利点があり，$\beta_1=\beta_2$ の等角翼の場合は図のように両三角形の相対速度の辺は，長さが異なるが一致する。

これは狭い面積内でも図示できる長所があるが，出口速度の方向が実際とは逆になる。

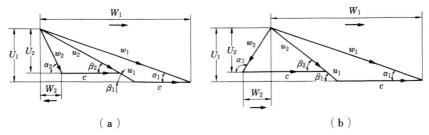

第7・5図　コンデンス形速度線図

本書ではこれらの速度線図のうち，目的に応じて最適の線図を採用している。なお，第7・3図～第7・5図の(a)と(b)の線図はそれぞれ速度比 $\xi=c/w_1$ を変化させた場合を対比して示したもので，ここでは(b)の周速度を(a)のそれよりも大きくしている。したがって，(b)の線図では出口絶対速度 w_2 の速度成分 W_2 の方向が(a)の線図とは異なり，周速度 c の方向に等しくなっている。この周速度を適当に選べば第7・6図に示すように w_2 が c に直角となり，$W_2=0$，$w_2=U_2$ である。

これらの速度線図の他に，第7・7図に示すようなものがある。

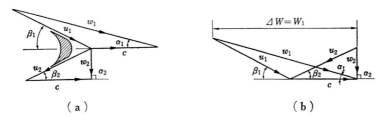

第7・6図　軸方向流出の速度線図

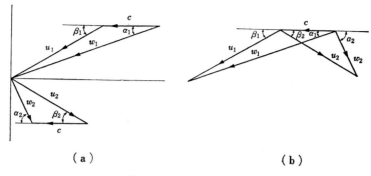

第7・7図　速度線図

7・2 蒸気が動翼にする仕事

蒸気が動翼を通過する間に翼に与える仕事は,ピッチ s とコード(翼弦) c との比, s/c の値によって,次のような各理論から計算されるのがふつうである.

(1) **流路理論** (channel theory) $s/c<0.7$

流路を流れる蒸気に対して運動量理論 (momentum principle theory) を適用するもの.

(2) **単独翼理論** (airfoil theory) $s/c>1.5$

飛行機の翼またはプロペラのような単独翼と同じように,揚力,抗力理論を用いるもの.

(3) **翼列理論** (cascade theory) $s/c=0.5\sim1.5$

多数の翼が比較的近接して置かれる場合,すなわち,翼列に対する理論.

実際の蒸気タービンでは,s/c が $0.5\sim1.0$ 程度であるから,単独翼理論は用いられないので通常は流路理論により大部分の計算を行い,個々の計算上の数値は翼列理論や翼列実験から求められている.

したがって,ここでは主として流路理論を用いて説明する.

すでに,5・2の蒸気タービンの作動原理の項で述べたように,$F=\dot{m}\cdot dw$ の式より蒸気が動翼中を通過する間の運動量変化に応じて力が働くから,動翼の円周方向に作用する力 F_c は第7・4図を用いて表すと,

$$F_c = \dot{m}\cdot w_1\cdot\cos\alpha_1 - (-\dot{m}\cdot w_2\cdot\cos\alpha_2)$$
$$= \dot{m}(w_1\cdot\cos\alpha_1 + w_2\cdot\cos\alpha_2) \quad \text{(N)} \qquad (7\cdot2)$$

また，軸方向に作用する力，すなわち軸方向推力（スラスト）F_t は，

$$F_t = \dot{m}(w_1 \cdot \sin \alpha_1 - w_2 \cdot \sin \alpha_2) \quad (\text{N}) \tag{7・3}$$

となる。ここで，$\dot{m}$(kg/s) は蒸気の質量流量であり，w_1，w_2(m/s) はそれぞれ動翼入口および出口における絶対蒸気速度である。

この二つの**力のベクトル線図**（force vector diagram）を速度線図に対応して描いたものが第7・8図である。速度変化 DA に基づいて生ずる**合力**（resultant force）F は $F = \dot{m} \times \overline{DA}$ で，この力は翼車が回転する面に対して δ だけ傾いており，これを二つの力の成分に分解することができる。すなわち，翼車面に平行な**接線力**（tangential force）F_c とタービン軸に平行な**推力** F_t である。

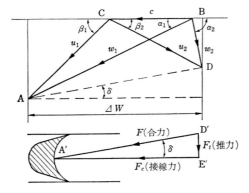

第7・8図　衝動タービンの速度と力のベクトル線図

ここで，推力 F_t について少し説明する。この推力は翼に対して何ら有効な仕事はせず，タービン軸に設けた**推力軸受**（thrust bearing）で支えられている。反動タービンでは，動翼前後における圧力差による力が加わるから推力はかなり大きくなり，推力軸受だけでは支えきれずバランスピストンを用いなければならないが，衝動タービンでは，この推力は小さく，それほど問題にならない。衝動タービンにおいて，もし入口と出口の角度が等しい等角翼を用い，動翼内の摩擦損失を無視すれば $\beta_1 = \beta_2$，$u_1 = u_2$ より $U_1 = U_2$ となり推力は 0 である。しかし，実際には摩擦が存在するから $u_2 < u_1$ となり，推力が 0 であるためには β_2 を β_1 より大きくしなければならないが，一般に $\beta_2 \leq \beta_1$ とする方が望ましいために推力は常に存在することになる。

次に，回転軸中心から動翼の平均高さまでの距離，すなわち動翼の平均半径を r(m) とすれば回転モーメント（トルク）T は，

第7章　段落線図効率

$$T = F_e \cdot r = \dot{m} \cdot r (w_1 \cdot \cos \alpha_1 + w_2 \cdot \cos \alpha_2) \qquad (N \cdot m) \qquad (7 \cdot 4)$$

となる。ただし，動翼の入口と出口の平均半径は等しく，ともに r とする。

　いま，翼車の**角速度** (angular velocity) を ω（オメガ）(rad/s) とすれば，$\dot{m}$(kg/s) の蒸気が動翼にする仕事 W_d は，トルク T に ω を掛けたものであるから，式(7・4)より，

$$W_d = T \cdot \omega = \dot{m} \cdot \omega \cdot r (w_1 \cdot \cos \alpha_1 + w_2 \cdot \cos \alpha_2) \qquad (J/s = W) \qquad (7 \cdot 5)$$

となる。

　一方，周速度 c は $c = r \cdot \omega$[脚注] で表されるから仕事 W_d は次式となる。

$$W_d = \dot{m} \cdot c (w_1 \cdot \cos \alpha_1 + w_2 \cdot \cos \alpha_2) \qquad (W) \qquad (7 \cdot 6)$$

　上式は周速度 c で動いている動翼列に作用する力の関係からも簡単に求めることができる。すなわち，仕事は力と単位時間当たりの移動距離の積に等しいから，式(7・2)の代わりに $F_e = \dot{m}(u_1 \cdot \cos \beta_1 + u_2 \cdot \cos \beta_2)$ を用いて，

$$W_d = F_e \times c = \dot{m} \cdot c (u_1 \cdot \cos \beta_1 + u_2 \cdot \cos \beta_2) \qquad (W) \qquad (7 \cdot 7)$$

が得られる。これは明らかに式(7・6)と同じである。ただし，式(7・6)の $\cos \alpha_2$ は第7・4図(a)のように速度成分 $w_2 \cdot \cos \alpha_2$ の方向が翼の回転方向と逆の場合に正となり（$\alpha_2 < 90°$），同図(b)のように同方向の場合は負となる（$\alpha_2 > 90°$）ことに注意しなければならない。

　式(7・6)または式(7・7)は動翼の入口と出口の周速度が等しい軸流タービンのすべての形式に対して適用できる仕事の一般式である。なお，両式の右辺の（　）内の第1項は衝動作用を，第2項は反動作用をそれぞれ表しており，衝動タービンでも反動タービンでも両作用を受けていることがわかる。ただし，ここでの反動作用は反動タービンで定義した反動とは異なることに注意する必要がある。

　仕事 W_d は式(7・6)や式(7・7)の他に第7・4図を用いて次のように表すことができる。

$$W_d = \dot{m} \cdot \overline{BC} (W_1 \pm W_2)$$
$$= \dot{m} \cdot \overline{BC} \cdot \varDelta W \qquad (W) \qquad (7 \cdot 8)$$

すなわち，入口と出口の速度三角形から仕事を求めることができるからこの**仕事 W_d を線図仕事** (diagram work) といい，これはまた翼周辺での仕事であることから**周辺仕事** (peripheral work) ともいう。

　さらに，速度三角形に余弦則を用いて線図仕事を求める。

脚注）回転数を N(rpm) とすれば，$\omega = \pi \cdot N/30$ また，$c = \pi \cdot r \cdot N/30$ でそれぞれ表されるから，
$c = \dfrac{1}{30} \pi \cdot r \left(\dfrac{30 \cdot \omega}{\pi} \right) = r \cdot \omega$

まず，余弦則より，

$$u_1^2 = w_1^2 + c^2 - 2w_1 \cdot c \cdot \cos\alpha_1$$
$$u_2^2 = w_2^2 + c^2 - 2w_2 \cdot c \cdot \cos(180° - \alpha_2)$$
$$= w_2^2 + c^2 + 2w_2 \cdot c \cdot \cos\alpha_2$$
$$\therefore \quad w_1 \cdot c \cdot \cos\alpha_1 = \frac{w_1^2 + c^2 - u_1^2}{2}, \quad w_2 \cdot c \cdot \cos\alpha_2 = -\frac{w_2^2 + c^2 - u_2^2}{2}$$

これを，式(7・6)に代入して整理すると，

$$W_d = \frac{\dot{m}}{2}w_1^2 + \frac{\dot{m}}{2}(u_2^2 - u_1^2) - \frac{\dot{m}}{2}w_2^2 \quad \text{(W)} \tag{7・9}$$

が得られる．右辺の第1項は $\dot{m}$(kg/s) の蒸気が動翼に流入するときの運動エネルギ，第2項は動翼中における運動エネルギの増加，第3項は流出する蒸気の運動エネルギでこれはもはやこの段では利用されないから流出損失となる．また，衝動タービンでは $u_2 < u_1$ であるから第2項は負となる．

式(7・9)はエネルギ式であるから，流動蒸気に対するエネルギ保存則からもこの式を求めることができる．

第7・9図は反動タービンの速度線図と力線図を示す．衝動タービンの場合と同様に，$\overline{BA} = w_1$ は静翼出口絶対速度，$\overline{BC} = c$ は周速度，$\overline{CA} = u_1$ は動翼入口相対速度である．また，翼出口角度 β_2 は入口角度 β_1 よりも小さくなるように作られている．もし，純衝動で作用するときは，翼出口相対速度は $\overline{CE} = \psi \cdot u_1$ となり，蒸気の受ける速度変化は $\overline{EA}$ で，これは力 $\overline{E'A'}$ を与える．この力は $\dot{m} \cdot \overline{EA}$ に等しく，EA に平行であって，翼に衝動力を与える．いま，これは反動タービンであるから，蒸気はさらに動翼中で加速されて CE から CD へと増加する．この増加した速度 ED と反対方向の DE に比例した反動力

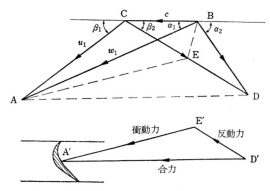

第7・9図　反動タービンの速度と力のベクトル線図

を生じるものと考えることができる。この反動力は，$\dot{m}\cdot\overline{\mathrm{DE}}$ に等しく，DE に平行である。したがって，衝動力 $\overline{\mathrm{E'A'}}$ と反動力 $\overline{\mathrm{D'E'}}$ を合成すると合力 $\overline{\mathrm{D'A'}}$ が得られる。

これまでは翼の入口と出口における周速度は等しいとしてきたが，半径流タービンでは軸中心から翼出口までの半径は翼入口までの半径よりも翼幅の分だけ大きいから，周速度は異なる。この場合には，線図仕事の式は次のように書き直さなければならない。第7・10図にこの場合の速度線図を示す。式 (7・6) における周速度 c を，翼入口の周速度 c_1 と翼出口の周速度 c_2 とに置き換えると，

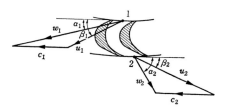

第7・10図　半径流タービンの速度線図

$$W_d = \dot{m}(c_1 \cdot w_1 \cdot \cos \alpha_1 + c_2 \cdot w_2 \cdot \cos \alpha_2) \quad (\mathrm{W}) \qquad (7\cdot 10)$$

となり，前と同様に余弦則を用いて，

$$W_d = \frac{\dot{m}}{2}w_1^2 + \frac{\dot{m}}{2}(u_2^2 - u_1^2) - \frac{\dot{m}}{2}(c_2^2 - c_1^2) - \frac{\dot{m}}{2}w_2^2 \quad (\mathrm{W}) \qquad (7\cdot 11)$$

が得られる。上式を式 (7・9) と比較すると右辺の第3項が加わっていることに気が付く。この項は遠心力によって翼が蒸気にする仕事であって，次のようにして説明できる。

翼中の任意の点の $\dot{m}$ の蒸気に働く遠心力は $\dot{m}\cdot r \cdot \omega^2$ であるから，この遠心力によって蒸気 $\dot{m}$ を dr だけ動かすための仕事は $\dot{m}\cdot r\cdot \omega^2 \times dr$ である。これを入口1から出口2まで積分すると次のようになる。

$$\int_1^2 \dot{m}\cdot r \cdot \omega^2 \cdot dr = \dot{m}\cdot \omega^2 \cdot \frac{r_2^2 - r_1^2}{2} = \frac{\dot{m}(r_2^2 \cdot \omega^2 - r_1^2 \cdot \omega^2)}{2}$$
$$= \frac{\dot{m}(c_2^2 - c_1^2)}{2} \qquad (\because \ c = r\cdot \omega)$$

すなわち，これは式 (7・11) の右辺第3項に相当する。ここで，ω は角速度で，r_1 と r_2 はそれぞれ翼入口と翼出口における半径である。

蒸気の質量流量は，SI では $\dot{m}$(kg/s) で表しているが，重力単位系では蒸気の重量流量 G(kgf/s) を重力加速度 g(m/s^2) で除して質量流量に換算している。したがって，式 (7・2)～式 (7・11) を重力単位系で表すためには $\dot{m}$ を G/g に置き換える。単位は，式 (7・2)，(7・3) の F_c，F_t は (kgf)，式 (7・4) の T は (kgf·m)，式 (7・5)～式 (7・11) の W_d は (kgf·m/s) となる。また，W_d に仕事の熱当量 A(kcal/(kgf·m)) を掛けて $A\cdot W_d$(kcal/s) が得られる。さらに，式 (7・6) を用いて，W_d を馬力 (PS) およびキロ

232 第7章 段落線図効率

ワット (kW) で表すと次のようになる。

$$\left.\begin{aligned} W_d &= \frac{G \cdot c}{75\,g}\,(w_1 \cdot \cos \alpha_1 + w_2 \cdot \cos \alpha_2) \quad \text{(PS)} \\ &= \frac{G \cdot c}{102\,g}\,(w_1 \cdot \cos \alpha_1 + w_2 \cdot \cos \alpha_2) \quad \text{(kW)} \end{aligned}\right\} \qquad (7 \cdot 6)'$$

この W_d(PS) を軸馬力 (shaft horse power—s.h.p) と区別するために，**リム馬力** (rim horse power—r.h.p) と呼ぶことがある。

7・3 単式衝動タービン

7・3・1 線図効率

線図仕事 W_d は式(7・6)～式(7・11)に示すように種々の表し方があるが，単式衝動タービンに対しては次のように書き表すことができる。速度線図より，

$$\begin{aligned} w_2 \cdot \cos \alpha_2 &= u_2 \cdot \cos \beta_2 - c \\ &= \phi \cdot u_1 \cdot \cos \beta_2 - c \qquad (\because u_2 = \phi \cdot u_1) \\ &= \phi \cdot \frac{u_1 \cdot \cos \beta_1}{\cos \beta_1} \cdot \cos \beta_2 - c \\ &= \phi (w_1 \cdot \cos \alpha_1 - c)\,\frac{\cos \beta_2}{\cos \beta_1} - c \\ &\qquad\qquad (\because \quad u_1 \cdot \cos \beta_1 = w_1 \cdot \cos \alpha_1 - c) \end{aligned}$$

上式を式(7・6)に代入すると，

$$\begin{aligned} W_d &= \dot{m} \cdot c \left\{ w_1 \cdot \cos \alpha_1 + \phi (w_1 \cdot \cos \alpha_1 - c)\,\frac{\cos \beta_2}{\cos \beta_1} - c \right\} \\ &= \dot{m} \cdot c\,(w_1 \cdot \cos \alpha_1 - c)\left(1 + \phi \cdot \frac{\cos \beta_2}{\cos \beta_1}\right) \\ &= \dot{m} \cdot c^2 \left(\frac{1}{\xi} \cdot \cos \alpha_1 - 1\right)\left(1 + \phi \cdot \frac{\cos \beta_2}{\cos \beta_1}\right) \quad \text{(W)} \qquad (7 \cdot 12) \end{aligned}$$

または，

$$\begin{aligned} W_d &= \dot{m} \cdot w_1^2 \cdot \frac{c}{w_1}\left(\cos \alpha_1 - \frac{c}{w_1}\right)\left(1 + \phi \cdot \frac{\cos \beta_2}{\cos \beta_1}\right) \\ &= \dot{m} \cdot w_1^2 \cdot \xi\,(\cos \alpha_1 - \xi)\left(1 + \phi \cdot \frac{\cos \beta_2}{\cos \beta_1}\right) \quad \text{(W)} \qquad (7 \cdot 13) \end{aligned}$$

となる。ここで，ξ はこれまで何度もでてきたように，周速度 c と入口絶対蒸気速度 w_1 との比で定義される**翼速度比** (blade velocity ratio)，または単に**速度比** (velocity ratio) と呼ばれるものである。

$$\xi = c/w_1 \qquad\qquad (7 \cdot 14)$$

第7章 段落線図効率

この速度比の逆数 $1/\xi = w_1/c$ を**蒸気速度比**と呼ぶことがある。

理想的なタービンにおいては，ノズル入口と出口の圧力差に相当する可逆断熱熱落差 $h_a\,(\text{J/kg})$ がすべて速度エネルギに変換され，これが全部有効に仕事に変わり得るものと考えるからこれを基にした効率を求める。いま，$w_a\,(\text{m/s})$ を理論ノズル出口絶対蒸気速度とすれば，全エネルギは $\dot{m}\cdot h_a = \dot{m}\cdot w_a^2/2$ であるから効率 η_d は式(7・13)を用いると次式のようになる。

$$
\begin{aligned}
\eta_d &= \frac{W_d}{\dot{m}\cdot h_a} = \frac{W_d}{\dot{m}\cdot w_a^2/2} \\
&= 2\frac{w_1^2}{w_a^2}\cdot\xi\,(\cos\alpha_1 - \xi)\left(1 + \psi\cdot\frac{\cos\beta_2}{\cos\beta_1}\right) \\
&= 2\varphi^2\cdot\xi\,(\cos\alpha_1 - \xi)\left(1 + \psi\cdot\frac{\cos\beta_2}{\cos\beta_1}\right)
\end{aligned}
\tag{7・15}
$$

ここで，$\varphi = w_1/w_a$ はノズル速度係数である。

この η_d を**段落線図効率** (stage diagram efficiency) または単に**線図効率** (diagram efficiency) という。さらに，この効率は翼車周辺でなされる仕事（周辺仕事）を基としているところから**周辺効率**(efficiency at wheel periphery) とも呼ばれる。

式(7・12)，式(7・13)および式(7・15)は単式衝動タービンに対する一般式であって，すべて速度比を式中に含んでいる。

速度比 ξ が線図効率 η_d におよぼす影響は，ノズルや動翼の角度と速度係数がおよぼす影響にくらべると著しく大きい。速度比は効率を左右する最も重要な因子である。

式(7・15)からノズル出口角度 α_1 が小さいほど，$\cos\beta_2/\cos\beta_1$ が大きいほど効率が大になることがわかる。しかし，α_1 は構造上からあまり小さくすることはできず，また α_1 が小さいとノズルの傾斜部分が長くなり，表面摩擦が大きくなって φ の値が小さくなり，かえって η_d が減少することになる。α_1 の最小値は 10° 位であり，一般に 12°～13° を採用している。

動翼入口角度 β_1 は速度線図からわかるように，α_1 と ξ によって定まるものである。すなわち，$u_1\cdot\sin\beta_1 = w_1\cdot\sin\alpha_1$ また，$u_1\cdot\cos\beta_1 = w_1\cdot\cos\alpha_1 - c$ であるから，

$$
\tan\beta_1 = \frac{\sin\beta_1}{\cos\beta_1} = \frac{w_1\cdot\sin\alpha_1}{w_1\cdot\cos\alpha_1 - c} = \frac{\sin\alpha_1}{\cos\alpha_1 - c/w_1} = \frac{\sin\alpha_1}{\cos\alpha_1 - \xi}
$$

故に

$$
\beta_1 = \tan^{-1}\left(\frac{\sin\alpha_1}{\cos\alpha_1 - \xi}\right)
\tag{7・16}
$$

となる。また，式(7・16)と三角形の公式 $1 + \tan^2\beta = \sec^2\beta = 1/\cos^2\beta$ から次式

234　　第7章　段落線図効率

が得られる。

$$\cos \beta_1 = 1 \Big/ \sqrt{1+\tan^2 \beta_1} = 1 \Big/ \sqrt{1+\left(\frac{\sin \alpha_1}{\cos \alpha_1 - \xi}\right)^2}$$

$$= \frac{\cos \alpha_1 - \xi}{\sqrt{\cos^2 \alpha_1 - 2\xi \cdot \cos \alpha_1 + \xi^2 + \sin^2 \alpha_1}}$$

$$= \frac{\cos \alpha_1 - \xi}{\sqrt{1 - 2\xi \cdot \cos \alpha_1 + \xi^2}} \tag{7・17}$$

式 (7・15) に上式を代入すると，

$$\eta_d = 2\varphi^2 \cdot \xi \{(\cos \alpha_1 - \xi) + \psi \sqrt{1 - 2\xi \cdot \cos \alpha_1 + \xi^2} \cdot \cos \beta_2\} \tag{7・18}$$

となる。

　また，翼の出口角 β_2 は一応任意に選ぶことができるが，式 (7・15) より $\cos\beta_2 > \cos\beta_1$，したがって $\beta_2 < \beta_1$ すなわち，出口角 β_2 を入口角 β_1 より小さくするほど効率は大になることがわかる。しかし，β_2 を小さくすると翼速度係数 ψ に大きな影響を与える転向角 θ が大きくなり，ψ の値を減少させて効率を低下させるが，ふつうは，$\beta_2 = \beta_1$，あるいは $\beta_2 = \beta_1 - (0 \sim 10°)$ ぐらいに定められる。

　いま，式を簡単な形にするために $\beta_1 = \beta_2$ の**等角翼** (equiangle blade または symmetrical blade) の場合を考える。このとき $\cos\beta_2/\cos\beta_1 = 1$ であるから式 (7・15) より，

$$\eta_d = 2\varphi^2 \cdot \xi (\cos\alpha_1 - \xi)(1 + \psi) \tag{7・19}$$

が得られる。この式は $\xi = 0$ および $\xi = \cos \alpha_1$ のときに $\eta_d = 0$ で，上に凸の放物線を描くから，$0 < \xi < \cos \alpha_1$ の範囲で η_d の最大値を与える速度比 ξ が存在するはずである。この ξ を求めるためには，$\partial \eta_d / \partial \xi = 0$ の条件から式 (7・19) を ξ で偏微分して0とおけばよい。したがって，

$$\partial \eta_d / \partial \xi = (\cos \alpha_1 - \xi) - \xi = 0 \qquad \therefore \quad \cos \alpha_1 - 2\xi = 0$$

　いま，この条件を満足する速度比を**最適速度比**と呼び，記号 ξ_{opt} で表せば，

$$\xi_{opt} = \cos\alpha_1 / 2 \tag{7・20}$$

となる。これは，

$$c = w_1 \cdot \cos \alpha_1 / 2 \tag{7・21}$$

とも書くことができ，動翼の周速度 c が，入口絶対速度 w_1 の周方向の速度成分の半分に等しいとき線図効率 η_d は最大となる。この最大効率を η_{dmax} とすれば，式 (7・19) と式 (7・20) より，

$$\eta_{dmax} = \varphi^2 (1 + \psi) \cos^2 \alpha_1 / 2 \tag{7・22}$$

となり，これより，$\alpha_1 = 0$，$\varphi = \psi = 1$ の理想的な場合には，

第7章 段落線図効率

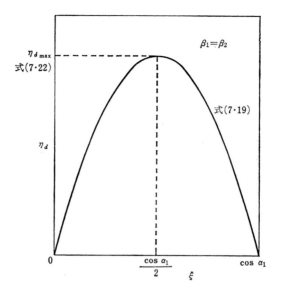

第7・11図 単式衝動タービンの線図効率と速度比の関係

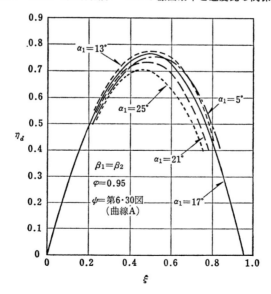

第7・12図 単式衝動タービンの線図効率（Stodola による）

$$\xi_{opt}=0.5, \quad \eta_{dmax}=1.0 \qquad (7\cdot23)$$

$\alpha_1 \neq 0, \varphi=\psi=1$ の場合には,

$$\xi_{opt}=\cos \alpha_1/2, \quad \eta_{dmax}=\cos^2 \alpha_1 \qquad (7\cdot24)$$

となる。

第 7・11 図は，単式衝動タービンで，$\beta_1=\beta_2$ のときの線図効率 η_d と速度比 ξ の関係を示している。

第 7・12 図は，線図効率 η_d と速度比 ξ およびノズル出口角度 α_1 の関係を示す。これはノズル速度係数 $\varphi=0.95$ とし，$\beta_1=\beta_2$ の等角翼を使用した場合の Stodola による計算結果である。翼速度係数 ψ は第 6・30 図の曲線 A から求め，翼入口角 β_1 は ξ が変化しても翼入口端に蒸気が衝突しないように選んでいる。この図の曲線は α_1 をパラメータとしているが，どの曲線もほぼ $\xi=0.5$ 付近で効率が最大になっている。この曲線群から α_1 と η_{dmax} の関係を求めると第 7・13 図のようになり，$\alpha_1 \fallingdotseq 12°$ のとき η_{dmax} が最も大きい値を示しており，α_1 がそれ以下になると η_{dmax} の値は減少している。

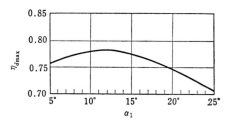

第 7・13 図 単式衝動タービンのノズル出口角と最大線図効率の関係

次に，$\beta_1 \neq \beta_2$ の非等角翼の場合の最適速度比 ξ_{opt} は，式 (7・18) において，$\partial \eta_d/\partial \xi=0$ の条件から求めることができるが，この微分式は非常に複雑な形となるので近似的に解かざるを得ない。そこで，図式解法から次の近似式が与えられている。

$$\xi_{opt} \fallingdotseq \frac{\cos \alpha_1}{3}+\frac{\psi \cdot \cos \beta_2 \cdot \sin \alpha_1}{\sqrt[3]{1-\psi^2 \cdot \cos^2 \beta_2}} \qquad (7\cdot25)$$

この式から，ξ_{opt} の値は翼出口角 β_2 の減少とともに増加することがわかる。

重力単位系では，式 (7・12)，(7・13) の $\dot{m}$ を G/g に書き換えて，式中に代入すればよい。

また，式 (7・15) は

$$\eta_d=\frac{A\cdot W_d}{G\cdot h_a}=\frac{W_d}{G\cdot w_a^2/(2g)} \qquad (7\cdot15)'$$

ただし，G は (kgf/s)，h_a は (kcal/kgf) である。

7・3・2　翼効率および線図損失

ノズルに対してノズル効率 η_n を定義したように，動翼に対しても**翼効率** (blade efficiency または efficiency of blading) η_b を次のように定義すること

第7章　段落線図効率

ができる。

$$\eta_b = \frac{\text{翼流入蒸気が動翼にする仕事}}{\text{翼流入蒸気の有するエネルギ}}$$

$$= \frac{W_d}{\dot{m} \cdot w_1^2/2} \tag{7・26}$$

W_d は種々の式で表されたが，式(7・6)および(7・13)を用いると，

$$\eta_b = \frac{2c}{w_1^2}(w_1 \cdot \cos \alpha_1 + w_2 \cdot \cos \alpha_2)$$

$$= 2\xi(\cos \alpha_1 - \xi)\left(1 + \psi \cdot \frac{\cos \beta_2}{\cos \beta_1}\right) \tag{7・27}$$

となる。上式と式(7・15)および $\eta_n = \varphi^2$ より，線図効率 η_d は次のように表すことができる。

$$\eta_d = \varphi^2 \cdot \eta_b = \eta_n \cdot \eta_b \tag{7・28}$$

すなわち，段落線図効率はノズル効率と翼効率の積に等しく，与えられたノズルに対しては η_n は一定であるから，η_d は η_b によって左右される。したがって，しばしば η_d の代わりに η_b が用いられることがあるが，最適速度比は η_d の場合と同じである。

次に，速度線図から損失を求めると次のようになる。

(1)　**ノズル損失**（nozzle loss）Z_n

$$Z_n = (1-\varphi^2)w_a^2/2 = (1-\varphi^2)h_a = \zeta_n \cdot h_a \quad \text{(J/kg)} \tag{7・29}$$

(2)　**翼損失**（blade loss）Z_b

$$Z_b = (1-\psi^2)u_1^2/2 = \zeta_b \cdot u_1^2/2 \quad \text{(J/kg)} \tag{7・30}$$

(3)　**排気（流出）損失**（exhaust loss または leaving loss）Z_e

$$Z_e = w_2^2/2 \quad \text{(J/kg)} \tag{7・31}$$

この3種類の損失を**線図損失**（diagram loss）という。これらの損失を可逆断熱熱落差 h_a で割った**線図損失比**を求めると次のようになる。

ノズル損失比は，

$$Z_n/h_a = \zeta_n = (1-\varphi^2) \tag{7・32}$$

翼損失比は，式(7・30)と $h_a = \frac{1}{2}\left(\frac{w_1}{\varphi}\right)^2$ から，$Z_b/h_a = (1-\psi^2)\varphi^2 \cdot u_1^2/w_1^2$ を求め，この式に $u_1 = (w_1 \cdot \cos \alpha_1 - c)/\cos \beta_1$ を代入し，式(7・17)を用いると，

$$Z_b/h_a = \varphi^2(1-\psi^2)(1-2\xi \cdot \cos \alpha_1 + \xi^2) \tag{7・33}$$

排気損失比は，Z_b の場合と同様にして，$Z_e/h_a = \varphi^2(w_2/w_1)^2$，また速度三角形から，$w_2 \cdot \cos \alpha_2 = u_2 \cdot \cos \beta_2 - c$，$w_1 \cdot \sin \alpha_1 = u_1 \cdot \sin \beta_1$，$w_2 \cdot \sin \alpha_2 = u_2 \cdot \sin \beta_2$，$u_1 \cdot \cos \beta_1 = w_1 \cdot \cos \alpha_1 - c$，さらに $\beta_1 = \beta_2$ を用いて整理すると，

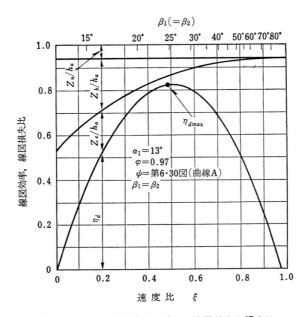

第7・14図　単式衝動タービンの線図効率と損失比

$$Z_e/h_a = \varphi^2\{\psi^2 - 2\psi(1+\psi)\xi\cdot\cos\alpha_1 + (1+\psi)^2\xi^2\} \tag{7・34}$$

となり，式(7・32)～式(7・34)の各線図損失比および式(7・15)の線図効率と速度比の関係を図示すると，第7・14図のようになる。ノズル出口角 α_1 は13°，ノズル速度係数 φ は0.97と一定にし，翼速度係数 ψ は第6・30図の曲線Aから求めた。また，翼入口角 β_1 は式(7・16)から求め，図の上軸にその値を示しており，翼出口角 β_2 は β_1 に等しいとした。図において，ノズル損失比 Z_n/h_a は速度比 ξ に無関係に一定であり，翼損失比 Z_b/h_a は ξ の増加とともに減少している。一方，排気損失比 Z_e/h_a は ξ の増加とともに減少し，ある値以上になると逆に増加している。最大効率 $\eta_{d max}$ は，$\xi=(\cos 13°)/2=0.487$ のときに得られるから，このときの翼損失比と排気損失比の和が最小になる。また，このときの翼入口角 β_1 は約25°である。

いま，ノズル出口絶対速度 $w_1=400\,\mathrm{m/s}$ として，速度比 ξ を変化させた場合の速度三角形を図示すると，第7・15図のようになる。(a)は $\xi=0.135$ ($\beta_1=15°$)，(b)は最適速度比に近い $\xi=0.492$ ($\beta_1=25°$) の場合で，(c)は $\xi=0.844$ ($\beta_1=60°$) である。β_1 が大きくなるほど相対速度 u_1，u_2 が小さくなり，転向角も小さいため翼損失は小さい。しかし，出口絶対速度は(a)，(c)より(b)の方が

第7章 段落線図効率

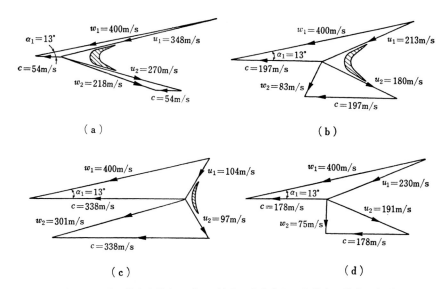

第7・15図 単式衝動タービンの速度比を変化させた場合の速度三角形

小さく，流出方向は軸方向に近いので排気損失が小さい。この両者の影響より，(b)の速度線図が最も好ましい。なお，(d)は $\xi=0.444$ ($\beta_1=23°$) の場合で，排気損失が(b)の場合よりも小さく，流出方向がほとんど軸方向になってる。これを**軸流排気**と呼ぶ。しかし，翼損失との関係から(b)の場合が一番効率が良い。

重力単位系では，線図損失は次のようになる。

$$A \cdot Z_n = \frac{A}{2g}(1-\varphi^2)w_a{}^2 = (1-\varphi^2)h_a$$
$$= \zeta_n \cdot h_a \quad (\text{kcal/kgf}) \tag{7・29}'$$

$$A \cdot Z_b = \frac{A}{2g}(1-\psi^2)u_1{}^2 = \frac{A}{2g}\zeta_b \cdot u_1{}^2 \quad (\text{kcal/kgf}) \tag{7・30}'$$

$$A \cdot Z_e = \frac{A}{2g}w_2{}^2 \quad (\text{kcal/kgf}) \tag{7・31}'$$

損失 $Z(\text{kgf}\cdot\text{m/kgf})$ に仕事の熱当量 $A(\text{kcal}/(\text{kgf}\cdot\text{m}))$ を掛けて，$A \cdot Z(\text{kcal/kgf})$ とする。

7・4 速度複式衝動タービン

7・4・1 線図効率

第7・16図は2速度段速度複式衝動タービンのノズルと翼の配列および速度線図を表している。末広ノズルによって、蒸気は初圧 P_1 から終圧 P_2 まで降下し、絶対速度 w_1 で第1動翼に流入する。動翼中では、摩擦抵抗のために相対速度が u_1 から u_2 に減少して絶対速度 w_2 で流出する。さらに、蒸気は案内翼に入り、流動方向を変えて第2動翼に入るが、このときも案内翼中の摩擦抵抗のため絶対速度は w_2 から w_1' に減少する。蒸気は第2動翼で仕事をした後、絶対速度 w_2' で流出するが、この w_2' がまだ十分大きければさらに案内翼と第3動翼を設けて蒸気のエネルギを利用することができる。

いま、ノズル、第1動翼、案内翼、第2動翼の速度係数をそれぞれ、φ, ψ_1,

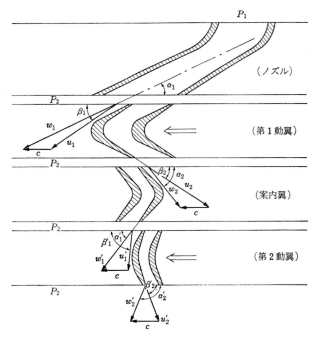

第7・16図　2速度段速度複式衝動タービンのノズルと翼の配列および速度線図

第7章　段落線図効率

ψ_f および ψ_2 とする。また，ノズルにおける可逆断熱熱落差を h_a (J/kg)，これに相当する理論速度を w_a (m/s) とし，ノズル前の蒸気速度を無視すると次の関係がある。

$$\left.\begin{array}{l} w_a = \sqrt{2h_a}, \quad w_1 = \varphi \cdot w_a \\ u_2 = \psi_1 \cdot u_1, \quad w_1' = \psi_f \cdot w_2, \quad u_2' = \psi_2 \cdot u_1' \end{array}\right\} \tag{7・35}$$

各線図損失 Z (J/kg) は次式で表される。

$$\left.\begin{array}{ll} \text{ノズル損失} & Z_n = \dfrac{1}{2}(w_a{}^2 - w_1{}^2) = \dfrac{w_a{}^2}{2}(1-\varphi^2) \\[2mm] \text{第1動翼損失} & Z_{b1} = \dfrac{1}{2}(u_1{}^2 - u_2{}^2) = \dfrac{u_1{}^2}{2}(1-\psi_1{}^2) \\[2mm] \text{案内翼損失} & Z_f = \dfrac{1}{2}(w_2{}^2 - w_1'^2) = \dfrac{w_2{}^2}{2}(1-\psi_f{}^2) \\[2mm] \text{第2動翼損失} & Z_{b2} = \dfrac{1}{2}(u_1'^2 - u_2'^2) = \dfrac{u_1'^2}{2}(1-\psi_2{}^2) \\[2mm] \text{排気損失} & Z_e = \dfrac{1}{2}w_2'^2 \end{array}\right\} \tag{7・36}$$

したがって，$\dot{m}$ (kg/s) の蒸気による線図仕事 W_d (J/s＝W) は

$$W_d = W_a - \dot{m}(Z_n + Z_{b1} + Z_f + Z_{b2} + Z_e) \quad \text{(W)} \tag{7・37}$$

となる。ここで，W_a は理論線図仕事で，$W_a = \dot{m} \cdot w_a{}^2 / 2$ で表される。

式 (7・36) と与 (7・37) を用いて整理すると，

$$W_d = \frac{\dot{m}}{2}\{(w_1{}^2 - w_2{}^2) - (u_1{}^2 - u_2{}^2)\} + \frac{\dot{m}}{2}\{(w_1'^2 - w_2'^2) - (u_1'^2 - u_2'^2)\} \quad \text{(W)} \tag{7・38}$$

あるいは，速度三角形に余弦則を用いて，

$$W_a = \dot{m} \cdot c\{(w_1 \cdot \cos\alpha_1 + w_2 \cdot \cos\alpha_2) + (w_1' \cdot \cos\alpha_1' + w_2' \cdot \cos\alpha_2')\} \quad \text{(W)} \tag{7・39}$$

がそれぞれ得られる。

このタービンの仕事は2組の動翼の仕事の和であるから，式 (7・9) あるいは式 (7・6) から式 (7・38) あるいは式 (7・39) が求まる。このことは第7・17図の速度三角形から容易に理解できる。この両式の右辺の第1項は第1動翼の仕事で，第2項は第2動翼の仕事であるから，多速度段速度複式衝動タービンに対しては，

$$W_d = \frac{\dot{m}}{2}\sum\{(w_1{}^2 - w_2{}^2) - (u_1{}^2 - u_2{}^2)\} \quad \text{(W)} \tag{7・40}$$

または，

$$W_d = \dot{m} \cdot c\sum(w_1 \cdot \cos\alpha_1 + w_2 \cdot \cos\alpha_2) \quad \text{(W)} \tag{7・41}$$

となる。

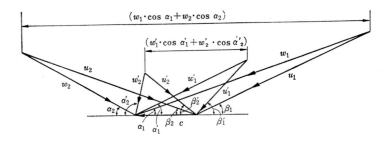

第7・17図　2速度段速度複式衝動タービンの速度三角形

次に，第1動翼に入る蒸気の速度エネルギは，$\dot{m}\cdot w_1^2/2$ であるから翼効率 η_b は，

$$\eta_b = \frac{W_d}{\dot{m}\cdot w_1^2/2} = \frac{2}{w_1^2}\cdot c\sum(w_1\cdot\cos\alpha_1 + w_2\cdot\cos\alpha_2) \qquad (7\cdot 42)$$

となる．また，ノズル効率を $\eta_n(=\varphi^2)$ とすれば，線図効率 η_d は，

$$\eta_d = \eta_n\cdot\eta_b = \frac{2\varphi^2}{w_1^2}c\cdot\sum(w_1\cdot\cos\alpha_1 + w_2\cdot\cos\alpha_2) \qquad (7\cdot 43)$$

となる．

次に，線図効率 η_d をさらに吟味するために等角翼の場合と，各翼の出口角を等しくとり，入口角を無衝突流入の条件から定めた場合について説明する．

(1) 各翼の入口角と出口角が等しい場合（等角翼の場合）

この場合は比較的簡単に数式のみで吟味できるが，後列の翼ほど仕事が少なくなる欠点がある．いま，2速度段の場合について考えると，等角翼であることから，

$$\beta_1 = \beta_2,\quad \alpha_2 = \alpha_1',\quad \beta_1' = \beta_2' \qquad (7\cdot 44)$$

このときの速度線図を第7・18図のように表すことができる．したがって，この線図から次の各関係式が得られる．

$$w_2\cdot\cos\alpha_2 = u_2\cdot\cos\beta_2 - c = \phi_1\cdot u_1\cdot\cos\beta_1 - c = \phi_1(w_1\cdot\cos\alpha_1 - c) - c$$

$$w_1'\cdot\cos\alpha_1' = \psi_f\cdot w_2\cdot\cos\alpha_1' = \psi_f\cdot w_2\cdot\cos\alpha_2 = \psi_f\{\phi_1(w_1\cdot\cos\alpha_1 - c) - c\}$$

$$= \psi_f\cdot\phi_1(w_1\cdot\cos\alpha_1 - c) - \psi_f\cdot c$$

$$w_2'\cos\alpha_2' = u_2'\cdot\cos\beta_2' - c = \phi_2\cdot u_1'\cdot\cos\beta_1' - c = \phi_2(w_1'\cdot\cos\alpha_1' - c) - c$$

$$= \phi_2\{\psi_f\cdot\phi_1(w_1\cdot\cos\alpha_1 - c) - \psi_f\cdot c - c\} - c$$

これらの式を式(7・39)に代入して整理すると，$\dot{m}$(kg/s) の蒸気による線図仕事 W_d は次のようになる．

$$W_d = \dot{m}\cdot c(K_1\cdot w_1\cdot\cos\alpha_1 - K_2\cdot c) \quad (\mathrm{W}) \qquad (7\cdot 45)$$

第7章　段落線図効率

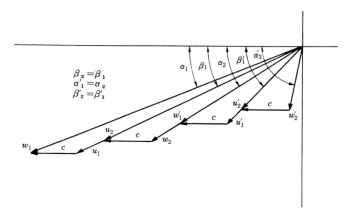

第7・18図　2速度段衝動タービンの速度線図（等角翼）

ここで，$K_1=1+\psi_1+\psi_f\cdot\psi_1+\psi_f\cdot\psi_1\cdot\psi_2$，$K_2=2+\psi_1+\psi_2+\psi_f+\psi_f\cdot\psi_1+\psi_f\cdot\psi_2$
$+\psi_f\cdot\psi_1\cdot\psi_2$

もし，$\psi_f=\psi_1=\psi_2\equiv\psi$ とすると，$K_1=(1+\psi)(1+\psi^2)$，$K_2=(1+\psi)\{(1+\psi)+(1+\psi^2)\}$ となる。

以上は2速度段の場合であるが，速度段数のもっと多い場合も全く同じ形の式が得られる。

線図効率 η_d は式(7・43)より

$$\eta_d=2\varphi^2(K_1\cdot\cos\alpha_1-K_2\cdot\xi)\xi \tag{7・46}$$

となる。ここで，$\xi=c/w_1$ は速度比である。

次に，K_1，K_2 を定数とみなして最適速度比 ξ_{opt} および最大効率 η_{dmax} を求めると，次のようになる。

$$\xi_{opt}=\frac{K_1}{K_2}\cdot\frac{\cos\alpha_1}{2} \tag{7・47}$$

$$\eta_{dmax}=\frac{\varphi^2}{2}\cdot\frac{K_1^2}{K_2}\cdot\cos^2\alpha_1 \tag{7・48}$$

もし，$\psi_f=\psi_1=\psi_2\equiv\psi$ とすれば上の3式は，

$$\eta_d=2\varphi^2(1+\psi)\{(1+\psi^2)(\cos\alpha_1-\xi)-(1+\psi)\xi\}\xi$$

$$\xi_{opt}=\frac{1+\psi^2}{2(2+\psi+\psi^2)}\cdot\cos\alpha_1$$

$$\eta_{dmax}=\frac{\varphi^2(1+\psi)(1+\psi^2)^2}{2(2+\psi+\psi^2)}\cdot\cos^2\alpha_1$$

となり，理想的な摩擦のない場合は $\varphi=1$，$\psi=1$ であるから，

244　　　　第7章　段落線図効率

$$\xi_{opt}=\frac{\cos \alpha_1}{4}, \quad \eta_{dmax}=\cos^2 \alpha_1 \qquad\qquad (7\cdot49)$$

さらに，理想的な場合で $\alpha_1=0$ ならば，

$$\xi_{opt}=0.25, \quad \eta_{dmax}=1 \qquad\qquad (7\cdot50)$$

となる。単式衝動タービンにおける式(7·23)，(7·24)とくらべると，η_{dmax} は同じであるが実際には速度複式衝動タービンの方が摩擦のはたらく部分が多くなり，効率は単速度段の場合よりも低い。一方，ξ_{opt} は単速度段の場合の½になっているから，周速度 c を一定とすれば流入蒸気絶対速度 w_1 は2倍になり，断熱熱落差 h_a は $h_a=w_1^2/2$ の関係から4倍になる。したがって，熱落差の大きい大，中出力のタービンの調速段として最初の段落に速度複式段を用いて大きな熱落差を受けもたせると，全体の段落数を減少させることができる。また，高圧高温蒸気にさらされる部分はこの速度複式段のノズルだけになるという利点を得る。一方，h_a を一定とすれば c は½になるから，$c=\pi\cdot D\cdot N/60$（D＝翼車平均直径，N＝毎分回転数）より，D も N も小さくすることができる。このように，効率が少々悪くても構造上や運転上の利点のために，舶用主機タービンの後進タービンや，小形の補機用タービンにこれがよく用いられる。

3速度段の場合も同じようにして，$\varphi=1$ および $\psi=1$ のとき，

$$\xi_{opt}=\cos \alpha_1/6, \quad \eta_{dmax}=\cos^2 \alpha_1 \qquad\qquad (7\cdot51)$$

となる。一般に，等角翼で摩擦のないときには最適速度比は次式で表される。

$$(\xi_{opt})_n=\frac{\cos \alpha_1}{2\,n} \qquad\qquad (7\cdot52)$$

ここで，n＝速度段の数　である。

第7·19図は Stodola による等角翼の場合の単速度，2速度および3速度段に対する速度比 ξ と線図効率 η_d の関係を示している。ノズル速度係数 φ は0.95で，翼速度係数 ψ は第6·30図の曲線Aから求めた値を使用し，蒸気の翼への流入は無衝突流入である。

この図によると η_{dmax} は速度段数の少ないほど大きく，その値はノズル出口角 α_1 によって異なる。単速度段では $\alpha_1=10°$，2速度段では，$\alpha_1=17°$，3速度段では $\alpha_1=25°$ のとき η_d が最も大きい。式(7·48)において，もし φ と ψ が一定ならば α_1 が小さいほど η_{dmax} が大きくなるが，実際には ψ は翼の転向角によって変化する。転向角は α_1 が小さいほど大きくなり，したがって ψ は小さくなるから，必ずしも α_1 が小さいほど η_d が大きくなるとは限らないことをこの図は示している。一般に，速度段数の多いほど α_1 が大きい方が η_d は大きくなる。また，図から速度比 ξ が小さいときは速度段数を増やす方が有利で，ξ が0.27以下ならば2速度段，0.13以下ならば3速度段にした方が効率の良

第7章 段落線図効率

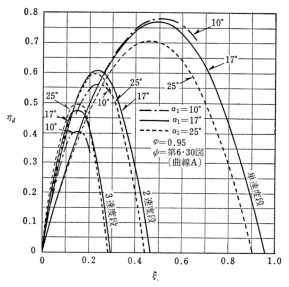

第7・19図 単式および速度複式衝動タービンの線図効率（等角翼）

いことがわかる．

(2) 各翼の出口角をノズル出口角に等しくとり，入口角はこれより大きくして無衝突流入の条件から定める場合（非等角翼の場合）

この場合の速度線図は第7・20図のようになる．ただし，$\beta_2=\alpha_1'=\beta_2'=\alpha_1$

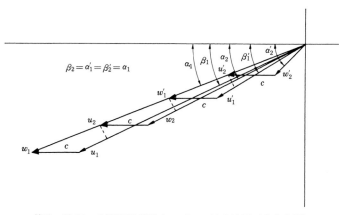

第7・20図 2速度段衝動タービンの速度線図（非等角翼）

である。このようにすると効率は良くなるが，一般に翼の拡がりが非常に大きくなる。しかし，この出口角を適当に減少させることによって驚くほど効率が改善されることを最初に指摘したのは Wagner であった。

等角翼の場合，ξ，η_d および η_{dmax} は簡単な数式で表すことができたが，非等角翼の場合は，一般に解析的に表すことは困難である。第7・21図は Stodola による計算結果の一例である。出口角はそれぞれ，$\alpha_1=22°$，$\beta_2=26°07'$，$\alpha_1'=30°08'$，$\beta_2'=34°13'$，α_1''（第2案内翼出口角）$=40°$，β_2''（第3動翼出口角）$=45°$で，蒸気が無衝突流入するように各入口角を定めている。また，φ と ψ の値は第7・19図の場合と同じである。この図と第7・19図と比較すると全体に効率は高く，とくに2速度段および3速度段が著しい。さらに，最大効率付近の曲線の形状がフラットになっているから，速度比が少々変化しても高い効率を維持することができ，非常に有利である。

このように，等角翼の場合よりもかなり高い効率の得られることは実際にフォーナー (Forner) によって確証された。

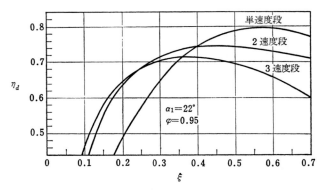

第7・21図 単式および速度複式衝動タービンの線図効率（非等角翼）

7・4・2 動翼の仕事配分

ここでは，等角翼を用い，摩擦の無い理想的な場合の各動翼の仕事配分はどのようになるかを求める。ただし，段落出口における絶対蒸気速度の方向は軸方向に一致する軸流排気で，かつ最適速度比の場合とし，蒸気流量は $\dot{m}$(kg/s)とする。

まず，単速度段に対して，線図仕事 $[W_d]_{n=1}$ は第7・22図(a)より，次式で表される。

第 7 章　段落線図効率　　　　　　　　　　　　　　　　　　　　247

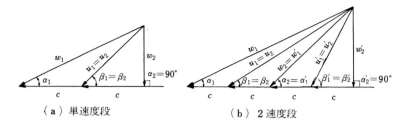

(a) 単速度段　　　　　　　(b) 2 速度段

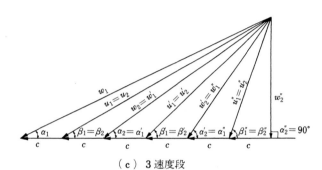

(c) 3 速度段

第 7・22 図　摩擦の無い等角翼軸流排気の速度線図

$$[W_d]_{n-1} = \dot{m} \cdot c (w_1 \cdot \cos \alpha_1 + w_2 \cdot \cos \alpha_2) = 2 \dot{m} \cdot c^2 \quad \text{(W)} \quad (7 \cdot 53)$$

2 速度段に対しては，同図(b)より第 1 動翼のなす仕事 W_{d1} と第 2 動翼のなす仕事 W_{d2} および全体の仕事 $[W_d]_{n-2}$ はそれぞれ次のようになる。

$$W_{d1} = \dot{m} \cdot c (w_1 \cdot \cos \alpha_1 + w_2 \cdot \cos \alpha_2) = \dot{m} \cdot c (4c + 2c)$$
$$= 6 \dot{m} \cdot c^2 \quad \text{(W)}$$
$$W_{d2} = \dot{m} \cdot c (w_1' \cdot \cos \alpha_1' + w_2' \cdot \cos \alpha_2') = 2 \dot{m} \cdot c^2 \quad \text{(W)}$$
$$[W_d]_{n-2} = W_{d1} + W_{d2} = 8 \dot{m} \cdot c^2 \quad \text{(W)} \quad (7 \cdot 54)$$

したがって，仕事配分は，

$$W_{d1} : W_{d2} = 3 : 1 \quad (7 \cdot 55)$$

となり，第 1 動翼と第 2 動翼はそれぞれ全体の¾および¼の仕事をする。

3 速度段に対しても，同様にして同図(c)より，

$$W_{d1} = \dot{m} \cdot c (w_1 \cdot \cos \alpha_1 + w_2 \cdot \cos \alpha_2) = 10 \dot{m} \cdot c^2 \quad \text{(W)}$$
$$W_{d2} = \dot{m} \cdot c (w_1' \cdot \cos \alpha_1' + w_2' \cdot \cos \alpha_2') = 6 \dot{m} \cdot c^2 \quad \text{(W)}$$
$$W_{d3} = \dot{m} \cdot c (w_1'' \cdot \cos \alpha_1'' + w_2'' \cdot \cos \alpha_2'') = 2 \dot{m} \cdot c^2 \quad \text{(W)}$$
$$[W_d]_{n-3} = W_{d1} + W_{d2} + W_{d3} = 18 \dot{m} \cdot c^2 \quad \text{(W)} \quad (7 \cdot 56)$$

となり，仕事配分は，

$$W_{d1} : W_{d2} : W_{d3} = 5 : 3 : 1 \qquad (7 \cdot 57)$$

したがって，この場合最終翼は全体の$1/9$の仕事をする。

さらに，4速度段に対しては全く同様にして，

$$[W_d]_{n-4} = 32\dot{m} \cdot c^2 \qquad (W) \qquad (7 \cdot 58)$$

$$W_{d1} : W_{d2} : W_{d3} : W_{d4} = 7 : 5 : 3 : 1 \qquad (7 \cdot 59)$$

となるから，最終翼は全体の$1/16$の仕事をするに過ぎない。摩擦の存在や出口角を小さくすることでこの結果は少し修正されるが，速度段の数を多くすることはあまり得策ではないことがわかる。

したがって，実際には2速度段が最も多く用いられており，とくに1段落で大きい熱落差を消化する必要のある場合にはたまに3速度段が用いられる程度である。

もし，各速度段の周速度 c が同じであれば仕事の比率は次のようになる。

$$[W_d]_{n-1} : [W_d]_{n-2} : [W_d]_{n-3} : [W_d]_{n-4} = 1 : 4 : 9 : 16 \qquad (7 \cdot 60)$$

7・5 圧力複式衝動タービン

7・5・1 単式衝動タービンとの比較

圧力複式衝動タービンは単式衝動タービンの欠点を補うために考案されたものである。その構造は単式衝動タービンを幾組も直列に配置して各段落における熱落差を適当に選び，最高の効率を与える回転数を減少させるとともに，全熱落差を任意に増加させることができるようになっている。したがって，このタービンを**多段落衝動タービン**(multi-stage impulse turbin)とも呼んでいる。

このように，このタービンの一つ一つの段落は単式衝動タービンと同じであるが，単式衝動タービンよりも優れている点としては，

① 蒸気速度がはるかに小さいので，摩擦損失がかなり減少される。

② 段落内の流体摩擦による損失は全くの損失とはならず，流動蒸気のエンタルピを増し，次段落の有効エネルギを増加させる。

③ 最終段以外は各段から流出する蒸気の運動エネルギは全部損失にはならず，その一部は次段で有効に利用される。

などが挙げられる。いま，前段の出口絶対蒸気速度を w_2 とすれば，次の段で利用できる速度エネルギは $(\varepsilon \cdot w_2)^2/2$ （J/kg）で表される。ここで，ε は**速度利用率**と呼ばれるもので，0～1.0の値をとる。この ε によく似たものに次式で定義される**エネルギ利用率** (carry-over ratio または carry-over coefficient) ϕ

第 7 章　段落線図効率　　　　　　249

がある。

$$\phi = \frac{\text{前段からの速度エネルギのうち次段で利用できるエネルギ}}{\text{前段から流出する蒸気の全速度エネルギ}}$$

$$= \frac{(\varepsilon \cdot w_2)^2}{2} \Big/ \frac{w_2{}^2}{2} = \varepsilon^2 \qquad\qquad (7 \cdot 61)$$

　動翼と次段のノズルとの間隔が大きいときや，段落の直径が急激に変化するところでは利用率はほぼ 0 であるが，ほとんどの多段落タービン，とくに大出力タービンでは仕切板が互いに接近して取り付けられているからこの利用率の値は大きい。

　次に，単式衝動タービンの可逆断熱熱落差を H_a(J/kg)，n 段の圧力複式衝動タービンの各段の可逆断熱熱落差を h_a(J/kg) とし，$h_a = H_a/n$ および $\varepsilon = 0$ とすれば，両タービンの理論出口蒸気絶対速度 w_a はそれぞれ次式で表される。

$$w_a(\text{単式}) = \sqrt{2H_a} \qquad (\text{m/s}) \qquad\qquad (7 \cdot 62)$$

$$w_a(\text{圧力複式}) = \sqrt{2h_a} = \sqrt{2H_a/n}$$

$$= w_a(\text{単式})/\sqrt{n} \qquad (\text{m/s}) \qquad\qquad (7 \cdot 63)$$

　すなわち，同一の熱落差に対して圧力複式タービンの蒸気速度は，単式タービンの蒸気速度の $1/\sqrt{n}$ に減少することがわかる。しかし，実際には $\varepsilon \neq 0$ であり，両タービンの摩擦損失なども異なるうえに，後述するように $n \cdot h_a > H_a$ であるからこのように簡単な関係にはならない。

7・5・2　線図効率

　もし，各段落の翼車平均直径が同一で，同じ断面形状をもつノズルと翼を使用し，最適速度比で設計されておれば，第 7・23 図に示すように各段落の速度線図は同形となり，ただ 1 組の線図で代表される。しかし，実際にはタービンの最終段に向かって蒸気の比容積は増加するから，それに応じて流路面積を大きくしなければならない。そのために，一般に平均翼車直径を大きくするとともに，ノズル角も大きくするから当然，速度線図は各段落ごとに異なってくる。

　第 7・24 図は圧力複式衝動タービンの任意の途中段におけるエネルギ変化を h-s 線図で表したものである。蒸気は A′A に相当する動的エネルギをもって静的には A の状態でこの段に流入する。そして，圧力 P_1 から P_2 までノズル内で膨脹するとノズル損失 Z_n のためにノズル出口は C の状態になり，翼出口は翼損失 Z_b のために D の状態になる。さらに，排気損失 Z_e のために最終的にはこの段の出口蒸気状態は F で表される。ただし，線図損失以外の翼車回転損失や内部漏えい損失などは考慮していないが，これらの損失を含めると F は

250 第7章 段落線図効率

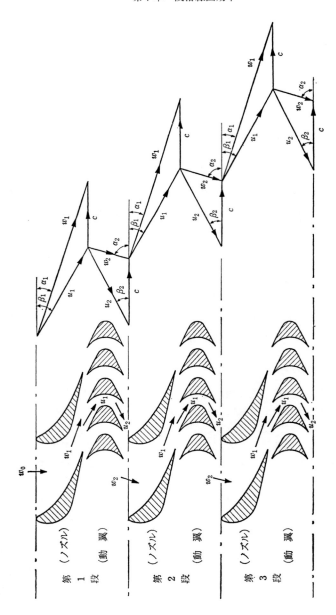

第7・23図 圧力複式衝動タービンのノズルと翼の配列および速度線図

第7章 段落線図効率

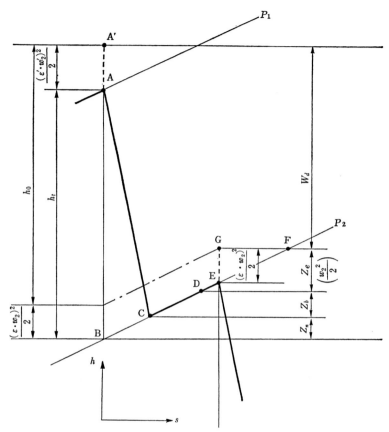

第7・24図 圧力複式衝動タービンの途中段における h-s 線図

さらに P_2 の圧力線に沿って右方へ移動する。

Fはこの段の出口蒸気絶対速度 w_2 がすべて損失になるとした場合であるが，w_2 のうち ε だけ次段で利用できるとすれば，それに相当する運動エネルギ $(\varepsilon \cdot w_2)^2/2$ を排気損失 Z_e から差し引かねばならない。したがって，この場合の出口蒸気状態はEとなり，蒸気はGに相当するエネルギをもって次段に流入することになる。

この段落における入口および出口の蒸気状態はAおよびEで表されるが，蒸気のもつエネルギを考慮すると仮想的に A′ およびGで表され，このときの単位蒸気量（1 kg）当たりの線図仕事 W_d は，$h_t = \overline{\mathrm{AB}}$ とすれば，

252　　第7章　段落線図効率

$$W_d = h_t + \frac{(\varepsilon' \cdot w_2')^2}{2} - (Z_n + Z_b + Z_e) \qquad \text{(J/kg)} \tag{7·64}$$

となる。ここで，ε' と w_2' はそれぞれ前段からの流出速度の速度利用率と出口蒸気絶対速度である。

また，この段で利用できる可逆断熱熱落差 h_o は，

$$h_o = h_t + \frac{1}{2}(\varepsilon' \cdot w_2')^2 - \frac{1}{2}(\varepsilon \cdot w_2)^2 \qquad \text{(J/kg)} \tag{7·65}$$

である。なお，初段に対しては $\varepsilon'=0$，最終段に対しては $\varepsilon=0$ とおけばよい。

この段の線図効率 η_d は上の2式を用いて次のようになる。

$$\eta_d = \frac{W_d}{h_o} = \frac{h_t + \frac{1}{2}(\varepsilon' \cdot w_2')^2 - (Z_n + Z_b + Z_e)}{h_t + \frac{1}{2}(\varepsilon' \cdot w_2')^2 - \frac{1}{2}(\varepsilon \cdot w_2)^2} \tag{7·66}$$

これは h-s 線図上における効率を示しているが，この式を変形して種々の形の η_d の式が得られる。

ノズル出口における理論蒸気速度 w_a は，

$$w_a = \sqrt{2h_t + (\varepsilon' \cdot w_2')^2} \qquad \text{(m/s)} \tag{7·67}$$

で表され，ノズル速度係数を φ とすれば，実際のノズル出口蒸気速度 w_1 は，

$$w_1 = \varphi \sqrt{2h_t + (\varepsilon' \cdot w_2')^2} \qquad \text{(m/s)} \tag{7·68}$$

となる。また，Z_n，Z_b および Z_e はそれぞれ $\frac{1}{2}(w_a{}^2 - w_1{}^2)$，$\frac{1}{2}(u_1{}^2 - u_2{}^2)$ および $w_2{}^2/2$ であるから，これらの関係を式(7·66)に代入すると

$$\eta_d = \frac{(w_1{}^2 - w_2{}^2) - (u_1{}^2 - u_2{}^2)}{(w_1/\varphi)^2 - (\varepsilon \cdot w_2)^2} \tag{7·69}$$

式(7·6)を用いると，

$$\eta_d = \frac{2c(w_1 \cdot \cos\alpha_1 + w_2 \cdot \cos\alpha_2)}{(w_1/\varphi)^2 - (\varepsilon \cdot w_2)^2} \tag{7·70}$$

となる。さらに，式(7·12)，式(7·13)を用いると次式が得られる。

$$\eta_d = 2c(w_1 \cdot \cos\alpha_1 - c)\left(1 + \psi \cdot \frac{\cos\beta_2}{\cos\beta_1}\right)\frac{1}{(w_1/\varphi)^2 - (\varepsilon \cdot w_2)^2}$$
$$= \frac{2\varphi^2}{1 - \varphi^2\left(\dfrac{\varepsilon \cdot w_2}{w_1}\right)^2}\left(1 + \psi \cdot \frac{\cos\beta_2}{\cos\beta_1}\right)(\cos\alpha_1 - \xi)\xi \tag{7·71}$$

式中の w_2/w_1 は速度三角形から次のように表される。

$$w_2{}^2 = u_2{}^2 + c^2 - 2c \cdot u_2 \cdot \cos\beta_2 = (\psi \cdot u_1)^2 + c^2 - 2c \cdot \psi \cdot u_1 \cdot \cos\beta_2$$
$$u_1{}^2 = w_1{}^2 + c^2 - 2c \cdot w_1 \cdot \cos\alpha_1, \quad u_1 \cdot \cos\beta_1 = w_1 \cdot \cos\alpha_1 - c$$
$$\therefore \quad \left(\frac{w_2}{w_1}\right)^2 = \frac{1}{w_1{}^2}\left\{\psi^2(w_1{}^2 + c^2 - 2c \cdot w_1 \cdot \cos\alpha_1) + c^2 - 2\psi \cdot \frac{\cos\beta_2}{\cos\beta_1}(c \cdot w_1 \cdot \cos\alpha_1 - c^2)\right\}$$

$$=\psi^2\left(1+\frac{c^2}{w_1{}^2}-2\frac{c}{w_1}\cdot\cos\alpha_1\right)+\frac{c^2}{w_1{}^2}-2\psi\cdot\frac{\cos\beta_2}{\cos\beta_1}\left(\frac{c}{w_1}\cdot\cos\alpha_1-\frac{c^2}{w_1{}^2}\right)$$

したがって，式(7・71)は次のようになる。

$$\eta_d=\frac{2\varphi^2\left(1+\psi\cdot\dfrac{\cos\beta_2}{\cos\beta_1}\right)(\cos\alpha_1-\xi)\xi}{1-\varphi^2\cdot\varepsilon^2\left\{\psi^2-2\psi\left(\psi+\dfrac{\cos\beta_2}{\cos\beta_1}\right)\cos\alpha_1\cdot\xi+\left(1+\psi^2+2\psi\cdot\dfrac{\cos\beta_2}{\cos\beta_1}\right)\xi^2\right\}}$$

$$(7\cdot72)$$

圧力複式タービンの最終段では翼からの流出速度エネルギは利用されないし，途中段であっても翼の配列の仕方によっては流出速度エネルギが全部損失となるときがある。この場合には式(7・72)において，$\varepsilon=0$ とすれば単式衝動タービンの線図効率の式である式(7・15)に一致する。

いま，式(7・72)を簡単にするために $\beta_1=\beta_2$ である等角翼の場合を考える。$\cos\beta_2/\cos\beta_2=1$ を代入すると，

$$\eta_d=\frac{2\varphi^2(1+\psi)(\cos\alpha_1-\xi)\xi}{1-\varphi^2\cdot\varepsilon^2\{\psi^2-2\psi(1+\psi)\cos\alpha_1\cdot\xi+(1+\psi)^2\xi^2\}}\qquad(7\cdot73)$$

となり，最大効率 η_{dmax} を与える最適速度比 ξ_{opt} は $\partial\eta_d/\partial\xi=0$ の条件より求めることができる。ライスト (Leist) は φ, ψ および ε が一定であると仮定して ξ_{opt} を次式で与えた。

$$\xi_{opt}=C_o-\sqrt{C_o(C_o-\cos\alpha_1)}\qquad(7\cdot74)$$

ここで，$C_o=\dfrac{1-(\varphi\cdot\psi\cdot\varepsilon)^2}{\varphi^2\cdot\varepsilon^2(1-\psi^2)\cos\alpha_1}$

単式タービンに対する式(7・20)と比較すると複雑な形になっており，ノズル出口角 α_1 のみならず速度係数 φ, ψ および速度利用率 ε の影響を受けることがわかる。

第7・25図は $\alpha_1=12°$ のとき $\varepsilon=1$，すなわち流出エネルギの全部が次段で利用される場合の翼速度係数 ψ と最適速度比 ξ_{opt} の関係を示し，ノズル速度係数 φ をパラメータにしている。図から明らかなように φ が大きくなるほど ξ_{opt} は大となり，極限において $\varphi=1$ のとき $C_o=1/\cos\alpha_1$ であるから ξ_{opt} は次式となる。

$$\xi_{opt}=\frac{1-\sin\alpha_1}{\cos\alpha_1}\qquad(7\cdot75)$$

ξ_{opt} は ψ に無関係で α_1 のみの関数である。このときの最大効率 η_{dmax} は式(7・73)より，

$$\eta_{dmax}=\frac{1-\sin\alpha_1}{1-\psi\cdot\sin\alpha_1}\qquad(7\cdot76)$$

したがって，$\varepsilon=\varphi=\psi=1$ のときは $\eta_{dmax}=1$ となる。

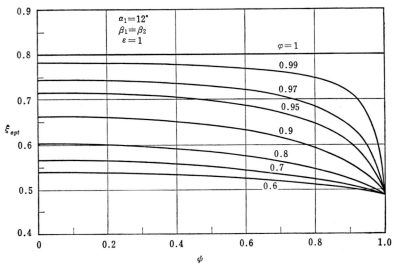

第7・25図　圧力複式衝動タービンの最適速度比

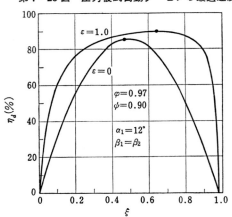

第7・26図　ノズルへの流入速度を利用する場合と利用しない場合の線図効率

次に，後段において速度を100%利用する場合（$\varepsilon=1.0$）と全然利用しない場合（$\varepsilon=0$）との線図効率 η_d の比較を第7・26図に示す．これはノズル速度係数 $\varphi=0.97$，翼速度係数 $\psi=0.90$，ノズル出口角 $\alpha_1=12°$ で，等角翼を使用した場合の線図効率の値である．図中の黒丸は最大効率の位置を示す．この図より前段の流出速度を利用すると，効率曲線はその頂点付近において平坦に

第7章 段落線図効率 255

なり，速度比が多少変化しても効率の変化は小さいから，タービンの設計上からも運転上からも都合が良いことがわかる。また，最大効率も最適速度比も大きくなっている。

7・6 軸流反動タービン

7・6・1 線図効率

軸流反動タービンはノズルの代わりに静翼を用い，静翼と動翼を交互に配置したものである。蒸気は静翼だけでなく動翼中においても膨脹し，その速度を増す。したがって，衝動と反動の両作用を行うタービンで，このような段を1段だけで使用することはない。このタービンの任意の途中段における状態変化を第7・27図の h-s 線図に示す。蒸気はAの状態で静翼に入るが，前段から $(\varepsilon' \cdot w_2')^2/2$ のエネルギを利用できるからこのときの蒸気のもつエネルギは A′ で表される。静翼中で蒸気は圧力 P_1 から P_2 まで膨脹し可逆断熱熱落差 h_f は $\overline{AB}$ で表されるが，実際には摩擦損失のために AC の変化をする。同様に，動翼中では蒸気は圧力 P_3 まで膨脹して可逆断熱熱落差 h_m は $\overline{CD}$ となり，摩擦損失のために出口状態はDからEへ移る。図中の Z_f と Z_m はそれぞれ静翼損失と動翼損失を表している。さらに，排気損失 Z_e から次段で利用される $(\varepsilon \cdot w_2)^2/2$ のエネルギを差し引いた分だけこの段の損失となるから蒸気は CF の変化をする。したがって，次の段へ蒸気はGに相当するエネルギをもってFの状態で流入することになる。h-s 線図の等圧線の間隔は右の方に向かうほどわずかに広くなっているが，段数の多いタービンの途中の1段においては平行であるとみなせるから $h_m = \overline{CD} = \overline{BI}$ となる。それ故，この段の可逆全断熱熱落差 h_t は次のようになる。

$$h_t = \overline{AI} = h_A - h_I = (h_A - h_B) + (h_C - h_D) \tag{7・77}$$

また，反動度 (degree of reaction) ρ は動翼中の断熱熱落差とその段の全断熱熱落差との比で定義されるから，

$$\rho = \frac{h_C - h_D}{h_A - h_I} = \frac{h_B - h_I}{h_A - h_I} = \frac{h_m}{h_m + h_f} = \frac{h_m}{h_t} \tag{7・78}$$

したがって，

$$\left. \begin{array}{l} h_m = h_C - h_D = \rho \cdot h_t \\ h_f = h_A - h_B = (1-\rho) h_t \end{array} \right\} \tag{7・79}$$

と表すことができる。

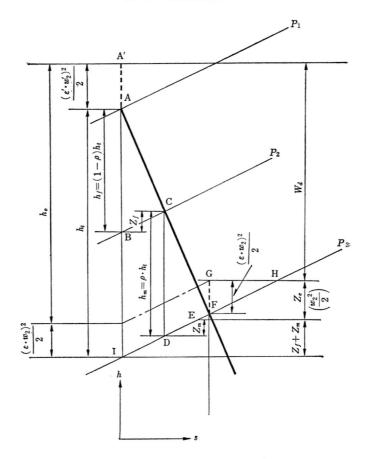

第7・27図 軸流反動タービンの途中段における h-s 線図

次に,h-s 線図上から線図効率を求める。この段で利用できる可逆断熱熱落差 h_o は式(7・65)と全く同じで,$h_o = h_t + (\varepsilon' \cdot w_2')^2/2 - (\varepsilon \cdot w_2)^2/2$,また線図仕事 W_d も式(7・64)と同様に $W_d = h_t + (\varepsilon' \cdot w_2')^2/2 - (Z_f + Z_m + Z_e)$ となるから線図効率 η_d は次のようになる。

$$\eta_d = \frac{W_d}{h_o} = \frac{h_t + \frac{1}{2}(\varepsilon' \cdot w_2')^2 - (Z_f + Z_m + Z_e)}{h_t + \frac{1}{2}\{(\varepsilon' \cdot w_2')^2 - (\varepsilon \cdot w_2)^2\}} \tag{7・80}$$

ここで,$Z_f =$ 静翼損失,$Z_m =$ 動翼損失である。

第7章 段落線図効率

反動タービンでは蒸気は動翼中でも増速されるから，速度線図を描くと第7・28図に示すように $u_2 > u_1$ となる。この速度線図から線図効率を求める。静翼出口における理論速度 w_a は $w_a^2/2 = (\varepsilon' \cdot w_2')^2/2 + (1-\rho)h_t$ から求めることができるから，実際の動翼への流入速度 w_1 は，

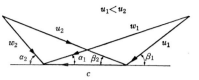

第7・28図 軸流反動タービンの速度線図

$$w_1 = \psi_f \cdot w_a = \psi_f \sqrt{(\varepsilon' \cdot w_2')^2 + 2(1-\rho)h_t} \quad \text{(m/s)} \tag{7・81}$$

となり，$\varepsilon' = 0$ のときは，

$$w_1 = \psi_f \sqrt{2(1-\rho)h_t} \quad \text{(m/s)} \tag{7・82}$$

となる。また，全断熱熱落差 h_t は次式で表される。

$$h_t = \frac{1}{2(1-\rho)} \left\{ \left(\frac{w_1}{\psi_f}\right)^2 - (\varepsilon' \cdot w_2')^2 \right\} \quad \text{(J/kg)} \tag{7・83}$$

ここで，$\psi_f =$ 静翼速度係数 である。

蒸気は絶対速度 w_1，相対速度 u_1 で動翼に入り，動翼を通過する間に第7・27図の $(h_C - h_E)$ の熱落差が速度エネルギに変化して，速度が u_1 から u_2 まで増加する。この出口蒸気相対速度 u_2 は動翼の速度係数を ψ_m すれば次のようにして求めることができる。

まず，動翼での損失がない場合 $(\psi_m = 1)$ の理論出口相対速度 u_{2a} は，$u_{2a}^2/2 = u_1^2/2 + (h_C - h_D) = u_1^2/2 + \rho \cdot h_t$ より，

$$u_{2a} = \sqrt{u_1^2 + 2\rho \cdot h_t} \quad \text{(m/s)} \tag{7・84}$$

であるから実際の出口相対速度 u_2 は，

$$u_2 = \psi_m \cdot u_{2a} = \psi_m \sqrt{u_1^2 + 2\rho \cdot h_t} \quad \text{(m/s)} \tag{7・85}$$

となる。上式に $\rho = 0$ を代入すると，$u_2 = \psi_m \cdot u_1$ となり，衝動タービンの場合と一致する。

いま，翼出口における軸方向の分速度 $w_2 \cdot \sin \alpha_2$ と入口における軸方向の分速度 $w_1 \cdot \sin \alpha_1$ との比を K とすると，速度三角形より，

$$K = \frac{w_2 \cdot \sin \alpha_2}{w_1 \cdot \sin \alpha_1} = \frac{u_2 \cdot \sin \beta_2}{w_1 \cdot \sin \alpha_1} \tag{7・86}$$

また，$u_1^2 = (u_1 \cdot \cos \beta_1)^2 + (u_1 \cdot \sin \beta_1)^2$
$= (w_1 \cdot \cos \alpha_1 - c)^2 + (w_1 \cdot \sin \alpha_1)^2$

および式(7・83)，(7・85)を用いて $u_2 \cdot \cos \beta_2$ を表す式を求めると次のようになる。

$$u_2 \cdot \cos \beta_2 = \sqrt{u_2^2 - (u_2 \cdot \sin \beta_2)^2}$$
$$= \sqrt{\psi_m^2(u_1^2 + 2\rho \cdot h_t) - (K \cdot w_1 \cdot \sin \alpha_1)^2}$$

$$= \psi_m \sqrt{(w_1 \cdot \cos \alpha_1 - c)^2 + (w_1 \cdot \sin \alpha_1)^2 + \frac{\rho}{1-\rho}\left\{\left(\frac{w_1}{\psi_f}\right)^2 - (\varepsilon' \cdot w_2')^2\right\} - \left(\frac{K}{\psi_m} w_1 \cdot \sin \alpha_1\right)^2}$$
$$(7 \cdot 87)$$

蒸気 $\dot{m}$(kg/s) が動翼にする仕事 W_d(J/s=W) は $W_d = \dot{m} \cdot c\,(w_1 \cdot \cos \alpha_1 + u_2 \cdot \cos \beta_2 - c)$ で表されるから，$u_2 \cdot \cos \beta_2$ に式(7・87)を代入して整理すると次式が得られる。

$$W_d = \dot{m} \cdot c \left\{ (w_1 \cdot \cos \alpha_1 - c) \right.$$
$$\left. + \psi_m \sqrt{(w_1 \cdot \cos \alpha_1 - c)^2 + \frac{\rho}{1-\rho}\left(\frac{w_1{}^2}{\psi_f{}^2} - \varepsilon'^2 \cdot w_2'{}^2\right) + \left(1 - \frac{K^2}{\psi_m{}^2}\right)(w_1 \cdot \sin \alpha_1)^2} \right\}$$
$$(\mathrm{W}) \qquad (7 \cdot 88)$$

一方，h_o は，

$$h_o = h_t + \frac{1}{2}(\varepsilon' \cdot w_2')^2 - \frac{1}{2}(\varepsilon \cdot w_2)^2$$
$$= \frac{1}{2}\left\{\frac{1}{1-\rho}\left(\frac{w_1{}^2}{\psi_f{}^2} - \varepsilon'^2 \cdot w_2'{}^2\right) + (\varepsilon' \cdot w_2')^2 - (\varepsilon \cdot w_2)^2\right\} \quad (\mathrm{J/kg}) \qquad (7 \cdot 89)$$

となる。

したがって，段落線図効率 η_d は式(7・88)，(7・89)より次のようになる。

$$\eta_d = \frac{W_d}{\dot{m} \cdot h_o}$$
$$= \frac{2\xi\left\{(\cos \alpha_1 - \xi) + \psi_m \sqrt{(\cos \alpha_1 - \xi)^2 + \frac{\rho}{1-\rho}\left(\frac{1}{\psi_f{}^2} - \varepsilon'^2 \frac{w_2'{}^2}{w_1{}^2}\right) + \left(1 - \frac{K^2}{\psi_m{}^2}\right)\sin^2 \alpha_1}\right\}}{\frac{1}{(1-\rho)\psi_f{}^2} - \frac{\rho}{1-\rho}\frac{(\varepsilon' \cdot w_2')^2}{w_1{}^2} - \frac{(\varepsilon \cdot w_2)^2}{w_1{}^2}}$$
$$(7 \cdot 90)$$

ここで，$\xi = c/w_1$ である。

この式(7・90)は Leist によって導かれた軸流反動タービンの線図効率を表す一般式である。もし，流出エネルギを利用しない場合は，上式に $\varepsilon' = \varepsilon = 0$ を代入して次式を得る。

$$\eta_d = 2\psi_f{}^2(1-\rho)\xi\left[(\cos \alpha_1 - \xi) + \psi_m\sqrt{(\cos \alpha_1 - \xi)^2 + \frac{\rho}{1-\rho}\frac{1}{\psi_f{}^2} + \left(1 - \frac{K^2}{\psi_m{}^2}\right)\sin^2 \alpha_1}\right]$$
$$(7 \cdot 91)$$

さらに，上式に $\rho = 0$ を代入すると流出速度エネルギを利用しない衝動タービンの一般式が得られる。

なお，任意の反動度をもつ軸流反動タービンの最適速度比 ξ_{opt} は簡単な式で表すことはできない。

第7章 段落線図効率

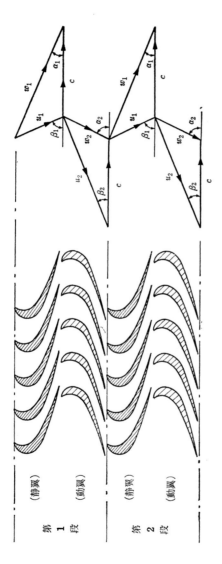

第7・29図 パーソンスタービンの静翼と動翼の配列および速度線図

7・6・2　パーソンスタービン

パーソンスタービンでは，第7・29図に示すように静翼と動翼とが同形につくられているから動翼の入口と出口における速度三角形は対称形となり，$w_1=u_2$，$w_2=u_1$，$\alpha_1=\beta_2$，$\alpha_2=\beta_1$ である。

いま，$\phi_f=\phi_m\equiv\phi$，$\varepsilon'=\varepsilon=1$ とし，前段からの流出絶対速度を w_2' とすれば，静翼と動翼の断熱熱落差 h_f および h_m はそれぞれ次のようになる。

$$h_f=\frac{1}{2}\left\{\left(\frac{w_1}{\phi}\right)^2-w_2'^2\right\}=\frac{1}{2}\left\{\left(\frac{w_1}{\phi}\right)^2-w_2^2\right\}$$

$$h_m=\frac{1}{2}\left\{\left(\frac{u_2}{\phi}\right)^2-u_1^2\right\}=\frac{1}{2}\left\{\left(\frac{w_1}{\phi}\right)^2-w_2^2\right\}$$

したがって，$h_f=h_m$ であるからこの関係を式(7・78)に代入すると反動度 ρ は，

$$\rho=\frac{h_m}{h_f+h_m}=\frac{1}{2} \tag{7・92}$$

すなわち，パーソンスタービンの反動度は 0.5 である。

パーソンスタービンの線図効率 η_d は式 (7・90) に $\rho=0.5$，$\phi_f=\phi_m=\phi$，$K=1$，$\varepsilon'=\varepsilon=1$，$w_2'=w_2$ を代入すると，

$$\eta_d=\frac{\xi\left\{(\cos\alpha_1-\xi)+\phi\sqrt{(\cos\alpha_1-\xi)^2+\left(\frac{1}{\phi^2}-\frac{w_2^2}{w_1^2}\right)+\left(1-\frac{1}{\phi^2}\right)\sin^2\alpha_1}\right\}}{\frac{1}{\phi^2}-\frac{w_2^2}{w_1^2}} \tag{7・93}$$

となる。また，$w_1=u_2$，$\alpha_1=\beta_2$ であるから，$w_2^2=u_2^2+c^2-2c\cdot u_2\cdot\cos\beta_2=w_1^2+c^2-2c\cdot w_1\cdot\cos\alpha_1$ より $(w_2/w_1)^2=1+\xi^2-2\xi\cdot\cos\alpha_1=(\sin^2\alpha_1+\cos^2\alpha_1)+\xi^2-2\xi\cdot\cos\alpha_1=(\cos\alpha_1-\xi)^2+\sin^2\alpha_1$ を用いると，式(7・93)の $\sqrt{}$ 内の式は $(\cos\alpha_1-\xi)^2+(1/\phi^2-w_2^2/w_1^2)+(1-1/\phi^2)\sin^2\alpha_1=(\cos\alpha_1-\xi)^2+1/\phi^2-(\cos\alpha_1-\xi)^2-\sin^2\alpha_1+\sin^2\alpha_1-\frac{1}{\phi^2}\cdot\sin^2\alpha_1=\frac{1}{\phi^2}(1-\sin^2\alpha_1)=\frac{1}{\phi^2}\cdot\cos^2\alpha_1$ となり，したがって，

$$\eta_d=\frac{\phi^2\cdot\xi(2\cos\alpha_1-\xi)}{1-\phi^2(1+\xi^2-2\xi\cdot\cos\alpha_1)} \tag{7・94}$$

となる。

一方，$\varepsilon'=\varepsilon$ が任意の値をもつ場合の η_d の式は次のようにして求めることができる。

$$h_t=\frac{1}{2}\left\{\frac{1}{\phi^2}(w_1^2+u_2^2)-(\varepsilon'^2\cdot w_2'^2+u_1^2)\right\}$$
$$=\left(\frac{w_1^2}{\phi^2}-\frac{1+\varepsilon^2}{2}w_2^2\right) \tag{7・95}$$

第7章 段落線図効率

式(7・80)の分母は，$\varepsilon' \cdot w_2 = \varepsilon \cdot w_2$ より h_t のみとなり式(7・95)を用いる。また，速度三角形による単位蒸気量当たりの線図仕事 W_d は $W_d = c(w_1 \cdot \cos \alpha_1 + w_2 \cdot \cos \alpha_2)$ であるから線図効率 η_d は次のようになる。

$$\eta_d = \frac{c(w_1 \cdot \cos \alpha_1 + w_2 \cdot \cos \alpha_2)}{\dfrac{w_1^2}{\psi^2} - \dfrac{1+\varepsilon^2}{2} w_2^2} \tag{7・96}$$

また，式(7・94)の場合と同様に，$w_2^2 = w_1^2 + c^2 - 2c \cdot w_1 \cdot \cos \alpha_1$，$w_2 \cdot \cos \alpha_2 = w_1 \cdot \cos \alpha_1 - c$ の関係を用い，$\xi = c/w_1$ とおくと次式が得られる。

$$\begin{aligned}\eta_d &= \frac{\xi(2\cos\alpha_1 - \xi)}{\dfrac{1}{\psi^2} - \dfrac{1+\varepsilon^2}{2}(1+\xi^2 - 2\xi \cdot \cos\alpha_1)} \\ &= \frac{\psi^2 \cdot \xi(2\cos\alpha_1 - \xi)}{1 - \dfrac{1+\varepsilon^2}{2}\psi^2(1+\xi^2 - 2\xi \cdot \cos\alpha_1)}\end{aligned} \tag{7・97}$$

第7・30図は，上式を用いて $\alpha_1 = 12°$，$\varepsilon = 1$ および $\varepsilon = 0$，$\psi = 0.95$ の場合の ξ と η_d の関係を求めた結果である。図中の黒丸は最大効率 η_{dmax} を示している。ε が大きくなるほど η_{dmax} の値が大となり，さらに η_{dmax} 付近の曲線が平坦になっているために ξ による効率の変化が小さいことがわかる。なお，翼出口角は $\alpha_1 = \beta_2 = 12°$ であるが，翼入口角は式(7・16)より定まり，その値を図の上部に示してある。これによると η_{dmax} を与える翼入口角は $\beta_1 = 90°$ である。

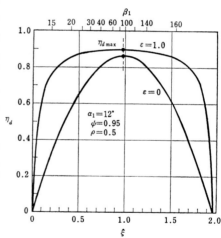

第7・30図 パーソンスタービンの線図効率

パーソンスタービンの最大効率 η_{dmax} および最適速度比 ξ_{opt} は式(7・94)または式(7・97)において，$\partial\eta_d/\partial\xi = 0$ とおくことにより次のように求まる。

$$\left.\begin{aligned}\xi_{opt} &= \cos\alpha_1 \\ \eta_{dmax} &= \frac{\psi^2 \cdot \cos^2\alpha_1}{1 - \dfrac{1+\varepsilon^2}{2}\psi^2 \cdot \sin^2\alpha_1} = \frac{\cos^2\alpha_1}{\dfrac{1}{\psi^2} - \dfrac{1+\varepsilon^2}{2}\sin^2\alpha_1}\end{aligned}\right\} \tag{7・98}$$

ξ_{opt} は ε や ψ に無関係で α_1 のみによって定まり，デラバルタービンやラ

262　第7章　段落線図効率

トータービンなどの衝動タービンに対する ξ_{opt} の約2倍である。速度比が2倍になることは，周速度を一定とすれば静翼中の断熱熱落差が¼，すなわち1段の断熱熱落差が½になることである。したがって，このことから反動タービンは本質的に衝動タービンよりも段落数の多いものであることがわかる。

7・7　半径流反動タービン

7・7・1　静翼を有する半径流反動タービン

半径流タービンでは，動翼の入口と出口では回転軸からの距離が異なるから周速度の値も異なる。したがって，蒸気が動翼にする仕事 W_d は第7・31図の速度線図の記号を用いて次のように求めることができる。

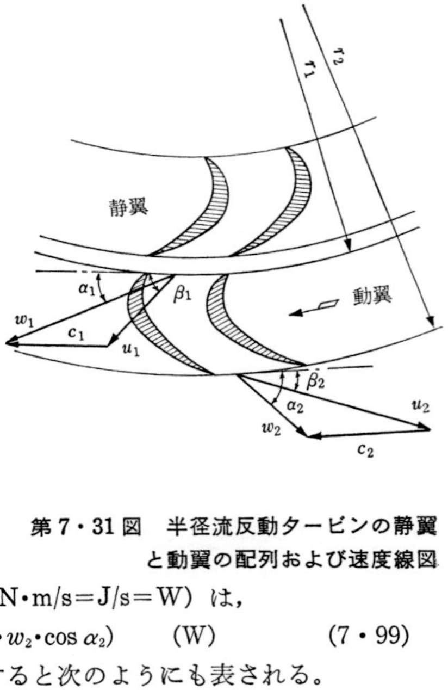

翼入口における蒸気 $\dot{m}$(kg/s) の回転方向の運動量のモーメントは $\dot{m} \cdot w_1 \cdot \cos\alpha_1 \times r_1$，出口では $-\dot{m} \cdot w_2 \cdot \cos\alpha_2 \times r_2$ であるから，トルク T(N·m) はこの両者の差で表すことができる。すなわち，

$$T = \dot{m}\{w_1 \cdot r_1 \cdot \cos\alpha_1 - (-w_2 \cdot r_2 \cdot \cos\alpha_2)\}$$
$$= \dot{m}(w_1 \cdot r_1 \cdot \cos\alpha_1 + w_2 \cdot r_2 \cdot \cos\alpha_2)$$

第7・31図　半径流反動タービンの静翼と動翼の配列および速度線図

また，角速度を ω(rad/s) とすると $r_1\omega = c_1$, $r_2 \cdot \omega = c_2$ より線図仕事 W_d(N·m/s=J/s=W) は，

$$W_d = T \cdot \omega = \dot{m}(c_1 \cdot w_1 \cdot \cos\alpha_1 + c_2 \cdot w_2 \cdot \cos\alpha_2) \quad \text{(W)} \qquad (7 \cdot 99)$$

となる。速度三角形に余弦則を適用すると次のようにも表される。

$$W_d = \frac{\dot{m}}{2}\{(w_1{}^2 - w_2{}^2) + (u_2{}^2 - u_1{}^2) - (c_2{}^2 - c_1{}^2)\} \quad \text{(W)} \qquad (7 \cdot 100)$$

いま，途中段について考え，静翼と動翼における可逆断熱熱落差を h_f および h_m，速度係数を ψ_f および ψ_m とし，前段の流出速度 $w_2{}'$ をすべて利用するものとすれば h_f および h_m はそれぞれ次式で表される。

$$h_f = \frac{1}{2}\left\{\left(\frac{w_1}{\psi_f}\right)^2 - w_2{}'^2\right\} = \frac{1}{2}\left\{(1+\zeta_f)w_1{}^2 - w_2{}'^2\right\} \quad \text{(J/kg)} \qquad (7 \cdot 101)$$

第7章 段落線図効率 263

$$h_m=\frac{1}{2}\left\{\left(\frac{u_2}{\psi_m}\right)^2-u_1{}^2-(c_2{}^2-c_1{}^2)\right\}=\frac{1}{2}\{(1+\zeta_m)\,u_2{}^2-u_1{}^2-(c_2{}^2-c_1{}^2)\}$$

$$(\mathrm{J/kg}) \qquad (7\cdot102)$$

ここで，$\zeta_f=(1-\psi_f{}^2)/\psi_f{}^2$，$\zeta_m=(1-\psi_m{}^2)/\psi_m{}^2$ であり，$(c_2{}^2-c_1{}^2)$ の項が加わっているのは **7・2** で述べたように遠心力によって翼が蒸気に仕事をするためである。

さらに，この段落の流出速度 w_2 が全部次の段に利用されるものとすると，この段落で利用し得るエネルギ h_o は次のようになる。

$$h_o=\frac{w_2{}'^2}{2}+h_f+h_m-\frac{w_2{}^2}{2}$$

$$=\frac{1}{2}\{(1+\zeta_f)\,w_1{}^2+(1+\zeta_m)\,u_2{}^2-u_1{}^2-(c_2{}^2-c_1{}^2)-w_2{}^2\}$$

$$(\mathrm{J/kg}) \qquad (7\cdot103)$$

第7・31図の速度線図から $u_1{}^2=w_1{}^2+c_1{}^2-2\,c_1\cdot w_1\cdot\cos\alpha_1$，$w_2{}^2=u_2{}^2+c_2{}^2-2\,c_2\cdot u_2\cdot\cos\beta_2$ を式(7・103)に代入すると h_o は次式のようになる。

$$h_o=\frac{1}{2}(\zeta_f\cdot w_1{}^2+\zeta_m\cdot u_2{}^2+2\,c_1\cdot w_1\cdot\cos\alpha_1+2\,c_2\cdot u_2\cdot\cos\beta_2-2\,c_2{}^2)$$

$$(7\cdot104)$$

したがって，線図効率 η_d は式(7・99)，(7・104)より次のように表される。

$$\eta_d=\frac{2(c_1\cdot w_1\cdot\cos\alpha_1+c_2\cdot w_2\cdot\cos\alpha_2)}{\zeta_f\cdot w_1{}^2+\zeta_m\cdot u_2{}^2+2\,c_1\cdot w_1\cdot\cos\alpha_1+2\,c_2\cdot u_2\cdot\cos\beta_2-2\,c_2{}^2} \qquad (7\cdot105)$$

または，$w_2\cdot\cos\alpha_2=u_2\cdot\cos\beta_2-c_2$ の関係を用いて整理し，$\xi_1=c_1/w_1$，$\xi_2=c_2/w_1$，$\xi_3=u_2/w_1$ とすれば次式が得られる。

$$\eta_d=\frac{2(\xi_1\cdot\cos\alpha_1+\xi_2\cdot\xi_3\cdot\cos\beta_2-\xi_2{}^2)}{\zeta_f+\zeta_m\cdot\xi_3{}^2+2\xi_1\cdot\cos\alpha_1+2\xi_2\cdot\xi_3\cdot\cos\beta_2-2\xi_2{}^2} \qquad (7\cdot106)$$

7・7・2 ユングストロームタービン

ユングストロームタービンまたは，スタルタービンと呼ばれる半径流複回転反動タービンは第7・32図に示すように静翼がなく，連続する翼列が互いに反対方向に同一速度で回転し，一つの翼列に対して前の翼列が静翼の作用をなし，その翼列が動翼として作用しながらも次の翼列に対して静翼の作用をする。

したがって，このタービンでは各翼列において仕事がなされるから一つの翼列を1段落と考えることができ，したがって反動度は1.0とみなされる。このように，ユングストロームタービンは反動タービンのうちでも最も特徴のある形式である。

第7・32図において，動翼Ⅱへの流入絶対速度 w_1 は，速度利用率 $\varepsilon=1$ と

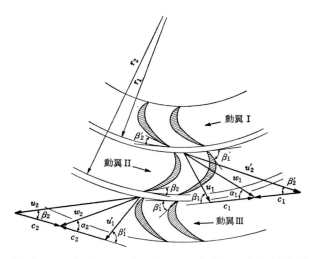

第7・32図　ユングストロームタービンの動翼の配列および速度線図

すれば前段落である動翼Ⅰの流出相対速度 u_2' と翼出口角 β_2', および動翼Ⅰの出口における周速度 c_1 から求められる（翼Ⅰ, Ⅱは非常に接近しているから, 一つの段落の出口の周速度と次の段落の入口の周速度を同一とみなす）。この w_1 と c_1 から, さらに動翼Ⅱに対する入口相対速度 u_1 が定まる。蒸気は動翼Ⅱの中で膨脹し, 出口相対速度が u_2 まで増加するから, この u_2 と翼出口角 β_2 および出口における周速度 c_2 より流出絶対速度 w_2 が定まる。したがって, w_2 と c_2 から動翼Ⅲへの流入相対速度 u_1' が定まる。この場合の動翼中の断熱熱落差 h_t, およびこの段で利用できるエネルギ h_o は動翼Ⅰから流出する運動エネルギ $w_1^2/2$ が全部利用され, 動翼Ⅱから流出する運動エネルギ $w_2^2/2$ が全部動翼Ⅲで利用されるものとすると7・7・1の h_m, h_o と同じである。すなわち,

$$h_m = \frac{1}{2}\left\{\left(\frac{u_2}{\phi}\right)^2 - u_1^2 - (c_2^2 - c_1^2)\right\}$$

$$= \frac{1}{2}\{(1+\zeta)u_2^2 - u_1^2 - (c_2^2 - c_1^2)\} \quad \text{(J/kg)} \quad (7 \cdot 107)$$

ただし, $\zeta = \zeta_m = (1-\phi^2)/\phi^2$, $\phi = \phi_m$

$$h_o = \frac{w_1^2}{2} + \frac{1}{2}\{(1+\zeta)u_2^2 - u_1^2 - (c_2^2 - c_1^2)\} - \frac{w_2^2}{2} \quad \text{(J/kg)} \quad (7 \cdot 108)$$

または, $u_1^2 = w_1^2 + c_1^2 - 2c_1 \cdot w_1 \cdot \cos\alpha_1$, $w_2^2 = u_2^2 + c_2^2 - 2c_2 \cdot u_2 \cdot \cos\beta_2$ の関係より,

第7章 段落線図効率

$$h_o = \frac{1}{2}(\zeta \cdot u_2{}^2 + 2w_1 \cdot c_1 \cdot \cos\alpha_1 + 2u_2 \cdot c_2 \cdot \cos\beta_2 - 2c_2{}^2) \quad \text{(J/kg)} \quad (7 \cdot 109)$$

故に，線図効率 η_d は，式(7・99)を用いて，

$$\eta_d = \frac{W_d}{\dot{m} \cdot h_o}$$

$$= \frac{2(c_1 \cdot w_1 \cdot \cos\alpha_1 + c_2 \cdot w_2 \cdot \cos\alpha_2)}{(w_1{}^2 - w_2{}^2) + \{(1+\zeta)u_2{}^2 - u_1{}^2\} - (c_2{}^2 - c_1{}^2)} \quad (7 \cdot 110)$$

$$= \frac{2(c_1 \cdot w_1 \cdot \cos\alpha_1 + c_2 \cdot w_2 \cdot \cos\alpha_2)}{\zeta \cdot u_2{}^2 + 2c_1 \cdot w_1 \cdot \cos\alpha_1 + 2c_2 \cdot u_2 \cdot \cos\beta_2 - 2c_2{}^2} \quad (7 \cdot 111)$$

となり，さらに，式(7・106)を導いた方法にしたがえば，

$$\eta_d = \frac{2(\xi_1 \cdot \cos\alpha_1 + \xi_2 \cdot \xi_3 \cdot \cos\beta_2 - \xi_2{}^2)}{\zeta \cdot \xi_3{}^2 + 2\xi_1 \cdot \cos\alpha_1 + 2\xi_2 \cdot \xi_3 \cdot \cos\beta_2 - 2\xi_2{}^2} \quad (7 \cdot 112)$$

となる。

これがユングストロームタービンの任意の段落の線図効率を表す式である。これを最大にする速度比は翼の形および周速度の関係によって異なる。もし，翼の入口の半径 r_1 に対して翼の幅 (r_2-r_1) が小さいときは $c_1 \fallingdotseq c_2 = c$ とおくことができる。すなわち，この場合は軸流の場合と同じになる。したがって，同一断面形の翼を使用するときは第7・33図において入口と出口における速度三角形は等しくなり，$w_1 = w_2$，$u_2 = u_2'$，$u_1 = u_1'$，$\alpha_1 = \alpha_2$ となるから $\xi_1 = \xi_2 = \xi$，$u_2 \cdot \cos\beta_2 = w_2 \cdot \cos\alpha_2 + c$ より，

$$\xi_3 = \frac{u_2}{w_1} = \frac{w_1 \cdot \cos\alpha_1 + c}{w_2 \cdot \cos\beta_2} = \frac{1}{\cos\beta_2}(\cos\alpha_1 + \xi)$$

を式(7・112)に代入すると次のようになる。

$$\eta_d = \frac{2\xi \cdot \cos\alpha_1 + 2\xi(\cos\alpha_1 + \xi) - 2\xi^2}{\frac{\zeta(\xi + \cos\alpha_1)^2}{\cos^2\beta_2} + 2\xi \cdot \cos\alpha_1 + 2\xi(\cos\alpha_1 + \xi) - 2\xi^2}$$

$$= \frac{4\xi \cdot \cos\alpha_1}{\frac{\zeta(\xi + \cos\alpha_1)^2}{\cos^2\beta_2} + 4\xi \cdot \cos\alpha_1} \quad (7 \cdot 113)$$

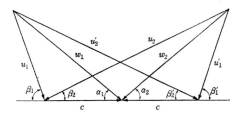

第7・33図 同一断面の翼を使用したときのユングストロームタービンの速度線図 $(u_2 = u_2',\ w_1 = w_2,\ \alpha_1 = \alpha_2)$

266 第7章 段落線図効率

また，速度三角形より $u_1 = w_1 \cdot \sin \alpha_1 / \sin \beta_1$，$u_2 = w_1 \cdot \sin \alpha_1 / \sin \beta_2$ であるから，これを式(7・110)に代入すると次式となる。

$$\eta_d = \frac{4c \cdot w_1 \cdot \cos \alpha_1}{w_1{}^2\left(\dfrac{1+\zeta}{\sin^2 \beta_2} - \dfrac{1}{\sin^2 \beta_1}\right)\sin^2 \alpha_1}$$

$$= \frac{4\xi \cdot \cos \alpha_1}{\left(\dfrac{1+\zeta}{\sin^2 \beta_2} - \dfrac{1}{\sin^2 \beta_1}\right)\sin^2 \alpha_1} \qquad (7 \cdot 114)$$

また，速度三角形より，

$$\tan \beta_1 = \frac{w_1 \cdot \sin \alpha_1}{w_1 \cdot \cos \alpha_1 - c} = \frac{\sin \alpha_1}{\cos \alpha_1 - \xi}, \quad \tan \beta_2 = \frac{w_1 \cdot \sin \alpha_1}{w_1 \cdot \cos \alpha_1 + c} = \frac{\sin \alpha_1}{\cos \alpha_1 + \xi}$$

の関係が得られる。さらに，三角法の公式より $1 + \tan^2 \theta = 1/\cos^2 \theta = \sec^2 \theta$ であるから，

$$\frac{1}{\cos^2 \beta_1} = \frac{1 - 2\xi \cdot \cos \alpha_1 + \xi^2}{(\cos \alpha_1 - \xi)^2} \qquad (7 \cdot 115)$$

$$\frac{1}{\cos^2 \beta_2} = \frac{1 + 2\xi \cdot \cos \alpha_1 + \xi^2}{(\cos \alpha_1 + \xi)^2} \qquad (7 \cdot 116)$$

となり，$\tan \theta = \sin \theta / \cos \theta$ の関係を利用して式(7・114)を整理すると，

$$\eta_d = \frac{4\xi \cdot \cos \alpha_1}{\dfrac{1}{\psi^2}(1 + 2\xi \cdot \cos \alpha_1 + \xi^2) - (1 - 2\xi \cdot \cos \alpha_1 + \xi^2)} \qquad (7 \cdot 117)$$

となる。この式(7・117)から求めた線図効率 η_d と速度比 ξ の関係を第7・34図に示す。これは $\alpha_1 = 40°$，$\psi = 0.90$ の場合で，ξ が 0.5 以上では効率曲線は平坦で $\xi = 1.0$ 付近が最大になっており，ξ による効率の変化は小さい。また，α_1 が一定の場合には，翼入口角度 β_1 および出口角度 β_2 は式(7・115)，(7・116)より ξ のみで定まるのでその結果を図の上部に示している。一般に，β_2 は翼出口の流路面積を小さくしないために 15° 以下にはしない。したがって，同図の効率曲線の実用範囲は実線の部分のみである。

η_d を最大にする速度比 ξ_{opt} は $\partial \eta_d / \partial \xi = 0$ の条件から求められるから式(7・113)または式(7・117)を用いると，

$$\xi_{opt} = \cos \alpha_1 \qquad (7 \cdot 118)$$

そのときの最大効率 η_{dmax} は

$$\eta_{dmax} = \frac{\cos^2 \beta_2}{\cos^2 \beta_2 + \zeta} \qquad (7 \cdot 119)$$

となる。

一方，式(7・114)の関係より線図仕事 W_d は ξ が大きくなるほど大きい。
実際に用いられる速度比は段の初めの方，すなわち比容積の増加する割合が

第7章 段落線図効率

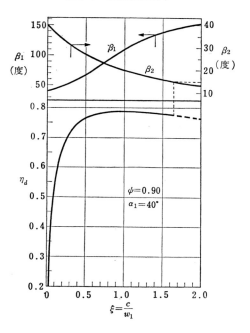

第7・34図 ユングストロームタービンの線図効率および翼入口, 出口角度と速度比との関係

小さい範囲では0.3〜0.35位, 比容積の増加する割合が大きくなるとともに速度比を大きくし, 最終段で0.8または場合によっては0.85までの値をとる。また, β_2は17°〜25°とし, 低圧部で大きい値を用いる。

次に, ユングストローム段とパーソンス段の断熱熱落差を比較してみる。第7・35図の(a)はユングストロームタービンの2段分の速度線図 ($\triangle ABC$ は前段の出口側の速度三角形で $\triangle BCD$ は次段の入口側の速度三角形である) を,

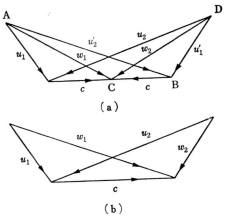

第7・35図 パーソンス段の速度三角形との比較

(b)はパーソンスタービンの1段の速度線図をそれぞれ示しており，両者が同形である場合を考える。図から明らかなように，パーソンス段は周速度が2倍で，ユングストロームタービンの1段の2倍の熱落差，すなわち2段分の熱落差を消化していることになる。したがって，周速度が同じであればパーソンスタービンの1段はユングストロームタービンの1段の½の熱落差を消化することになる。このことより，ユングストロームタービンはパーソンスタービンにくらべて一定出力に対する段落数が減少し，しかも静翼を有しないから，全体としてきわめて小形となることがわかる。

7・8　各形式のタービンの比較

ここでは，本節のまとめとして，各種軸流タービンの特性を比較する。

第7・1表にパーソンスタービン，デラバルタービン，そして2速度段およ

第7・1表　各形式のタービンの比較

		パーソンスタービン	デラバルタービン	2速度段カーチスタービン	3速度段カーチスタービン
最適速度比 ξ_{opt}		$\cos \alpha_1$	$\dfrac{\cos \alpha_1}{2}$	$\dfrac{\cos \alpha_1}{4}$	$\dfrac{\cos \alpha_1}{6}$
$\alpha_1=0$ としたときの ξ_{opt}		1	0.5	0.25	0.167
最大効率 η_{dmax} $\begin{pmatrix}\varphi=1\\\psi=1\\\varepsilon=0\end{pmatrix}$		$\dfrac{\cos^2 \alpha_1}{1-\dfrac{1}{2}\sin^2 \alpha_1}$	$\cos^2 \alpha_1$	$\cos^2 \alpha_1$	$\cos^2 \alpha_1$
第7・37図による η_{dmax}		0.94	0.81	0.70	0.53
周速度 $c=$一定	w_1	1	2	4	6
	熱落差 h_t	1 (1×2)	2 (4)	8 (16)	18 (36)
流入速度 $w_1=$一定	c	1	0.5	0.25	0.167
	熱落差 h_t	1	0.5	0.5	0.5
1段熱落差 $h_{to}=$一定	w_1	1 ($1/\sqrt{2}$)	$\sqrt{2}$ (1)	$\sqrt{2}$ (1)	$\sqrt{2}$ (1)
	c	1 ($1/\sqrt{2}$)	0.707 (1/2)	0.353 (1/4)	0.235 (1/6)

第7章 段落線図効率

び3速度段カーチスタービンの特性をまとめて示している。ここで簡単にするために，ノズルまたは静翼，および動翼の速度係数が1である理想的な場合を考え，さらに衝動タービンでは等角翼を使用するものとする。

表において，最適速度比 ξ_{opt} は，式(7・98)，(7・20)，(7・49)，(7・51)に示した値と，ノズル出口角 $\alpha_1=0$ と仮定したときの値である。次の最大効率 η_{dmax} は，パーソンスタービンに対しては式(7・98)の速度利用率 $\varepsilon=0$ としたものである。α_1 が同じであればパーソンスタービンの η_{dmax} は他よりもやや大きな値になるがそれほど各タービンに差はない。第7・36図に，理想的な場合の η_d と ξ の関係を示している。ただし，$\alpha_1=12°$ としている。

次の欄の最大効率は，摩擦を考慮した実際の場合の第7・37図の Church による効率曲線から求めた値である。この図の横軸は理論ノズル出口速度 w_a を

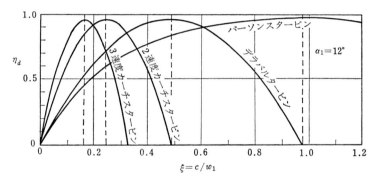

第7・36図　各種理想タービンの効率曲線

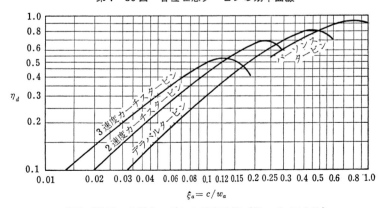

第7・37図　各種タービンの効率曲線（Church による）

第7章　段落線図効率

用いた速度比 ξ_a である。これによると，パーソンスタービンが最も効率がよく，次にデラバルタービン，2速度段，3速度段カーチスタービンの順に効率が悪くなっている。

次に，周速度 c を一定としたとき，動翼流入速度 w_1 および熱落差 h_t に対する各タービンの割合を示している。w_1 は，$w_1 = c/\xi$ の関係から ξ_{opt} の値を用いて求められる。また，h_t は，$h_t = w_1^2/2$ の関係から $1:2^2:4^2:6^2 = 1:4:16:36$ の比になるが，パーソンスタービンでは動翼でも熱落差があるから，1段の熱落差は2となり表に示すように $1:2:8:18$ の比になる。すなわち，周速度一定ならばデラバルタービンはパーソンスタービンの2倍の熱落差を消化し得るし，2速度段カーチスタービンでは8倍もの熱落差を消化することができる。したがって，全熱落差の大きい多段のタービンではパーソンスタービンの段数は圧力複式衝動タービンの2倍の段数を必要とする。しかし，w_1 が

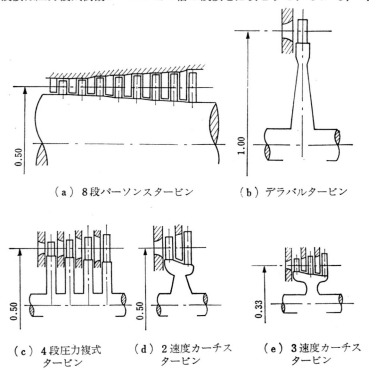

(a) 8段パーソンスタービン　　(b) デラバルタービン

(c) 4段圧力複式タービン　　(d) 2速度カーチスタービン　　(e) 3速度カーチスタービン

第7・38図　熱落差，回転数を一定としたときの各種タービンのロータの形状

第7章　段落線図効率　　271

大きいと摩擦損失も大きくなり，第7・37図に示すように衝動タービンの効率
は低い。

　さらに次に，流入速度 w_1 を一定としたとき，周速度 c と熱落差 h_t に対す
る各タービンの割合を示す。周速度 c は，$c = w_1 \cdot \xi$ の関係から ξ_{opt} の値を用い
て表のような結果を得る。$c = \pi \cdot D \cdot N$ の関係から，翼車平均直径 D が一定であ
ればデラバルタービンの回転数はパーソンスタービンの回転数の½でよく，ま
た回転数 N が一定であれば D も½となる。熱落差 h_t は周速度一定の場合と同
様にして求められる。

　最後に1段の全熱落差 h_{to} を一定とすれば，w_1 は衝動タービンでは，$w_1 = \sqrt{2h_{to}}$ であり，パーソンスタービンでは，静翼中の熱落差は $h_{to}/2$ であるから，
$w_1 = \sqrt{2h_{to}/2} = \sqrt{h_{to}}$ となる。したがって，両者の比は $1 : \sqrt{2}$ である。また，
周速度は $c = w_1 \cdot \xi$ と ξ_{opt} の値から表のような結果が得られる。

　各種形式のタービンの比較を以上のように第7・1表でまとめたが，これら
のタービンがどのようなロータの形状になるかを比較するために，可逆断熱熱
落差，ノズルおよび静翼出口角，そして回転数がそれぞれ一定の条件のもとで
示したものが第7・38図である。ただし，圧力複式タービンとパーソンスター
ビンはそれぞれ4段と8段とし，速度利用率を0とした。

272　第7章　段落線図効率

■　演 習 問 題　■

（三級程度）

1. 衝動タービンおよび反動タービンの静翼はそれぞれどんな役目をするか。

    解　衝動タービンに用いられる静翼は，カーチスタービンのふつう案内翼と呼ばれるもので，前列の動翼の流出蒸気を方向転換させて次の列の動翼に導く役目をする。この翼中では蒸気の膨脹は行われない。一方，反動タービンの静翼は衝動タービンのノズルに相当するもので，この静翼は蒸気を翼中で膨脹させ，蒸気のもつ熱エネルギを運動エネルギに換える役目をする。

2. 図は蒸気タービンにおける速度線図の一例を示す。図について次の問に答えよ。
    (1) w_1, u_1, w_2, u_2 および c はそれぞれ何を表すか。
    (2) α_1, β_1 および β_2 はそれぞれ何を表すか。
    (3) 転向角はどのように表されるか。
    (4) 反動タービンの速度線図は(a)か，それとも(b)か。理由も記せ。

    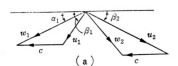

    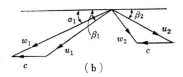

    解　(1)　w_1, u_1 はそれぞれノズルまたは静翼出口蒸気すなわち動翼入口蒸気の絶対速度および相対速度，

    　　w_2, u_2 はそれぞれ動翼出口蒸気の絶対速度および相対速度，

    　　c は動翼の周速度。

    (2) α_1 はノズルまたは静翼出口角度，β_1, β_2 はそれぞれ動翼入口角度および出口角度。（速度三角形が設計点における図であれば近似的にこのように見なすことができる）。

    (3) 転向角 θ は，動翼入口角 β_1，出口角 β_2 とすれば，$\theta = 180° - (\beta_1 + \beta_2)$ で表される。

    (4) 反動タービンの速度線図は，$u_1 < u_2$ であるから(a)。

（二級程度）

3. 蒸気タービンの翼に関する次の文の中で正しくないものを2つだけ記せ。
    (1) 転向角は一般に，反動タービンより衝動タービンの方が大きい。
    (2) 反動タービンの反動度が0.5のとき，動翼と静翼は同一の形状となる。
    (3) 反動タービンにおける翼の蒸気入口角は出口角より常に大きい。
    (4) 衝動タービンにおいて，蒸気の出口角を小さくすると，翼の長さは短くなる。
    (5) 反動タービンにおいて，低圧段で蒸気の膨脹が大きい場合は，出口角を小さくす

第7章 段落線図効率　　　273

る。

解 (4)と(5)

4. 蒸気タービンに関して，下記(1)～(5)の記述のうち，正しくないものを1つだけあげよ。

(1) 線図効率は，ノズルおよび動翼の速度係数が大きいほど高くなる。

(2) 線図効率は，動翼の入口角が出口角より大きい場合の方が，両角が等しい場合よりも高い。

(3) 衝動タービンの動翼の速度係数は，一般に1よりも大きい。

(4) ノズル効率は，蒸気の流入速度を無視すれば，速度係数の2乗に等しい。

(5) 動翼の入口端に蒸気が衝突することによる損失は，動翼の入口角がノズルからの流出角より大きい場合の方が，小さい場合よりも損失が小さい。

解 (3)

5. 衝動タービンの翼に関する次の問に答えよ。

(1) 動翼の入口角は，蒸気の翼に対する相対速度と周速度のなす角度より，大きくする方がよいか，それとも小さくする方がよいか。

(2) 動翼の入口角は出口角より大きくする方がよいか，それとも小さくする方がよいか。

(3) 翼の入口角および出口角をそれぞれ大きくすると，翼の転向角は大きくなるか，それとも小さくなるか。

解 (1) 大きくする方がよい。

(2) 大きくする方がよい。

(3) 小さくなる。

6. 蒸気タービンの動翼の入口角および出口角について，次の問に答えよ。

(1) 衝動タービンの動翼の入口角は，タービンの運転状態が変化しても蒸気が翼の背面に衝突しないようにするには，どのような角度にすればよいか。

(2) 衝動タービンの動翼の入口角を出口角より大きくすると，どのような利点があるか。

(3) 反動タービンの動翼の入口角は，どのような角度にするか。

(4) 反動タービンの動翼中で蒸気の膨脹が著しい場合は，出口角を大きくするとどのような利点があるか。

解 (1) 蒸気流入角よりも2°～5°大きくとる。(**8・1・2**参照)。

(2) **7・3・1**を参照。

(3) 蒸気流入角よりも5～15°大きくとる。反動翼はノズルの形状にして蒸気の膨脹を行わせるから出口角を小さくしている。したがって，入口角は衝動翼にくらべて出口角よりもかなり大きい。

(4) 流路幅が広くなり，翼の長さを短くできるから遠心力などの強度上有利になる。また，翼の長さが同じならば蒸気流量を多くすることができる。さらに，

274   第7章　段落線図効率

転向角が小さくなるから速度係数が増加する。

7.　蒸気タービンに関する次の問に答えよ。
(1)　ノズル角および翼の入口角を蒸気の速度線図を描いて示せ。
(2)　動翼の速度比はどんな式で表されるか。
(3)　パーソンスタービンにおいては，1段落における静翼の速度係数と動翼の速度係数の間にはどんな関係があるか。
(4)　反動タービンにおいては，動翼入口の蒸気の翼に対する相対速度と動翼出口の蒸気の翼に対する相対速度とではいずれが大きいか。
(5)　速度線図によって蒸気が翼を有効に回転させようとする力を調べるにはどんな速度線図が最も便利か。図を描いて示せ。
解　(1)　**7・1**を参照。
(2)　$\xi = c/w_1$
(3)　静翼と動翼は同一形状であるのでほとんど速度係数は同じである。
(4)　動翼内で蒸気は膨脹するから，動翼出口の相対速度の方が大きい。
(5)　第7・4図参照。

8.　蒸気タービンの翼に関する下記の問に答えよ。
(1)　速度線図から蒸気タービンのどんな事項を知ることができるか。
(2)　動翼における蒸気の速度損失がない場合，翼の入口と出口における蒸気の翼に対する相対速度の大小を比較すると，衝動タービンおよび反動タービンではそれぞれどのようになるか。
(3)　動翼の速度係数を表す式を示せ。
解　(1)　蒸気速度，周速度，ノズルや翼の角度，線図仕事，線図損失，軸方向の推力など。(**7・1，7・2**参照)
(2)　衝動タービンでは，$u_1 = u_2$，反動タービンでは，$u_2 = \sqrt{2h_t + u_1{}^2}$（$h_t =$ 動翼での熱落差）
(3)　**6・5**を参照。

9.　蒸気タービンに関する次の文の（　）の中に適合する字句または数字を記せ。
蒸気タービンの1つの段落において，（①）翼内の熱落差 h_2 に対する全熱落差 h_1 の比 h_2/h_1 を（②）といい，その数値は一般に，デラバルタービンで（③），パーソンスタービンで（④）である。
解　①動，②反動度，③0，④0.5
注　衝動タービンでも反動度をつける場合がある。しかし，反動度0.5以上が反動タービンで，0.5未満が衝動タービンであると誤解されているようだが，そのような区別はないから注意を要する。

10.　図は衝動タービンの翼に作用する蒸気の速度線図を示したものである。この図に関

第7章 段落線図効率

して下記の問に答えよ。
(1) w_1, u_2 はそれぞれ何を表すか。
(2) $u_1 > u_2$ である理由を述べよ。
(3) 単位時間の蒸気流量を $\dot{m}$(kg/s) としてこの場合の仕事量を式で示せ。

解 (1) w_1 は翼入口蒸気の絶対速度で、u_2 は翼出口蒸気の相対速度。
(2) 動翼中に損失がなければ $u_1 = u_2$ であるが、実際には摩擦などによる損失があるために減速されて、$u_1 > u_2$ となる。
(3) 仕事量 W_t は、$W_t = \dot{m} \cdot c(u_1 \cdot \cos\beta_1 + u_2 \cdot \cos\beta_2)$

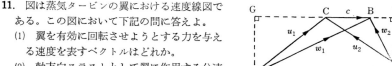

重力単位系の蒸気流量 G(kgf/s) のときは、$W_t = \dfrac{G}{g} \cdot c(u_1 \cos\beta_1 + u_2 \cdot \cos\beta_2)$ となる。

11. 図は蒸気タービンの翼における速度線図である。この図において下記の問に答えよ。
(1) 翼を有効に回転させようとする力を与える速度を表すベクトルはどれか。
(2) 軸方向スラストとして翼に作用する分速度を表すベクトルはどれか。

解 (1) $\overrightarrow{GB} + \overrightarrow{BK} = \overrightarrow{GK}$
(2) $\overrightarrow{AG} - \overrightarrow{DK}$

12. 図はパーソンスタービンの速度線図である。この図によって下記(1)～(4)の問に答えよ。
(1) α_1, β_2 および α_2, β_1 のそれぞれには、どんな関係があるか。
(2) 動翼の速度係数はどんな式で表されるか。
(3) 動翼の速度比はどんな式で表されるか。
(4) このタービンの1段落においてなされる仕事を式で表せ。

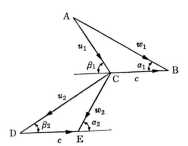

解 (1) $\alpha_1 = \beta_2$, $\alpha_2 = \beta_1$
(2) $\psi = u_2/u_{2a} = u_2/\sqrt{u_1^2 + 2\rho \cdot h_t}$, ($u_{2a}$ = 理論出口相対速度, ρ = 反動度(パーソンスタービンでは $\rho = 0.5$), $h_t = 1$ 段の全断熱熱落差)
(3) $\xi = c/w_1$
(4) $\dot{m}$(kg/s) の蒸気がする仕事 W_t は、
$W_t = \dot{m} \cdot c(w_1 \cdot \cos\alpha_1 + w_2 \cdot \cos\alpha_2)$ (W)

重力単位系で, $G(\mathrm{kgf/s})$ とすれば,
$$W_t = \frac{G}{g} \cdot c(w_1 \cdot \cos\alpha_1 + w_2 \cdot \cos\alpha_2) \quad (\mathrm{kgf \cdot m/s})$$

13. 図は蒸気タービンの動翼の入口および出口における蒸気の速度線図である。図によって, 次の文の( )の中に適合する字句を記せ。

転向角を θ とすると, $\theta = 180° - ((①) + (②))$ となる。この θ を大きくすると, 速度係数は(③)する。また, θ を小さくしすぎると, 動翼の(④)の寸法を大きくしなければならない。一般に, θ の値は(⑤)度ぐらいである。

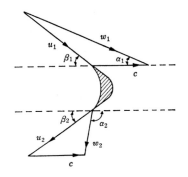

解 ①β_1, ②β_2, ③減少, ④ピッチ円直径 (β_1 と β_2 が大となるために, 速度三角形から周速度 c を大きくする必要がある)
⑤$100 \sim 130$

(一級程度)

14. 蒸気タービンの翼に関する次の記述のうち, 正しくないものを2つだけあげよ。
  (1) 動翼の実際の入口角は, 速度線図から求められる蒸気の入口における相対速度と翼の周速度とのなす角度より, 幾分小さくするのがふつうである。
  (2) 衝動タービンの動翼の出口角は, 入口角と同じにするよりも小さくする方が段落線図効率が高くなる。
  (3) 反動タービンの動翼の出口角は, 蒸気を膨張させるために入口角よりも大きくする。
  (4) 翼の幅が狭すぎると, 蒸気の流動抵抗が増加するので効率が低下する。
  (5) 反動タービンの高圧段落においては, 低圧段落にくらべて翼先端隙間からの漏えい損失の割合が大きい。

解 (1)と(3)

15. 蒸気タービンの反動度に関する次の文のうち, 正しくないものを2つ記せ。
  (1) 反動度は静翼内の蒸気の熱落差と1段落の熱落差との比をいう。
  (2) 反動度は1より大きな数値になることはない。
  (3) 反動度が1の場合は, 静翼と動翼内のエンタルピの変化が等しい。
  (4) 反動度が0.5で, 静翼と動翼の出口角が等しい場合は, 理論上軸方向の蒸気の速度変化はない。
  (5) 純然たる衝動段では反動度はゼロとなる。

解 (1)と(3)

第7章　段落線図効率　　277

16. 蒸気タービンについて，次の問に答えよ。

(1) 速度線図において，動翼の入口角は翼の入口における蒸気の相対速度と翼の周速度のなす角より大きいか，それとも小さいか。それはなぜか。

(2) 衝動タービンの動翼の出口角と入口角はどちらが大きいか。またそれはなぜか。

(3) 翼の幅が狭すぎる場合および広すぎる場合，それぞれどのような影響があるか。

解 (1) 大きくする。(8・1・2参照)

(2) 入口角を大きくする。(7・3・1参照)

(3) 翼の幅は翼の強度や剛性に深い関係がある。幅が狭すぎると，一定の転向角に対して流路の曲率半径が小さくなり流路抵抗が増加して効率が低下する。また，幅が広すぎると，蒸気通路が長くなってロータ軸受間距離が増加しタービン全長が長くなる。さらに，軸のたわみも大きくなり，危険速度にも影響をおよぼす。

16. 単段落衝動タービンの段落線図効率に影響をおよぼす事項にはどのようなものがあるか。

解 速度比，ノズル速度係数，翼速度係数，ノズル出口角度，翼入口出口角度，(式(7・15)参照)。

17. 問13の衝動タービンの速度線図において，下記事項を式で示せ。ただし，単位時間に質量 $\dot{m}(\mathrm{kg/s})$ の蒸気が動翼を通過し，また通過中にはエネルギの損失はないものとする。

(1) 翼の入口および出口における蒸気の相対速度の関係。

(2) 翼の入口および出口における蒸気の絶対速度を用いた単位時間の蒸気の仕事量。

解 (1) $u_2 = \phi \cdot u_1 = u_1$ $(\because \phi = 1)$

(2) $W_d = \dfrac{\dot{m}}{2}(w_1{}^2 - w_2{}^2)$ （N・m/s＝J/s＝W）

（ただし，w は m/s，式(7・9)参照）

重力単位系では，蒸気流量 $G(\mathrm{kgf/s})$ とすれば，

$W_d = \dfrac{G}{2g}(w_1{}^2 - w_2{}^2)$ （kgf・m/s）

■ 追加演習問題 ■

（三級程度）

1. 速度比は，動翼の周速度と何の比か。

　解　速度比 ξ は，動翼の周速度 c と動翼入口の蒸気絶対速度 w_1 との比で表される。すなわち，$\xi = c/w_1$

2. 図は，蒸気タービンのエクステンド形速度線図である。この速度線図の作図に関する次の文の（ ）の中に適合する記号を用いて記せ。

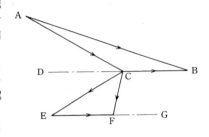

　ノズルから出た蒸気の動翼入口における絶対速度（①）とノズル角（②）およびタービンの動翼速度（③）が決定すると，動翼入口の相対速度（④）の大きさと方向は，ベクトル的に差し引くことによって描くことができる。

　翼入口角を（⑤）に等しくとれば，蒸気は翼に衝突することなく円滑に流入する。また，蒸気は動翼通過中に方向転換して，一般に翼出口角（⑥）に等しい角度で流出し，そのときの翼出口相対速度（⑦）と周速度（⑧）をベクトル的に加えることによって翼出口絶対速度（⑨）を描くことができる。このときの蒸気の流出方向と円周方向とのなす角度は（⑩）である。

　解　①$\overrightarrow{AB}$，②∠ABC，③$\overrightarrow{CB}$，④$\overrightarrow{AC}$，⑤∠ACD，⑥∠DCE，⑦$\overrightarrow{CE}$，⑧$\overrightarrow{EF}$，⑨$\overrightarrow{CF}$，⑩∠CFG

3. 図は，蒸気タービンにおける速度線図の一例を示す。図に関する次の問に答えよ。

(1) w_1，u_1 および w_2 は，それぞれ何を表すか。

(2) α_1 および β_2 は，それぞれ何を表すか。

(3) c は，何を表すか。

(4) 転向角は，どのように表されるか。

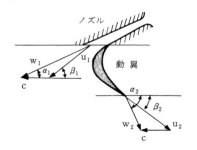

　解　(1) w_1：動翼入口絶対速度
　　　　　　u_1：動翼入口相対速度
　　　　　　w_2：動翼出口絶対速度

　　　(2) α_1：ノズル出口角度（ノズル角）
　　　　　　β_2：動翼出口角度

　　　(3) c：周速度

　　　(4) 転向角 $= 180° - (\beta_1 + \beta_2)$

（二級程度）

4. 蒸気タービンの動翼に関する次の問に答えよ。
(1) 速度線図から動翼のどのような事項を知ることができるか。
(2) 動翼が損傷する場合の原因には，どのようなものがあるか。

解 (1) 動翼の入口角と出口角，動翼にかかる推力と接線力，線図仕事，動翼流入エネルギ，動翼中の流動損失，動翼流出損失
(2) 動翼の損傷には，折損，亀裂，弛緩，腐食，浸食などがあり，これらの原因は，暖機不十分によるタービンロータの振動およびそれに伴う接触，タービンケーシング内のドレン排出不足，長期間の低負荷および過負荷運転，ボイラからのキャリオーバ，翼の共振，無理な冷機など。

（一級程度）

5. 単段落衝動タービンの段効率（段落線図効率，周辺効率）に関して次の問に答えよ。
(1) ノズルの出口角が小さいほど段効率はよくなるが，実際には $9°～13°$ くらいにするのはなぜか。
(2) 段効率 η と速度比 ξ の関係を，縦軸に段効率をとり横軸に速度比をとった図に示すとどのようになるか。（段効率が 0 および最大となるときの速度比の値を記入のこと）
ただし，段効率は次の式で表される。
$$\eta = 2\varphi^2 \cdot \xi \cdot (\cos\alpha_1 - \xi) \cdot (1 + \phi \cdot \cos\beta_2/\cos\beta_1)$$
φ はノズル速度係数，ϕ は翼速度係数，α_1 はノズルから流出する蒸気の流れが回転方向となす角，β_1 および β_2 は動翼の入口角および出口角である。いま，$\beta_1=\beta_2$ とし，これら $\varphi, \phi, \alpha_1, \beta_1, \beta_2$ の値は一定とする。

解 7・3・1 参照
(1) ノズル出口角 α_1 は構造上からあまり小さくすることはできず，α_1 が小さいとノズル出口の蒸気通路をふさぐ割合が大きくなり，またノズルの傾斜部分が長くなって摩擦損失が大きくなる。
(2) 第7・11図のようになる。

6. 単段落衝動タービンの段効率（段落線図効率，周辺効率）に関する次の問に答えよ。
(1) 段効率と速度比の関係を示す線図は図の①～③の中のどれか。（ノズルの出口角，動翼の入口角および出口角，ノズルおよび動翼の速度係数はそれぞれ一定とする。）
(2) ノズルの出口角が小さいほど理論的には段効率はよくなるが，実際には $9°～13°$ くらいにするのはなぜか。
(3) 段効率をよくするには，動翼の入口角と出口角は

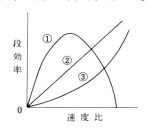

280　第7章　段落線図効率

どちらを小さくしたらよいか。

解　(1)　①
(2)　前問の**解**参照
(3)　**7・3・1**参照
　　出口角を入口角より0°〜10°くらい小さくする。

7．図は，軸流衝動蒸気タービンの速度線図の一例を示す。図によって次の問に答えよ。ただし，単位時間の蒸気流量は$\dot{m}$(kg/s) {G(kgf/s)}とする。

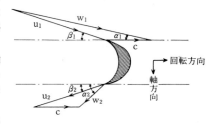

(1)　蒸気が動翼の軸方向に作用する力（軸方向推力）は，どのような式で表されるか。また，摩擦損失を0とした場合，この軸方向に作用する力を0とするためには，動翼の入口角と出口角をどのようにしたらよいか。
(2)　蒸気が動翼にする仕事は，どのような式で表されるか。

解　**7・2**参照
(1)　軸方向推力F_tは次式で表される。
$$F_t = \dot{m}(u_1 \cdot \sin\beta_1 - u_2 \cdot \sin\beta_2) \quad (N)$$
このF_tを0にするためには，動翼中の摩擦損失0より$u_1 = u_2$であるので，$\beta_1 = \beta_2$すなわち等角翼にすればよい。
　　重力単位系では，F_tは次式で表される。（gは重力加速度）
$$F_t = G/g \cdot (u_1 \cdot \sin\beta_1 - u_2 \cdot \sin\beta_2) \quad (kgf)$$
(2)　仕事W_dは，$W_d = \dot{m} \cdot c(u_1 \cdot \cos\beta_1 + u_2 \cdot \cos\beta_2)$　　(W)
$$= \dot{m} \cdot c(w_1 \cdot \cos\alpha_1 + w_2 \cdot \cos\alpha_2) \quad (W)$$
　　重力単位系では，$W_d = G/g \cdot c(u_1 \cdot \cos\beta_1 + u_2 \cdot \cos\beta_2)$　　(kgf·m/s)
$$= G/g \cdot c(w_1 \cdot \cos\alpha_1 + w_2 \cdot \cos\alpha_2) \quad (kgf·m/s)$$

8．ある実験用蒸気タービンの第1段落には，2速度段速度複式衝動タービン（カーチス段）が使われている。下記の条件で運転中の，この段落の速度線図（**100m/s＝20 mm**）を描き，線図仕事，線図損失および線図効率を求めよ。ただし，計算上求められた動翼あるいは案内翼入口部の蒸気の方向角は，それぞれの翼の入口角と必ずしも一致しないが，翼入口部における蒸気の衝突による損失は無視するものとする。また，動翼と案内翼出口における蒸気の方向角は，それぞれの翼の出口角と一致するものとする。

　運転条件　　第1段落ノズル入口蒸気条件：$P_1=0.6$MPa，$t_1=300$℃
　　　　　　　第1段落ノズル出口蒸気条件：$P_2=80$kPa
　　　　　　　軸回転数：$N=7000$rpm　　　蒸気流量：$\dot{m}=600$kg/h

第7章 段落線図効率

第1段落の要目

形式：2速度段速度複式衝動タービン（第7.16図参照）

ノズル，動翼

	入口角	出口角	速度係数
ノ ズ ル	—	16°	$\varphi = 0.95$
第1動翼	22°	18°	$\phi_1 = 0.87$
案内翼	25°	20°	$\phi_f = 0.87$
第2動翼	30°	24°	$\phi_2 = 0.90$

翼車直径 D＝400mm

解 付表の蒸気表より，$h_1 = 3\,062.3$，$s_1 = 7.374\,0$，$h_2' = 391.722$，$h_2'' = 2\,665.8$

$s_2' = 1.233\,01$，$s_2'' = 7.435\,19$ の値を得る。速度線図は第7・17図の記号を用いる。

(1) ノズル出口理論速度は $w_a = 915.6$m/s

ノズル出口蒸気のかわき度は $x_2 = (s_1 - s_2')/(s_2'' - s_2') = 0.990$，比エンタルピは $h_2 = h_2' + x_2(h_2'' - h_2') = 2\,643.1$ 従って，

$$w_a = \sqrt{2(h_1 - h_2)} = \sqrt{2 \times (3\,062.3 - 2\,643.1) \times 10^3} = 915.6\text{m/s}$$

(2) 速度線図の各速度を求める。余弦則より計算するが，正確なスケールで線図を描けばその長さから容易に速度が得られる。

ノズル出口絶対速度 $w_1 = \varphi w_a = 869.9$m/s，周速度 $c = \pi DN/60 = 146.6$m/s，

第1動翼入口相対速度 $u_1 = \sqrt{w_1^2 + c^2 - 2 \cdot w_1 \cdot c \cdot \cos 16°} = 730.0$m/s，出口相対速度

$u_2 = \phi_1 \cdot u_1 = 635.1$m/s，以下同様に $w_2 = \sqrt{u_2^2 + c^2 - 2 \cdot u_2 \cdot c \cdot \cos 18°} = 497.7$m/s，

$w_1' = \phi_f \cdot w_2 = 433.0$m/s，余弦則より $u_1' = 299.5$m/s，$u_2' = \phi_2 \cdot u_1' = 269.6$m/s，

余弦則より $w_2' = 148.2$m/s

(3) 理論線図仕事は $W_a = 69.86$kW

$W_a = \dot{m} \cdot w_a^2/2 = 600 \times 915.6^2/(2 \times 3\,600) = 69\,860$W

(4) 線図損失は $\dot{m}\Sigma Z = 25.88$kW

ノズル損失 $Z_n = (1 - \varphi^2)w_a^2/2 = 40.9$kJ/kg

第1動翼損失 $Z_{b1} = (1 - \phi_1^2)u_1^2/2 = 64.8$kJ/kg

案内翼損失 $Z_f = (1 - \phi_f^2)w_2^2/2 = 30.1$kJ/kg

第2動翼損失 $Z_{b2} = (1 - \phi_2^2)u_1'^2/2 = 8.5$kJ/kg

排気損失 $Z_e = w_2'^2/2 = 11.0$kJ/kg

$\Sigma Z = 155.3$kJ/kg　$\dot{m}\Sigma Z = 25.88$kW

(5) 線図仕事は $W_d = 43.98$kW

$W_d = W_a - \dot{m}\Sigma Z = 69.86 - 25.88 = 43.98$kW

(6) 線図効率は $\eta_d ≒ 63.0$%

$\eta_d = W_d/W_a = 43.98/69.86 = 0.629\,5$（約 63.0%）

第8章　諸　損　失

　蒸気タービンにおける損失は内部損失と外部損失の二つに分類することができる。**内部損失**(internal loss)はタービン車室内で生じる損失で，次のような損失があげられる。

① 　線図損失（ノズル損失，翼損失，最終段を除く排気損失）

② 　蒸気の動翼入口端への衝突による損失

③ 　蒸気中の水滴の制動作用による損失

④ 　ノズルと動翼との軸方向隙間，および両者の寸法差による損失（こぼれ損失，吸込損失）

⑤ 　内部漏えい損失

⑥ 　回転損失

　内部損失の多くは再び熱となって蒸気に復帰するので^{脚注}[脚注]，多段落タービンの場合には全部が損失とならず，その一部は後に続く段落で利用される。

　外部損失(external loss)は，おもにタービン車室外で生じる損失で，この損失は内部損失とは異なり，再び利用される機会はなくすべて損失となってしまう。

　外部損失には次のような損失があげられる。

① 　外部漏えい損失

② 　機械損失

③ 　最終段からの排気損失

④ 　ふく射および伝導による損失

8・1　内部損失

8・1・1　線図損失(diagram loss)

線図損失はすでに**第7章**で示したように次式で表すことができる。

　　ノズル損失　　　$Z_n = (1-\varphi^2)\,w_a^2/2$　　　(J/kg)

　　翼　損　失　　　$Z_b = (1-\psi^2)\,u_{2a}^2/2$　　　(J/kg)

脚注) 損失は熱に転換され，その熱が蒸気を加熱してエンタルピとエントロピを増加させる。このことを**蒸気の再熱**(reheat of steam)と呼んでいる。

排気損失　　$Z_e = w_2^2/2$　　　　　(J/kg)

これら3種類の線図損失のうち，ノズル損失と翼損失はそれぞれの流路中におけるエネルギ損失をすべて含んでいるノズル速度係数 φ および翼速度係数 ψ によって表される(6・4, 6・5参照)。一方，排気損失は単段落タービンや多段落タービン最終段を除けば次の段落でその一部を有効に利用することができる。そして，どの程度利用できるかは速度利用率 ε またはエネルギ利用率 ϕ で表され，その値は部分流入か全周流入か，動翼出口とノズル入口との間の間隔，負荷変動による動翼出口速度の方向の変化などによって左右される。ε が線図効率 η_d におよぼす影響は**第7章**の**第7・26図**と**第7・30図**に示されている。

8・1・2　蒸気の動翼入口端への衝突による損失

速度線図による蒸気流入角 β_1 は式(7・16)で示したようにノズル(または静翼)出口角 α_1 と速度比 ξ の関数で表される。α_1 はノズルの形状によって定まるから，いま定格出力時の ξ のときに β_1 と翼入口角 β とが一致しているとする。この場合，第8・1図の(a), (b)が考えられる。(a)は翼の背面(凸面)と腹面(凹面)の入口角がともに β であるから，入口端に一定の厚さを有し，蒸気はそこに衝突して損失を引き起こす。一方，入口端を鋭くすると翼の両面における入口角が異なり，(b)のように翼の腹面の入口角 β に β_1 を一致させると腹面に蒸気がスムーズに流入するが背面に衝突を起こす。この衝突によって失われる分速度 u は翼の回転方向と反対方向の分速度 u' を有し制動作用をおよぼす。同図(c)は β_1 を翼の背面の入口角 β' に一致させた場合で，こんどは背面に蒸気がスムーズに流入するが腹面に衝突を起こす。このときの分速度 u' は翼の回転を助ける方向にはたらくが，蒸気は腹面入口部においてうず流れを生じ損失となる。しかし，背面に衝突するよりも腹面に衝突する方が損失は少ないので，一般に動翼の入口において蒸気は背面に衝突しないように背面の入口角 β' を流入角 β_1 に等しくするか，または少し大きくする。同図(d)は翼入口端に丸味

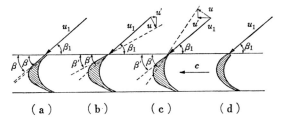

第8・1図　蒸気流入角 β_1 と翼入口角の関係

をつけた翼[脚注]で，蒸気が衝突しても翼面に沿ってスムーズに流れ，うず流れも生じにくい。

次に速度比 $ξ$ が変化する場合を考える。舶用主機タービンにおいて，蒸気流量を変化させて増減速させるとタービン段落の圧力配分が変わるためにノズル出口絶対速度 w_1 が変化するとともに当然，周速度 c も変化する。また，回転数一定の発電機タービンにおいて，負荷が変われば c は一定でも w_1 は変化する。したがって，いずれの場合も速度比 $ξ$ は変わる。

いま，周速度 c が一定で，ノズル出口絶対速度が w_1 から w_1' に変化したとすると，第8・2図の速度線図より蒸気流入相対速度は u_1 から u_1' に変わり，蒸気が分速度 u でもって翼入口背面に衝突することがわかる。さらに，この速度 u を周方向と軸方向に分け，前者の分速度を u' とすればその方向は回転方向と逆になり，蒸気1kg当たりの衝突損失 Z_s は次式で表される。

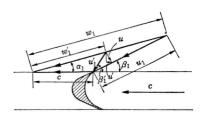

第8・2図　ノズル出口絶体速度が変化したときの速度線図

$$Z_s = u' \cdot c = k \cdot u^2/2 \quad (\text{J/kg}) \tag{8・1}$$

ここで，k は $β_1$ と変化後の蒸気流入角 $β_1'$ との差によって定まる係数である。

もし，w_1 が一定で c が小さくなれば第8・1図(c)のように蒸気は翼の腹面に衝突する。

8・1・3　蒸気中の水滴の制動作用による損失

蒸気中の水滴がノズル速度係数におよぼす影響を 6・4・4 において示したが，この水滴は動翼に対しても損失を引き起こす。すなわち，水滴の速度は蒸気の速度よりもかなり遅いので，水滴は翼流動蒸気に対して制動作用をおよぼすとともに，動翼に対してもその背面に衝突して制動作用をおよぼす。

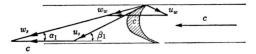

第8・3図　水滴の速度線図

第8・3図において，水滴の翼流入絶対速度 w_w は蒸気の絶対速度 w_s よりもはるかに小さいために水滴の相対速度 u_w は翼に対して著しい制動作用を与えることがわかる。

脚注）空気力学的に設計されたエアフォイル（airfoil）形翼で性能は非常に良い。

第8章 諸損失

バウマン(Baumann)は，"湿り度1%を増すことにより効率は1%減少する"と述べており，この簡単な法則は実際の場合とよく一致する。

この制動作用による損失は，蒸気の湿り度，水滴の大きさ(密度)，蒸気と水滴の間のエネルギ伝達の程度，蒸気と水滴の速度の差など多くの因子によって複雑に影響を受けるが，次に示す比較的簡単な損失の式が与えられている。

フリューゲル(Flügel)による式，

$$\eta' = \eta \left\{ 1 - m(1-x_m) \frac{\rho_w - \rho_s}{\rho_w} \right\} \qquad (8\cdot 2)$$

フロイデンライヒ(Freudenreich)による式，

$$\eta' = \eta - \frac{2}{3}(1-x_m)(1+2\psi^2 \cdot \xi^2) \qquad (パーソンスタービン) \qquad (8\cdot 3)$$

ツェルコビッチ(Zerkowitz)による式，

$$\eta' = \eta \cdot \frac{\sqrt{x_m} \cdot \cos\alpha_1 - \xi}{\cos\alpha_1 - \xi} \qquad (等角翼の衝動タービン) \qquad (8\cdot 4)$$

$$\eta' = \eta \cdot \frac{2\sqrt{x_m} \cdot \cos\alpha_1 - \xi}{2\cos\alpha_1 - \xi} \qquad (パーソンスタービン) \qquad (8\cdot 5)$$

これらの式において，η' は水滴の制動作用があるときの段落効率，η は制動作用がないときの段落効率，x_m は当該段落の入口と出口の平均かわき度，m は速度比や反動度や周速度によって異なる係数で経験上 $m = 1.0 \sim 1.2$，ρ_w および ρ_s はそれぞれ水滴および飽和蒸気の密度，ψ は翼速度係数，ξ は速度比，α_1 はノズル出口角である。

以上は段落効率に対する式であるが，フォーナー(Forner)はタービン全体に対して次の式を与えた。

$$\eta' = \eta \cdot \left(1 - \frac{H_x}{H_0} \cdot \frac{1-x_2}{2} \right) \qquad (8\cdot 6)$$

ここで，
η' ＝過熱および飽和の両域にまたがる場合の内部効率
η ＝過熱域のみの場合の内部効率
H_0 ＝全断熱熱落差
H_x ＝飽和域ではたらく部分の断熱熱落差
x_2 ＝断熱変化後のかわき度
である。(第8・4図参照)

この式は $H_x/H_0 \leq 0.85$ の場合には十分正確である。

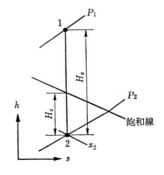

第8・4図 Forner による式 (8・6)の記号

水滴は制動作用による損失ばかりでなく，翼の**浸食**[脚注](erosion) や**腐食**(corrosion) の原因となるから，第4章で述べたように蒸気の初温度を上げるとか再熱を行うとか，または後述するようにドレン排除の工夫をするとかなどして湿り度をできるだけ減ずる必要がある。

8・1・4 ノズルと動翼との軸方向隙間および両者の寸法差による損失

(1) こぼれ損失 (spill loss)

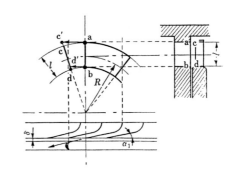

第8・5図　こぼれ損失

動翼や翼車の振動，車室とロータの熱膨脹の差，ロータのたわみ，位置の不正確さなどによってノズルと動翼が接触しないように両者の間には若干の隙間を設けている。いま，第8・5図においてノズルと動翼の中心線が一直線上にあり，両者の高さはともに l であるとする。ノズル出口 ab から流出した蒸気は ac′, bd′ のように接線方向に進み，軸方向隙間 δ を通って動翼の入口に到達する。この間に動翼は接線方向に移動し，動翼入口 cd は流れに対して傾斜しているために蒸気は動翼に対して不均等な衝撃をおよぼすとともに，シュラウドを上方に押し上げる力も作用して，シュラウドやテノンに過大な応力をかけて非常に危険である。一方，動翼入口 cd において，蒸気の存在する範囲は c′d′ であるために，ノズル出口蒸気のうち $\overline{cc'}/l$ は動翼に流入せず損失となる。これを**こぼれ損失**という。また，dd′ の部分には蒸気は存在しないから動翼の根元でうず流れが生じ損失となる。隙間 δ が大きくなるほど $\overline{cc'}$ および $\overline{dd'}$ も大きくなり，損失が増えることが容易にわかる。大賀によると有効蒸気量と全蒸気量の比 λ は次式で表される。

$$\lambda = 1 - \frac{2R+l}{2l}\left(\frac{R}{\sqrt{R^2-\delta^2\cdot\cos\alpha_1}}-1\right) \tag{8・7}$$

ここで，R は平均翼車半径，α_1 はノズル出口角である。

こぼれ損失は動翼の高さをノズルよりも高くすれば防止できるけれども，そ

脚注）浸食（エロージョン，erosion）とは，液体または固体の粒子が材料面に衝突して，その際のエネルギ（主に運動エネルギ）で材料の一部が機械的に削り取られる物理的破壊作用をいうが，一般に化学的な腐食作用（コロージョン，corrosion）を伴う場合が多い。

うすると次の吸込損失が増加する。このこぼれ損失を軽減するために，ノズル軸を傾斜し，ノズル出口端の形状等に特殊な工夫をした**ツェリー式傾斜ノズル**がある（下巻10・2・2(3)参照）。

(2) **吸込損失**(injection loss)

一般に，動翼の高さはこぼれ損失の減少や，ノズル出口蒸気の翼先端と根元への衝突を防ぐためにその段のノズル高さよりも幾分高くなっている。したがって，衝動段では動翼前後の圧力差がないため第8・6図に示すように車室内の蒸気がその高さの差による隙間から吸い込まれて主流動蒸気と混合して損失となる。これを**吸込損失またはインゼクション損失**という。後

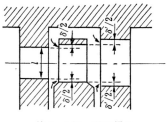

第8・6図　吸込損失

に続く段落のノズル入口においても同様の損失が考えられる。

大賀はこの吸込損失を考慮したときの段落効率 η' と考慮しないときの段落効率 η との比を次式で表した。

$$\frac{\eta'}{\eta}=\frac{\cos\alpha_1-\xi(1+0.2\delta/l)}{\cos\alpha_1-\xi} \qquad (8\cdot8)$$

ここで，ξ は速度比，α_1 はノズル出口角，δ はオーバラップの大きさ，そして l はノズル高さである。

この損失を軽減するためには，高さの低い翼ほど δ を小さくしなければならない。

8・1・5　内部漏えい損失(internal leakage loss)

蒸気タービンには回転部と静止部が近接している場所があり，そこには必ずわずかの隙間が存在している。したがって，その隙間の前後に圧力差があれば，蒸気は高圧側から低圧側へと漏えいするためにエネルギ損失が起こる。この損失を**漏えい損失**(leakage loss)といい，これには高圧タービンおよび低圧タービンの軸が車室を貫通する部分における外部漏えい損失と，車室内部における内部漏えい損失の二つがあるが，前者は外部損失に含まれるからここでは後者の内部漏えい損失について説明する。

(1) **漏えい損失仕事**

反動タービンの漏えい箇所は，静翼の先端とドラムロータとの間，動翼の先端と車室との間およびバランスピストンと車室との間である。また，衝動タービンの漏えい箇所は，仕切板とディスクロータとの間であって，動翼の先端と

車室との間には当然隙間があるけれども，そこでは圧力差による漏えいは考えられない。しかし，舶用主機低圧タービンではかなりの反動をつけているために，翼先端に漏えい防止用のフィンを付けている。

各段落における漏えい蒸気はその段落では仕事をしないから，いま当該段落における漏えい蒸気量を $\Delta \dot{m}$ (kg/s)，全蒸気量を $\dot{m}$ (kg/s)，有効熱落差を h_e (J/kg)とすれば，蒸気1kg当たりの漏えい損失仕事 Z_l (J/kg)は次式で表される。

$$Z_l = \frac{\Delta \dot{m}}{\dot{m}} h_e \quad \text{(J/kg)} \tag{8・9}$$

(2) **翼先端漏えい損失**(tip clearance leakage loss)

反動タービンの静翼，動翼の先端を素通りする漏えい蒸気は全然仕事をしないだけでなく，その流動方向が翼内を流れる主流方向と異なるために，次の翼の根元付近に衝突してうず流れを生じ，エネルギ損失となる。

この翼先端漏えい蒸気量に対する Goudie の有名な近似式を次に示す。

まず，第8・7図(a)の半径方向隙間(radial clearance)の場合を考える。いま，翼先端隙間 δ が 0 であると仮定するとロータと車室間の翼環状面積は $\pi \cdot D \cdot l$ で表される。ここで，D は平均翼円直径，l は翼の長さである。したがって，翼出口角 α が翼全長にわたって一定で，w を翼出口蒸気速度，v を翼出口蒸気の比容積とすれば流路内の蒸気流量 $\dot{m}$ は次式で表される。

$$\dot{m} = \frac{\pi \cdot D \cdot l \cdot w \cdot \sin \alpha}{v} \tag{1}$$

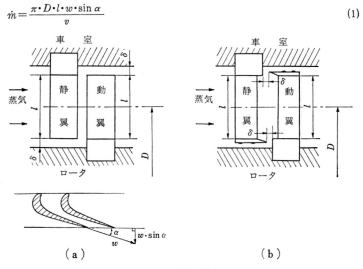

第8・7図 反動翼先端の漏えい

第8章　諸　損　失

　次に，隙間 δ が与えられそこを通る漏えい蒸気の流動方向が翼流路内の蒸気の流動方向と同じであれば蒸気流量は式(1)において，流路面積 $\pi \cdot D \cdot l$ の代わりに $\pi \cdot D \cdot (l+\delta)$ を用いて求められる。しかし，実際には漏えい蒸気は軸方向に流動すると考えられるからその流量は増加する。このとき，この流量 $\dot{m}$ は増加した流路面積 $\pi \cdot D \cdot (l+a \cdot \delta)$（$a$ は定数で1より大）を通って，主流蒸気と同じ方向の角度 α で流れるときの流量であると見なすことができ，次式で表される。

$$\dot{m} = \frac{\pi \cdot D(l+a \cdot \delta) \, w \cdot \sin \alpha}{v} \tag{2}$$

　いま，隙間 δ を通る漏えい蒸気が主流蒸気と同じ速度 w で軸方向に流れるとすれば，翼先端漏えい蒸気流量 $\Delta \dot{m}$ は，

$$\Delta \dot{m} = \frac{\pi(D+l)\delta \cdot w}{v} \tag{3}$$

で表される。ところが，この漏えい蒸気が軸方向ではなく翼流路と同じく角度 α で流れるとすれば $\Delta \dot{m}$ は定数 a を用いて次式で表される。

$$\Delta \dot{m} = \frac{\pi(D+l)a \cdot \delta \cdot w \cdot \sin \alpha}{v} \tag{4}$$

　式(3)，(4)より $a = 1/\sin \alpha$ が得られ，この関係を式(2)に代入すると，

$$\dot{m} = \frac{\pi \cdot D(l \cdot \sin \alpha + \delta) \, w}{v} \tag{5}$$

となり，この蒸気流量 $\dot{m}$ のうち，有効に利用される蒸気流量 $\dot{m}_e$ は式(3)，(5)を用いて，

$$\dot{m}_e = \dot{m} - \Delta \dot{m} = \frac{\pi \cdot w \cdot l(D \cdot \sin \alpha - \delta)}{v} \tag{6}$$

となる。また，$\dot{m}_e$ は式(1)と同じく次のようにも表すことができる。

$$\dot{m}_e = \frac{\pi \cdot D \cdot l \cdot w \cdot \sin \alpha}{v} \tag{7}$$

　式(5)と式(6)を用いて有効蒸気量と全蒸気量の比 λ を求めると，

$$\lambda = \frac{\dot{m}_e}{\dot{m}} = \frac{l(D \cdot \sin \alpha - \delta)}{D(l \cdot \sin \alpha + \delta)} = \frac{l \cdot \sin \alpha - l \cdot \delta / D}{l \cdot \sin \alpha + \delta}$$

となり，$l \cdot \delta / D$ の項を無視すると，

$$\lambda = \frac{l \cdot \sin \alpha}{l \cdot \sin \alpha + \delta} = \frac{1}{1 + \dfrac{\delta}{l} \dfrac{1}{\sin \alpha}} \tag{8・10}$$

となる。これは式(6)の代わりに式(7)を用いても同様の結果が得られる。

また，単位蒸気流量当たりの漏えい量（これを**漏えい損失割合**という）は次式で表される．

$$1-\lambda = \frac{\Delta \dot{m}}{\dot{m}} = \frac{\delta/l}{\delta/l + \sin\alpha} \tag{8・11}$$

上式において，角度 α は翼の形状により定まるものであるから損失は隙間比 δ/l によって支配される．したがって，翼の短い高圧段は翼の長い低圧段にくらべて漏えい損失は大きく，また反動翼が高圧段や小形タービンに不適当であることがわかる．第 8・8 図に式 (8・11) から求めた δ/l と $(1-\lambda)$ との関係を，α をパラメータにして示している．

Goudie は第 8・7 図(b)の軸方向隙間 (axial clearance) の場合も半径方向隙間の場合と全く同じ結果を導いた．

式 (8・11) は，①漏えい蒸気が軸方向に流れる，②その速度は翼流路中の蒸気速度と同じである，③翼流路中の蒸気速度は翼全長にわたって同じである，という仮定のもとで導いた近似式であるから実際とは異なる．菅原は三菱重工業社の実験から，漏えい損失は Goudie による値の 1.5～2.0 倍であると述べている．

Kearton はシュラウドを付けていないふつうの反動翼に対して次の近似式を与えた．

$$1-\lambda = \frac{\Delta \dot{m}}{\dot{m}} = \frac{3\delta}{l} \tag{8・12}$$

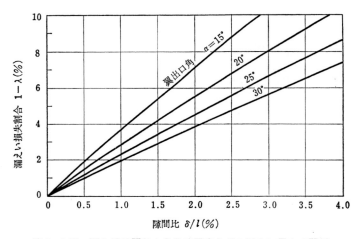

第 8・8 図　翼先端隙間比と単位流量当たりの漏えい量との関係

第8章 諸 損 失　　　291

　また，ストドラ(Stodola)はアンダーハブ (Anderhub) の模型反動タービン
(平均直径 160 mm，翼高さ 13 mm，段落数 8) によって得られた次の実験式を
紹介している。

$$\zeta_l = 1.72 \frac{\delta^{1.4}}{l} \qquad (静翼) \tag{8・13}$$

この ζ_l は漏えい蒸気による内部仕事の減少と断熱熱落差の比で，δ と l の単
位はともに mm である。同じ翼高さと隙間を有する動翼に対しては式 (8・13)
による値の 1.5 倍の損失であり，漏えい蒸気量は静翼の約2倍である。

　赤川はソ連の実験結果から次の近似式を求めた。

$$\zeta_l = 2.25 \delta/l \qquad (反動翼) \tag{8・14}$$
$$\zeta_l = 1.5 \delta/l \qquad (衝動翼) \tag{8・15}$$

この ζ_l は $\delta/l = 0$ の場合を基準としたときの損失の増加量を表しており，衝
動翼に対しても反動翼の約 67% の漏えい損失があることを示している。

　また，漏えい損失に関する次の簡単な法則がある。すなわち，Goudie によ
ると "漏えい面積1%について損失は2%である"，Stodola によると "隙間比
1%に対し，静翼と動翼の損失合計が断熱熱落差の3%である"。

　翼先端隙間 δ の値は翼の高さならびに翼車の大きさによって異なるが，
Church によると $\delta = 0.5 \sim 2.5$ mm で，Church は反動翼の δ に対する次の二
つの式を与えている。

$$\delta = 0.381 + 0.25D + 0.005l \qquad (mm) \tag{8・16}$$
$$\delta = 0.254 + 0.667D \qquad (mm) \tag{8・17}$$

ここで，D は平均翼円直径(m)，l は翼高さ(mm)である。

(3)　仕切板漏えい損失(diaphragm leakage loss)

　衝動タービンにおいて，ノズルを有する仕切板の前後には圧力差があるため
に，この仕切板と軸との間の隙間から蒸気の一部が高圧側から低圧側へ漏れて
損失となる。この漏れによる損失を仕切板漏えい損失という。衝動タービンの
この損失は，反動タービンの翼先端漏えい損失に相当するものであるが，回転
軸の径が反動タービンにくらべて小さく漏えい面積が小となるから，圧力差が
反動タービンよりも大きいにもかかわらず比較的この損失は小さい。

　第8・9図は衝動タービン内部の蒸気の漏れの様子を示したものである。ま
ず，圧力 P_0，流量 $\dot{m}_0$ の蒸気が第1段ノズルを通り圧力 P_1 となる。一方，タ
ービン前端のグランドは大気 (圧力 P_a) に通じているから $P_1 - P_a$ の圧力差に
よる後述のグランド漏えい蒸気がある。この流量を $\varDelta \dot{m}_1$ とすれば，第1段動翼
を通る蒸気量 $\dot{m}_1$ は，

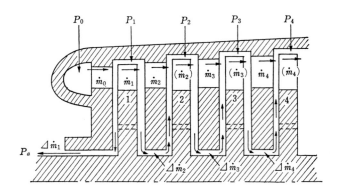

第8・9図 衝動タービンの仕切板の蒸気漏えい

$$\dot{m}_1 = \dot{m}_0 - \varDelta\dot{m}_1$$

となる。次に，第2段ノズルを通る蒸気量 $\dot{m}_2$ は，仕切板からの漏えい量 $\varDelta\dot{m}_2$ があるために，

$$\dot{m}_2 = \dot{m}_1 - \varDelta\dot{m}_2$$

となる。この漏えい蒸気はノズル出口蒸気と混合して第2段動翼へ流入するが，ノズル出口速度を有しないためにノズル出口蒸気によって加速されねばならない。したがって，動翼内で有効にはたらく蒸気量は，簡単に $\dot{m}_2$ であると考え動翼出口において $\dot{m}_2 + \varDelta\dot{m}_2 = \dot{m}_1$ とすべきである。同様にして，第3段ノズルと動翼の有効な蒸気量 $\dot{m}_3$ は，

$$\dot{m}_3 = \dot{m}_2 + \varDelta\dot{m}_2 - \varDelta\dot{m}_3 = \dot{m}_1 - \varDelta\dot{m}_3$$

となり，第4段の蒸気量 $\dot{m}_4$ は，

$$\dot{m}_4 = \dot{m}_3 + \varDelta\dot{m}_3 - \varDelta\dot{m}_4 = \dot{m}_1 - \varDelta\dot{m}_4$$

となる。いま，各段の圧力降下および隙間面積が一定であるとすれば，低圧段になるほど蒸気の比容積が大きくなるから漏えい量は減少する。すなわち，n 段の漏えい量を $\varDelta\dot{m}_n$ とすれば，

$$\varDelta\dot{m}_2 > \varDelta\dot{m}_3 > \varDelta\dot{m}_4 > \cdots\cdots > \varDelta\dot{m}_n$$

の関係が得られるから第2段以降の有効な蒸気流量の関係は，

$$\dot{m}_2 < \dot{m}_3 < \dot{m}_4 < \cdots\cdots < \dot{m}_n$$

となる。

なお，純衝動式であってもこの漏えい蒸気によって翼車前後にいくらかの圧力差が生じ，軸方向の推力や振動の原因となるため，翼車には**圧力平衡孔** (pressure balancing hole) を設けることが多い。この場合，第2段以降の $\varDelta\dot{m}_2$,

$\Delta \dot{m}_3, \ldots \Delta \dot{m}_n$ は各段ノズルと動翼の間で主流蒸気と混ざり合うのではなく，各段翼車の平衡孔を通って動翼出口蒸気と混ざり合うと考えられるから，各段の有効蒸気量は平衡孔のないときと同じである．したがって，いずれの場合も各段で有効にはたらく蒸気流量は，第1段を除いてそれぞれの段落の漏えい量 $\Delta \dot{m}$ を $\dot{m}_1$ から差し引いたものになる．

また，各段落後の蒸気状態は次のようにして求めることができる．第 8・10 図の h-s 線図において，曲線 01 は第 1 段における蒸気の状態変化，12′ は第 2 段における流量 $\dot{m}_2$ の有効蒸気の状態変化，そして 12″ は第 2 段の仕切板と車軸との隙間において流量 $\Delta \dot{m}_2$ の漏えい蒸気が絞られて等エンタルピ変化したときの状態変化をそれぞれ示している．いま，状態 2′ の蒸気 $\dot{m}_2$ と状態 2″ の蒸気 $\Delta \dot{m}_2$ が完全に混合して 2 の状態になって第 3 段に流入するものとする．各

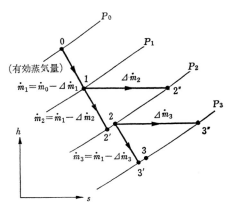

第 8・10 図　衝動タービンの仕切板漏えい蒸気の h-s 線図

状態における蒸気の比エンタルピをそれぞれ，$h_{2'}$，$h_{2''}$，h_2 とし，速度エネルギを無視すると熱収支から次式が得られる．

$$(\dot{m}_2 + \Delta \dot{m}_2) h_2 = \dot{m}_2 \cdot h_{2'} + \Delta \dot{m}_2 \cdot h_{2''}$$

したがって，上式より h_2 が求まり 2 の状態を知ることができる．第 3 段以降も同様の方法でもって各段落後の状態が求まるから，$\Delta \dot{m}$ がわかれば式 (8・9) より各段落の仕切板漏えい損失仕事を計算することができる．仕切板の隙間には一般に後述のラビリンスパッキンが設けられているから，漏えい量 $\Delta \dot{m}$ は 8・2・1 において示される計算式から求めることができる．

(4) **バランスピストン漏えい損失**(balance piston leakage loss)

この損失はバランスピストンと車室との隙間において生じる損失であるが，その性格は翼先端漏えい損失と仕切板漏えい損失とは少し異なる．下巻の**第10章**で示すように，この漏えい蒸気は低圧段へ導かれて有効に利用される場合は完全な損失とはならず，内部損失に含まれる．この場合も隙間箇所にラビリンスパッキンが設けられているために，漏えい量は容易に計算できる．

8・1・6 回転損失(rotation loss)

タービン翼車が蒸気中で高速回転をするとき，蒸気の粘性のために翼車円板と蒸気の間の相対運動による円板表面における摩擦損失が生じる。さらに，円板は遠心力によって蒸気を半径方向外向きに移動させるから，第8・11図に示すように蒸気は仕切板で囲まれた空間内を循環する。この円板による**遠心ポンプ作用**(centrifugal pumping action)に要する動力も損失となる。この摩擦損失とポンプ作用による損失を合わせて**翼車回転損失**(rotation loss of turbine wheel)という。

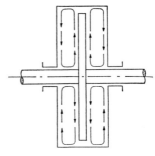

第8・11図　回転翼車円板

次に，蒸気の比容積が非常に小さい衝動タービンの高圧段では蒸気の所要流路面積が小さくなるから，ノズル環(nozzle ring)全周にわたってノズルを設けるいわゆる**全周流入**(full peripheral admission または full admission)を採用すると，翼車直径が速度比によっておさえられているためノズル高さも動翼高さも非常に低くなり性能上好ましくない。何故なら，ノズルや動翼が小さいと流路が狭くなって摩擦損失が増加し，また反動タービンほどではないが通過蒸気流量に対する動翼先端漏えい蒸気量の割合も増加するからである。したがって，適当なノズルおよび動翼の高さを維持するためには第8・12図に示すようにノズル数を減少して**部分流入**(partial admission)を採用しなければならない。この場合，ノズルのない部分では動翼は仕事をせずに蒸気をかく

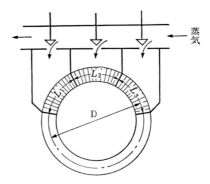

第8・12図　蒸気の部分流入

はんするだけであるから，このかくはん作用(fanning action)に要する動力は損失となる。この部分流入による損失を**換気損失**または**通風損失**(windage loss)と呼んでいる。この通風損失に翼車回転損失を加えたものを一般に**回転損失**という。

翼車回転損失は主として蒸気の状態，特に蒸気の密度，翼車円板表面の粗さ

の程度,円板の直径,周速度などによって影響を受け,通風損失はさらに翼高さ,部分流入の程度,カーチス段では動翼列数,などによって影響を受ける。このように回転損失は多くの因子によって左右されるため,従来から多くの実験的研究が行われてきており,種々の実験式が与えられている。次式は代表的な Stodola の式などをまとめたものである。

$$N_r = \lambda \cdot \alpha \{1.46D^2 + 0.83n(1-\varepsilon)D \cdot l^{1.5}\}\frac{c^3}{10^6}\rho \quad (PS) \qquad (8\cdot 18)$$

ここで,

N_r＝回転損失動力　（PS）

λ＝蒸気の状態による補正係数で,レヴィッキィ(Lewicki)によると 300°C 以上の過熱蒸気や真空中のときには 1.0,大気圧での過熱蒸気では 1.2,飽和蒸気では 1.3〜1.5 である。また湿り蒸気に対してモイヤー(Moyer)は $\lambda=1+25y^2$ を与えている(y は湿り度)。

α＝翼車の周囲の広さによって定まる定数で,一般に 0.25〜0.5 の値をとる。翼車と仕切板との隙間が小さいほど,ポンプ作用による蒸気の流れが制限されるためにこの値は小さくなる。

D＝翼車平均直径（m）

n＝翼列数に対する補正係数で,ケール(Kerr)によると 1 列翼車で 1.0,2 列翼車で 1.23,3 列翼車で 1.8,4 列翼車で 2.9 である。

ε＝**部分流入比**（ratio of arc admission），すなわち全円周に対するノズル円弧の長さの比である。第 8・12 図において $\sum L/(\pi \cdot D)$ で計算される。

l＝翼高さ（cm）

c＝翼車平均周速度（m/s）

ρ＝蒸気の密度（kg/m³）

である。

この N_r (PS) に 0.7355 を掛ければ N_r(kW) となる。

部分流入段のノズルの無い部分には,通風損失を少なくするために,第 8・13 図に示す**通風防止環** (shield ring)（または**翼保護片** (blade shields)）が翼を囲むようにして設けられている。同図(a)は通風防止環が車室と一体に鋳造さ

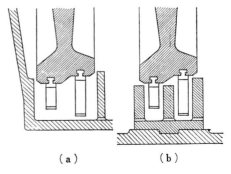

第 8・13 図　部分流入のカーチス段における通風防止環

れている場合を，(b)は独立した通風防止環が車室に取り付けられている場合をそれぞれ示している。

衝動タービンの翼車にあけられた圧力平衡孔は，回転損失にほとんど影響を与えない。また，円板形翼車を用いず，回転ドラムに直接動翼が植え込まれている反動タービンにおいてはドラムの摩擦損失は非常に小さく，さらに全周流入であることから回転損失は無視できる。

式 (8・18) には部分流入比 ε が含まれているが，部分流入比が同じであってもノズルの配置によって損失の値が異なるという結果が，エッケルト (Ackert) らの単段落の空気タービンによる実験から明らかにされた。第 8・14 図は $\varepsilon = 0.5$ のときノズルの配置が図のような 4 種類の場合において，理論出口蒸気速度を用いた速度比の逆数と線図効率の関係を示しており，さらに全周流入の場合と比較している。これによると，ノズルの組数（セグメント数）が増すほど効率の低下は著しい。したがって，部分流入の場合はできるだけノズルを全周に分配せずに 1 カ所にまとめた方がよい。

また，Faltin によると通風損失は翼の角度によっても影響を受ける。

最後に，この回転損失について特に注意しなければならないことは，この損失が蒸気密度に比例することで，多段落の蒸気タービンではこの影響が著しい。

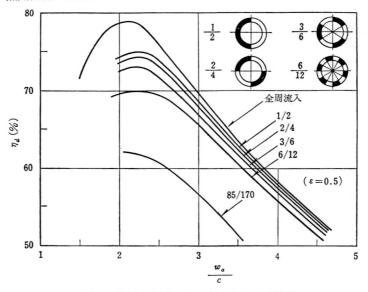

第 8・14 図　ノズルの配置と線図効率の関係

いま，タービン入口の蒸気圧力を6MPa，最終段出口の圧力を0.005MPaとすれば，その圧力のときのかわき飽和蒸気の密度はそれぞれ30.828kg/m³，0.035 468kg/m³となり単純に計算しても高圧段の回転損失は低圧段のそれの約870倍にも達する。したがって，高圧翼車の回転損失を減少させることが必要となってくる。

次に，回転損失の特別な場合は翼車の逆回転のときに生じる。舶用主機タービンでは一般に，低圧タービンと後進タービンが同一軸に設けられており，前進運転時には後進タービンが，そして後進運転時には高，低圧タービンがそれぞれ排気圧力の蒸気中で逆回転をする。このときの回転損失をふつう，**空転損失**と呼んでいる。Stodolaは空気中で翼車を回転させる実験から，逆回転のときは正回転のときの5～6倍の動力が必要であり，翼車を囲うとそれは約1.2倍の動力に減少することを示した。

この空転損失に対して，Churchは次の実験式を与えている。

$$N_r = \frac{X}{v}\left(\frac{N}{1\ 000}\right)^3 \quad (\text{kW, PS}) \tag{8・19}$$

ここで，

N_r＝空転損失動力　(kW, PS)

N＝翼車回転数　(rpm)

$X = \sum \dfrac{C}{1.70}\left(\dfrac{D}{100}\right)^3 l^2,$　(1.70の代わりに1.25を用いればN_r(PS)となる)

D＝翼車平均直径　(cm)

l＝翼高さ　(cm)

v＝蒸気比容積　(m³/kg)

C＝翼の形状や角度によって定まる定数で，一般に0.7～1.0の値をとる。

である。

G. E社によると，後進運転時における高・低圧タービンの空転損失は前進全出力の4～8％であり，前進運転時における後進タービンの空転損失は前進全出力の0.5～1.5％である。

8・2　外部損失

8・2・1　外部漏えい損失(external leakage loss)

⑴　漏えい損失仕事

いま，第8・15図に示すクロスコンパウンド形の舶用蒸気タービンにおい

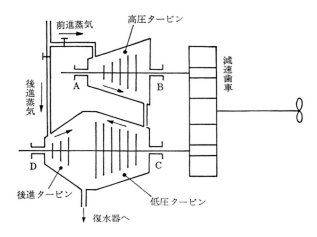

第8・15図 外部漏えい損失

て，低圧タービンの排気側に後進タービンを設け，その蒸気の流動方向を低圧タービンのそれと逆にしている場合を考える。前進運転時には高圧タービン車室内と低圧タービンの蒸気入口側の車室内は一般に大気圧以上であり，復水器に連絡している低圧タービンの排気側の車室内は大気圧以下であるから，タービン軸が車室と貫通している部分（これを**グランド** gland と呼ぶ）A，B，Cでは蒸気が大気へ漏出し，グランドDでは空気が車室へ漏入しようとする。一方，後進運転時には後進タービンの蒸気入口側の車室内のみが大気圧以上で，それ以外の車室内部は大気圧以下であるから，グランドDで蒸気の漏出，グランドA，B，Cで空気の漏入が生じる。この大気へ漏出する蒸気はすべて損失となり[脚注]，車室へ漏入する空気は排気圧力（復水器圧力）を高くして効率および出力を低下させる。特に，グランドからの蒸気の漏えいによる損失を**外部漏えい損失**または**グランド漏えい損失**（gland leakage loss）と呼んでいる。いま，この漏えい蒸気量を $\Delta \dot{m}$ (kg/s)，全蒸気量を $\dot{m}$ (kg/s)，有効熱落差を H_e とすれば，蒸気1kg当たりの漏えい損失仕事 Z_l（J/kg）は式（8・9）と同様に次式で表される。

$$Z_l = \frac{\Delta \dot{m}}{\dot{m}} H_e \text{ (J/kg)} \qquad (8・20)$$

(2) ラビリンスパッキンからの蒸気の漏えい

脚注）実際には，高圧の漏えい蒸気は適応する圧力の途中の段落に導いたり，より低圧のグランドのパッキン蒸気として使うなどして，有効に利用される。

第8章 諸 損 失

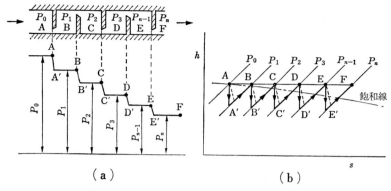

第8・16図 ラビリンスパッキンの作用原理

　グランドにおける漏えい量を減少させる気密装置にはラビリンスパッキン，炭素パッキン，水封じパッキンの3種類があり，それぞれの構造の詳細は後述するが最も代表的なものはラビリンスパッキン（labyrinth packing）である。ラビリンスパッキンは蒸気が高圧側から低圧側に向かって流れるとき，その間の通路に絞り部と拡がり部を交互に多数設けることによって，各絞り部の圧力降下を小さくし蒸気通過量すなわち漏えい量を減少させようとするものである。

　第8・16図によってこのラビリンスパッキンの作用原理を説明する。同図(a)はパッキンの略図とそれに対応する圧力の変化を表しているが，この図においてA点の圧力 P_0 の蒸気は絞り部出口 A′ で圧力 P_1 まで降下して拡がり部Bに流入する。このとき同図(b)の h-s 線図で示すように，蒸気は絞り部で理想的には理論断熱膨張（AA′ の変化）脚注 して速度を増し，エンタルピを減少させるけれども，次の拡がり部でその速度エネルギはうず流れとなって失われ，その際の熱量が蒸気を加熱して圧力 P_1 のままでエントロピが増大しB点の状態になる（A′Bの変化）。後続の各絞り部と拡がり部においても同様の変化を繰り返して，結局各拡がり部の蒸気の状態，A，B，……，F点は h-s 線図の等エンタルピ線上で表される。すなわち，絞りによってパッキン入口と出口の蒸気のエンタルピはほとんど変わらない。なお，A点が一点鎖線で示す飽和線上またはその近くの湿り域にあれば，絞りが続くにしたがって蒸気は過熱域に入ってくる。

　このラビリンスパッキンにおける漏えい蒸気量を求める式は多くの研究者によって発表されているが，Stodola によって理論的に求められた代表的な近似

脚注）実際には，各絞り部で摩擦損失があるために蒸気は h-s 線図の破線で示すような不可逆断熱膨張をする。

計算式を次に示す。

① 各絞り部における圧力比が臨界圧力比以上の場合

(軸流形ラビリンスパッキン)

条件式　$\dfrac{P_n}{P_0} > \dfrac{0.91}{\sqrt{1.5+n}}$　　　　　　　　　　　(8・21)

$$\Delta\dot{m} = \phi \cdot S \sqrt{\dfrac{P_0{}^2 - P_n{}^2}{n \cdot P_0 \cdot v_0}} \quad \text{(kg/s)} \qquad (8 \cdot 22)$$

(半径流形ラビリンスパッキン)

条件式　$\dfrac{P_n}{P_0} > \dfrac{0.91}{\sqrt{2.5+(n-1)r_n/r_1}}$　　　　　　(8・23)

$$\Delta\dot{m} = \phi \sqrt{\dfrac{(P_0{}^2 - P_n{}^2)S_1 \cdot S_n}{n \cdot P_0 \cdot v_0}} \quad \text{(kg/s)} \qquad (8 \cdot 24)$$

② 最後の絞り部における圧力比が臨界圧力比以下の場合

(軸流形ラビリンスパッキン)

条件式　$\dfrac{P_n}{P_0} \leqq \dfrac{0.91}{\sqrt{1.5+n}}$　　　　　　　　　　(8・25)

$$\Delta\dot{m} = \phi \cdot S \sqrt{\dfrac{1}{1.5+n} \cdot \dfrac{P_0}{v_0}} \quad \text{(kg/s)} \qquad (8 \cdot 26)$$

(半径流形ラビリンスパッキン)

条件式　$\dfrac{P_n}{P_0} \leqq \sqrt{\dfrac{0.91}{2.5+(n-1)r_n/r_1}}$　　　　(8・27)

$$\Delta\dot{m} = \phi \cdot S_n \sqrt{\dfrac{1}{2.5+(n-1)r_n/r_1} \cdot \dfrac{P_0}{v_0}} \quad \text{(kg/s)} \qquad (8 \cdot 28)$$

ここで，$P_0 =$ パッキン入口圧力(Pa)，$P_n =$ パッキン出口圧力(Pa)，$n =$ 絞り部の数，$\Delta\dot{m} =$ 漏えい蒸気量 (kg/s)，$\phi =$ 流量係数，$v_0 =$ パッキン入口蒸気の比容積(m^3/kg)，$S =$ 軸流形ラビリンスパッキンの絞り部隙間面積(m^2)，S_1, $S_n =$ 半径流形ラビリンスパッキンの1番目（入口）および n 番目（出口）の絞り部隙間面積 (m^2)，r_1, $r_n =$ 半径流形ラビリンスパッキンの1番目（入口）および n 番目（出口）の絞り部の半径方向位置(m)

流量係数 ϕ の値はラビリンスの構造によって異なり，ふつう $0.8 \sim 0.9$ の値をとるが，Flügel は一般に $\phi = 1$ とおけばよいとしている。

上式より，蒸気条件が一定ならば漏えい蒸気量は隙間面積に比例し，絞り部の数の平方根に反比例することがわかる。一般に，各絞り部における圧力比は臨界圧力比以上であるのでほとんど，式(8・22)または式(8・24)が用いられるが，パッキン入口と出口の圧力差が大きいときにはしばしば最後の絞り部にお

ける圧力比が臨界圧力比以下になることがある。この場合には，式 (8・26) または式 (8・28) を用いる。

なお，式(8・21)～式(8・28)はかわき飽和蒸気に対するもので，過熱蒸気に対しては式中の数値0.91を0.81に，1.5を1.2にそして2.5を2.2にすればよい。

また，Martin は次のような理論式を与えている。

$$\Delta \dot{m} = S \sqrt{\frac{1-(P_n/P_0)^2}{n-\ln(P_n/P_0)} \cdot \frac{P_0}{v_0}} \qquad \text{(kg/s)} \qquad\qquad (8 \cdot 29)$$

式中の記号は Stodola の式と同じである。この Martin の式は圧力比がそれほど大きくなければ実際とよく合う。

重力単位系では，式(8・20)～式(8・29)は次のようになる。ただし，条件式は同じである。

$$A \cdot Z_l = \frac{\Delta G}{G} \cdot H_e \qquad \text{(kcal/kgf)} \qquad\qquad (8 \cdot 20)'$$

$$\Delta G = \phi \cdot S \sqrt{\frac{g(P_0{}^2 - P_n{}^2)}{n \cdot P_0 \cdot v_0}} \qquad \text{(kgf/s)} \qquad\qquad (8 \cdot 22)'$$

$$\Delta G = \phi \sqrt{\frac{g(P_0{}^2 - P_n{}^2)S_1 \cdot S_n}{n \cdot P_0 \cdot v_0}} \qquad \text{(kgf/s)} \qquad\qquad (8 \cdot 24)'$$

$$\Delta G = \phi \cdot S \sqrt{\frac{g}{1.5+n} \cdot \frac{P_0}{v_0}} \qquad \text{(kgf/s)} \qquad\qquad (8 \cdot 26)'$$

$$\Delta G = \phi \cdot S_n \sqrt{\frac{g}{2.5+(n-1)r_n/r_1} \cdot \frac{P_0}{v_0}} \qquad \text{(kgf/s)} \qquad\qquad (8 \cdot 28)'$$

$$\Delta G = 3.13 S \sqrt{\frac{1-(P_n/P_0)^2}{n-\ln(P_n/P_0)} \cdot \frac{P_0}{v_0}} \qquad \text{(kgf/s)} \qquad\qquad (8 \cdot 29)'$$

ここで，A=仕事の熱当量 (kcal/(kgf・m))，g=重力加速度 (m/s²)，G，ΔG=重量流量 (kgf/s) で，各量の単位は，P_0, $P_n=$〔kgf/m²〕，$v_0=$〔m³/kgf〕，$Z_l=$〔kgf・m/kgf〕，$H_e=$〔kcal/kgf〕である。

注 式 (8・21)～式 (8・28) の誘導

菅原は Stodola による式を以下のようにして求めた。

① ラビリンスパッキンの絞り部の数が多い場合には，各絞り部の前後における圧力差が小さく，そのときの圧力比は臨界圧力比以上になる。各絞り部における変化は断熱変化であると見なして，式 (6・14) を再掲する。

$$P \cdot v^k = C \qquad (C=定数) \qquad\qquad\qquad (a)$$

いま，絞り部の数が n 個であるラビリンスパッキンの入口から i 番目の絞り部における流出速度 w_i は式 (6・17) より次のように表される。

$$w_i = \sqrt{\frac{2k}{k-1} \cdot P_{i-1} \cdot v_{i-1}\left\{1-\left(\frac{P_i}{P_{i-1}}\right)^{\frac{k-1}{k}}\right\}} \qquad \text{(m/s)} \qquad\qquad (b)$$

ここで，P_{i-1}(Pa) および v_{i-1}(m³/kg) はそれぞれ i 番目の絞り部入口における圧力および比容積であり，P_i(Pa)は i 番目の絞り部出口における圧力である。菅原は添字

第 8 章　諸　損　失

i を i 番目の絞り部入口を表しているが，w_i を出口速度にするためにここでは出口を表すものとする。

また，式(a)より次の関係が得られる。

$$v_i = (P_{i-1}/P_i)^{\frac{1}{k}} v_{i-1} \qquad (\text{m}^3/\text{kg})$$

ここで，v_i は i 番目の絞り部出口における比容積である。

したがって，絞り部出口隙間面積を $S_i(\text{m}^2)$，流動抵抗，流入速度および縮流などを考慮した流量係数を ϕ_i とすれば漏えい蒸気量 $\Delta \dot{m}(\text{kg/s})$ は次式で表される。

$$\Delta \dot{m} = \phi_i \cdot \frac{S_i \cdot w_i}{v_i} = \phi_i \cdot \frac{S_i \cdot w_i}{v_{i-1}} \left(\frac{P_i}{P_{i-1}} \right)^{\frac{1}{k}}$$

$$= \phi_i \cdot S_i \sqrt{\frac{2k}{k-1} \cdot \frac{P_{i-1}}{v_{i-1}} \left\{ \left(\frac{P_i}{P_{i-1}} \right)^{\frac{2}{k}} - \left(\frac{P_i}{P_{i-1}} \right)^{\frac{k+1}{k}} \right\}} \qquad (\text{kg/s}) \qquad (\text{d})$$

また，上式を次のように書き替える。

$$\frac{\Delta \dot{m}^2}{\phi_i{}^2 \cdot S_i{}^2 \cdot P_i{}^2{}_{-1}} = \frac{2k}{k-1} \cdot \frac{1}{P_{i-1} \cdot v_{i-1}} \left\{ \left(\frac{P_i}{P_{i-1}} \right)^{\frac{2}{k}} - \left(\frac{P_i}{P_{i-1}} \right)^{\frac{k+1}{2}} \right\} \qquad (\text{e})$$

一方，熱力学の第 2 基礎式 $dq = dh - v \cdot dP$ に断熱変化の条件 $dq = 0$ および式(a)を用いると，$h = \dfrac{k}{k-1} \cdot P \cdot v + C'$　($C' = $ 定数) となる。絞りは等エンタルピ変化（$h = $ 一定）であるから，結局，次の関係が得られる。

$$P \cdot v = C'' \qquad (C'' = \text{定数}) \tag{f}$$

いま，$P_i = P_{i-1} + \Delta P$ とおくと，

$$\left(\frac{P_i}{P_{i-1}} \right)^{\frac{2}{k}} = \left(1 + \frac{\Delta P}{P_{i-1}} \right)^{\frac{2}{k}} = 1 + \frac{2}{k} \left(\frac{\Delta P}{P_{i-1}} \right) + \frac{1}{2} \cdot \frac{2}{k} \left(\frac{2}{k} - 1 \right) \left(\frac{\Delta P}{P_{i-1}} \right)^2 + \cdots \cdots$$

$$\left(\frac{P_i}{P_{i-1}} \right)^{\frac{k+1}{k}} = \left(1 + \frac{\Delta P}{P_{i-1}} \right)^{\frac{k+1}{k}} = 1 + \frac{k+1}{k} \left(\frac{\Delta P}{P_{i-1}} \right) + \frac{1}{2} \cdot \frac{k+1}{k} \left(\frac{k+1}{k} - 1 \right) \left(\frac{\Delta P}{P_{i-1}} \right)^2 + \cdots \cdots$$

となり，$\Delta P / P_{i-1}$ の 2 乗以上の項を無視すると次式のようになる。

$$\left(\frac{P_i}{P_{i-1}} \right)^{\frac{2}{k}} - \left(\frac{P_i}{P_{i-1}} \right)^{\frac{k+1}{k}} = -\frac{k-1}{k} \cdot \frac{\Delta P}{P_{i-1}} \tag{g}$$

この式(g)および $P_{i-1} \cdot v_{i-1} = P_0 \cdot v_0$ の関係を式(e)に代入すると，

$$\frac{\Delta \dot{m}^2}{\phi_i{}^2 \cdot S_i{}^2 \cdot P_i{}^2{}_{-1}} = -\frac{2}{P_0 \cdot v_0} \cdot \frac{\Delta P}{P_{i-1}} \tag{h}$$

となる。ここで，$P_0(\text{Pa})$，$v_0(\text{m}^3/\text{kg})$ はそれぞれラビリンスパッキン入口における圧力および比容積である。

上式を全絞り部について加え，流量係数 ϕ_i が各絞り部において同一（$\phi_1 = \phi_2 = \cdots \cdots = \phi_n = \phi$）であるとすれば，

$$\frac{\Delta \dot{m}^2}{\phi^2} \sum_{i=1}^{n} \frac{1}{S_i{}^2} = -\frac{2}{P_0 \cdot v_0} \sum_{i=1}^{n} P_{i-1} \cdot \Delta P$$

の関係が得られる。絞り部の数が多いときは $\displaystyle\sum_{i=1}^{n} P_{i-1} \cdot \Delta P = \int_{P_0}^{P_n} P \cdot dP$ とおくことができる。

故に，

第8章 諸 損 失　　303

$$\frac{\Delta\dot{m}^2}{\phi^2}\sum_{}^{n}\frac{1}{S_i{}^2}=-\frac{2}{P_0\cdot v_0}\int_{P_0}^{P_n}P\cdot dP=\frac{P_0{}^2-P_n{}^2}{P_0\cdot v_0}$$

または，

$$\Delta\dot{m}=\phi\sqrt{\frac{P_0{}^2-P_n{}^2}{P_0\cdot v_0}\cdot\frac{1}{\sum_{}^{n}1/S_i{}^2}}\qquad(\mathrm{kg/s})\tag{i}$$

となる。

　ⓐ　絞り部が軸方向に配列されている軸流形ラビリンスパッキンの場合は，各絞り部の半径方向隙間が一定であると見なせば隙間面積は同一である。すなわち，

$$\sum_{}^{n}1/S_i{}^2=n/S^2,\quad(S_1=S_2=\cdots\cdots=S_n=S)\tag{j}$$

となるから，式(i)より式 (8・22) が得られる。

$$\Delta\dot{m}=\phi\cdot S\sqrt{\frac{P_0{}^2-P_n{}^2}{n\cdot P_0\cdot v_0}}\qquad(\mathrm{kg/s})\tag{8・22}$$

　ⓑ　一方，絞り部が半径方向に配列されている半径流形ラビリンスパッキンの場合は，各絞り部の軸方向隙間が一定であると見なせば，隙間面積は半径に比例する。いま，半径 $r_1\,(\mathrm{m})$ から $r_n\,(\mathrm{m})$ の間に絞り部が n 個設けられ，各絞り部の軸方向隙間を δ (m) とすれば，半径 r の位置にある絞り部の隙間面積 $S\,(\mathrm{m}^2)$ は $S=2\pi\cdot r\cdot\delta$ で表される，したがって，

$$\sum_{}^{n}\frac{1}{S_i{}^2}=\frac{1}{4\pi^2\cdot\delta^2}\sum_{}^{n}\frac{1}{r_i{}^2}=\frac{1}{4\pi^2\cdot\delta^2}\cdot\frac{1}{\Delta r}\sum_{}^{n}\frac{\Delta r}{r_i{}^2}\fallingdotseq\frac{1}{4\pi^2\cdot\delta^2}\cdot\frac{n}{r_n-r_1}\int_{r_1}^{r_n}\frac{dr}{r^2}$$

故に，

$$\sum_{}^{n}\frac{1}{S_i{}^2}=\frac{1}{4\pi^2\cdot\delta^2}\cdot\frac{n}{r_1\cdot r_n}=\frac{n}{S_1\cdot S_n}\tag{k}$$

となるから，式(i)より式 (8・24) が得られる。

$$\Delta\dot{m}=\phi\sqrt{\frac{(P_0{}^2-P_n{}^2)S_1\cdot S_n}{n\cdot P_0\cdot v_0}}\qquad(\mathrm{kg/s})\tag{8・24}$$

　②　次に，ラビリンスパッキンの絞り部の数が少ない場合には，ふつう最後の絞り部の圧力比のみが臨界圧力比以下となる。したがって，最後の n 番目の絞り部についてのみ考え，そこにおける流出速度 $w_n\,(\mathrm{m/s})$ は臨界速度 w_c となるので，式(6・25)より次のように表される。

$$w_n=\sqrt{\frac{2k}{k+1}\cdot P_{n-1}\cdot v_{n-1}}\qquad(\mathrm{m/s})\tag{l}$$

ここで，$P_{n-1}\,(\mathrm{Pa})$ および $v_{n-1}\,(\mathrm{m}^3/\mathrm{kg})$ はそれぞれ最後の n 番目の絞り部入口における圧力および比容積である。

　したがって，漏えい蒸気量 $\Delta\dot{m}\,(\mathrm{kg/s})$ は式(6・23)を用いて次式のように表される。

$$\Delta\dot{m}=\phi_n\cdot\frac{S_n\cdot w_n}{v_n}=\phi_n\cdot\frac{S_n\cdot w_n}{v_{n-1}}\left(\frac{P_n}{P_{n-1}}\right)^{\frac{1}{k}}=\phi_n S_n\sqrt{\frac{2k}{k+1}\cdot\frac{P_{n-1}}{v_{n-1}}\left(\frac{2}{k+1}\right)^{\frac{2}{k-1}}}$$

または，

$$\Delta\dot{m}=\phi_n\cdot S_n\cdot P_{n-1}\sqrt{\frac{2k}{k+1}\left(\frac{2}{k+1}\right)^{\frac{2}{k-1}}\frac{1}{P_0\cdot v_0}}\qquad(\mathrm{kg/s})\tag{m}$$

　最後の絞り部を除く $(n-1)$ 個の絞り部に対しては，式(i)が適用されるから漏えい

蒸気量 $\Delta\dot{m}$ は次のようにも表される。

$$\Delta\dot{m}=\phi\sqrt{\frac{P_0{}^2-P_n{}^2{}_{-1}}{P_0\cdot v_0}\cdot\frac{1}{\sum\limits^{n-1}1/S_i{}^2}}\qquad\text{(kg/s)}\tag{n}$$

いま，$\phi_n=\phi$ とすれば，式(m)，(n)から次式が得られる。

$$S_n{}^2\cdot P_n{}^2{}_{-1}\cdot\frac{2k}{k+1}\left(\frac{2}{k+1}\right)^{\frac{2}{k-1}}\frac{1}{P_0\cdot v_0}=\frac{P_0{}^2-P_n{}^2{}_{-1}}{P_0\cdot v_0}\cdot\frac{1}{\sum\limits^{n-1}1/S_i{}^2}$$

$$P_n{}^2{}_{-1}\cdot S_n{}^2\cdot k\left(\frac{2}{k+1}\right)^{\frac{k+1}{k-1}}\sum^{n-1}\frac{1}{S_i{}^2}=P_0{}^2-P_n{}^2{}_{-1}$$

故に，

$$P_n{}^2{}_{-1}=\frac{P_0{}^2}{1+k\left(\dfrac{2}{k+1}\right)^{\frac{k+1}{k-1}}\cdot S_n{}^2\cdot\sum\limits^{n-1}1/S_i{}^2}\tag{o}$$

この式(o)を式(m)に代入して整理すると，

$$\Delta\dot{m}=\phi\cdot S_n\sqrt{\frac{1}{\dfrac{1}{k}\left(\dfrac{k+1}{2}\right)^{\frac{k+1}{k-1}}+S_n{}^2\cdot\sum\limits^{n-1}1/S_i{}^2}\cdot\frac{P_0}{v_0}}\qquad\text{(kg/s)}\tag{p}$$

となる。かわき飽和蒸気に対する断熱指数 $k=1.135$ を用いると，$\dfrac{1}{k}\left(\dfrac{k+1}{2}\right)^{\frac{k+1}{k-1}}\fallingdotseq 2.5$ であるから，式(p)は次のようになる。

$$\Delta\dot{m}=\phi\cdot S_n\sqrt{\frac{1}{2.5+S_n{}^2\cdot\sum\limits^{n-1}1/S_i{}^2}\cdot\frac{P_0}{v_0}}\qquad\text{(kg/s)}\tag{q}$$

ⓐ ①と同様に，軸流形ラビリンスパッキンの場合は，

$$S_n{}^2\cdot\sum^{n-1}1/S_i{}^2=S^2(n-1)/S^2=n-1\tag{r}$$

の関係があるから，式(q)より式 (8・26) が得られる。

$$\Delta\dot{m}=\phi\cdot S\sqrt{\frac{1}{1.5+n}\cdot\frac{P_0}{v_0}}\qquad\text{(kg/s)}\tag{8・26}$$

ⓑ また，半径流形ラビリンスパッキンの場合は，

$$S_n{}^2\cdot\sum^{n-1}1/S_i{}^2\fallingdotseq S_n{}^2\cdot\frac{n-1}{S_1\cdot S_n}=(n-1)\frac{S_n}{S_1}=(n-1)\frac{r_n}{r_1}\tag{s}$$

の関係から，式(q)より式 (8・28) が得られる。

$$\Delta\dot{m}=\phi\cdot S_n\sqrt{\frac{1}{2.5+(n-1)r_n/r_1}\cdot\frac{P_0}{v_0}}\qquad\text{(kg/s)}\tag{8・28}$$

③ 最後に，ラビリンスパッキンの最後の絞り部における圧力比が臨界圧力比よりも高いかあるいは低いかを知るための条件式を誘導する。いま，最後の絞り部における圧力比が臨界圧力比になるときの圧力 P_n を P_c とすれば，かわき飽和蒸気に対しては $P_c=0.577\,4P_{n-1}$ で表される。この関係を式(o)に代入する。

$$P_c=0.577\,4\,P_{n-1}=\frac{0.577\,4\,P_0}{\sqrt{1+\dfrac{S_n{}^2}{2.5}\cdot\sum\limits^{n-1}1/S_i{}^2}}$$

故に，

第8章　諸　損　失

$$P_c = \frac{0.91 P_0}{\sqrt{2.5 + S_n{}^2 \cdot \sum\limits^{n-1} 1/S_i{}^2}} \quad \text{(Pa)} \qquad\qquad\qquad\text{(t)}$$

したがって，式(r)または式(s)を用いて，

$$\frac{P_n}{P_0} > \frac{0.91}{\sqrt{1.5+n}} \qquad \text{(軸流形)} \qquad\qquad\qquad (8 \cdot 21)$$

$$\frac{P_n}{P_0} > \frac{0.91}{\sqrt{2.5+(n-1)r_n/r_1}} \qquad \text{(半径流形)} \qquad\qquad (8 \cdot 23)$$

ならばすべての絞り部の圧力比が臨界圧力比以上である。また，

$$\frac{P_n}{P_0} \leqq \frac{0.91}{\sqrt{1.5+n}} \qquad \text{(軸流形)} \qquad\qquad\qquad (8 \cdot 25)$$

$$\frac{P_n}{P_0} \leqq \frac{0.91}{\sqrt{2.5+(n-1)r_n/r_1}} \qquad \text{(半径流形)} \qquad\qquad (8 \cdot 27)$$

ならば最後の絞り部の圧力比が臨界圧力比か，または臨界圧力比以下である。

　なお，過熱蒸気に対しては，断熱指数 $k=1.3$ および $P_c=0.545\ 7P_{n-1}$ を用いて計算すれば本文に示した数値が得られる。

　Stodola および菅原は式(q)を求めるために $k=1.135$ を用い，そして条件式を求めるために $P_c=0.54P_{n-1}$ を用いている。したがって，本書の 0.91 に相当する数値は 0.85 となる。

(3)　炭素パッキンと水封じパッキン

　炭素パッキン(carbon packing)は黒鉛（グラファイト）(graphite)を多く含んだ摩擦係数の小さい炭素環（carbon ring）を円弧状に 2 ～ 6 個分割して軸に抱かせ，その外周に設けたコイル状または板状のばねによって保持して蒸気の漏れを防止しようとするものである。この炭素環は軸とすり合わされているが，わずかの半径方向の隙間がある。したがって，漏れ量は次の水封じパッキンのようにゼロとはならないがラビリンスパッキンよりははるかに少ない。

　炭素パッキンにおける漏えい量を求めるにはふつう式 (8・22) を用い，式中の n は炭素環の数を表す。隙間 δ は Church によると $\delta \fallingdotseq 0.05$ mm，Flügel によると $\delta \fallingdotseq 3d \times 10^{-4}$ (mm)（d：パッキンの直径 mm）であり，隙間面積 S は $S = \pi \cdot d \cdot \delta$ から求まる。

　炭素環 1 個で耐えられる圧力差は柴山によると高圧用で約 0.2 MPa{2kgf/cm²}，低圧用（真空用）で 0.03～0.04 MPa{0.3～0.4kgf/cm²} である。したがって，この値から必要な炭素環の数が求められる。

　このパッキンは単独でまたは蒸気側に設けられたラビリンスパッキンと併用して用いられるが，蒸気温度が高く，軸の周速度が大きい場合[脚注]は炭素環が軸に焼き付いたり，軸を浸炭したりするおそれがあるから大形タービンにはほ

脚注）Church は炭素パッキンを用いる限度値として，車室温度470°C，軸径250mm，軸の周速度50m/s をそれぞれ示している。

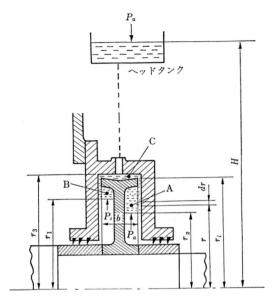

第8・17図　水封じパッキンの略図

とんど用いられず，もっぱら小形タービンに利用される。

　水封じパッキン (water-sealed packing) は第8・17図に示すように，車軸に小さな遠心ポンプの羽根車 (impeller) を取り付け，それを囲んだ水封じ室の中へ水を導くようにしたもので，羽根車の回転によって水封じ室の円周に圧縮された水層をつくって蒸気の漏えいを防止する。使用する水は，水封じ室内にスケールが付着したり，蒸発した蒸気の不純物がタービン内の蒸気に混入するおそれがあるから必ず純水を使わなければならない。

　水封じパッキンは蒸気の漏えい量を完全にゼロにすることができるが，回転数が低下すると十分な水層をつくることができずその機能を果たさないので，常に蒸気側に設けたラビリンスパッキンと併用される。

　水封じパッキンの長所と短所を次に示す。

長所①漏れを完全に防止することができる。

　　　②軸からかなりの量の熱を取り去るために軸から軸受への伝熱量が減少し，軸受の過熱を幾分押えることができる。

短所①水の中で羽根車を回転させる動力損失がある (8・2・2参照)。

　　　②水は羽根車の回転エネルギや軸からの伝熱などによって絶えず加熱され

蒸発するため，常にヘッドタンクから純水の補給やドレンの排出をしなければならず，運転が他のパッキンにくらべてはん雑である。

8・2・2 機械損失(mechanical loss)

(1) 機械損失の概要

タービンの機械損失は次のような各損失の総和として求めることができる。

① 水封じパッキンの動力損失
② 軸受（ジャーナル軸受，スラスト軸受）の摩擦損失
③ タービン直結の潤滑油ポンプ，および調速機などの補機類を駆動するための動力損失
④ 減速歯車の歯面かみあい損失

以上の他，非常にわずかではあるが炭素パッキンの摩擦損失なども考えられる。

以上の各損失を含む機械損失は回転数が一定ならばタービンの負荷には全く無関係であるところから**無負荷損失** (no load loss) または**空転損失**[脚注](no load rotation loss)といわれる。舶用タービンのように回転数が変化する場合，機械損失の損失動力 N_m は次式から得られる。

$$N_m = N_{mo}(N/N_o)^m \tag{8・30}$$

ここで，N_{mo} は定格回転数 N_o における損失動力で，指数 m は Flügel によると経験上 $m = 1.8 \sim 2.0$ である。

第8・1表 機械損失(Flügel による)

出　力　　(kW)		回転数(rpm)	定格出力に対する割合(%)
大　出　力	15 000　以上	普通速度	1〜2
中　出　力	約 5 000〜15 000		1.5〜2.5
小　出　力	1 000	6 000	2.5〜3
	500	7 000	3〜6
	200	8 500	5〜10
	100	10 000	6〜12

機械損失はタービン出力が小さいほど割高になり，Flügelによるとその値はおおよそ第8・1表のようになる。大出力と中出力の値は単室タービンに対するものであるが，多室タービンでは主として軸受数が多いから表の値よりも少

脚注) この語は8・1・6の式 (8・19) で表される空転損失と混同しやすい。

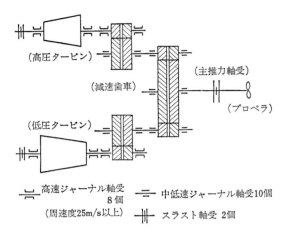

第8・18図 2段減速舶用タービンの軸受配置例(武田による)

し大きくなる。また、普通速度とは1 500〜4 000rpmとみなせばよい。なお、表の機械損失は潤滑油ポンプと調速機の動力損失と軸受の摩擦損失の和であり、もし減速歯車を使用した場合には次の値を加えなければならない。

1段減速（減速比15以下）　1〜3%
2段減速　　　　　　　　 2〜4%

小出力のときは、大きい方の値を用いる。

第8・2表　2段減速舶用蒸気タービンの機械損失の見積り例(武田による)

出力 (PS)		2 600	4 500	12 000	20 000
タービン部	ジャーナル軸受（高速）4個	0.95%	0.62%	0.41%	0.335%
	スラスト軸受 2個	1.35	1.15	0.53	0.46
歯車部	ジャーナル軸受（高速）4個	1.45	1.35	1.02	0.68
	ジャーナル軸受(中低速)10個	0.42	0.37	0.25	0.21
	歯面	0.90	0.87	0.81	0.75
合計		5.07	4.36	3.01	2.435

　武田は第8・18図に示す2段減速舶用蒸気タービンにおける軸受損失（主推力軸受は除く）と歯面損失の見積り例を第8・2表で示している。平均するとジャーナル軸受の損失は損失合計に対して54%、スラスト軸受の損失は22%、そして歯車の損失は24%で、ジャーナル軸受の損失が半分以上を占めている。

第8章 諸損失　　　　309

なお，機械損失は9・1・3の機械効率と密接な関係にある。
(2) 水封じパッキンの動力損失
第8・17図に水封じパッキンの概略を示したが，パッキンの右が大気側で左がタービン側である。いま，タービンの定格回転数以下のある回転数で羽根車が回転しているとき，両側の水の表面はそれぞれ半径 r_1 と r_2 にてつり合っている[脚注]。また，水封じ室の内側の半径 r_3 における圧力はヘッドタンクの水の圧力 $P_a+\rho \cdot g \cdot H$ とつり合っている。したがって，半径 r_1 と r_2 における水面の圧力差 $P_s-P_a=\rho \cdot g \cdot h$ と，半径 r_3 と r_2 における水面の圧力差 $(P_a+\rho \cdot g \cdot H)-P_a=\rho \cdot g \cdot H$ はそれぞれ次式で表される[脚注]。(図では H は軸中心までの水頭としているが，厳密には半径 r_2 の水面までの水頭にしなければならない)。

$$\rho \cdot g \cdot h = P_s - P_a = \frac{\rho}{2}(r_1^2 - r_2^2)\omega^2 \quad (\mathrm{N/m^2}) \qquad (8 \cdot 31)$$

$$\rho \cdot g \cdot H = \frac{\rho}{2}(r_3^2 - r_2^2)\omega^2 \quad (\mathrm{N/m^2}) \qquad (8 \cdot 32)$$

ここで，$r=$半径 (m)，$\rho=$水の密度 (kg/m³)，$\omega=$羽根車の角速度 (rad/s) ($=2\pi \cdot N/60$, N: rpm)，$P_s=$蒸気側の圧力 (Pa)，$P_a=$大気圧 (Pa)，$h=P_s$ と P_a の圧力差の水頭 (m)，$H=$ヘッドタンク水面の水頭 (m)，$g=$重力加速度 (m/s²)である。

この図はタービン側の圧力が大気圧よりも高いとしているが，もしタービン側の蒸気圧が真空であれば両側の水面の高さが逆になるだけである。

次に，水封じパッキンの損失動力は羽根車が水中で回転するときの摩擦仕事に費されるから以下のようにして求めることができる。

摩擦力は羽根車の水との接触面積に比例し，速度の2乗に比例するものとすれば，第8・17図の"A"における微小環状面積 $2\pi \cdot r \cdot dr$ に作用する摩擦力 F_f は，

$$F_f = K(2\pi \cdot r \cdot dr)c^2 \quad (\mathrm{N})$$

となる。$c = r \cdot \omega$ (m/s) は羽根車の周速度であり，K は比例定数で4～8の値をとる。したがって，この微小表面に対する摩擦仕事 dW_f は次式で表さ

脚注) 圧力の平衡が保たれる回転数は一般に定格回転数の約½にしている。

脚注) 右図に示すような水層の単位幅の微小部分をとり，これにかかる力の平衡を考える。微小部分の容積は $r \cdot d\theta \cdot dr$ であるから遠心力は $\rho \cdot \omega^2 \cdot r^2 \cdot d\theta \cdot dr$，外周と内周の円弧の差は $d\theta \cdot dr$ であるから，$(P+dP)(r+dr)d\theta = P \cdot d\theta \cdot dr + P \cdot r \cdot d\theta + \rho \cdot \omega^2 \cdot r^2 \cdot d\theta \cdot dr$ が成り立ち，$dP \cdot dr$ を無視すれば $dP = \rho \cdot \omega^2 \cdot r \cdot dr$ となる。これを r_2 から r_1 まで積分すると式(8・31)が，r_2 から r_3 まで積分すると式(8・32)がそれぞれ得られる。

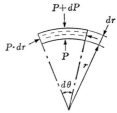

れる。

$$dW_f = F_f \cdot c = K(2\pi \cdot r^4 \cdot \omega^3)dr \qquad (\text{N} \cdot \text{m/s} = \text{J/s} = \text{W})$$

故に，"A" における摩擦仕事は，

$$W_{fA} = K(2\pi \cdot \omega^3)\int_{r_2}^{r_i} r^4 \cdot dr = \frac{2}{5}K \cdot \pi \cdot \omega^3 (r_i{}^5 - r_2{}^5)$$

"B" においては，

$$W_{fB} = K(2\pi \cdot \omega^3)\int_{r_1}^{r_i} r^4 \cdot dr = \frac{2}{5}K \cdot \pi \cdot \omega^3 (r_i{}^5 - r_1{}^5)$$

"C" においては，

$$W_{fC} = K(2\pi \cdot r_i \cdot b)(r_i \cdot \omega)^2 (r_i \cdot \omega) = 2K \cdot \pi \cdot \omega^3 \cdot b \cdot r_i{}^4$$

となるから，全摩擦仕事 $W_f = W_{fA} + W_{fB} + W_{fC}$ は次のようになる。

$$\begin{aligned}
W_f &= 2K \cdot \pi \cdot \omega^3 \left\{\frac{1}{5}(2r_i{}^5 - r_1{}^5 - r_2{}^5) + b \cdot r_i{}^4\right\} \\
&= \frac{K}{140}\left\{\frac{1}{5}(2r_i{}^5 - r_1{}^5 - r_2{}^5) + b \cdot r_i{}^4\right\}N^3 \qquad (\text{W})
\end{aligned} \qquad (8\cdot33)$$

ここで，$r_i =$ 羽根車の半径(m)，$b =$ 羽根車の幅(m) である。

また，Martin は損失動力 N_f に対して次式を与えている。

$$N_f = 5\ 566(2r_i{}^5 - r_1{}^5 - r_2{}^5)(N/1\ 000)^3 \qquad (\text{kW}) \qquad (8\cdot34)$$

ここで，上式の記号，単位は上記の諸式と同じである。

これらの式から，損失動力は羽根車の大きさとタービンの回転数のみによって定まり，タービンの出力とは全く関係のないことがわかる。

重力単位系では，式(8・31)，(8・32)はそれぞれ次のようになる。

$$\gamma \cdot h = P_s - P_a = \frac{\gamma}{2g}(r_1{}^2 - r_2{}^2)\omega^2 \qquad (\text{kgf/m}^2) \qquad (8\cdot31)'$$

$$\gamma \cdot H = \frac{\gamma}{2g}(r_3{}^2 - r_2{}^2)\omega^2 \qquad (\text{kgf/m}^2) \qquad (8\cdot32)'$$

ここで，$g =$ 重力加速度（m/s²），$\gamma =$ 水の比重量（kgf/m³），P_s，$P_a =$ 蒸気側および大気側の圧力（kgf/m²）である。

また，式(8・33)の W_f の単位は重力単位系で kgf・m/s となるから，この損失仕事 W_f を損失熱量 Q_f，損失動力 N_f で表すと次のようになる。

$$Q_f = W_f/427 \qquad (\text{kcal/s})$$

$$N_f = W_f/75 \qquad (\text{PS})$$

式 (8・34) の Martin の式の係数 5 566 を，7 567 に代えると N_f は PS の単位で得られる。

(3) 軸受の摩擦損失

まず，ジャーナル軸受の摩擦力 F_f は，軸受の直径を d(m)，軸受の長さを l (m)，そして平均荷重を P(Pa=N/m²)とすれば，次式で得られる。

第8章　諸　損　失　　311

$$F_f = \mu(d \cdot l) P \quad \text{(N)} \tag{8・35}$$

ここで，μ＝摩擦係数　である。

軸の周速度を　c(m/s)　とすれば，$c = \pi \cdot d \cdot N/60$，$N$ は回転数 (rpm)，であるから摩擦仕事 W_f は，

$$W_f = F_f \cdot c = \mu \cdot \pi \cdot d^2 \cdot l \cdot P \cdot N/60 \quad \text{(W)} \tag{8・36}$$

となる。

摩擦係数 μ の値は，平均荷重，周速度，軸と軸受との隙間，潤滑油の種類(主に粘度)や温度，など種々の原因によって影響を受けるが，一般に $\mu = 0.005 \sim 0.010$ である。ラッシェ(Lasche)はこの μ に対して，$P = 0.1 \sim 1.5\,\text{MPa}\{1 \sim 15\,\text{kgf/cm}^2\}$，軸受温度 $t = 30 \sim 100\,^\circ\text{C}$，$c = 5 \sim 20\,\text{m/s}$ の範囲で実用できる次の実験式を与えている。

$$\left. \begin{aligned} \mu &= 2 \times 10^5/(P \cdot t) \\ &= 2/(p \cdot t) \end{aligned} \right\} \tag{8・37}$$

ここで，$P = [\text{Pa}]$，$p = [\text{kgf/cm}^2]$，$t = [^\circ\text{C}]$ である。

なお，軸受損失に対する実験式は多く発表されているが，ここでは Lasche の式と Martin の式を示す。まず，Lasche の式は，

$$N_f = 10.1\, l \cdot d^2 \cdot N/t \quad \text{(kW)} \tag{8・38}$$

であり，t は潤滑油出口温度($^\circ\text{C}$)である。

Martin の式は，

$$N_f = 9.15\, l \cdot d^2 \cdot N \quad \text{(kW)} \tag{8・39}$$

両式とも，l と d の単位は[m]である。

次に，スラスト軸受に対してはスラストカラーの外径を d_1(m)，内径を d_2 (m)とすれば摩擦力は $F_f = \mu \cdot P \cdot \pi (d_1^2 - d_2^2)/4$ (N)で表され，周速度は $c = \pi \times (d_1 + d_2) N/(2 \times 60)$ (m/s)で表されるから，損失動力 N_f は次のようになる。

$$N_f = \frac{\mu \cdot \pi^2}{0.48}(d_1^2 - d_2^2)(d_1 + d_2) P\left(\frac{N}{1\,000}\right) \quad \text{(W)} \tag{8・40}$$

ここで，$P = [\text{Pa}]$ である。

Church によると，ジャーナル軸受の損失は定格出力の約 0.5% に見積もればよく，舶用主機タービンのスラスト軸受の損失はジャーナル軸受 1 個の損失に等しい，としている。また，Lee はスラスト軸受を含めてタービン内部出力の 1% の損失を仮定すればよい，としている。

8・2・3　最終段からの排気損失

すでに述べたように，最終段以外の段落の動翼流出速度に対するエネルギ損

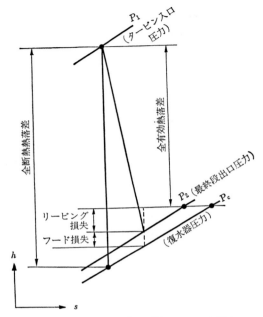

第 8・19 図　リービング損失とフード損失

失は流出損失または排気損失と呼ばれ，この損失の大部分は次の段で利用される．一方，最終段においては流出速度エネルギは全く利用されずにすべて損失となり，これを**リービング損失**と呼んでいる．

　この最終段翼出口における蒸気の運動エネルギに相当するリービング損失に，最終段翼出口から復水器までの排気室の圧力損失すなわち流路抵抗による**フード損失**，流出速度が音速に達したときに発生する**環状面積制限損失**，および低負荷運転の場合に発生する**ターンアップ損失**を加えた損失を**最終段からの排気損失**と呼んでいる．このうち，環状面積制限損失とターンアップ損失は特別な場合に発生するから，最終段からの排気損失はリービング損失とフード損失によってほとんど支配される．この両損失を h-s 線図上で示すと第 8・19 図のようになる．

(1)　**リービング損失**

　リービング損失(leaving loss)は最終段翼出口蒸気の絶対速度を w_2 とすれば，その運動エネルギ $w_2^2/2$ で表される．

　いま，第 8・20 図に示すように，翼出口流路幅を a，翼高さを l とし，翼数

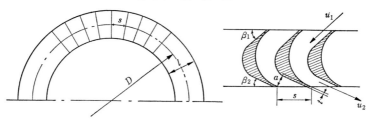

第8・20図　翼流路面積

がnであれば相対速度u_2で流動する蒸気の流路面積Sは$S = n \cdot a \cdot l$で表される。また，翼のピッチs，翼出口厚さtおよび翼出口角β_2との関係，$\sin\beta_2 = (a+t)/s \fallingdotseq a/s$ を用いると $S = n \cdot s \cdot l \cdot \sin\beta_2$ となる。一方，翼車の**ピッチ円直径**（一般に Pitch Circle Diameter の略 PCD で表す）をDとすれば翼出口環状面積S_aは $S_a = \pi \cdot D \cdot l \fallingdotseq n \cdot (s \cdot l)$ であるから，結局流路面積は次式で表される。

$$S = \pi \cdot D \cdot l \cdot \sin\beta_2 = S_a \cdot \sin\beta_2 \qquad (8 \cdot 41)$$

また，最終段の蒸気流量を$\dot{m}$，蒸気の比容積をvとすれば連続の式 $\dot{m} \cdot v = S \cdot u_2$ より次式が得られる。

$$u_2 \cdot \sin\beta_2 = \dot{m} \cdot v / S_a \qquad (8 \cdot 42)$$

上式で，$\dot{m}$, v および S_a が一定であれば，軸方向分速度（軸流速度）$u_2 \cdot \sin\beta_2$ は一定となる。したがって，リービング損失を最小にする出口絶対速度は第8・21図の速度線図において線図ABCのw_2に，すなわち軸流排気にすればよいことがわかる。また，軸流排気にすると排気室における蒸気の旋回流がなく，フード損失も小さくすることができる。

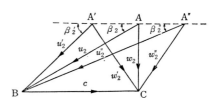

第8・21図　翼出口速度線図（リービング損失を最小にする条件）

しかし，実際にはタービンの負荷は変動するから最終段の圧力比は大きく変化し，それとともに蒸気出口速度も変わってくる。最終段の入口圧力は式(9・30)で示すように蒸気流量にほぼ比例し，出口圧力は復水器の冷却水温度や排気室の形状などによって変化する。そして，最終段のノズルはふつう臨界圧力比のもとで作動するからノズルの圧力比は負荷が変わっても一定であり，したがって段落の圧力比の変化は動翼内のみによって生じ，流出速度に影響を与える。第8・22図の圧力比が変化したときの速度線図において，ノズル出口絶対速度w_1はノズル圧力比が一定で，ノズル入口圧力がほとんど変わらなければ変

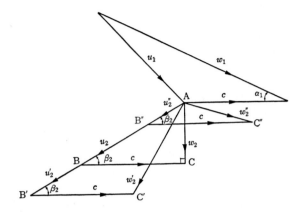

第8・22図　最終段速度線図(圧力比が変化したとき)

わらない。これに対して，翼出口絶対速度は，負荷を増せば蒸気流量が増加し，復水器の真空度を増せば蒸気比容積が大きくなるからいずれの場合も線図 ABC の w_2 から線図 AB'C' の w_2' と大きくなる。さらに出口速度が大きくなって，その軸流速度が出口環状面積に対して音速に達したとき，リービング損失はほぼ一定の最大値になる。そして，さらに流量が増加しても，また復水器の圧力が減少しても段落の圧力比は一定であるからリービング損失にあまり影響しない。

　したがって，復水器の圧力をあまり下げてもリービング損失が増加し，理論的に予測されるだけの効果は得られず，またある限度以下に下げると蒸気流量はもはや増加しなくなるため出力の増加にはならないことがわかる。同図の線図 AB''C'' は負荷が減少したときの線図で，この場合もリービング損失は増加する。

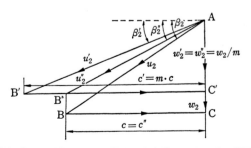

第8・23図　翼車ピッチ円直径および翼高さを変化させたときの翼出口速度線図

第8章 諸 損 失 315

次に，第 8・23 図において，軸流排気の速度線図 ABC を基準とし，ピッチ円直径 D のみを m 倍に，すなわち周速度を m 倍に増加した場合を考える。このとき速度線図は AB′C′ となり次の関係が得られる。

$$c'=m{\cdot}c, \quad w_2'=w_2/m \quad (\because D'=m{\cdot}D, \ S_a'=\pi{\cdot}D'{\cdot}l=m{\cdot}S_a, \ 式 (8 \cdot 42) より$$
$$u_2'{\cdot}\sin \beta_2'=(1/m)u_2{\cdot}\sin \beta_2)$$

したがって，D を m 倍にすればリービング損失は $1/m^2$ に減少することがわかる。

さらに，今度は D の代わりに翼高さ l のみを m 倍に増加すると，周速度は変わらずに速度線図は AB″C′ となり，次の関係が得られる。

$$c''=c, \quad w_2''=w_2/m \quad (\because l''=m{\cdot}l, \ S_a''=\pi{\cdot}D{\cdot}l''=m{\cdot}S_a)$$

したがって，この場合も D を m 倍にしたときと同様に，損失は $1/m^2$ に減少するけれども，次の理由により翼高さの増加よりも直径の増加によって翼出口環状面積を大きくして，出力の増加をはかった方が有利である。

① 翼強度および翼効率の面から，l/D の値に制限がある。(9・5参照)

② 直径増加の方が，翼出口角が小となり，線図効率を高める。(7・3・1参照)

③ 周速度が m 倍となるから，m^2 に比例してパーソンス数が大きくなり，それによって段落効率を高めることも，段落数を減少させることもできる。(9・3参照)

なお，リービング損失は 9・5 の限界出力と密接な関係にある。

(2) フード損失

最終段翼出口から復水器入口までの流路抵抗によって排気室内に圧力降下が生じ，それに相当する熱落差はすべて損失となる。これを**フード損失** (hood loss)という。

フード損失は排気室内の転向，摩擦，形状の不備，補強用のリブや後進タービンなどに衝突して生じるうず流れ，などによって左右されるから負荷によっても影響を受ける。したがって，この損失を小さくするために，とくに排気室の形状に注意が払われている。たとえば，①ガイドベーンなどを設けて復水器へ流入する蒸気流を偏流のない均一化したものにする，②復水器を低圧タービンと同一平面上に配置して排気を転向させずに水平に流動させる，③排気室の形状をディフューザ形にしてディフュージョン作用により流出蒸気の運動エネルギを圧力に変換させてリービング損失を一部回収させる[脚注]，などの方法が用

脚注) 復水器入口に向かって流路断面積を徐々に大きくしたディフューザ形の排気室では，流路に沿って排気の速度が減少するとともに圧力は増加してくる。したがって，その圧力差だけ復水器入口圧力よりも最終段出口圧力の方が低くなり，利用できる熱落差が増すことになる。

いられている。

このフード損失はリービング損失と密接な関係にある。たとえば、蒸気流量が一定でフード損失が小さいとき最終段出口圧力が低くなるから比容積が大となり出口速度が大、すなわちリービング損失は大きくなる。一方、フード損失が大きいとき最終段出口圧力が高くなるので結局リービング損失は小さくなる。

(3) **環状面積制限損失**

(1)で述べたように、最終段の軸流速度が音速になるとその段落の圧力比は一定となりそれ以上の値にならない。これは翼出口環状面積が一定であるために生じる現象で、蒸気流量をさらに増やしても圧力比一定のために段落の入口圧力の増加に比例して出口圧力も増加する。したがって、翼出口と排気室との間に圧力降下が生じ、これを環状面積制限損失という。この損失は排気室の有無に関係しないが、その発生点はフード損失の大きさによって変わる。

(4) **ターンアップ損失**

タービンが低負荷になって、最終段の圧力比が小さくなり速度比が大きくなると、翼出口で流出蒸気の偏流および逆流が生じて動翼の効率を悪くする。これを**ターンアップ損失** (turn up loss) という。この損失は蒸気流量が非常に少ないときや、排気圧力が高いときに顕著になり、最終段や排気室の過熱の原因にもなる。ふつうの負荷変動に対して、このターンアップ損失の範囲に入らないように最終段の環状面積を決定しなければならない。

以上の4種類の損失と、それらの和である全排気損失を軸流速度に対して表した一例を第8・24図に示す。軸流速度が150 m/s 付近で全排気損失が最小となっているけれども、一般にこの速度では大きな環状面積を要しコスト高とな

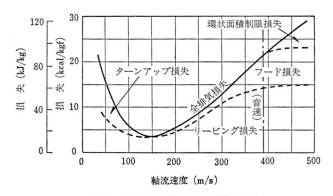

第8・24図　最終段の排気損失曲線

り，かつ部分負荷時に排気損失が大きくなるとともに，ターンアップ損失の範囲に入る恐れもあるから軸流速度を 200 m/s あるいはそれ以上に選ぶ場合が多い．

8・2・4 ふく射および伝導による損失 (radiation and conduction losses)

タービン車室の外表面から大気へのふく射による熱損失がある．しかし，この損失はアスベストファイバのような保温材で十分保温しておけばほとんど無視することができる．また，おもにタービン軸から軸受への伝導による熱損失はふく射による場合よりも大きいと考えられるが，一般にこれも考慮すべきほどではない．軸受への伝熱はむしろ潤滑油の性状に影響を与えるから，この面から注意しなければならないし，水封じパッキンを使用すれば軸受の冷却の効果が期待できる．

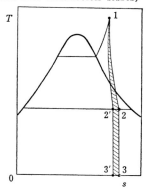

第 8・25 図　ふく射および伝導による損失

しかし，小出力のタービンでは蒸気流量に比較して表面積が大きいから，この損失が数パーセントに達する場合がある．

これらの放熱損失を T-s 線図で示すと，第 8・25 図の面積 1233′2′1 で表され，そのうちタービンの有効仕事を減少させる部分は面積 122′1 で表される．ただし，曲線 12 は熱損失のない場合の膨張線で，曲線 12′ は熱損失のある場合の膨張線である．

8・3 負荷による損失の変化および各損失比と損失分布

各種損失を一定回転数のもとでの負荷の変化にしたがって分類すると，大略次のようになる．

① **負荷の増加とともに減少するもの**
部分流入段で生じる換気損失(部分流入比が増えるから)，ターンアップ損失(特に低負荷の範囲で)
② **負荷に関係なく一定のもの**
機械損失
③ **負荷に比例して増加するもの**
内部および外部漏えい損失，翼車回転損失

第8章 諸損失

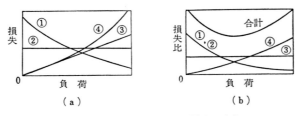

第8・26図 負荷による損失の変化

④ 負荷の2乗に比例して増加するもの

　リービング損失，フード損失

　これらの関係を図示すると，第8・26図(a)のようになる。同図(b)は損失を負荷で割った損失比で表したものである。

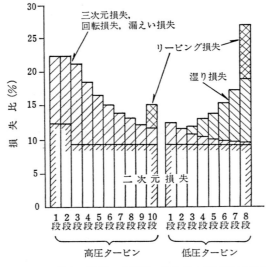

第8・27図 全段落の損失分布（武田による）

　武田は，同一態度で設計された中出力および大出力の舶用タービンに対して，第8・3表に示す損失比見積例を表した。二次元損失はノズルや翼の二次元断面にもとづく損失で，さらに高さ方向の境界層などを考慮した損失が三次元損失である。

　また，第8・27図に多段落タービンの損失分布の一例を示す。各損失の特徴がこの分布によくあらわれている。

第8章　諸　損　失

第8・3表　舶用タービンの損失比見積例（武田による）

損 失 の 種 類	中 出 力	大 出 力
二 次 元 損 失	10.1%	10.9%
三 次 元 損 失	3.6	2.0
回 転 損 失	1.5	1.2
漏 え い 損 失	2.6	1.4
湿 り 損 失	1.8	1.7

　最終段の排気損失は二次元損失に含めている。

第 8 章　諸　損　失

■　演　習　問　題　■

（三級程度）

1.　蒸気タービンに生じる熱損失をあげ，簡単に説明せよ。
　　解　内部損失と外部損失に分け，本文を参照してそれぞれについて説明する。

2.　蒸気タービンに関して，次の文の（　　）の中に適合する字句を記せ。
　　　蒸気タービン主機において，高圧の蒸気を使用するタービンほど，低圧段落におけ
　　る蒸気の（　①　）度は増加する。低圧段落において蒸気中に含まれる水滴が動翼の
　　（　②　）面より（　③　）面に多く衝突し，（　④　）作用を与える。これを防止するためには，
　　蒸気の（　⑤　）を上昇するか，（　⑥　）するか，または，ドレンを排出する装置を設ける
　　などの方法がとられている。
　　解　①湿り，②腹（または凹），③背（または凸），④制動，⑤初温度，⑥再熱

3.　蒸気タービンにおける次の損失は，それぞれ内部損失および外部損失のいずれに属
　　するか記せ。
　　(1)　第 1 段落における排気の残留速度損失
　　(2)　仕切板の漏えい損失
　　(3)　グランドからの漏えい損失
　　(4)　翼先端隙間からの漏えい損失
　　(5)　操縦弁からノズルに至る蒸気管内の摩擦損失
　　解　内部損失は(1)，(2)，(4)，外部損失は(3)，(5)，である。

4.　蒸気タービンの衝動式と反動式を比較して下記事項をそれぞれ述べよ。
　　(1)　翼の形状
　　(2)　軸方向の隙間による損失および翼先端の隙間による損失
　　解　(1)　**10・3・1**を参照。
　　　　　(2)　**8・1・4**および**8・1・5(2)**を参照。

（二級程度）

5.　蒸気タービンに関する下記(1)～(5)の文のうち，正しくないものを 2 つだけあげよ。
　　(1)　段落線図効率は速度線図から求められる。
　　(2)　各段落の段落内部効率の値は，全段落の内部効率よりも大きい。
　　(3)　機械損失は，一定回転ではほとんど負荷に関係なく一定である。
　　(4)　翼車による摩擦損失は，周速度が増大すれば減少する。
　　(5)　内部漏えい損失は，一般に蒸気流量が増加すると損失の割合が減少する。
　　解　(2)と(4)，(2)に関しては**9・1・2**を参照。

第8章 諸 損 失　　　321

6. 蒸気タービンの翼先端隙間によって生じる漏えい損失に関して，次の問に答えよ。
(1) 衝動タービンと反動タービンでは，どちらが多いか。またそれはなぜか。
(2) 高圧段と低圧段では，損失の割合はどちらが多いか。またそれはなぜか。
　解　(1) 動翼の前後に圧力差があるために，反動タービンの方が多い。
　　　(2) 隙間比 δ/l が大きいから高圧段の方が多い。((1)，(2)ともに**8・1・5(2)**を参照)。

7. 蒸気タービンの排気の湿り度による影響に関する次の文中の（　）内に適合する字句を記せ。
　蒸気タービンの排気の湿り度は，タービン入口蒸気の初圧を高くするほど（①）し，これに伴いタービンの内部損失が（②）し，タービンの（③）圧部において翼の浸食の原因となる。湿り度による内部効率の低下の割合は（④）速タービンよりも（⑤）速タービンの方が著しく，また，（⑥）比が高いほど低下の割合が大きくなる。
　解　①増加，②増加，③低，④低，⑤高，⑥速度

8. 蒸気タービンの内部漏えい損失に関して述べた下記の文中の（　）の中に適合する字句を記せ。
　翼の長さは，こぼれ損失を防いだり，ノズルから流出する蒸気が翼の根元や先端に衝突することがないようにするため，その長さをノズルの出口の高さより幾分（①）する方法がとられている。このため，動翼の前後に（②）がない衝動タービンにおいては，ノズルから流出する蒸気の流動によって動翼の根元や先端から蒸気の（③）作用を起こし，動翼入口側の圧力が（④）くなって，ロータは蒸気の流れと（⑤）のスラストを受けることになる。
　解　①長く，②圧力差，③吸込，④低，⑤逆方向

9. 蒸気タービンの軸方向隙間による損失に関する次の文の（　）の中に適合する字句を記せ。
　タービンの運転中，固定部と回転部が接触しないように適当な隙間を設けるが，この軸方向の隙間は高圧側の段から低圧側の段へと順次（①）する。
　一般に，軸方向隙間による損失は衝動タービンよりも反動タービンの方が（②）い。その理由は，反動タービンは動翼内でも蒸気が膨張し，動翼の前後に（③）があるために衝動タービンに生ずるような（④）損失がないことである。
　また，衝動タービンはノズルと動翼の相互の位置によって（⑤）損失を生ずる。
　解　①大きく，②小さ，③圧力差，④吸込，⑤こぼれ

（一級程度）

10. 円板形翼車の回転損失（摩擦損失およびポンプ作用による損失）は，一般に衝動タービンと反動タービンではいずれが著しいか。
　解　衝動タービン　（**8・1・6**参照）。

322   第 8 章　諸　損　失

11. 最終段落からの排気損失は，翼の出口面積を一定とすれば，どのような事項によって影響を受けるか。

　　解　蒸気流量と復水器の真空度(**8・2・3**参照)。

12. 最終段落からの排気損失は負荷の変動によってどのように変化するかを，速度線図を描いて説明せよ。

　　解　第 **8・22** 図を用いて説明する(**8・2・3**参照)。

13. ノズルから流出する蒸気が動翼内を流動して排出するまでに失うエネルギを 4 つあげよ。

　　解　翼入口端への衝突によるエネルギ損失，翼入口部におけるこぼれ損失や吸込損失によるエネルギ損失，蒸気中の水滴の制動作用によるエネルギ損失，動翼内のうず流れによるエネルギ損失，動翼内の壁面摩擦によるエネルギ損失，翼出口厚さによって生じる後縁うず流れによるエネルギ損失，翼出口の流出速度エネルギ損失，翼先端漏えい蒸気によるエネルギ損失，などのうちから 4 つ選べばよい。

14. 蒸気タービンにおいて，蒸気中に水滴が混在すると制動作用を生じ，損失となることを速度線図を描いて説明せよ。

　　解　第 **8・3** 図を用いる。(**8・1・3**参照)。

15. 下記の文中の(　　)内に適合する字句を記せ。

　(1)　タービンの機械損失は，回転数および負荷のうち，(　①　)に比例して増減し，①が一定の場合，(　②　)の変化は機械損失にあまり影響をおよぼさない。

　(2)　タービンの最終段からの排気損失は，タービンの負荷および復水器の(　③　)に影響される。

　　解　①回転数，②負荷，③圧力（真空度）

16. 円板形翼車の回転損失が生じる原因にはどのようなものがあるか。

　　解　翼車円板表面と蒸気との摩擦，仕切板で囲まれた空間内における蒸気の循環運動，部分流入時の動翼による蒸気のかくはん作用。

17. 蒸気タービンに関して，次の問に答えよ。

　(1)　ノズルまたは静翼と動翼との間の軸方向隙間は，高圧段と低圧段ではどちらを大きくしてあるか。また，この隙間を設けることによってどのような損失が生じるか。

　(2)　軸方向隙間による損失は，衝動タービンよりも反動タービンの方が少ないのはなぜか。

　(3)　翼先端隙間（半径方向隙間）によって生じる漏えい損失は，衝動タービンよりも反動タービンの方が多いのはなぜか。また，低圧段より高圧段の方が損失の割合が多いのはなぜか。

第8章　諸　損　失　　　　323

解 (1)　低圧段の方が大きい。(**8・1・4**参照)。

(2)　衝動タービンは円板形翼車を有するためにその振動や熱膨脹を考慮しなければならず，ドラムロータに直接翼を植え付けている反動タービンよりも軸方向隙間を大きくとっている。そのために，その隙間から蒸気が翼の外に漏れる損失は反動タービンの方が少ない。また，反動タービンは動翼内でも蒸気を膨脹させるから蒸気が充満して流れる。そのために衝動タービンのような軸方向隙間部における流れの乱れが少ない。

(3)　**8・1・5(2)**を参照

■　追加演習問題　■

（三級程度）

1. 蒸気タービンのパッキン蒸気管制装置に関する次の文の（　）の中に適合する字句を記せ。

パッキン蒸気は，タービングランドから（①）が漏れたり，（②）が漏入したりするのを防止するためタービングランドへ供給される。パッキン蒸気だめの圧力は（③）圧よりやや高い程度に自動調節される。すなわち，低負荷時には（④）系統よりパッキン蒸気だめに蒸気を供給し，タービンの負荷が増してくると，タービン内部からの（⑤）蒸気が多くなるので，④系統からの蒸気の供給は減少する。さらにタービンの負荷が増すと，パッキン蒸気だめの蒸気圧が高くなり過ぎるので，蒸気を（⑥）へ逃がして，パッキン蒸気だめの圧力を一定に保つ。

解　①蒸気，②空気，③大気，④パッキン蒸気，⑤漏洩，⑥主復水器

8・2・1および本書下巻の**15・1・3**参照

2. 蒸気タービンのグランドパッキンとして用いられるラビリンスパッキンは，蒸気のどのような作用を利用して蒸気の漏れを防止するか。

解　**8・2・1(2)**参照

（二級程度）

3. 横軸の直径 $d=18$cm，回転数 $N=200$rpm，軸受にかかる力 $W=50$kN $\{5.1$tf$\}$，摩擦係数 $\mu=0.02$ とすれば，軸受の摩擦による抵抗モーメント M および摩擦により毎時発生する熱量 Q はそれぞれいくらか。

解　抵抗モーメントは 0.09kN・m $\{9.18$kgf・m$\}$，毎時発生熱量は 6.8MJ $\{1\ 621$kcal$\}$

摩擦力 $F=W\cdot\mu=1$kN，抵抗モーメント $M=F\cdot d/2=0.09$kN・m，仕事量 $P=\pi\cdot d\cdot N\cdot F=113.1$kN・m/min．したがって，$Q=P\times60=6\ 786$kJ≒$6.8$MJ

重力単位系では，$F=W\cdot\mu=102$kgf，抵抗モーメント $M=F\cdot d/2=9.18$kgf・m，仕事量 P

324　　　　　　　　　　第8章　諸　損　失

$= \pi \cdot d \cdot N \cdot F = 11\ 536 kgf \cdot m/min.$　したがって，$Q = P \times 60/427 = 1\ 621 kcal$

4. 衝動蒸気タービンに関する次の問に答えよ。

(1) 蒸気の速度線図において，ノズル角および動翼入口における蒸気の相対速度は，どのように示されるか。また，動翼の速度比は，どのような式で表されるか。

(2) 運転状態が変化しても蒸気が動翼の背面に衝突しないようにするには，動翼の入口角をどのようにすればよいか。

解 (1) 7・1および7・3・1参照　本書の速度線図でノズル角はα_1，動翼入口相対速度はu_1で示される。また，速度比ξ＝周速度c/動翼入口絶対速度w_1

(2) 8・1・2および下巻10・3・4(1)参照　β_1よりふつう2〜3°大きくする。

（一級程度）

5. 蒸気タービンの内部損失に関する次の(1)および(2)について，それぞれ速度線図を描いて説明せよ。

(1) 蒸気中に水滴が含まれると損失となる理由。

(2) 発電機駆動用蒸気タービンにおいて，軽負荷運転時は定格運転時に比べて損失が増加する理由。

解 (1) 8・1・3　第8・3図参照

(2) 発電機用タービンは，周波数を一定にするために回転数を一定にしている。すなわち，周速度が一定である。一方，軽負荷時のノズル出口絶対速度は，一般に定格時より小さくなるので，蒸気は動翼にスムーズに流入しなくなることが速度線図よりわかる。当然，速度比も最適値からはずれる。

6. 衝動蒸気タービンの内部損失に関する次の問に答えよ。

(1) こぼれ損失を生じる理由はなにか，略図を描いて説明せよ。また，こぼれ損失を少なくするにはどのような方法があるか。

(2) 部分流入の場合に生じる通風損失（換気損失）とは何か。また，通風損失を少なくするにはどのような方法があるか。

(3) 翼車の回転損失とは何か。

解 8・1・4(1)および8・1・6参照

7. 下記の要目および条件を有する単式衝動タービンについて各設問に答えよ。

可逆断熱熱落差 $h_t = 398 kJ/kg$ 〔95.1kcal/kgf〕　ノズル速度係数 $\varphi = 0.9$

ノズル出口角度 $\alpha_1 = 15°$　動翼速度係数 $\psi = 0.8$　回転数 $N = 9\ 000 rpm$

蒸気流量 $\dot{m} = 0.1 kg/s$ 〔360kgf/h〕　翼車ピッチ円直径 $D = 82.3 cm$

また，蒸気はノズル出口角度の方向に流出し，等角の動翼に無衝突流入する。

(1) 速度線図を $100\ m/s = 20 mm$ のスケールで正確に描き，図中にすべての速度および角度を記入せよ。

(2) 線図損失は何パーセントか。

第8章　諸　損　失　　　325

(3) 線図効率は何パーセントか。
(4) 線図仕事は何キロワットか。
(5) 軸方向推力は何ニュートンか。

解 7・1，7・2，7・3および8・1・1参照

(1) 下図が得られた速度線図である。理論速度 $w_{th}=\sqrt{2\cdot h_t\cdot 10^3}=\sqrt{796\times 10^3}=892$ m/s であるので，ノズル出口絶対速度は $w_1=\varphi\cdot w_{th}=0.9\times 892=803$ m/s，周速度は $c=\pi\cdot D\cdot N/60=\pi\times 0.823\times 9\,000/60=388$ m/s，翼入口相対速度は三角形ABCに対する余弦則より $u_1=\sqrt{w_1^2+c^2-2\cdot w_1\cdot c\cdot \cos\alpha_1}=440$ m/s または $\overline{AC}$ の長さから $u_1=440$ m/s が求まる。また，翼出口相対速度は $u_2=\psi\cdot u_1=0.8\times 440=352$ m/s，翼入口角度は $\beta_1=\sin^{-1}(w_1\cdot \sin\alpha_1/u_1)=28.2°$ または分度器で線図の角度を直接測って求める。翼出口角度は等角翼であるから $\beta_2=\beta_1=28.2°$，翼出口絶対速度は三角形BCDに対する余弦則より，または $\overline{DB}$ の長さより $w_2=184$ m/s，翼出口角度 α_2 は翼入口角度 β_1 と同じ方法で $\alpha_2=115°$ が得られる。

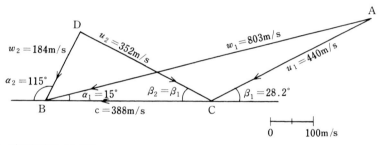

(2) 線図損失は 32.0%
　　ノズル損失　$Z_n=w_{th}^2(1-\varphi^2)/2=892^2(1-0.9^2)/2=75\,588$ J/kg
　　翼損失　　　$Z_b=u_1^2(1-\psi^2)/2=440^2(1-0.8^2)/2=34\,848$ J/kg
　　排気損失　　$Z_e=w_2^2/2=184^2/2=16\,928$ J/kg
　　したがって，線図損失 $Z=Z_n+Z_b+Z_e=127.4$ kJ/kg，また $Z/h_t=0.320$

(3) 線図効率は 68.0%
　　この場合は線図損失が既知であるから，線図効率 $\eta_d=100-$ 縮図損失（%）
　　また，理論仕事は $W_{th}=\dot{m}\cdot w_{th}^2/2=\dot{m}\cdot h_t=39.8$ kW であるので，線図効率は次の(4)で求めた線図仕事 W_d の値を用いて $\eta_d=W_d/W_{th}=0.681$ から求めることができる。なお，本文の式（7・15）を用いてもよい。

(4) 線図仕事は 27.1kW {36.8 PS}
　　線図仕事 $W_d=\dot{m}\cdot c\cdot(w_1\cdot \cos\alpha_1+w_2\cdot \cos\alpha_2)=27\,078$ W$=27.1$ kW
　　なお，本文の式（7・13）を用いてもよい。

(5) 軸方向推力は 4.1N {0.42kgf}
　　軸方向推力 $T=\dot{m}\cdot(w_1\cdot \sin\alpha_1-w_2\cdot \sin\alpha_2)=4.1$ N
　　重力単位系では，理論速度 $w_{th}=91.5\sqrt{95.1}=892$ m/s，また，蒸気流量 $\dot{m}=360/3\,600=0.1$ kgf/s の値をそのまま用ればよい。

第9章　蒸気タービンの性能

9・1　諸効率

9・1・1　段落線図効率

段落線図効率は**第5章**で詳細に述べたので，ここでは第9・1図に示す速度利用率を0とした場合の衝動タービン1段落の h-s 線図を例にとって簡単に説明する。流出速度エネルギを利用する場合の h-s 線図は第7・24図および第7・27図に示している。

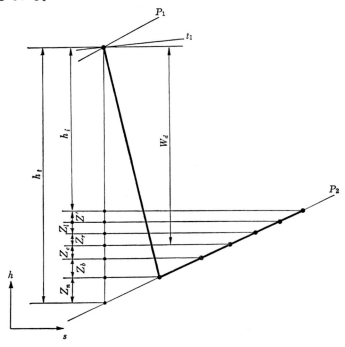

第9・1図　1段落の内部損失

第9章　蒸気タービンの性能　　327

図中の Z_n, Z_b, Z_e (J/kg) はそれぞれノズル損失，動翼損失，排気損失であり，線図仕事 W_d (J/kg) は可逆断熱熱落差 h_t (J/kg) からこの3種類の線図損失を差し引いたものである。段落線図効率 η_d は線図仕事と可逆断熱熱落差の比で定義されるから次式で表される。

$$\eta_d = \frac{W_d}{h_t} = \frac{h_t - (Z_n + Z_b + Z_e)}{h_t} \tag{9・1}$$

線図効率は速度比はもちろん，ノズルおよび動翼の，形状，仕上げ状態，配置の適否などによって大きな影響を受ける。

9・1・2　内部効率および再熱係数

内部効率 (internal efficiency) には段落に対する段落内部効率と多段落タービン全体に対する全内部効率がある。

(1) **段落内部効率**(stage internal efficiency)

第9・1図において，線図仕事 W_d から線図損失 $(Z_n + Z_b + Z_e)$ 以外の内部損失（回転損失 (Z_r) ＋内部漏えい損失 (Z_l) ＋水滴などによるその他の内部損失 (Z')）を差し引いた h_i (J/kg) を**段落内部仕事**(stage internal work) という。

段落内部効率 η_i はこの h_i と可逆断熱熱落差 h_t の比で定義されるから，段落の内部損失すべてを表す効率である。すなわち，

$$\eta_i = \frac{h_i}{h_t} = \frac{W_d - (Z_r + Z_l + Z')}{h_t} \tag{9・2}$$

となり，η_i は単に**段落効率** (stage efficiency) とも呼ばれる。この効率はタービン出力によって影響を受け，ふつう 70〜85% である。

次に，流出速度エネルギを利用する場合の段落内部効率について第9・2図の多段落衝動タービンの h-s 線図を用いて説明する。反動タービンについても全く同様の取扱いをすればよい。蒸気は第1段で圧力 P_0 から P_1 まで膨脹して $K_0 B_1$ の変化をする。Z_n はノズル損失であるから B_1 点はノズル出口の状態を表す。続いて，動翼損失，回転損失，内部漏えい損失などによって $B_1 C$ の変化をし，さらに排気損失 $Z_e = w_2^2/2$ $(w_2$ は翼出口絶対速度) のうち，$Z_e' = (\varepsilon \cdot w_2)^2/2$ $(\varepsilon$ は速度利用率) は次の段落で利用されるから残りの $(1-\varepsilon^2) w_2^2/2$ は熱となって蒸気に加わって CK_1 の変化をする。したがって，この段落の出口の蒸気状態は K_1 点で表され，これに次段落で利用されるエネルギ Z_e' を加えた点 L_1 が次段落に流入する蒸気のもつエネルギを表す。この段落における可逆断熱熱落差は h_{t1} であるが，次段落で利用されるエネルギを考慮すると h_{o1} となる。したがって，第1段の段落内部効率は h_{i1}/h_{o1} で表される。

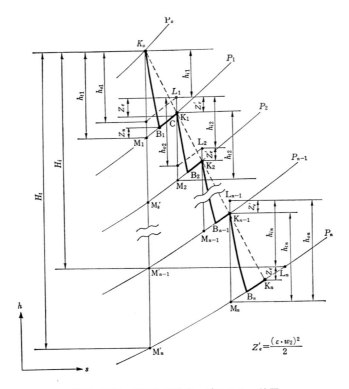

第9・2図　多段落衝動タービンの h-s 線図

第2段についても同様に，蒸気は $K_1B_2K_2$ の変化をして段落の出口状態は K_2 となる。しかし，蒸気のもつ有効に利用される流出速度エネルギを考慮すると仮想的にこの段落の入口は L_1 点，第3段落の入口は L_2 点で表されるからこの段落において仕事に変わり得る理論熱落差を h_{o2} と考えて，これを基準にとると段落内部効率は h_{i2}/h_{o2} となる。

最終段では出口の蒸気状態は K_n で表されるが，出口蒸気速度はもはや利用できないから蒸気はリービング損失 Z_e を加えた点 L_n で示されるエネルギをもって流出することになる。この段落の内部効率は h_{in}/h_{on} である[脚注]。

タービン入口蒸気状態 K_o と各段落の出口蒸気状態 K_1，K_2，……，K_n を結んだ曲線を**状態曲線**(condition line)または**膨脹曲線**(expansion line)といい，

脚注) 最終段のリービング損失は外部損失に分類されるが，内部効率を定義するときには一般にこのリービング損失も内部損失に含めている。

第9章　蒸気タービンの性能　　329

これはタービン性能を評価するうえで重要な曲線である。

　なお，第1段では入口速度エネルギの利用率が0，最終段では出口速度エネルギの利用率が0であるから $\sum h_o = \sum h_t$ となる。

(2)　全内部効率 (overall internal efficiency)

　各段落に対して段落内部効率が定義されたように，多段落タービン全体に対しても全内部効率 η_{it} は，全内部仕事 W_i (J/kg) または H_i (J/kg) [脚注]と全可逆断熱熱落差 H_t (J/kg) の比で定義される。すなわち，

$$\eta_{it} = \frac{W_i}{H_t} = \frac{H_i}{H_t} \tag{9・3}$$

となる。

　η_{it} の値は蒸気条件や出力などによって差があるが，ふつう 1 500～5 000kW 程度では 70～80％，10 000kW 以上では 80～85％，火力，原子力発電所の超大形タービンでは 82～93％ である。

　もし，タービンが再生タービンであれば，蒸気は途中で抽出されるから各段落を流れる蒸気量は一定でない。したがって，この場合にはタービン入口蒸気量に対する各段落の通過蒸気量の比を ν として $H_i = \sum \nu \cdot h_i$ から全内部仕事を求め，そして 4・4・1 の再生タービンの理論仕事から H_t を求めて，式 (9・3) を用いればよい。式 (9・11)，(9・14)，(9・17) 等に対しても同様である。また，再熱タービンに対しても同様の取扱いをすればよい。

(3)　再熱係数 (reheat factor)

　いま，第9・2図において，各段落の可逆断熱熱落差の和 $\sum h_t$ とタービン入口蒸気状態点より終圧までの全体の可逆断熱熱落差 H_t はそれぞれ次式で表される。

$$\sum h_t = h_{t1} + h_{t2} + \cdots\cdots + h_{tn} = \overline{K_0 M_1} + \overline{K_1 M_2} + \cdots\cdots + \overline{K_{n-1} M_n}$$
$$H_t = \overline{K_0 M'_n} = \overline{K_0 M_1} + \overline{M_1 M_2'} + \cdots\cdots + \overline{M'_{n-1} M_n}$$

　一方，蒸気の h-s 線図における等圧線は 3・4・3(2) で述べたように，蒸気の絶対温度に比例するこう配をもつから互いに平行ではなく右方，すなわちエントロピ大の方向に向かって開いているので，

$$\overline{K_1 M_2} > \overline{M_1 M_2'}, \quad \overline{K_2 M_3} > \overline{M_2' M_3'}, \quad \cdots\cdots, \quad \overline{K_{n-1} M_n} > \overline{M'_{n-1} M'_n}$$

となり，$\sum h_t > H_t$ すなわち，$\sum h_t / H_t > 1$ の関係が得られる。この $\sum h_t$ と H_t の比を**再熱係数**といい，記号 μ で表す。

$$\mu = \frac{\sum h_t}{H_t}, \quad (\mu > 1) \tag{9・4}$$

脚注）前頁の脚注参照．

この値は常に1より大きく大体 1.02～1.10 である。そして，内部効率が悪いほど，段落の数が多いほど，また初温度が高いほど大きい値をとる。

ところで多段落タービンの全内部仕事 H_i は各段落の内部仕事 h_i の和に等しいから，この関係と式(9・2)，(9・3)より全内部効率 η_{it} は，

$$\eta_{it} = \frac{H_i}{H_t} = \frac{\sum h_i}{H_t} = \frac{\sum \eta_i \cdot h_t}{H_t}$$

となる。もし，η_i がすべての段落において等しいとすれば，$\sum \eta_i \cdot h_t = \eta_i \sum h_t$ と書けるから結局 η_{it} は次式で表される。

$$\eta_{it} = \frac{\sum h_t}{H_t} \cdot \eta_i = \mu \cdot \eta_i \tag{9・5}$$

$\mu > 1$ であるから，全内部効率は常に段落内部効率よりも大きい。すなわち，多段落タービンにおいては，前段落における損失エネルギが全部損失とならずに蒸気に還元保有されて，後続の段落で有効に使われることになる。

再熱係数が段落内部効率と段落数によってどのように影響されるかについては，多数の研究者によって図式的にまたは解析的に研究されている。

ここでは，その一例を簡単に示す。第 9・3 図(a)の T-s 線図において，AB は圧力 P_o から P_n (N/m²=Pa) まで可逆断熱膨張したときの状態曲線で，AB′ は n 段の実際の状態曲線である。いま，各段落の内部効率 η_i を一定とする。もし，段落数を無限にすると階段状の線が一本の滑らかな曲線 AB′ となる。これに対応するものを P-v 線図で示せば同図(b)のように AB は $P \cdot v^k =$ 定数，AB′ は $P \cdot v^m =$ 定数 (P は Pa，v は m³/kg) となる。ここで k は蒸気の断熱指数であり，またポリトロープ指数 m は k と η_i の関数として熱力学の関係式から次のように誘導される。

$$m = \frac{k}{k - \eta_i(k-1)} \tag{9・6}$$

再熱係数を(a)，(b)両線図の面積で表すと，H_t は面積 ABCDEA，$\sum h_t$ は面積 AB′CDEA に相

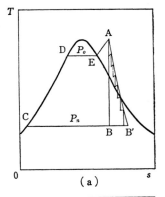

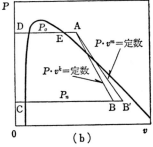

第 9・3 図　T-s 線図，P-v 線図における状態曲線

当するから次のようになる。

$$\mu_\infty = \frac{面積\ AB'CDEA}{面積\ AB\,CDEA} \tag{9・7}$$

なだし，μ_∞ は段落数が無限であると仮定したときの再熱係数である。

第2章の式(2・38)を利用して式(9・6)を用いると μ_∞ は次式で表される。

$$\mu_\infty = \frac{1}{\eta_i} \cdot \frac{1-(P_n/P_o)^{\eta_i(k-1)/k}}{1-(P_n/P_o)^{(k-1)/k}} \tag{9・8}$$

Kearton は段落数 n に対して次の修正式を導いた。

$$\mu = 1 + (\mu_\infty - 1)\left(1 - \frac{1}{n}\right) \tag{9・9}$$

断熱指数 k の値は過熱蒸気と湿り蒸気では異なり，過熱域に対しては $k=1.3$ を代入して上式が十分使えるが，湿り域に対しては k は一定でないから誤差が大きい。そこで Kearton は実用的に十分使用できる次の近似式を与えた。

$$\mu = 1 + (1 - \eta_i)\left(0.09\log_{10}\frac{P_o}{P_n} - 0.02\right) \tag{9・10}$$

9・1・3　機械効率

線図効率や内部効率はいずれも内部損失に関する効率であるが，外部損失のみを表す効率に**機械効率** (mechanical efficiency) がある。タービンの軸端で得られる仕事は，全内部仕事 H_i(J/kg) から外部損失すなわち機械損失，外部漏えい損失，放熱損失を差し引いた仕事で，これを**有効仕事** (effective work) といい，W_e(J/kg) または H_e(J/kg) で表す。機械効率 η_m はこの有効仕事と全内部仕事の比で定義され，外部損失のみを表すことになる。すなわち，

$$\eta_m = \frac{W_e}{W_i} = \frac{W_e}{H_i} = \frac{H_e}{H_i} \tag{9・11}$$

機械効率は小出力タービンでも 90% 以上あり，大中出力で 96～99% あるいはそれ以上の値をとる。

武田は舶用主機タービンの機械効率に関して，とくに外部損失のうち機械損失に着目して研究を行い，多数の実績値や実測値から第9・4図に示す見積り線図を求めた。また，次式で示す機械効率の一般式を与えた。

$$\eta_m = 1 - \alpha \cdot \frac{N^{3/2}}{N_e^{3/4} \cdot t_1^{1/2}} \tag{9・12}$$

ここで，$N=$回転数 (rpm)，$N_e=$全出力 (PS)，$t_1=$軸受入口の油温度(℃)，$\alpha=$構造によって定まる定数，である。

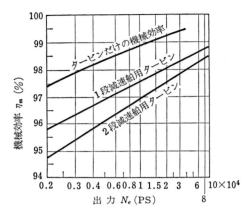

第9・4図　舶用蒸気タービンの機械効率(武田による)

この式は，出力が大きいほど，回転数が小さいほど，潤滑油温度が高いほど機械効率が大きくなることを示している。

いま，定格運転時の機械効率 η_{mo} が既知であれば，他の運転時の機械効率 η_m は式 (9・12) を用いた次式から求めることができる。

$$\eta_m = 1 - (1-\eta_{mo})\left(\frac{N}{N_o}\right)^{3/2}\left(\frac{N_{eo}}{N_e}\right)^{3/4}\left(\frac{t_{10}}{t_1}\right)^{1/2} \qquad (9・13)$$

ここで，N_o，N_{eo}，t_{10} は定格時における値で，N，N_e，t_1 は定格時以外における値である。

9・1・4　有効効率

有効効率 (effective efficiency) η_e は有効仕事 H_e と理論仕事すなわち可逆断熱熱落差 H_t の比で定義されるから，内部損失と外部損失の両方を表す効率である。すなわち，

$$\eta_e = \frac{W_e}{H_t} = \frac{H_e}{H_t} \qquad (9・14)$$

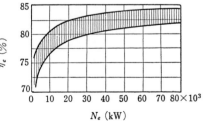

第9・5図　蒸気タービンの有効効率

となる。有効効率は**タービン効率** (turbine efficiency) または**タービン効率比** (turbine efficiency ratio) とも呼んでいる。η_e はタービンの計画上必要であるが，蒸気条件，出力，回転数，構造や形式などによってその値は異なる。

第9章 蒸気タービンの性能 333

植田は第9・5図のような一般的な η_e の範囲を与えている。

なお，この有効効率 η_e と機械効率 η_m，全内部効率 η_{it} の間には次の関係がある。

$$\eta_e = \eta_m \cdot \eta_{it} \tag{9・15}$$

9・1・5 熱効率

ランキンサイクル，再熱サイクル，再生サイクルなどの**理論熱効率** (theoretical thermal efficiency) η_{th} については**第4章**にて詳細に説明しているが，給水ポンプ仕事を無視した場合の式を再掲すると次のようになる。

$$\eta_{th} = \frac{H_t}{q} = \frac{H_t}{(h-h')+q_r} \tag{9・16}$$

ここで，q＝単位量の蒸気に与える熱量，h＝タービン入口蒸気の比エンタルピ，h'＝ボイラ入口の給水の比エンタルピ，q_r＝再熱器を有する場合の供給熱量(再熱器出口蒸気と入口蒸気の比エンタルピの差)である。

実際のタービンに対する**熱効率** (thermal efficiency) η_t は，上式の可逆断熱熱落差 H_t の代わりに有効仕事 W_e，H_e を用いた次式で定義される。

$$\eta_t = \frac{W_e}{q} = \frac{H_e}{q} \tag{9・17}$$

また，

$$\eta_t = \frac{H_e}{H_t} \cdot \frac{H_t}{q} = \eta_e \cdot \eta_{th}^{脚注} \tag{9・18}$$

の関係が得られる。当然，再生タービンの H_t，H_e については蒸気流量に対する修正をしなければならない。この熱効率 η_t も内部損失と外部損失を表す効率である。

9・1・6 舶用蒸気プラントの全熱効率

全熱効率 (overall thermal efficiency) η_{to} は，軸端で得られる出力 N_e(W)と，実際にボイラで消費する燃料の保有エネルギ Q(J/s) の比で定義される。したがって，η_{to} はボイラその他補機類を含むプラント全体の損失を表す。すなわち，

$$\eta_{to} = N_e/Q \tag{9・19}$$

ここで，Q は，燃料消費量(kg/s)×燃料の発熱量(J/kg)，で求めることができる。

脚注) $\eta_e = \eta_t/\eta_{th}$ となり，有効効率は実際の熱効率と理論熱効率の比で表されるところから，前述のようにタービン効率比とも呼ばれる。

334 　　　　　　　第 9 章　蒸気タービンの性能

また，全熱効率は次式で表される。

$\eta_{to}=$ (タービン効率) × (理論熱効率) × (ボイラ効率) × (補機類のエネル
ギ消費に対する係数)

$$=\eta_e \cdot \eta_{th} \cdot \eta_b \cdot \eta_a \qquad (9 \cdot 20)$$

η_{to} の値は最近の舶用プラントにおいて，30 数パーセントに達している。

重力単位系では，式 (9・19) は次のようになる。

$$\left.\begin{array}{l}\eta_{to}=632.5 \times N_e/Q, \quad (N_e : \mathrm{PS}) \\ \quad =860 \times N_e/Q, \quad (N_e : \mathrm{kW})\end{array}\right\} \qquad (9 \cdot 19)'$$

ここで，$Q(\mathrm{kcal/h})$ は，燃料消費量$(\mathrm{kgf/h})$×燃料の発熱量$(\mathrm{kcal/kgf})$，から得られる。

9・2　蒸気消費率および熱消費率

タービンの性能は効率の他に，**蒸気消費率** (steam rate または water rate) あるいは**熱消費率**(heat rate)で表示することができる。

この蒸気消費率は単位出力当たりの所要蒸気流量を表している。いま，軸端で得られる出力を $N_e(\mathrm{W})$，蒸気流量を $\dot{m}(\mathrm{kg/s})$，可逆断熱熱落差を $H_t(\mathrm{J/kg})$ とすれば，

$$N_e=\dot{m} \cdot \eta_e \cdot H_t \qquad (\mathrm{J/s=W})$$

であるから，蒸気消費率 $S.R$ は次式で表される。

$$S.R=\frac{\dot{m}}{N_e}=\frac{1}{\eta_e \cdot H_t} \qquad \left(\frac{\mathrm{kg}}{\mathrm{W \cdot s}}=\frac{\mathrm{kg}}{\mathrm{J}}\right) \qquad (9 \cdot 21)$$

有効効率 η_e および可逆断熱熱落差 H_t が小さいと蒸気消費率は増加することがわかる。上式で，$\eta_e=1$ としたときの $S.R$ を理論蒸気消費率という。なお，再生タービンの場合は，抽気による蒸気流量の変化を考慮した無抽気換算蒸気消費率を用いる。また，負荷による蒸気消費率の変化は，9・4・2 に示されている。

一方，異なった蒸気条件や異なったサイクルのタービン性能をこの蒸気消費率のみで比較するのは適当でない。この場合，単位出力当たりの所要熱量を表す熱消費率が用いられる。所要熱量として 9・1・5 の $q(\mathrm{J/kg})$ を用い，式(9・14)，(9・17) より，

$$q=H_e/\eta_t=\eta_e \cdot H_t/\eta_t$$

であるから，熱消費率 $H.R$ は次式で表される。

$$H.R=\frac{\dot{m} \cdot q}{N_e}=\frac{q}{\eta_e \cdot H_t}=\frac{1}{\eta_t} \qquad \left(\frac{\mathrm{J}}{\mathrm{W \cdot s}}=\frac{\mathrm{J}}{\mathrm{J}}\right) \qquad (9 \cdot 22)$$

第9章　蒸気タービンの性能　335

この熱消費率は実際の熱効率と反比例の関係にあり，蒸気消費率とは次の関係がある。

$$H.R = q \times S.R \tag{9・23}$$

なお，所要熱量に9・1・6の $Q(\mathrm{J/s})$ を用いると，ボイラも含めた全熱消費率が得られる。すなわち，式 (9・19) より，

$$(H.R)_0 = \frac{Q}{N_e} = \frac{1}{\eta_{to}} \quad \left(\frac{\mathrm{J}}{\mathrm{W \cdot s}}\right) \tag{9・24}$$

となる。ただし，$(H.R)_0 =$ 全熱消費率，$\eta_{to} =$ 全熱効率，である。

重力単位系では，式(9・21)，(9・22)，(9・24)は次のようになる。

$$\left.\begin{aligned} S.R &= \frac{G}{N_e} = \frac{632.5}{\eta_e \cdot H_t} \quad \left(\frac{\mathrm{kgf}}{\mathrm{PS \cdot h}}\right) \\ &= \frac{860}{\eta_e \cdot H_t} \quad \left(\frac{\mathrm{kgf}}{\mathrm{kW \cdot h}}\right) \end{aligned}\right\} \tag{9・21}'$$

$$\left.\begin{aligned} H.R &= \frac{G \cdot q}{N_e} = \frac{632.5}{\eta_t} \quad \left(\frac{\mathrm{kcal}}{\mathrm{PS \cdot h}}\right) \\ &= \frac{860}{\eta_t} \quad \left(\frac{\mathrm{kcal}}{\mathrm{kW \cdot h}}\right) \end{aligned}\right\} \tag{9・22}'$$

$$\left.\begin{aligned} (H.R)_0 &= \frac{Q}{N_e} = \frac{632.5}{\eta_{to}} \quad \left(\frac{\mathrm{kcal}}{\mathrm{PS \cdot h}}\right) \\ &= \frac{860}{\eta_{to}} \quad \left(\frac{\mathrm{kcal}}{\mathrm{kW \cdot h}}\right) \end{aligned}\right\} \tag{9・24}'$$

ここで，$G = [\mathrm{kgf/h}]$，$H_t = [\mathrm{kcal/kgf}]$，$q = [\mathrm{kcal/kgf}]$である。

9・3　パーソンス数

各段落の線図効率は速度比 $\xi = c/w_1$ によって大きく影響を受けるとともに，段の形式に応じて線図効率を最大にする最適速度比が存在することはすでに第7章で述べた。したがって，多段落タービン全体に対してもその効率は平均速度比によって影響を受けることが推測される。

いま，速度比として周速度 c と理論蒸気速度 w_a との比を用い，これを断熱速度比と称することにする。また，各段落の可逆断熱熱落差を h_{t1}，h_{t2}，……，$h_{tn}(\mathrm{J/kg})$，周速度を c_1，c_2，……，$c_n(\mathrm{m/s})$，断熱速度比を ξ_{a1}，ξ_{a2}，……，ξ_{an} とすれば，

$$\xi_a = \frac{c}{w_a} = \frac{c}{\sqrt{2h_t}} \text{ または，} c^2 = 2h_t \cdot \xi_a{}^2$$

であるから，

$$\sum c^2 = c_1{}^2 + c_2{}^2 + \cdots\cdots + c_n{}^2 = 2(\xi_{a1}{}^2 \cdot h_{t1} + \xi_{a2}{}^2 \cdot h_{t2} + \cdots\cdots + \xi_{an}{}^2 \cdot h_{tn})$$

$$=2\sum(\xi_a{}^2 \cdot h_t)$$

の関係が得られる。したがって，ξ_a が各段落に対して同一であるか，または同一でなくても互いにそれほど差がなく平均速度比 ξ_m で近似できる場合には，$\sum(\xi_a{}^2 \cdot h_t)=\xi_m{}^2 \cdot \sum h_t$ となり次式が得られる。

$$\xi_m=\sqrt{\frac{1}{2}\cdot\frac{\sum c^2}{\sum h_t}}=\frac{\sqrt{\sum c^2}}{\sqrt{2\,\mu\cdot H_t}} \quad^{脚注} \tag{9・25}$$

ここで，$\mu=$再熱係数，$H_t=$全可逆断熱熱落差(J/kg)，である。

しかし，多段落タービンに対してはこの平均速度比 ξ_m の代わりに次式で定義される X が一般に用いられる。

$$X=\frac{\sum c^2}{\sum h_t}=\frac{\sum c^2}{\mu\cdot H_t}=2\xi_m{}^2 \quad (kg\cdot m^2/(J\cdot s^2)) \tag{9・26}$$

この式は，式 (9・25) を変形したもので，X は全段落の平均速度比を代表しており，**パーソンス数** (Parsons number) という。また，X は**パーソンス設計係数**(Parsons design coefficient)，タービンの効率係数または性能係数などとも呼ばれていて，タービンの性能を表すときに用いられる特性数 (characteristic number) の一つである。

重力単位系では，断熱熱落差 h_t および H_t の単位は(kcal/kgf)であるので，

$$\xi_a=c/w_a=c/\sqrt{2g\cdot h_t/A} \quad または \quad c^2=\frac{2g}{A}\cdot h_t\cdot\xi_a{}^2$$

であるから，

$$\sum c^2=\frac{2g}{A}\sum(\xi_a{}^2\cdot h_t)$$

となる。また，式(9・25)，(9・26)は，

$$\xi_m=\sqrt{\frac{A}{2g}\cdot\frac{\sum c^2}{\sum h_t}}=\frac{\sqrt{\sum c^2}}{\sqrt{2g\cdot\mu\cdot H_t/A}} \tag{9・25}'$$

$$X=\frac{\sum c^2}{\sum h_t}=\frac{2g}{A}\xi_m{}^2\fallingdotseq 8\,375\xi_m{}^2 \tag{9・26}'$$

となり，パーソンス数 X は kgf・m²/(kcal・s²) の単位を有する。

第9・6図は式(9・26)，(9・26)'によって求めた ξ_m と X の関係を示す。

パーソンス数の最適値はタービンの形式によって異なり，またその値も一定ではないが大体次のような値である。ただし，{　}内の数値は重力単位系による X の値である。

カーチス小出力タービン：0.096〜0.239{400〜1 000}，衝動タービン：0.358〜0.573{1 500〜2 400}，反動タービン：0.478〜0.884{2 000〜3 700}。

脚注）この平均速度比 ξ_m は，全段の2乗平均周速度 $C=\sqrt{\sum c^2}$ と，熱落差 $\sum h_t$ から得られる仮想理論蒸気速度 $W_a=\sqrt{2\sum h_t}$ との比とみなして $\xi_m=C/W_a$ で表すことができる。

第9章 蒸気タービンの性能

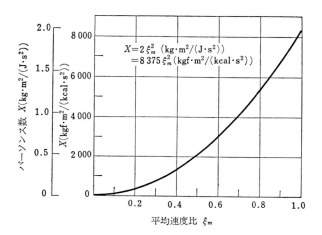

第9・6図 平均速度比とパーソンス数の関係

第9・7図はパーソンス数とタービン有効効率の関係を示しており，パーソンス数が大きいほど効率は増加している。ただし，横軸にはパーソンス数Xに再熱係数μを掛けた$\mu \cdot X$(これを quality factor ともいう)をとっている。

パーソンス数は，もともとパーソンスタービンの設計に使用されていたが，現在では衝動タービンにも使用されている。

次に，周速度 $c=\pi \cdot D \cdot N$ であり，回転数Nは各段落とも一定で，翼車ピッチ円直径Dは全段落の平均値 D_m で代表されるとすれば，次式が得られる。

$$\sum c^2 = \pi^2 \sum (D^2 \cdot N^2) = \pi^2 \cdot N^2 (n \cdot D_m^2), \quad (n=段落数)$$

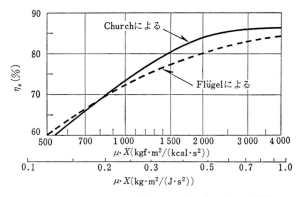

第9・7図 パーソンス数とタービン有効効率の関係

この式を，式 (9・26) に代入すると，

$$n \cdot D_m^2 \cdot N^2 = \frac{1}{\pi^2} \cdot \mu \cdot H_t \cdot X \qquad (9・27)$$

となる。いま，タービンの蒸気条件とタービン形式が与えられると，H_t と X が定まり，右辺の値は一定となる（μ はほとんど一定とみなすことができる）。したがって，$n \cdot D_m^2 \propto 1/N^2$ の関係が得られ，段落数 n は軸方向の長さを，D_m^2 は断面積をそれぞれ代表しているから，タービンの大きさは，回転数の2乗に反比例することがわかる。すなわち，高速になるほどタービンは小形になる。また，回転数 N が定められると，$n \propto 1/D_m^2$ となり，段落数は翼車径が大きいほど少なくてよい。

9・4 負荷が変化したときの性能

9・4・1 初圧，背圧および蒸気流量の関係（Stodola の楕円則）

Stodola は回転数一定で蒸気の初圧と背圧を変化させたときのタービン内を流れる蒸気量の変化は，楕円すいの表面で表されるということを反動タービンを用いた実験から明らかにした。これを Stodola の**蒸気楕円則**(steam ellipse law) という。第9・8図は Stodola が蒸気量の円すい (cone of steam mass) と

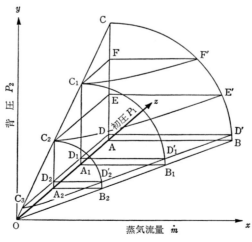

第9・8図　Stodola の楕円則

第9章 蒸気タービンの性能

呼んだもので，原点Oの直交座標 x, y, z にそれぞれ蒸気流量 $\dot{m}$，背圧 P_2，初圧 P_1 をとっている．いま，初圧が $P_1=\overline{OA}$ と一定のとき，背圧をゼロから $\overline{AD}$, $\overline{AE}$, $\overline{AF}$ と順次 $\overline{AC}(=$初圧 $\overline{OA})$ まで増加させると蒸気流量は最大値 $\overline{AB}$ から $\overline{DD'}$, $\overline{EE'}$, $\overline{FF'}$ と楕円曲線 BD'E'F'C に沿って減少して最後にはC点で $\dot{m}=0$ となる．また，初圧が $\overline{OA_1}$, $\overline{OA_2}$ と低くなると背圧と蒸気流量の関係はそれぞれ楕円曲線 $B_1D_1'C_1$, $B_2D_2'C_2$ で表される．一方，背圧が $P_2=\overline{AD}$ と一定のとき，初圧を $\overline{OA}$, $\overline{OA_1}$, $\overline{OA_2}$ と減少させると蒸気流量は $\overline{DD'}$, $\overline{D_1D_1'}$, $\overline{D_2D_2'}$ と双曲線脚注 $D'D_1'D_2'C_3$ に沿って減少する．このように背圧が低いときの双曲線は直線 OB に近づくからほとんど蒸気流量は初圧に比例する．しかし，背圧が，$\overline{AE}$, $\overline{AF}$ と高くなると，初圧と蒸気流量の関係はもはや正比例とはみなせずそれぞれ双曲線 $E'C_2$, $F'C_1$ で表される．この立体図第9・8図から理解しやすいように平面図で表すために，$P_1=$一定および $P_2=$一定の曲線を求めると第9・9図のようになる．なお，蒸気流量一定のときの初圧と背圧の関係も双曲線で表される．

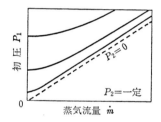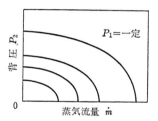

第9・9図　初圧および背圧と蒸気流量の関係

蒸気楕円則によるこれらの関係は次のように理論的に求めることができる．
まず，タービンのいずれかの段落において蒸気速度が臨界速度に達している場合には式（6・24），（6・25）の臨界比容積 v_c および臨界速度 w_c と連続の式 $S \cdot w_c = \dot{m} \cdot v_c$（$S=$流路面積）から蒸気流量 $\dot{m}$ は次式で与えられる．

$$\dot{m}=S\sqrt{\frac{2k}{k+1}\left(\frac{2}{k+1}\right)^{\frac{2}{k-1}}\cdot\frac{P_1}{v_1}} \tag{9・28}$$

したがって，完全ガスの式 $P \cdot v = R \cdot T$ を用いて，段落の入口圧力 P_1 と蒸気流量 $\dot{m}$ の関係を求めると次のようになる．

$$\frac{\dot{m}}{\dot{m}_0}=\sqrt{\frac{P_1}{P_{10}}\cdot\frac{v_{10}}{v_1}}=\frac{P_1}{P_{10}}\sqrt{\frac{T_{10}}{T_1}} \tag{9・29}$$

脚注）2個の楕円すいを頂点Oで点対称に位置させて xz 面または yz 面に平行に切断すると，切断面と底面のなす角が底角より大きいから双曲線が得られる．

340 　　　　　　　第9章　蒸気タービンの性能

ここで，添字 0 は定格状態を表し，T は絶対温度である。

一般には温度 $t=T-273.15$ の影響は小さく $\sqrt{T_{10}/T_1} \fallingdotseq 1$ とみなせるから，

$$\dot{m}/\dot{m}_0 \fallingdotseq P_1/P_{10} \qquad (9 \cdot 30)$$

となり，入口圧力 P_1 と流量 $\dot{m}$ は比例する。

次に，タービンのいずれの段落においても蒸気速度が臨界速度に達していない場合には，蒸気流量 $\dot{m}$ は Flügel によって次式で与えられる。

$$\frac{\dot{m}}{\dot{m}_0} = \sqrt{\frac{P_1}{P_{10}} \cdot \frac{v_{10}}{v_1}} \sqrt{\frac{1-(P_2/P_1)^m}{1-(P_{20}/P_{10})^m}} \qquad (9 \cdot 31)$$

$$\left(m=2-\frac{k-1}{k} \cdot \eta_i \right)$$

ここで，$P_2=$ 出口圧力，$\eta_i=$ 段落効率，$k=$ 断熱指数 である。

指数 m は 2 とみなすことができ，式 $(9 \cdot 29)$，$(9 \cdot 30)$ の場合と同様に取り扱うと上式は次のようになる。

$$\frac{\dot{m}}{\dot{m}_0} \fallingdotseq \frac{P_1}{P_{10}} \sqrt{\frac{1-(P_2/P_1)^2}{1-(P_{20}/P_{10})^2}} = \sqrt{\frac{P_1{}^2-P_2{}^2}{P_{10}{}^2-P_{20}{}^2}} \qquad (9 \cdot 32)$$

この式は Stodola の楕円則を示している。すなわち，上式は $P_1=$ 一定のとき $a \cdot P_2{}^2 + \dot{m}^2 = b$（楕円の式，$a$，$b=$ 定数）の形になり，$P_2=$ 一定のときは $a \cdot P_1{}^2 - \dot{m}^2 = b$（双曲線の式）の形になる。復水タービンのように $(P_2/P_1)^2$ が 1 にくらべて非常に小さい場合は式 $(9 \cdot 30)$ の形になり，流量は入口圧力に比例することがわかる。式 $(9 \cdot 30)$ と式 $(9 \cdot 32)$ は任意の 1 段落や 1 群の段落およびタービン全体に対して適用できるが，両式とも流路面積が不変であると仮定して導いているから，ノズル締切調速のように第 1 段（調速段）のノズル面積が負荷によって変化する場合は第 2 段から適用しなければならない。また，再生タービンのように途中で抽気される場合は，抽気量が入口蒸気流量に比例すればこれらの式は適用される。しかし，一般には比例しない。

9・4・2　ウイランス線と蒸気消費率曲線

タービンの蒸気消費量を種々の負荷に対して求めると第 9・10 図の ABC のように変化する。A 点は**無負荷蒸気消費量** (no-load steam consumption) $\dot{m}'$ を示し，これは出力を発生することなしに損失に打ち勝ってタービンを回転させるために必要な蒸気量である。B 点は**定格負荷** (rated load) における蒸気消費量，BC は**過負荷** (overload) における蒸気消費量である。数多くの実験から AB は近似的に直線とみなすことができ，このことを最初に提唱したウイランス (Willans) の名をとって直線 AB を**ウイランス線** (Willans line) と呼ぶ。ウイ

第9章 蒸気タービンの性能

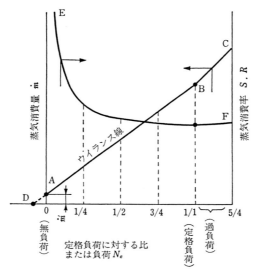

第9・10図　ウイランス線と蒸気消費率曲線

ランス線の延長線と横軸との交点をDとすれば，ODに相当する負荷は蒸気を流入せずに外部からタービンを回転させるために必要な動力で無負荷出力を表す．また，同図の曲線EFは負荷と蒸気消費率との関係を示す**蒸気消費率曲線**(curve of steam rate)で，線ABCの縦座標の値を横座標の値で割って求めることができ，定格負荷において最小値をとる．これらの線はタービンの調速方法やタービンの経済性などを評価するためによく用いられる．

ウイランス線を直線とみなすと，ある二つの負荷に対する蒸気消費量が既知であれば任意の負荷 N_e に対する蒸気消費量 $\dot{m}$ が求まる．ふつうこの $\dot{m}$ は無負荷蒸気消費量 $\dot{m}'$ と，定格負荷 N_{e0} における蒸気消費量 $\dot{m}_0$ を用いた次式から求められる．

$$\dot{m} = \frac{\dot{m}_0 - \dot{m}'}{N_{e0}} \cdot N_e + \dot{m}' \quad \text{(kg/s)} \tag{9・33}$$

また，蒸気消費率 $S.R$ は上式を N_e で割った次式から得られる．

$$S.R = \frac{\dot{m}}{N_e} = \frac{\dot{m}_0 - \dot{m}'}{N_{e0}} + \frac{\dot{m}'}{N_e} \quad \text{(kg/(W·s)} = \text{kg/J)} \tag{9・34}$$

なお，$\dot{m}'$ の値は主として機械損失，回転損失および漏えい損失によって影響を受け，復水タービンに対して Flügel は $\dot{m}_0$ の約10％，Kearton は $\dot{m}_0$ の10～14％，柴山は $\dot{m}'/\dot{m}_0$ の平均値として第9・11図をそれぞれ与えている．

ウイランス線は実際には，負荷を0から定格まで絞り調速によって変化させるとわずかに凹状になり，ノズル締切調速では鋸歯状になるが詳細については次項で説明する。

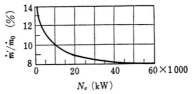

第9・11図　無負荷蒸気消費量

9・4・3　タービンの出力調整

タービンの出力は式(9・21)より次式で表される。ただし，$\dot{m}=[kg/s]$, $H_t=[J/kg]$である。

$$N_e = \eta_e \cdot \dot{m} \cdot H_t \quad (W) \tag{9・35}$$

重力単位系では，式(9・35)は次のようになる。

$$N_e = \eta_e \cdot G \cdot H_t / 632.5 \quad (PS) = \eta_e \cdot G \cdot H_t / 860 \quad (kW) \tag{9・35)'}$$

ただし，$G=[kgf/h]$, $H_t=[kcal/kgf]$である。

したがって，タービンの負荷に応じて出力を調整するためには有効効率 η_e を一定とすれば蒸気流量 $\dot{m}$ (kg/s)または全可逆断熱熱落差 H_t (J/kg)を変化させればよい。その方法として①絞り調速 (throttle governing) および②ノズル締切調速 (nozzle cut out governing) があり，さらに過負荷に対して③バイパス調速（脇路調速）(bypass governing)および①，②，③の適当な組合せがある。

これらの調速装置の構造については下巻の10・9で説明する。

(1) 絞り調速

これはタービン入口の**絞り弁** (throttle valve) の弁開度を調節することによって蒸気流量を変化させるとともに，熱落差も変化させる方法である。この絞り調速による蒸気状態を h-s 線図に示すと第9・12図のようになる。

定格負荷におけるタービンの状態曲線は AC，全可逆断熱熱落差は $\overline{AB}=H_t$ である。**部分負荷** (part load または partial load) において，蒸気は絞り弁によって絞られるから，等エンタルピ変化をしてタービン入口状態はA点（圧力 P_{10}, 温度 t_{10}）からA'点 (P_1, t_1) に移動する。このとき温度降下よりも圧力降下の方が大きいから過熱度が増加する。したがって，状態曲線は A'C'，断熱熱落差は $\overline{A'B'}=H_t$ となる。蒸気流量が減少すると復水器の真空度は高くなるから実際にはこの熱落差は図示のものよりも若干増加する。

この絞り調速の場合，流路面積は変わらないから初段から最終段までStodolaの楕円則が適用できる。したがって，部分負荷における各段落の圧力配分は，式(9・32)に定格負荷時の値を用いて最終段から順次求めていくことができ，

第9章 蒸気タービンの性能

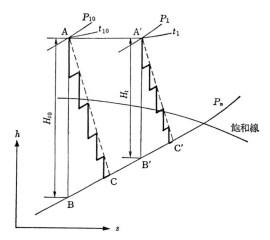

第9・12図 絞り調速に対する h-s 線図

最後にタービン入口圧力 P_1 が得られる。しかし，復水タービンでは入口圧力は蒸気流量に比例するとみなせるから，P_1 は近似的に次式から求めることができる。

$$P_1 = P_{10} \cdot \dot{m}/\dot{m}_0 \quad (\mathrm{Pa} = \mathrm{N/m^2}) \tag{9・36}$$

ここで，$\dot{m}$，$\dot{m}_0$ はそれぞれ部分負荷および定格負荷における蒸気流量 (kg/s) である。

このように部分負荷において，各段落の圧力降下は小さくなるから熱落差が減じ，したがって蒸気速度が小さくなる。それ故，回転数一定の発電機タービンでは速度比が大きくなり，舶用主機タービンにおいても最適速度比からはずれるために効率が悪くなる。また，速度線図が変化するために動翼入口端への蒸気衝突による損失が増え，さらにノズルは超過膨脹となるからノズル効率も低下する。一方，過熱蒸気域で働く段落数が増加し，低圧段の湿り度も小さくなるから湿りによる損失が減少するとともに，蒸気の比容積が全体に大きくなるため回転損失も減少する。したがって，内部効率の低下は幾分改善されるが，絞りという不可逆変化を有し，出力に対する機械損失や回転損失の割合が増えるから有効効率は低下する。

また，全可逆断熱熱落差が H_{t_0} から H_t に減少するためにサイクルの理論熱効率も低下する。

(2) **ノズル締切調速**

これは単にノズル調速 (nozzle governing または nozzle control governing)

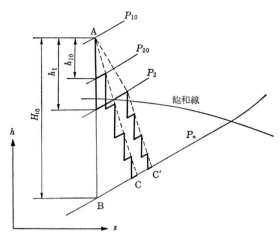

第9・13図 ノズル締切調速に対する h-s 線図

ともいい，第1段のノズル群を3～4個のノズル室に分割し，各室に設けたノズル弁 (nozzle valve) を負荷に応じて開閉することによって蒸気流量を変化させる方法である。したがって，部分負荷においてもタービン入口蒸気状態は変わらないから，全可逆断熱熱落差は一定である。このノズル締切調速による蒸気状態を第9・13図に示す。

定格負荷時の状態曲線は AC で，全可逆断熱熱落差は $\overline{\mathrm{AB}}=H_{t_0}$ である。部分負荷において，理想的には第1段のみでなくすべての段落のノズル数を負荷に応じて変化させることができれば，各段落の蒸気状態やノズルと翼中の蒸気の流動状況は定格負荷の場合と全く同じである。したがって，ノズル数の減少によって換気損失（通風損失）が増すだけで内部効率の低下はわずかである。このような理想的なノズル締切調速に対するウイランス線は無負荷蒸気量をゼロとすれば，第9・14図のようになり，蒸気消費率曲線は水平線で表される。しかし，実際にはこのような方法は構造的に困難で，ふつうは第1段のノズル数のみを変えており，部分負荷時の状態曲線は第9・13図の AC′ のようになる。第1段以外は流路面積が一定であるので段落の圧力配分は楕円則によって求められる。すなわち，第2段から最終段までは流路面積が変わらず蒸気流量が減少するために蒸気速度が小さく

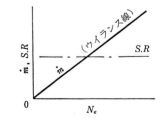

第9・14図 理想的なノズル締切調速 ($\dot{m}'=0$)

なり，それに相当して圧力降下は図のように小さくなる．したがって，第1段の圧力降下は定格負荷時の $(P_{10}-P_{20})$ から $(P_{10}-P_2)$ と大きくなる．それ故，第1段の熱落差が h_{10} から h_1 と著しく増加して速度比が小さくなり効率が低下する．さらに部分流入比の減少によって換気損失も増加する．一方，第1段以外の段落では絞り調速の場合と同じで，回転数が一定かそれほど減速しなければ速度比は増加する．しかし，蒸気流量の減少による復水器圧力の低下を無視すれば，定格負荷においても部分負荷においても全可逆断熱熱落差は同じであるからサイクルの理論熱効率は変化しない．

(3) **絞り調速とノズル締切調速との比較**

いま，第9・15図において定格負荷時の状態曲線を ab とすると，絞り調速による部分負荷時の状態曲線は efg，同じ蒸気流量に対するノズル締切調速による状態曲線は acd でそれぞれ表される．同じ蒸気流量であるから，絞り調速による1段後の点 f とノズル締切調速による1段後の点 c はともに圧力 P_2 の等圧線上にある．この h-s 線図から明らかなように，絞り調速の方が熱落差は小さくなるから単位出力当たりの蒸気消費量はノズル締切調速よりも多くなることがわかる．

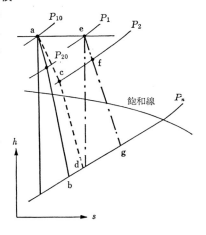

第9・15図 絞り調速とノズル締切調速との比較

また，実際の絞り調速では低負荷になるほど効率は減少するから，ウイランス線は直線ではなく第9・16図に示すようにやや凹状の曲線となる．一方，ノズル締切調速ではノズル弁が全開か全閉でなければ蒸気は絞られるからウイランス線は鋸歯状になる．図の例では，1/4，1/2，3/4，1/1 および 5/4 負荷のときに，それぞれ相当するノズル弁が全開の状態にある[脚注]から，理想的なノズル締切調速に対する線上に蒸気消費量の点がある．しかし，それ以外の中間の負荷のときにはノズル弁が半開の状態にあり，絞りによる損失が生じてウイランス線は絞り調速のような滑らかな曲線にはならない．当然，蒸気消費率曲線もウイランス線と同じような形状になる．絞り調速のときの無負荷蒸気消費量は

脚注) このように，あるノズル弁が全開で他のノズル弁が全閉である状態を**弁点**（valve point）という．

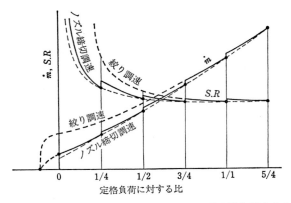

第9・16図　実際の調速に対するウイランス線と蒸気消費率曲線

ノズル締切調速のときよりも多くなる。Flügelは負荷が変わったときの蒸気消費率の変化を第9・17図で表し，さらに効率の変化を理論的に求めた次式で表した。

$$\eta_d = \eta_{do} \cdot \frac{\xi}{\xi_o} \left\{ \mu' - (\mu'-1)\frac{\xi}{\xi_o} \right\} \frac{1+(v_2/v_1)^{1/n}}{1+(v_2/v_1)_o^{1/n}} \qquad (9\cdot 37)$$

$$\mu' \fallingdotseq 0.5\mu + 1.0$$

$$\mu = 1 + \frac{2}{\eta_{do}} \cdot \frac{\sum c_o^2}{2H_o}$$

ここで，η_d＝線図効率，ξ＝速度比で少なくとも一部の段群中ではこの値の変化する割合はほとんど等しいとみなす，v_1, v_2＝段群の入口および出口における蒸気比容積(m^3/kg)，n＝段落数，c＝周速度(m/s)，H＝段群中で消化され

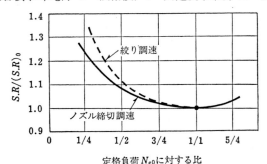

第9・17図　復水タービンの定格時に対する蒸気消費率の割合(Flügelによる)

る熱落差(J/kg)，添字 o＝定格状態における値，である．もし，H_0の単位が重力単位系で(kcal/kgf)あればμの式中の$2H_0$の代わりに$8\,375H_0$を用いる．

なお，部分負荷時には再生タービンの場合，抽気段落の圧力が低くなり，したがって給水温度が低下して場合によっては抽気できなくなり，再生サイクルとしての利点が減り，熱効率が低下する．また，再熱タービンの場合も最適再熱圧力からはずれるために熱効率が低下する．

以上説明してきた絞り調速とノズル締切調速に対するおもな特徴をまとめると次のようになる．

① 絞り調速では蒸気流量と全可逆断熱熱落差が，ノズル締切調速では蒸気流量がそれぞれ変化する．また，有効効率は両調速とも低下する．

② 絞り調速ではサイクルの理論熱効率が低下するが，ノズル締切調速では変わらない．

③ 絞り調速よりもノズル締切調速の方が絞り作用が少ないために蒸気消費率が少なく効率がよい．低負荷になるほど両者の差は大きくなる．

④ 絞り調速は衝動タービンにも反動タービンにも適用できるが，ノズル締切調速は部分流入となるから反動タービンには適用できない．反動タービンに適用するためには第1段に衝動段を用いなければならない．

⑤ 調速装置の構造としては絞り調速の方が簡単で安価である．

⑥ ノズル締切調速の部分流入時には高圧車室の一部が蒸気によって部分的に加熱されるから不均等な熱応力が生じる．また，第1段翼列に蒸気は間けつ的に当たるから翼応力が増大する．

(4) バイパス調速(脇路調速)

定格負荷以上の過負荷になると，ノズル締切調速では第1段後の圧力が高くなり過負荷蒸気流量を通過させることが困難になる．したがって，一般に第1段の翼車平均直径を第2段以降のものより大きくとって流路面積を大きくする

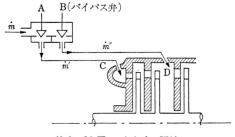

第9・18図　バイパス調速

348 　　第9章　蒸気タービンの性能

か，カーチス段を用いて圧力降下を大きくとるかしているが，それでも過負荷蒸気流量を処理することができない場合にはタービンの途中段に過負荷に対して追加すべき量の蒸気を流入させる。このような方法をバイパス調速という。絞り調速でも絞り弁後の圧力が得られるべき最高値になり，それ以上の出力が必要なときにはこのバイパス調速を用いる。

　いま第9・18図に示すように，定格出力までの蒸気流量は弁Aによって調節されてノズル室Cに入り，それ以上の出力に対する追加すべき蒸気流量は**バイパス弁**（by-pass valve）Bによって調節されて第2段後のD室に入る場合を考える。そして，このときの蒸気の状態を第9・19図の h-s 線図に示す。図中の実線が定格時，破線が過負荷時の状態である。過負荷時の第2段後の圧力 P_2 は近似的に次式で求められる。

$$P_2 = P_{2_0} \cdot \dot{m} / \dot{m}_0 \quad \text{(Pa)} \quad (9 \cdot 38)$$

ここで，P_{2_0} は定格時の第2段後の圧力，$\dot{m}_0$，$\dot{m}$ はそれぞれ定格時および過負荷時の蒸気流量である。

したがって，第2段後に流入する蒸気はバイパス弁によって圧力 P_0 から P_2 まで絞られるので af の変化をする。いま，過負荷時において，バイパス段である第1段と第2段を通る蒸気流量を $\dot{m}'$，バイパス弁を通る蒸気流量を $\dot{m}''$ とすれば，

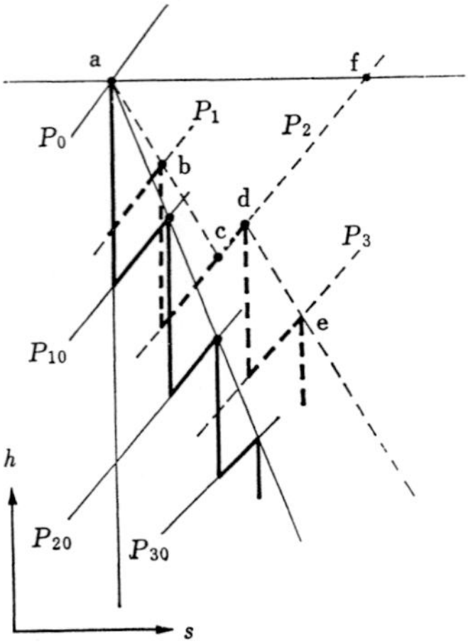

第9・19図　バイパス調速に対する h-s 線図

$$\dot{m} = \dot{m}' + \dot{m}'' \quad \text{(kg/s)} \quad (9 \cdot 39)$$

となる。$\dot{m}'$ はバイパス段後の圧力が上昇するため $\dot{m}_0$ よりも小さい。この $\dot{m}'$ を求めるためにはバイパス段のノズルに連続の式を適用する。流路面積 S は既知であるからまず段落効率を仮定する。次に，第1段後の圧力 P_1 を適当に与えると蒸気速度 w と比容積 v が求まる。これらの値を連続の式に入れて，第1段と第2段の $\dot{m}'$ が同じ値になるまで繰り返し計算をすればよい。$\dot{m}'$ が求まれば $\dot{m}''$ は $\dot{m}'' = \dot{m} - \dot{m}'$ より求まる。一方，c 点の比エンタルピを h_c とすればバイパス段を通った蒸気の熱量は $\dot{m}' \cdot h_c$，バイパス弁で絞られた蒸気の熱量は同様に $\dot{m}'' \cdot h_f$ であり，混合して第3段に流入する蒸気の熱量は $\dot{m} \cdot h_d$ で表される。したがって，

$$\dot{m} \cdot h_d = \dot{m}' \cdot h_c + \dot{m}'' \cdot h_f \quad \text{(J/s)} \quad (9 \cdot 40)$$

第9章　蒸気タービンの性能　　　349

より h_d が求まり，P_2 の等圧線上の h_d に相当する点 d が第3段のノズル前の状態を表すことになる。故に，状態曲線は abcde のようになる。

バイパス調速ではバイパス弁での絞りによる損失が大きく，速度比が最適値からはずれる（回転数一定ならば速度比はバイパス段で増加，それ以外の段落で減少する）ために段落効率も低下する。バイパス調速は，一般商船にはほとんど用いられず，艦艇の場合に採用されることがある。商船用主機タービンでは過負荷ノズル弁を設けているものが多い。

9・5　限界出力

限界出力 (limiting output, 限度出力ともいう) とは現在利用できる材料および製作技術でもって得られる最大出力のことであるから，その値は固定的なものではなく，時代とともに大きくなる。しかし，3～4万 kW 程度の舶用主機タービンと，100万 kW にも達する火力，原子力発電用蒸気タービンではその使用条件が著しく異なるために限界出力にも大きな差が出てくる。

いま，タービンの出力に対する式 (9・35) を再掲すると次のようになる。

$$N_e = \eta_e \cdot \dot{m} \cdot H_t \qquad (\text{W})$$

ふつう，有効効率 η_e や全断熱熱落差 H_t の値には大きな変化はないから，蒸気流量 $\dot{m}$ が最大のときに限界出力が得られる。この $\dot{m}$ の値はおもに最終段の流路面積によって定まる。$\dot{m}$ は，最終段翼出口環状面積 $S_a = \pi \cdot D \cdot l$，翼出口軸流速度 $U_2 = w_2 \cdot \sin\alpha_2$ および連続の式から次式で表される。

$$\dot{m} = \tau (\pi \cdot D \cdot l)(w_2 \cdot \sin\alpha_2)/v_2 \qquad (\text{kg/s}) \qquad (9 \cdot 41)$$

ここで，$\tau =$ **流路減少率**[脚注]，$D =$ 翼車ピッチ円直径 (m)，$l =$ 翼高さ (m)，$v_2 =$ 翼出口蒸気の比容積 (m^3/kg)，$w_2 =$ 翼出口蒸気絶対速度 (m/s)，$\alpha_2 =$ 速度 w_2 の蒸気の流出角，である。

上式の τ，v_2，α_2 はほぼ一定で w_2 も最終段からの排気損失の面から制限を受けるから，結局，限界出力は最終段の環状面積 $\pi \cdot D \cdot l$ と密接な関係のあることがわかる。いま，w_2 をリービング損失比 $\zeta = w_2^2/(2H_t)$ で表すと，

$$w_2 = \sqrt{2\zeta \cdot H_t} \qquad (\text{m/s}) \qquad (9 \cdot 42)$$

となり，式 (9・41)，(9・42) と N_e の式から限界出力 N_{emax} は次式で表される。なお，H_t の単位は (J/kg) である。

脚注) 式 (8・41) では翼出口厚さ t を無視したが，実際には第8・20図においてピッチ s から翼出口厚さの円周方向成分 $t/\sin\beta_2$ ($\beta_2 =$ 翼出口角) を差し引かねばならない。この流路減少率 τ は次式で表される。
$$\tau = (s - t/\sin\beta_2)/s$$

350　　　　第 9 章　蒸気タービンの性能

$$N_{emax} = (\sqrt{2}\ \eta_e \cdot \tau \cdot \zeta^{1/2} \cdot H_t^{3/2} \cdot \sin \alpha_2 \cdot v_2^{-1}) \pi \cdot D \cdot l \quad \text{(W)} \qquad (9 \cdot 43)$$

　蒸気条件が 6 MPa，510°C（背圧 0.005 MPa）である代表的な舶用主機タービンに対しては　$H_t = 1\ 340 \times 10^3 \text{J/kg}$（第 4・14 図），$v_2 = 24 \text{m}^3/\text{kg}$，$\eta_e = 0.85$，また $\sin \alpha_2 = 1.0$（軸流排気），$\tau = 0.95$，$\zeta = 0.03$（$w_2 = 284 \text{m/s}$）をそれぞれ代表値として上式に代入すると次式が得られる。

$$N_{emax} = 12.78 \times 10^6 (\pi \cdot D \cdot l) \quad \text{(W)} \qquad (9 \cdot 44)$$

　この式より最終段の環状面積に対する限界出力の近似値が得られる。D (m) と l (m) はおもに流体特性，材料強度および振動特性などを考慮して定められる。これについては石川らの理論的研究も発表されているが，大体の目安としては次のような制限値を用いればよい。ただし，最終段翼はテーパ付ねじれ翼である。

$$(l/D)_{max} = 1/4 \sim 1/3 \quad （赤川による）$$
$$= 1/5 \sim 1/3 \quad （\text{Flügel} による）$$
$$c_{max} = 300 \sim 350 \text{m/s} \quad （赤川による）$$

このように l/D と周速度 $c = \pi \cdot D \cdot N/60$ に制限値があるから式 (9・44) より，

$$N_{emax} \propto D \cdot l \propto D^2 \propto 1/N^2 \qquad (9 \cdot 45)$$

の関係がある。すなわち，限界出力は回転数 N (rpm) の 2 乗に反比例するから限界出力を高めるためには回転数を小さくしなければならない。したがって，舶用主機タービンでは高圧タービンよりも低圧タービンの方が回転数が小さい。

　なお，再生タービンでは最終段の蒸気量はタービン入口蒸気量よりも少ないために限界出力は 15〜20 % 大きくなる。また，再熱タービンでは H_t が増加するからその分だけ限界出力が大きくなる。舶用タービンではほとんど単流排気であるが，もし火力，原子力発電用タービンのように低圧車室を 2 分流排気（複流タービン）にすれば限界出力も約 2 倍になる。

　現在の最大翼長は舶用主機タービンで 525 mm，火力，原子力発電用タービンでは，1 250 mm（50 in.—3 600 rpm），1 500 mm（60 in.—3 000 rpm）および，1 880 mm（74 in.—1 800/1 500 rpm）程度である。

　重力単位系では，式 (9・41)，(9・42)，(9・43) は次のようになる。

$$G = 3\ 600 \tau (\pi \cdot D \cdot l)(w_2 \cdot \sin \alpha_2)/v_2 \quad \text{(kgf/h)} \qquad (9 \cdot 41)'$$
$$w_2 = 91.5 \sqrt{\zeta \cdot H_t} \qquad (9 \cdot 42)'$$
$$\left.\begin{aligned} N_{emax} &= (383 \eta_e \cdot \tau \cdot \zeta^{1/2} \cdot H_t^{3/2} \cdot \sin \alpha_2 \cdot v_2^{-1}) \pi \cdot D \cdot l \quad \text{(kW)} \\ &= (521 \eta_e \cdot \tau \cdot \zeta^{1/2} \cdot H_t^{3/2} \cdot \sin \alpha_2 \cdot v_2^{-1}) \pi \cdot D \cdot l \quad \text{(PS)} \end{aligned}\right\} \quad (9 \cdot 43)'$$

ただし，$N_e = \eta_e \cdot G \cdot H_t/860$ (kW)，$H_t = \text{[kcal/kgf]}$，$G = \text{[kgf/h]}$，$v_2 = \text{[m}^3/\text{kgf]}$，である。

　また，蒸気条件を 60 kgf/cm²，510°C（背圧 0.05 kgf/cm²）とすれば，$H_t = 320 \text{kcal/kgf}$，

第9章　蒸気タービンの性能

$v_2 = 24\,\mathrm{m^3/kgf}$ であるから，式(9・44)は次のようになる。

$$
\begin{aligned}
N_{emax} &= 12\ 800\,(\pi \cdot D \cdot l) \quad &(\mathrm{kW}) \\
&= 17\ 400\,(\pi \cdot D \cdot l) \quad &(\mathrm{PS})
\end{aligned}
\Biggr\} \qquad (9 \cdot 44)'
$$

352　　　　　　　　第9章　蒸気タービンの性能

■　演　習　問　題　■

（三級程度）

1. 蒸気タービンに過熱蒸気を使用する場合の利点をあげよ。

　　解　断熱熱落差が増加するので，タービンプラントのサイクル熱効率が増加し，蒸気消費率が減少する。また，低圧段の湿り度が減少し，水滴による内部効率の低下や，ノズルおよび動翼の浸食を防ぐことができる。できるだけ過熱度の高い過熱蒸気を用いる。（4・2，9・2を参照）。

（二級程度）

2. 蒸気タービンに関する次の文の（　　）の中の字句の中で，正しいものを1つだけ記せ。
   (1) タービンの機械損失は回転数に（ ①比例，②反比例 ）して増加する。
   (2) パーソンス数の大きいタービンは，周速度が（ ①大き，②小さ ）い。
   (3) 再熱係数は常に1よりも（ ①大き，②小さ ）い。
   (4) 機械損失の割合は，出力が（ ①大き，②小さ ）いタービンほど小さい。
   (5) ジャーナル軸受の安全帯は，（ ①上下，②軸心 ）方向の異常を一時支えるものである。

　　解　(1) ①，(2) ①，(3) ①，(4) ①，(5) ①（10・8参照）。

3. 蒸気タービンに関する下記の問に答えよ。
   (1) 翼車の表面が円滑でなく粗雑になった場合，段落線図効率と段落内部効率のどちらが低くなるか，それとも変わらないか。
   (2) グランドからの蒸気の漏えい損失が増した場合，タービンの機械効率は低くなるか，それとも変わらないか。
   (3) 大形タービンの機械効率は何パーセントぐらいか。

　　解　(1) 段落内部効率の方が低くなる。
　　　　(2) 機械効率は低くなる。
　　　　(3) 一般に，96～99%（8・2・2，9・1・3を参照）。

4. 多段落蒸気タービンに関して，次の文の（　　）の中に適合する字句または数字を記せ。

　　多段落蒸気タービンにおいては，各段落の断熱熱落差の総和は，そのタービンにおける初圧から終圧までの可逆断熱熱落差より（ ① ）く，前者の後者に対する比を（ ② ）係数といい，その値は（ ③ ）ぐらいである。この値は，段落数が多いほど（ ④ ）くなり，また，タービンの内部効率が悪いほど（ ⑤ ）くなる。

　　解　①大き，②再熱，③1.02～1.10，④大き，⑤大き。

第9章　蒸気タービンの性能　353

5. 蒸気タービンの調速について，次の文の（　　）の中に適合する字句を記せ。
  (1) ノズル締切調速では，部分負荷における効率が絞り調速にくらべて（ ① ）い。
  (2) 絞り調速では，絞りの前後における蒸気のエンタルピは（ ② ）で，エントロピは（ ③ ）する。
  (3) 蒸気タービン主機は，一般に負荷が小さい場合は，（ ④ ）調速を，負荷が大きい場合は，（ ⑤ ）調速が行われる。
  解　(1) ①高，(2) ②同じ，③増加，(3) ④絞り　⑤ノズル締切。

6. 蒸気タービンの調速に関する下記の文の（　　）内の①〜⑩に適合する字句を記せ。
  蒸気タービンの調速には，（ ① ）調速法および（ ② ）調速法がある。①調速法は（ ③ ）を用い，タービンの第1段落に流入する蒸気の（ ④ ）および（ ⑤ ）を調整し，これによってタービン内の蒸気の（ ⑥ ）を変化させてタービンの速度を調節する方法で，装置は簡単であるが（ ⑦ ）負荷における効率の低下が大きい。一方，②調速法は第1段落に設けられた（ ⑧ ）の一部を締切ることによって（ ⑨ ）を調節して調速する方法である。②調速法は（ ⑩ ）タービンには用いられない。
  解　①絞り，②ノズル締切，③絞り弁，④圧力，⑤流量，⑥熱落差，⑦低，⑧ノズル弁，⑨蒸気流量，⑩反動。

7. 蒸気タービンを軽負荷および過負荷で運転する場合は，定格負荷で運転する場合にくらべて効率が低下する理由を説明せよ。
  解　9・4・3および第9・10図を参照，主な理由は軽負荷でも過負荷でも速度比が最適値からはずれるためである。

（一級程度）

8. パーソンス数はどのような事項によって決まるか。また，これはどのようなことに利用されるか。
  解　9・3を参照，タービンの初期計画において効率の見積りなどに利用される。

9. 次の文の（　　）内に適合する字句を記せ。
  パーソンス数は，タービンの回転数および（ ① ）または（ ② ）などによって変化し，パーソンス数を（ ③ ）くするほどタービンの有効効率が高くなる。
  解　①翼車ピッチ円直径，②断熱熱落差，③大き。

10. 蒸気タービンに関する下記(1)〜(5)の記述のうち，正しくないものを2つあげよ。
  (1) 再熱係数は常に1よりも小さくなる。
  (2) 動翼の速度係数は，転向角が大きいほど小さくなる。
  (3) パーソンス数の大きいタービンは，周速度または段落数が大きい。
  (4) 機械損失の割合は，出力が小さいタービンほど小さい。
  (5) 有効効率は，一般に出力が小さいタービンほど低くなる。

354 第9章 蒸気タービンの性能

解 (1)と(4)

11. 蒸気タービンの調速に関する次の文の中で，正しくないものを2つだけあげ，正しくない理由を記せ。
(1) 絞り調速によって出力を調整すると，一般に速度比は変わらない。
(2) 絞り調速によって出力を減少する場合は，タービン入口の蒸気のエンタルピは一般に変化しない。
(3) ノズル締切調速によって出力を減少すれば，絞り調速の場合にくらべて，タービン第1段落の熱落差は一般に大きい。
(4) ノズル締切調速によって出力を減少すると，減少前にくらべて再熱係数は小さくなる。
(5) バーリフト形操縦弁は，1本のバーでノズル締切りと絞りの調速ができる。

解 (1)と(4)，(1)は 9・4・3(1)を参照，(4)は $\mu = \sum h_i / H_i$ において，H_i は変わらずに $\sum h_i$ は増加するから μ は大きくなる。第9・13図参照。

12. 多段落蒸気タービンにおいて，再熱係数が常に1より大きい理由を説明せよ。

解 飽和域での等圧線は，傾きが飽和温度Tに比例した直線であるから，互いに平行ではなくエントロピ大の方向に向かって開いている。過熱域でも同様の傾向をもつ。(3・4・3(2)，9・1・2(3)を参照)。

13. 蒸気タービンの調速に関する下記文中の( )内の①〜⑦に適合する字句を入れよ。
(1) ノズル締切調速では，ノズル弁の前後における蒸気の状態は(①)。
(2) ノズル締切調速では，部分負荷における効率が絞り調速にくらべて(②)。
(3) 絞り調速では，絞りの前後における蒸気のエンタルピが(③)で，エントロピは(④)。
(4) 蒸気タービン主機の調速は，一般に負荷の小さい部分，たとえば定格負荷の½以下で(⑤)が，それ以上の負荷の部分では(⑥)が行われる。
(5) 蒸気タービンの任意の負荷の所要蒸気量は，(⑦)線により近似的に求められる。

解 (1) ①一定である，(2) ②高い，(3) ③一定 ④増加する，(4) ⑤絞り調速 ⑥ノズル締切調速，(5) ⑦ウイランス。

14. 絞り調速とノズル締切調速の性能上の相違事項について述べよ。

解 9・4・3を参照。

15. 多段落蒸気タービンにおいて，再熱係数 (μ) が1より大きいことを h-s 線図を描いて説明し，再熱係数(μ)，段落内部効率(η_i)および全内部効率(η_{ii})の間に，$\eta_{ii} = \mu \cdot \eta_i$ の関係が成り立つことを説明せよ。

解 9・1・2(3)および第9・2図を参照。

第9章　蒸気タービンの性能

16. 蒸気タービンに関する次の問に答えよ。
　(1) タービン入口蒸気の比エンタルピを h(J/kg)，タービン出口蒸気圧力における飽和水の比エンタルピを h'(J/kg)，タービンの可逆断熱熱落差を H_t(J/kg)およびタービン有効効率を η_e とした場合，蒸気消費率 $S.R$ (kg/(W·s)=kg/J) および熱消費率 $H.R$ (J/(W·s)=J/J)をそれぞれ式で表すとどのようになるか。
　　重力単位系では，h, h', H_t は(kcal/kgf)，$S.R$ は (kgf/(PS·h))，$H.R$ は(kcal/(PS·h))，ただし，1PSの仕事の熱当量は632.5kcal/hとする。
　(2) 熱消費率はどのような場合に利用されるか。
　(3) 蒸気タービンの効率は過負荷運転において低下するのはなぜか。
　解　(1) 9・2を参照。
　　(2) 蒸気条件の異なるタービンや，サイクルの異なるタービンの性能を比較する場合に利用される。
　　(3) タービンは，定格負荷時に最高効率が得られるように設計されており，過負荷時には主に速度比の変化によって効率が低下する。(9・4・3参照)

17. 蒸気タービンの限界出力は，排気速度および排気端流路面積に影響されることを説明せよ。
　解　9・5を参照。

18. 入口蒸気圧がともに 2.9MPa {30kgf/cm²} で，温度が310℃および400℃の過熱蒸気を，それぞれ蒸気タービンに入れて，いずれも 0.006MPa {真空715mmHg} まで断熱膨脹させた場合の理論蒸気消費率および排気の湿り度はどちらがどれだけ多いか。h-s 線図よりそれぞれ求めよ。また，h-s 線図上に断熱膨脹の前後における蒸気のそれぞれの状態の位置を記入せよ。
　解　下図(a)の h-s 線図より次のようになる。
　　まず，入口蒸気温度が310℃の場合，

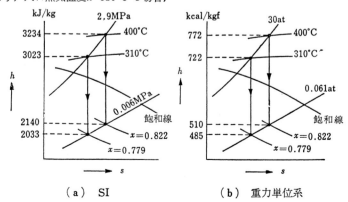

　　　　(a)　SI　　　　　　　　　(b)　重力単位系

356　　第9章　蒸気タービンの性能

$$S.R = 1/H_t = 1/(3\ 023 - 2\ 033) = 1/990 = 1.01 \times 10^{-3}\,\text{kg/kJ}$$
$$= 3.636\,\text{kg/(kW·h)}$$

排気の湿り度 $(1-x) = 1 - 0.779 = 0.221$

次に，入口蒸気温度が 400°C の場合，

$$S.R = 1/H_t = 1/(3\ 234 - 2\ 140) = 0.914 \times 10^{-3}\,\text{kg/kJ}$$
$$= 3.291\,\text{kg/(kW·h)}$$

排気の湿り度 $(1-x) = 1 - 0.822 = 0.178$

故に，310°C の場合の方が，理論蒸気消費率は 0.345 kg/(kW·h) 多く，排気の湿り度も 4.3% 多い。

重力単位系では，同図(b)の h–s 線図より次のようになる。ただし，排気の圧力は，$(760-715) \times 1.0332/760 = 0.061\,\text{kgf/cm}^2$ である。

まず，入口蒸気温度が 310°C の場合，

$$S.R = 860/H_t = 860/(722 - 485) = 3.629\,\text{kgf/(kW·h)}$$
$$= 632.5/H_t = 632.5/(722 - 485) = 2.669\,\text{kgf/(PS·h)}$$
$$(1-x) = 1 - 0.779 = 0.221$$

次に，入口蒸気温度が 400°C の場合，

$$S.R = 860/H_t = 860/(772 - 510) = 3.282\,\text{kgf/(kW·h)}$$
$$= 632.5/H_t = 632.5/(772 - 510) = 2.414\,\text{kgf/(PS·h)}$$
$$(1-x) = 1 - 0.822 = 0.178$$

故に，310°C の場合の方が，理論蒸気消費率は 0.347 kgf/(kW·h)，0.255 kgf/(PS·h) 多く，排気の湿り度も 4.3% 多い。

19. 蒸気タービンの蒸気消費率 $S.R\,\text{(kg/J)}$ および熱消費率 $H.R\,\text{(J/J)}$ はそれぞれどのような式で表されるか。ただし，タービン入口の蒸気の比エンタルピを $h\,\text{(J/kg)}$，タービン出口の蒸気圧における飽和水の比エンタルピを $h'\,\text{(J/kg)}$，タービン蒸気の可逆断熱膨脹の熱落差を $H_t\,\text{(J/kg)}$，タービン効率比（有効効率）を η_e，とする。

解　9・2 を参照。

$$S.R = \frac{1}{\eta_e \cdot H_t} \quad \text{(kg/J)}$$

$$H.R = \frac{h - h'}{\eta_e \cdot H_t} \quad \text{(J/J)}$$

重力単位系では，h, h', H_t の単位は kcal/kgf であり，1 PS の仕事の熱当量を 632.5 kcal/h とする。

$$S.R = \frac{632.5}{\eta_e \cdot H_t} \quad \text{(kgf/(PS·h))}$$

$$H.R = \frac{632.5(h - h')}{\eta_e \cdot H_t} \quad \text{(kcal/(PS·h))}$$

第9章　蒸気タービンの性能　　357

■　追加演習問題　■

（二級程度）

1. 蒸気タービンの調速に関して，次の文の（　）の中に適合する字句を記せ。

(1)　絞り調速において，低負荷時には蒸気は操縦弁によって絞られるから等（①）変化をし，このとき温度降下よりも圧力降下の方が大きいから（②）度が増加する。

(2)　ノズル締切調速において，低負荷時においてもタービン入口蒸気状態は変わらないが，第1段の熱落差が著しく増加して速度比が（③）くなる。

(3)　低負荷時においては，絞り調速の方が単位出力当たりの蒸気消費量は，ノズル締切調速よりも（④）くなる。

(4)　操縦弁やノズル弁には，弁座が3°〜6°のテーパ状になった（⑤）形弁座を用いて，蒸気の速度エネルギの一部を（⑥）として回収する。

解　①エンタルピ，②過熱，③小さ，④多，⑤ディフューザ，⑥圧力

　　9・4・3および本書下巻の10・9参照

（一級程度）

2. 蒸気タービン主機の調速装置に関する次の問に答えよ。

(1)　絞り調速による低負荷運転時の蒸気の動作状態は，定格負荷時の蒸気の動作状態とどのように異なるか，h–s線図を描き蒸気の膨脹線を記入して説明せよ。

(2)　ノズル締切調速による低負荷運転時において，第1段の熱効率が定格負荷時における熱効率に比べて低下する理由は何か。

(3)　ノズル締切調速では，どのようにしてノズル弁を開閉するか，略図を描いて説明せよ。

解　(1)　**9・4・3**(1)，(3)参照

　　(2)　**9・4・3**(2)，(3)参照

　　　　低負荷時には第1段落のみが負荷に応じた数のノズル弁を閉め，他段落は蒸気流路面積が不変であるので，1段落の熱落差がとくに大きくなり速度比が最適値からずれる。また，部分流入比の減少により換気損失が増加する。

　　(3)　本書下巻の**10・9**参照

　　　　数個のノズル室に各1個設けた弁棒の長さの異なるノズル弁を，2つ割れの吊り上げ板にはさみ込み，その板を上下させることによって各弁を順次開閉させる。この形式をバーリフト形といい，主としてこの方法が多く採用されている。

付　表

付表1　飽和表（温度基準）

(1999 日本機械学会蒸気表より抜粋)

温度 °C	飽和圧力 MPa	比容積 m³/kg		比エンタルピ kJ/kg			比エントロピ kJ/(kg·K)	
t	P	v'	v''	h'	h''	$r=h''-h'$	s'	s''
*0	0.000 611 21	0.001 000 21	206.140	−0.04	2 500.89	2 500.93	−0.000 15	9.155 76
0.01	0.000 611 66	0.001 000 21	205.997	0.00	2 500.91	2 500.91	0.000 00	9.155 49
2	0.000 705 99	0.001 000 11	179.764	8.39	2 504.57	2 496.17	0.030 61	9.102 67
4	0.000 813 55	0.001 000 07	157.121	16.81	2 508.24	2 491.42	0.061 10	9.050 56
6	0.000 935 35	0.001 000 11	137.638	25.22	2 511.91	2 486.68	0.091 34	8.999 40
8	0.001 073 0	0.001 000 20	120.834	33.63	2 515.57	2 481.94	0.121 33	8.949 17
10	0.001 228 2	0.001 000 35	106.309	42.02	2 519.23	2 477.21	0.151 09	8.899 85
12	0.001 402 8	0.001 000 55	93.724 3	50.41	2 522.89	2 472.48	0.180 61	8.851 41
14	0.001 598 9	0.001 000 80	82.798 1	58.79	2 526.54	2 467.75	0.209 90	8.803 84
16	0.001 818 8	0.001 001 10	73.291 5	67.17	2 530.19	2 463.01	0.238 98	8.757 12
18	0.002 064 7	0.001 001 45	65.002 9	75.55	2 533.83	2 458.28	0.267 85	8.711 22
20	0.002 339 2	0.001 001 84	57.761 5	83.92	2 537.47	2 453.55	0.296 50	8.666 12
22	0.002 645 2	0.001 002 28	51.422 5	92.29	2 541.10	2 448.81	0.324 95	8.621 82
24	0.002 985 6	0.001 002 75	45.862 6	100.66	2 544.73	2 444.08	0.353 20	8.578 28
26	0.003 363 7	0.001 003 27	40.976 8	109.02	2 548.35	2 439.33	0.381 26	8.535 50
28	0.003 782 8	0.001 003 82	36.675 4	117.38	2 551.97	2 434.59	0.409 12	8.493 45
30	0.004 246 7	0.001 004 41	32.881 6	125.75	2 555.58	2 429.84	0.436 79	8.452 11
32	0.004 759 2	0.001 005 04	29.529 5	134.11	2 559.19	2 425.08	0.464 28	8.411 48
34	0.005 324 7	0.001 005 70	26.562 4	142.47	2 562.79	2 420.32	0.491 58	8.371 54
36	0.005 947 5	0.001 006 39	23.931 8	150.82	2 566.38	2 415.56	0.518 71	8.332 26
38	0.006 632 4	0.001 007 12	21.595 4	159.18	2 569.96	2 410.78	0.545 66	8.293 65
40	0.007 384 4	0.001 007 88	19.517 0	167.54	2 573.54	2 406.00	0.572 43	8.255 67
42	0.008 209 0	0.001 008 67	17.665 2	175.90	2 577.11	2 401.21	0.599 03	8.218 32
44	0.009 111 8	0.001 009 49	16.012 6	184.26	2 580.67	2 396.42	0.625 47	8.181 58
46	0.010 099	0.001 010 34	14.535 5	192.62	2 584.23	2 391.61	0.651 74	8.145 44
48	0.011 176	0.001 011 23	13.213 2	200.98	2 587.77	2 386.80	0.677 85	8.109 89
50	0.012 351	0.001 012 14	12.027 9	209.34	2 591.31	2 381.97	0.703 79	8.074 91
55	0.015 761	0.001 014 54	9.564 92	230.24	2 600.11	2 369.87	0.767 98	7.989 89
60	0.019 946	0.001 017 11	7.667 66	251.15	2 608.85	2 357.69	0.831 22	7.908 17
65	0.025 041	0.001 019 85	6.193 83	272.08	2 617.51	2 345.43	0.893 54	7.829 60
70	0.031 201	0.001 022 76	5.039 73	293.02	2 626.10	2 333.08	0.954 99	7.753 99
75	0.038 595	0.001 025 82	4.129 08	313.97	2 634.60	2 320.63	1.015 60	7.681 18
80	0.047 415	0.001 029 04	3.405 27	334.95	2 643.01	2 308.07	1.075 39	7.611 02
85	0.057 867	0.001 032 42	2.825 93	355.95	2 651.33	2 295.38	1.134 40	7.543 36
90	0.070 182	0.001 035 94	2.359 15	376.97	2 659.53	2 282.56	1.192 66	7.478 07
95	0.084 609	0.001 039 62	1.980 65	398.02	2 667.61	2 269.60	1.250 19	7.415 02
99.974	0.101 325	0.001 043 44	1.673 30	418.99	2 675.53	2 256.54	1.306 72	7.354 39
100	0.101 42	0.001 043 46	1.671 86	419.10	2 675.57	2 256.47	1.307 01	7.354 08
110	0.143 38	0.001 051 58	1.209 39	461.36	2 691.07	2 229.70	1.418 67	7.238 05
120	0.198 67	0.001 060 33	0.891 304	503.78	2 705.93	2 202.15	1.527 82	7.129 09
130	0.270 26	0.001 069 71	0.668 084	546.39	2 720.09	2 173.70	1.634 63	7.026 41
140	0.361 50	0.001 079 76	0.508 519	589.20	2 733.44	2 144.24	1.739 29	6.929 27

＊この行に示す状態では準安定な過冷却である。この温度と圧力で安定な状態は氷である。

2 付 表

付表1 飽和表（温度基準）（つづき）

温度 ℃	飽和圧力 MPa	比容積 m³/kg		比エンタルピ kJ/kg			比エントロピ kJ/(kg·K)	
t	P	v'	v''	h'	h''	$r=h''-h'$	s'	s''
150	0.476 10	0.001 090 50	0.392 502	632.25	2 745.92	2 113.67	1.841 95	6.837 03
160	0.618 14	0.001 101 99	0.306 818	675.57	2 757.43	2 081.86	1.942 78	6.749 10
170	0.792 05	0.001 114 26	0.242 616	719.21	2 767.89	2 048.69	2.041 92	6.664 95
180	1.002 6	0.001 127 39	0.193 862	763.19	2 777.22	2 014.03	2.139 54	6.584 07
190	1.255 0	0.001 141 44	0.156 377	807.57	2 785.31	1 977.74	2 235.78	6.506 00
200	1.554 7	0.001 156 51	0.127 222	852.39	2 792.06	1 939.67	2.330 80	6.430 30
210	1.907 4	0.001 172 71	0.104 302	897.73	2 797.35	1 899.62	2.424 76	6.356 52
220	2.319 3	0.001 190 16	0.086 100 7	943.64	2 801.05	1 857.41	2.517 82	6.284 25
230	2.796 8	0.001 209 01	0.071 510 2	990.21	2 803.01	1 812.80	2.610 15	6.213 06
240	3.346 7	0.001 229 46	0.059 710 1	1 037.52	2 803.06	1 765.54	2.701 94	6.142 53
250	3.975 9	0.001 251 74	0.050 086 6	1 085.69	2 801.01	1 715.33	2.793 39	6.072 22
260	4.692 1	0.001 276 13	0.042 175 5	1 134.83	2 796.64	1 661.82	2.884 72	6.001 69
270	5.502 8	0.001 303 01	0.035 622 4	1 185.09	2 789.69	1 604.60	2.976 18	5.930 42
280	6.416 5	0.001 332 85	0.030 154 0	1 236.67	2 779.82	1 543.15	3.068 07	5.857 83
290	7.441 6	0.001 366 29	0.025 556 8	1 289.80	2 766.63	1 476.84	3.160 77	5.783 23
300	8.587 7	0.001 404 22	0.021 663 1	1 344.77	2 749.57	1 404.80	3.254 74	5.705 76
310	9.864 7	0.001 447 88	0.018 338 9	1 402.00	2 727.92	1 325.92	3.350 58	5.624 30
320	11.284	0.001 499 06	0.015 475 9	1 462.05	2 700.67	1 238.62	3.449 12	5.537 32
330	12.858	0.001 560 60	0.012 984 0	1 525.74	2 666.25	1 140.51	3.551 56	5.442 48
340	14.600	0.001 637 51	0.010 783 8	1 594.45	2 622.07	1 027.62	3.659 95	5.335 91
345	15.540	0.001 684 60	0.009 769 83	1 631.44	2 595.01	963.57	3.717 49	5.276 29
350	16.529	0.001 740 07	0.008 800 93	1 670.86	2 563.59	892.73	3.778 28	5.210 89
355	17.570	0.001 807 80	0.007 865 97	1 713.71	2 526.45	812.74	3.843 81	5.137 67
360	18.666	0.001 894 51	0.006 944 94	1 761.49	2 480.99	719.50	3.916 36	5.052 73
365	19.822	0.002 015 61	0.006 004 36	1 817.59	2 422 00	604.41	4.001 05	4.948 18
370	21.043	0.002 222 09	0.004 946 20	1 892.64	2 333.50	440.86	4.114 15	4.799 62
371	21.296	0.002 290 20	0.004 691 40	1 913.25	2 307.45	394.20	4.145 29	4.757 26
372	21.553	0.002 381 70	0.004 398 48	1 938.54	2 274.69	336.15	4.183 58	4.704 63
373	21.813	0.002 526 43	0.004 021 22	1 974.14	2 227.55	253.42	4.237 72	4.629 92
373.946	22.064	0.003 105 59	0.003 105 59	2 087.55	2 087.55	0	4.412 02	4.412 02

＊この行に示す状態では準安定な過冷却である。この温度と圧力で安定な状態は氷である。

付　　表　　　　　3

付表2　飽和表（圧力基準）　　　　　　　　　　　　　（1999 日本機械学会蒸気表より抜粋）

圧力 MPa	飽和温度 ℃	比容積 m³/kg		比エンタルピ kJ/kg			比エントロピ kJ/(kg·K)	
P	t	v'	v''	h'	h''	$r=h''-h'$	s'	s''
0.001	6.970	0.001 000 14	129.183	29.30	2 513.68	2 484.38	0.105 91	8.974 93
0.002	17.495	0.001 001 36	66.989 6	73.43	2 532.91	2 459.48	0.260 58	8.722 72
0.004	28.962	0.001 004 10	34.792 5	121.40	2 553.71	2 432.31	0.422 45	8.473 49
0.006	36.160	0.001 006 45	23.734 2	151.49	2 566.67	2 415.17	0.520 87	8.329 15
0.008	41.510	0.001 008 47	18.099 4	173.85	2 576.24	2 402.39	0.592 53	8.227 41
0.010	45.808	0.001 010 26	14.670 6	191.81	2 583.89	2 392.07	0.649 22	8.148 89
0.015	53.970	0.001 014 03	10.020 4	225.94	2 598.30	2 372.37	0.754 84	8.007 12
0.020	60.059	0.001 017 14	7.648 15	251.40	2 608.95	2 357.55	0.831 95	7.907 23
0.030	69.095	0.001 022 22	5.228 56	289.23	2 624.55	2 335.32	0.943 94	7.767 45
0.040	75.857	0.001 026 36	3.993 11	317.57	2 636.05	2 318.48	1.025 90	7.668 97
0.05	81.317	0.001 029 91	3.240 15	340.48	2 645.21	2 304.74	1.091 01	7.592 96
0.06	85.926	0.001 033 06	2.731 83	359.84	2 652.85	2 293.02	1.145 24	7.531 10
0.07	89.932	0.001 035 89	2.364 90	376.68	2 659.42	2 282.74	1.191 86	7.478 95
0.08	93.485	0.001 038 49	2.087 19	391.64	2 665.18	2 273.54	1.232 83	7.433 89
0.09	96.687	0.001 040 90	1.869 46	405.13	2 670.31	2 265.19	1.269 44	7.394 23
0.1	99.606	0.001 043 15	1.694 02	417.44	2 674.95	2 257.51	1.302 56	7.358 81
0.101 325	99.974	0.001 043 44	1.673 30	418.99	2 675.53	2 256.54	1.306 72	7.354 39
0.2	120.21	0.001 060 52	0.885 735	504.68	2 706.24	2 201.56	1.530 10	7.126 86
0.3	133.53	0.001 073 18	0.605 785	561.46	2 724.89	2 163.44	1.671 76	6.991 57
0.4	143.61	0.001 083 56	0.462 392	604.72	2 738.06	2 133.33	1.776 60	6.895 42
0.5	151.84	0.001 092 56	0.374 804	640.19	2 748.11	2 107.92	1.860 60	6.820 58
0.6	158.83	0.001 100 61	0.315 575	670.50	2 756.14	2 085.64	1.931 10	6.759 17
0.7	164.95	0.001 107 97	0.272 764	697.14	2 762.75	2 065.61	1.992 08	6.706 98
0.8	170.41	0.001 114 79	0.240 328	721.02	2 768.30	2 047.28	2.045 99	6.661 54
0.9	175.36	0.001 121 18	0.214 874	742.72	2 773.04	2 030.31	2.094 40	6.621 24
1.0	179.89	0.001 127 23	0.194 349	762.68	2 777.12	2 014.44	2.138 43	6.584 98
1.2	187.96	0.001 138 50	0.163 250	798.50	2 783.77	1 985.27	2.216 30	6.521 69
1.4	195.05	0.001 148 92	0.140 768	830.13	2 788.89	1 958.76	2.283 88	6.467 52
1.6	201.38	0.001 158 68	0.123 732	858.61	2 792.88	1 934.27	2.343 81	6.420 02
1.8	207.12	0.001 167 92	0.110 362	884.61	2 795.99	1 911.37	2.397 79	6.377 60
2.0	212.38	0.001 176 75	0.099 580 5	908.62	2 798.38	1 889.76	2.447 02	6.339 16
2.2	217.26	0.001 185 24	0.090 695 3	930.98	2 800.20	1 869.22	2.492 36	6.303 95
2.4	221.80	0.001 193 43	0.083 242 1	951.95	2 801.54	1 849.58	2.534 44	6.271 40
2.6	226.05	0.001 201 39	0.076 897 3	971.74	2 802.45	1 830.71	2.573 77	6.241 06
2.8	230.06	0.001 209 13	0.071 428 5	990.50	2 803.02	1 812.51	2.610 73	6.212 61
3.0	233.86	0.001 216 70	0.066 664 1	1 008.37	2 803.26	1 794.89	2.645 62	6.185 79
3.2	237.46	0.001 224 11	0.062 474 8	1 025.45	2 803.24	1 777.79	2.678 71	6.160 37
3.4	240.90	0.001 231 39	0.058 761 4	1 041.83	2 802.96	1 761.14	2.710 19	6.136 19
3.6	244.19	0.001 238 55	0.055 446 3	1 057.57	2 802.47	1 744.90	2.740 25	6.113 09
3.8	247.33	0.001 245 60	0.052 467 8	1 072.76	2 801.78	1 729.02	2.769 03	6.090 97

付表2　飽和表（圧力基準）（つづき）

圧力 MPa	飽和温度 ℃	比容積 m³/kg		比エンタルピ kJ/kg			比エントロピ kJ/(kg·K)	
P	t	v'	v''	h'	h''	$r = h'' - h'$	s'	s''
4.0	250.36	0.001 252 57	0.049 776 6	1 087.43	2 800.90	1 713.47	2.796 65	6.069 71
4.2	253.27	0.001 259 46	0.047 332 6	1 101.63	2 799.85	1 698.22	2.823 23	6.049 23
4.4	256.07	0.001 266 28	0.045 102 7	1 115.40	2 798.65	1 683.25	2.848 85	6.029 45
4.6	258.78	0.001 273 04	0.043 059 6	1 128.79	2 797.31	1 668.52	2.873 60	6.010 30
4.8	261.40	0.001 279 74	0.041 180 6	1 141.81	2 795.83	1 654.02	2.897 54	5.991 74
5.0	263.94	0.001 286 41	0.039 446 3	1 154.50	2 794.23	1 639.73	2.920 75	5.973 70
5.5	269.97	0.001 302 91	0.035 642 2	1 184.92	2 789.72	1 604.79	2.975 88	5.930 65
6.0	275.59	0.001 319 27	0.032 448 7	1 213.73	2 784.56	1 570.83	3.027 44	5.890 07
6.5	280.86	0.001 335 57	0.029 727 6	1 241.17	2 778.83	1 537.66	3.076 00	5.851 51
7.0	285.83	0.001 351 86	0.027 379 6	1 267.44	2 772.57	1 505.13	3.121 99	5.814 63
7.5	290.54	0.001 368 20	0.025 331 3	1 292.70	2 765.82	1 473.12	3.165 78	5.779 16
8.0	295.01	0.001 384 66	0.023 527 5	1 317.08	2 758.61	1 441.53	3.207 65	5.744 85
8.5	299.27	0.001 401 29	0.021 925 8	1 340.70	2 750.96	1 410.26	3.247 85	5.711 52
9.0	303.35	0.001 418 12	0.020 492 9	1 363.65	2 742.88	1 379.23	3.286 57	5.679 01
9.5	307.25	0.001 435 22	0.019 202 6	1 386.02	2 734.38	1 348.37	3.324 00	5.647 17
10	311.00	0.001 452 62	0.018 033 6	1 407.87	2 725.47	1 317.61	3.360 29	5.615 89
11	318.08	0.001 488 55	0.015 993 9	1 450.28	2 706.39	1 256.12	3.429 95	5.554 53
12	324.68	0.001 526 33	0.014 268 9	1 491.33	2 685.58	1 194.26	3.496 46	5.494 12
13	330.86	0.001 566 49	0.012 785 1	1 531.40	2 662.89	1 131.49	3.560 58	5.433 88
14	336.67	0.001 609 71	0.011 488 9	1 570.88	2 638.09	1 067.21	3.623 00	5.373 05
15	342.16	0.001 656 96	0.010 340 1	1 610.15	2 610.86	1 000.71	3.684 45	5.310 80
16	347.36	0.001 709 54	0.009 308 13	1 649.67	2 580.80	931.13	3.745 68	5.246 27
17	352.29	0.001 769 34	0.008 369 34	1 690.04	2 547.41	857.38	3.807 67	5.178 50
18	356.99	0.001 839 49	0.007 498 67	1 732.02	2 509.53	777.51	3.871 67	5.105 53
19	361.47	0.001 925 45	0.006 672 61	1 776.89	2 465.41	688.52	3.939 65	5.024 57
20	365.75	0.002 038 65	0.005 858 28	1 827.10	2 411.39	584.29	4.015 38	4.929 90
21	369.83	0.002 211 86	0.004 987 68	1 889.40	2 337.54	448.15	4.109 26	4.806 24
21.4	371.41	0.002 323 58	0.004 578 63	1 922.77	2 295.21	372.44	4.159 69	4.737 52
21.8	372.95	0.002 516 68	0.004 043 98	1 971.88	2 230.57	258.69	4.234 28	4.634 67
22.064	373.946	0.003 105 59	0.003 105 59	2 087.55	2 087.55	0	4.412 02	4.412 02

付　表

付表 3-1　圧縮水表および過熱蒸気表　　（1999 日本機械学会蒸気表より抜粋）

温度 ℃

圧力(MPa)／飽和温度(℃)		80	100	120	140	160	180	200	250	300	350	400	450	500
0.004	v	40.716	43.030	45.342	47.653	49.963	52.272	54.582	60.354	66.125	71.895	77.665	83.435	89.205
	h	2 650.30	2 688.17	2 726.16	2 764.30	2 802.62	2 841.14	2 879.86	2 977.64	3 076.88	3 177.66	3 280.03	3 384.04	3 489.74
28.962	s	8.768 9	8.873 2	8.972 4	9.067 0	9.157 6	9.244 5	9.328 2	9.524 6	9.705 7	9.874 3	10.032 3	10.181 3	10.322 7
0.005	v	32.566	34.419	36.269	38.119	39.967	41.815	43.663	48.281	52.898	57.515	62.131	66.747	71.363
	h	2 650.14	2 688.05	2 726.06	2 764.22	2 802.56	2 841.08	2 879.82	2 977.61	3 076.86	3 177.64	3 280.01	3 384.03	3 489.73
32.875	s	8.665 6	8.770 0	8.869 2	8.963 9	9.054 5	9.141 5	9.225 1	9.421 6	9.602 7	9.771 3	9.929 3	10.078 3	10.219 7
0.006	v	27.133	28.678	30.221	31.763	33.304	34.844	36.384	40.233	44.081	47.928	51.775	55.622	59.469
	h	2 649.98	2 687.92	2 725.97	2 764.15	2 802.50	2 841.03	2 879.77	2 977.57	3 076.83	3 177.62	3 280.00	3 384.02	3 489.72
36.160	s	8.581 1	8.685 6	8.784 9	8.879 6	8.970 3	9.057 2	9.140 9	9.337 4	9.518 5	9.687 1	9.845 1	9.994 2	10.135 5
0.008	v	20.342	21.502	22.661	23.818	24.974	26.130	27.285	30.173	33.059	35.945	38.830	41.716	44.601
	h	2 649.66	2 687.68	2 725.77	2 763.99	2 802.37	2 840.93	2 879.68	2 977.51	3 076.78	3 177.58	3 279.97	3 384.00	3 489.69
41.510	s	8.447 6	8.552 3	8.651 7	8.746 6	8.837 3	8.924 3	9.008 0	9.204 5	9.385 7	9.554 3	9.712 3	9.861 4	10.002 7
0.01	v	16.267	17.197	18.124	19.051	19.976	20.901	21.826	24.136	26.446	28.755	31.064	33.372	35.680
	h	2 649.33	2 687.43	2 725.58	2 763.84	2 802.24	2 840.82	2 879.59	2 977.45	3 076.73	3 177.54	3 279.94	3 383.96	3 489.67
45.808	s	8.343 8	8.448 8	8.548 4	8.643 3	8.734 0	8.821 1	8.904 8	9.101 4	9.282 7	9.451 3	9.609 3	9.758 4	9.899 7
0.02	v	8.117 8	8.585 7	9.051 8	9.516 7	9.980 8	10.444	10.907	12.064	13.22	14.375	15.53	16.684	17.839
	h	2 647.69	2 686.19	2 724.61	2 763.06	2 801.61	2 840.29	2 879.14	2 977.12	3076.49	3 177.35	3 279.78	3 383.84	3 489.57
60.059	s	8.020 2	8.126 2	8.226 5	8.321 9	8.413 0	8.500 3	8.584 2	8.781 1	8.962 4	9.131 1	9.289 2	9.438 3	9.579 7
0.03	v	5.401 1	5.715 3	6.027 5	6.338 6	6.648 9	6.958 6	7.267 9	8.040 0	8.811 1	9.581 6	10.352	11.122	11.892
	h	2 646.02	2 684.94	2 723.64	2 762.28	2 800.97	2 839.76	2 878.68	2 976.80	3 076.25	3 177.16	3 279.63	3 383.71	3 489.46
69.095	s	7.829 2	7.936 4	8.037 4	8.133 3	8.224 8	8.312 3	8.396 4	8.593 5	8.775 0	8.943 8	9.101 9	9.251 1	9.392 5
0.04	v	4.042 7	4.280 0	4.515 4	4.749 6	4.983 0	5.215 8	5.448 1	6.027 9	6.606 7	7.185 0	7.762 9	8.340 5	8.918 0
	h	2 644.31	2 683.68	2 722.66	2 761.50	2 800.33	2 839.22	2 878.23	2 976.48	3 076.00	3 176.97	3 279.47	3 383.58	3 489.35
75.857	s	7.692 5	7.800 9	7.902 7	7.999 1	8.090 8	8.178 6	8.262 9	8.460 2	8.641 9	8.810 8	8.969 0	9.118 2	9.259 6
0.05	v	0.001 029 0	3.418 8	3.608 1	3.796 2	3.983 4	4.170 0	4.356 3	4.820 7	5.284 1	5.747 0	6.209 5	6.671 8	7.133 9
	h	334.95	2 682.40	2 721.67	2 760.71	2 799.68	2 838.68	2 877.77	2 976.18	3 075.76	3 176.78	3 279.32	3 383.45	3 489.24
81.317	s	1.075 4	7.695 2	7.797 7	7.894 6	7.986 7	8.074 7	8.159 1	8.356 8	8.538 6	8.707 6	8.865 8	9.015 0	9.156 5
0.06	v	0.001 029 0	2.844 6	3.003 2	3.160 5	3.317 0	3.472 9	3.628 3	4.015 9	4.402 4	4.788 3	5.173 9	5.559 3	5.944 4
	h	334.96	2 681.10	2 720.67	2 759.92	2 799.04	2 838.15	2 877.32	2 975.83	3 075.52	3 176.59	3 279.16	3 383.32	3 489.14
85.926	s	1.075 4	7.608 3	7.711 6	7.808 9	7.901 4	7.989 7	8.074 3	8.272 2	8.454 1	8.623 2	8.781 5	8.930 8	9.072 2
0.07	v	0.001 029 0	2.434 4	2.571	2.706 5	2.841 0	2.974 9	3.108 4	3.441 0	3.772 5	4.103 5	4.434 2	4.764 6	5.094 9
	h	334.97	2 679.80	2 719.67	2 759.12	2 798.39	2 837.60	2 876.86	2 975.51	3 075.27	3 176.39	3 279.01	3 383.20	3 489.03
89.932	s	1.075 4	7.534 3	7.638 4	7.736 3	7.829 1	7.917 6	8.002 4	8.200 6	8.382 7	8.551 8	8.710 2	8.859 5	9.001 0
0.08	v	0.001 029 0	2.1268	2.247	2.365 9	2.484	2.601 4	2.718 4	3.009 8	3.300 2	3.590 0	3.879 4	4.168 6	4.457 7
	h	334.97	2 678.47	2 718.66	2 758.32	2 797.74	2 837.06	2 876.4	2 975.19	3 075.03	3176.2	3 278.85	3 383.07	3 488.92
93.485	s	1.075 4	7.469 8	7.574 7	7.673 2	7.766 3	7.855 1	7.940 0	8.138 5	8.320 7	8.490 0	8.648 4	8.797 7	8.939 3
0.09	v	0.001 029 0	1.8875	1.9949	2.101 0	2.2063	2.310 9	2.415 1	2.674 5	2.932 8	3.190 5	3.447 9	3.705 1	3.962 1
	h	334.98	2 677.13	2 717.64	2 757.51	2 797.08	2 836.52	2 875.94	2 974.86	3 074.78	3 176.01	3 278.69	3 382.94	3 488.82
96.687	s	1.0754	7.412 6	7.518 3	7.617 3	7.710 8	7.799 8	7.884 9	8.083 7	8.266 1	8.435 4	8.593 9	8.743 2	8.884 8
0.1	v	0.001 029 0	1.696	1.7932	1.889 1	1.9841	2.075 5	2.172 5	2.406 2	2.639 9	2.871 0	3.102 7	3.334 2	3.565 6
	h	334.99	2 676.61	2 716.61	2 756.7	2 796.42	2 835.97	2 875.48	2 974.54	3 074.54	3 175.82	3 278.54	3 382.81	3 488.71
99.606	s	1.0754	7.361 0	7.467 6	7.567 1	7.661 0	7.750 3	7.835 6	8.034 6	8.217 1	8.386 5	8.545 1	8.694 5	8.836 1
0.15	v	0.001 029 0	0.001 043 4	1.188	1.253 3	1.317 6	1.381 3	1.444 5	1.601 3	1.757 1	1.912 3	2.067 1	2.221 7	2.376 2
	h	335.03	419.14	2 711.34	2 752.57	2 793.08	2 833.21	2 873.14	2 972.9	3 073.31	3 174.86	3 277.76	3 382.17	3 488.17
111.35	s	1.0753	1.307 0	7.269 8	7.372 1	7.467 9	7.558 4	7.644 7	7.845 1	8.028 4	8.198 3	8.357 1	8.506 7	8.648 4
0.2	v	0.001 029 0	0.001 043 4	0.001 060 3	0.935 28	0.984 3	1.032 6	1.080 5	1.198 9	1.316 2	1.433 0	1.549 3	1.665 5	1.781 4
	h	335.07	419.17	503.79	2 748.31	2 789.66	2 830.39	2 870.78	2 971.26	3 072.08	3 173.89	3 276.98	3 381.53	3 487.64
120.21	s	1.0753	1.306 9	1.527 8	7.231 2	7.329 0	7.420 9	7.508 1	7.710 0	7.894 0	8.064 3	8.223 5	8.373 3	8.515 1
0.3	v	0.001 028 9	0.001 043 3	0.001 060 2	0.616 99	0.650 83	0.683 89	0.716 44	0.796 45	0.875 34	0.953 62	1.031 5	1.109 2	1.186 7
	h	335.15	419.25	503.86	2 739.36	2 782.6	2 824.62	2 865.95	2 967.93	3 069.61	3 171.96	3 275.42	3 380.25	3 486.56
133.53	s	1.075 2	1.306 8	1.527 7	7.026 9	7.129 1	7.223 9	7.313 2	7.518 1	7.702 7	7.873 9	8.034 6	8.184 8	8.326 9
0.4	v	0.001 028 9	0.001 043 3	0.001 060 2	0.001 079 7	0.483 94	0.509 42	0.534 34	0.595 2	0.654 88	0.713 95	0.772 64	0.831 08	0.889 36
	h	335.23	419.32	503.93	589.23	2 775.19	2 818.64	2 860.99	2 964.56	3 067.11	3 170.01	3 273.86	3 378.96	3 485.49
143.61	s	1.075 2	1.306 8	1.527 6	1.739 2	6.982 8	7.080 9	7.172 4	7.380 5	7.567 7	7.739 8	7.900 1	8.050 7	8.193 1
0.5	v	0.001 028 8	0.001 043 3	0.001 060 2	0.001 079 7	0.383 66	0.404 66	0.425 03	0.474 43	0.522 6	0.570 14	0.617 29	0.664 21	0.710 95
	h	335.31	419.4	504	589.29	2 767.38	2 812.45	2 855.9	2 961.13	3 064.6	3 168.06	3 272.29	3 377.67	3 484.41
151.84	s	1.075 1	1.306 7	1.527 5	1.739 1	6.865 5	6.967 2	7.061 1	7.272 6	7.461 4	7.634 5	7.795 4	7.946 4	8.089 1
0.6	v	0.001 028 8	0.001 043 2	0.001 060 1	0.001 079 6	0.316 67	0.334 74	0.352 12	0.393 90	0.434 41	0.474 26	0.513 73	0.552 95	0.592 00
	h	335.39	419.47	504.07	589.35	2 759.02	2 806.04	2 850.66	2 957.65	3 062.06	3 166.1	3 270.72	3 376.38	3 483.33
158.83	s	1.0750	1.306 6	1.527 5	1.739 0	6.765 8	6.872 0	6.968 4	7.183 4	7.374 0	7.548 0	7.709 5	7.860 9	8.003 9
0.7	v	0.001 028 7	0.001 043 2	0.001 060 0	0.001 079 5	0.001 101 9	0.284 74	0.299 99	0.336 36	0.371 41	0.405 78	0.439 76	0.473 48	0.507 04
	h	335.47	419.55	504.14	589.42	675.68	2 799.38	2 845.29	2 953.77	3 059.5	3 164.13	3 269.14	3 375.08	3 482.25
164.95	s	1.0750	1.306 5	1.527 4	1.738 9	1.942 7	6.789 2	6.888 4	7.107 1	7.299 5	7.474 5	7.636 6	7.788 4	7.931 7
0.8	v	0.001 028 7	0.001 043 1	0.001 060 0	0.001 079 5	0.001 101 9	0.2471 8	0.260 87	0.293 20	0.324 15	0.354 41	0.384 27	0.413 88	0.443 32
	h	335.55	419.62	504.21	589.48	675.68	2 792.44	2 839.77	2 950.54	3 056.92	3 162.15	3 267.56	3 373.79	3 481.17
170.41	s	1.074 9	1.306 5	1.527 3	1.738 8	1.942 6	6.715 4	6.817 6	7.040 3	7.234 5	7.410 6	7.573 3	7.725 5	7.869 0
0.9	v	0.001 028 6	0.001 043 1	0.001 059 9	0.001 079 4	0.001 101 9	0.217 91	0.230 40	0.259 62	0.287 39	0.314 46	0.341 12	0.367 53	0.393 76
	h	335.63	419.7	504.28	589.55	675.74	2 785.15	2 834.1	2 946.91	3 054.32	3 160.16	3 265.98	3 372.49	3 480.09
175.36	s	1.074 8	1.306 4	1.527 2	1.738 7	1.942 4	6.648 1	6.753 8	6.980 8	7.176 8	7.353 8	7.517 2	7.669 8	7.813 6

単位　v：m³/kg, h：kJ/kg, s：kJ/(kg·K)

付表3-2　圧縮水表および過熱蒸気表　　(1999 日本機械学会蒸気表より抜粋)

圧力(MPa) 飽和温度(℃)		温度 ℃												
		100	200	220	240	260	280	300	350	400	450	500	550	600
1.0 / 179.89	v	0.194 42	0.206 00	0.216 97	0.227 55	0.237 87	0.248 00	0.257 98	0.282 49	0.306 59	0.330 44	0.354 11	0.377 66	0.401 11
	h	2 777.43	2 828.27	2 875.55	2 920.98	2 965.23	3 008.71	3 051.7	3 158.16	3 264.39	3 371.19	3 479.00	3 588.07	3 698.56
	s	6.585 7	6.695 5	6.793 4	6.883 7	6.968 3	7.048 4	7.124 7	7.302 8	7.466 8	7.619 8	7.764 0	7.900 7	8.030 9
1.2 / 187.96	v	0.001 127 2	0.169 32	0.178 85	0.187 96	0.196 78	0.205 39	0.213 85	0.234 54	0.254 81	0.274 81	0.294 64	0.314 34	0.333 95
	h	763.29	2 816.06	2 865.73	2 912.79	2 958.26	3 002.67	3 046.4	3 154.14	3 261.19	3 368.58	3 476.83	3 586.24	3 696.99
	s	2.139 3	6.590 8	6.693 7	6.787 2	6.874 2	6.955 9	7.033 6	7.213 8	7.379 1	7.533 0	7.677 7	7.814 8	7.945 4
1.4 / 195.05	v	0.001 127 1	0.143 01	0.151 57	0.159 64	0.167 40	0.174 94	0.182 32	0.200 28	0.217 81	0.235 07	0.252 15	0.269 11	0.285 97
	h	763.39	2 802.98	2 855.48	2 904.33	2 951.1	2 996.5	3 041.0	3 150.07	3 257.98	3 365.96	3 474.66	3 584.4	3 695.42
	s	2.139 0	6.497 5	6.606 2	6.703 3	6.792 7	6.876 3	6.955 3	7.137 8	7.304 4	7.459 1	7.604 5	7.742 0	7.872 9
1.6 / 201.38	v	0.001 126 9	0.001 156 5	0.131 05	0.138 36	0.145 34	0.152 08	0.158 66	0.174 58	0.190 06	0.205 27	0.220 29	0.235 19	0.249 99
	h	763.49	852.41	2 844.77	2 895.59	2 943.76	2 990.21	3 035.51	3 145.97	3 254.75	3 363.34	3 472.47	3 582.57	3 693.85
	s	2.138 7	2.330 7	6.527 3	6.628 4	6.720 5	6.806 0	6.886 5	7.071 3	7.239 2	7.394 8	7.540 7	7.678 7	7.809 9
1.8 / 207.12	v	0.001 126 7	0.001 156 3	0.115 03	0.121 78	0.128 16	0.134 29	0.140 24	0.154 59	0.168 48	0.182 08	0.195 51	0.208 80	0.222 00
	h	763.59	852.49	2 833.54	2 886.56	2 936.22	2 983.77	3 029.93	3 141.83	3 251.5	3 360.7	3 470.29	3 580.72	3 692.28
	s	2.138 4	2.330 4	6.454 8	6.560 2	6.655 1	6.742 7	6.824 7	7.011 9	7.181 2	7.337 7	7.484 2	7.622 6	7.754 2
2.0 / 212.38	v	0.001 126 5	0.001 156 1	0.102 17	0.108 49	0.114 40	0.120 05	0.125 50	0.138 59	0.151 2 10	0.163 54	0.175 68	0.187 69	0.199 61
	h	763.69	852.57	2 821.67	2 877.21	2 928.47	2 977.21	3 024.25	3 137.64	3 248.23	3 358.05	3 468.09	3 578.88	3 690.71
	s	2.138 2	2.330 1	6.386 8	6.497 2	6.595 2	6.685 0	6.768 5	6.958 2	7.129 0	7.286 3	7.433 5	7.572 3	7.704 2
2.2 / 217.26	v	0.001 126 4	0.001 155 9	0.091 579	0.0975 81	0.103 12	0.10838	0.113 43	0.125 50	0.137 08	0.148 36	0.159 46	0.170 42	0.181 30
	h	763.79	852.65	2 809.04	2 867.52	2 920.52	2 970.5	3 018.48	3 133.41	3 244.94	3 355.39	3 465.89	3 577.03	3 689.13
	s	2.137 9	2.329 8	6.321 9	6.438 2	6.539 6	6.6316	6.716 8	6.909 1	7.081 3	7.239 6	7.387 3	7.526 6	7.658 8
2.4 / 221.80	v	0.001 126 2	0.001 155 7	0.001 190 1	0.088 461	0.093 703	0.098 64	0.103 36	0.114 59	0.125 30	0.135 71	0.145 94	0.156 03	0.166 03
	h	763.89	852.73	943.66	2 857.46	2 912.36	2 963.64	3 012.6	3 129.14	3 241.63	3 352.73	3 463.69	3 575.17	3 687.55
	s	2.137 6	2.329 5	2.517 7	6.382 4	6.487 4	6.581 8	6.668 8	6.863 8	7.037 5	7.196 7	7.345 0	7.484 8	7.617 3
2.6 / 226.05	v	0.001 126 0	0.001 155 5	0.001 189 8	0.080 715	0.085 717	0.090 389	0.094 839	0.105 35	0.115 33	0.125 01	0.134 50	0.143 85	0.153 11
	h	764	852.82	943.72	2 846.99	2 903.96	2 956.64	3 006.62	3 124.83	3 238.3	3 350.05	3 461.48	3 573.32	3 685.97
	s	2.137 3	2.329 1	2.517 3	6.329 1	6.438 0	6.535 0	6.623 8	6.821 6	6.996 8	7.157 0	7.306 0	7.446 1	7.579 0
2.8 / 230.06	v	0.001 125 9	0.001 155 2	0.001 189 6	0.074 043	0.078 854	0.083 306	0.087 523	0.097 425	0.106 78	0.115 84	0.124 69	0.133 41	0.142 04
	h	764.1	852.9	943.77	2 836.05	2 895.32	2 949.48	3 000.54	3 120.47	3 234.94	3 347.36	3 459.26	3 571.46	3 684.39
	s	2.137 1	2.328 8	2.516 9	6.277 6	6.391 0	6.490 7	6.581 4	6.782 1	6.958 9	7.120 0	7.269 6	7.410 2	7.543 4
3.0 / 233.86	v	0.001 125 7	0.001 155 0	0.001 189 3	0.068 227	0.072 888	0.077 156	0.081 175	0.090 555	0.099 377	0.107 88	0.116 19	0.124 37	0.132 44
	h	764.2	852.98	943.83	2 824.56	2 886.42	2 942.16	2 994.35	3 116.06	3 231.57	3 344.66	3 457.04	3 569.59	3 682.81
	s	2.136 8	2.328 5	2.516 5	6.227 5	6.345 80	6.448 5	6.541 2	6.744 9	6.923 3	7.085 3	7.235 6	7.376 7	7.510 2
3.2 / 237.46	v	0.001 125 5	0.001 154 8	0.001 189 1	0.063 103	0.067 651	0.071 764	0.075 614	0.084 541	0.092 893	0.100 93	0.108 76	0.116 45	0.124 05
	h	764.3	853.06	943.88	2 812.43	2 877.24	2 934.67	2 988.05	3 111.61	3 228.18	3 341.95	3 454.81	3 567.72	3 681.22
	s	2.136 5	2.328 2	2.516 2	6.178 3	6.302 3	6.408 1	6.503 2	6.709 7	6.889 7	7.052 7	7.203 6	7.345 1	7.479 0
3.4 / 240.9	v	0.001 125 4	0.001 154 6	0.001 188 8	0.001 229 4	0.063 013	0.066 996	0.070 70	0.079 232	0.087 172	0.094 784	0.102 19	0.109 47	0.116 64
	h	764.4	853.14	943.94	1 037.53	2 867.76	2 927.01	2 981.63	3 107.11	3 224.76	3 339.23	3 452.58	3 565.85	3 679.63
	s	2.136 3	2.327 9	2.515 8	2.701 8	6.260 0	6.369 2	6.466 2	6.676 2	6.857 9	7.021 9	7.173 5	7.315 4	7.449 6
3.6 / 244.19	v	0.001 125 2	0.001 154 4	0.001 188 6	0.001 229 1	0.058 872	0.062 748	0.066 325	0.074 51	0.082 084	0.089 325	0.096 359	0.103 26	0.110 05
	h	764.5	853.22	943.99	1 037.55	2 857.95	2 919.17	2 975.09	3 102.56	3 221.32	3 336.49	3 450.34	3 563.98	3 678.04
	s	2.136 0	2.327 6	2.515 4	2.701 4	6.218 8	6.331 5	6.430 9	6.644 3	6.827 6	6.992 7	7.144 9	7.287 3	7.421 9
3.8 / 247.33	v	0.001 125 0	0.001 154 2	0.001 188 3	0.001 228 7	0.055 148	0.058 936	0.062 404	0.070 282	0.077 531	0.084 44	0.091 139	0.097 70	0.104 16
	h	764.61	853.31	944.05	1 037.56	2 847.77	2 911.13	2 968.44	3 097.97	3 217.86	3 333.75	3 448.09	3 562.1	3 676.44
	s	2.1357	2.327 2	2.515 1	2.700 9	6.178 3	6.295 0	6.396 8	6.613 7	6.796 8	6.964 9	7.117 8	7.260 7	7.395 5
4.0 / 250.36	v	0.0011249	0.001 154 0	0.001 188 1	0.001 228 4	0.051 777	0.055 495	0.058 868	0.066 474	0.073 432	0.080 042	0.086 441	0.092 699	0.098 857
	h	764.71	853.39	944.1	1 037.58	2 837.19	2 902.88	2 961.65	3 093.32	3 214.37	3 330.99	3 445.84	3 560.22	3 674.85
	s	2.135 4	2.326 9	2.514 7	2.700 5	6.138 4	6.259 4	6.363 8	6.584 3	6.771 2	6.938 3	7.091 9	7.235 3	7.370 4
4.5 / 257.44	v	0.001 124 4	0.001 153 5	0.001 187 5	0.001 227 7	0.044 573	0.048 186	0.051 373	0.058 425	0.064 773	0.070 756	0.076 521	0.082 141	0.087 661
	h	764.96	853.59	944.24	1 037.63	2 808.6	2 881.29	2 944.1	3 081.47	3 205.56	3 324.05	3 440.18	3 555.5	3 670.85
	s	2.134 8	2.326 1	2.513 8	2.699 4	6.039 7	6.173 7	6.285 2	6.515 3	6.706 9	6.876 7	7.032 0	7.176 5	7.312 6
5.0 / 263.94	v	0.001 123 9	0.001 153 0	0.001 187 0	0.001 227 0	0.001 275 6	0.042 275	0.045 347	0.051 971	0.057 84	0.063 325	0.068 583	0.073 694	0.078 703
	h	765.22	853.8	944.38	1 037.68	1 134.77	2 858.08	2 925.64	3 069.29	3 196.59	3 317.03	3 434.48	3 550.75	3 666.83
	s	2.134 1	2.325 4	2.512 9	2.698 3	2.883 9	6.090 9	6.210 9	6.451 5	6.648 1	6.820 8	6.977 8	7.123 5	7.260 4
6.0 / 275.59	v	0.001 123 2	0.001 152 1	0.001 186 1	0.001 225 3	0.001 273 0	0.033 20	0.036 191	0.042 23	0.047 423	0.052 168	0.056 672	0.061 021	0.065 264
	h	765.73	854.22	944.67	1 037.79	1 134.61	2 805.25	2 885.49	3 043.86	3 178.18	3 302.76	3 422.95	3 541.19	3 658.76
	s	2.132 7	2.323 8	2.511 1	2.696 1	2.881 2	5.927 6	6.070 2	6.335 6	6.543 1	6.721 6	6.882 4	7.030 6	7.169 2
7.0 / 285.83	v	0.001 122 4	0.001 151 1	0.001 184 9	0.001 223 7	0.001 271 3	0.001 331 1	0.029 494	0.035 265	0.039 962	0.044 19	0.048 159	0.051 966	0.055 664
	h	766.25	854.64	944.96	1 037.9	1 134.47	1 236.34	2 839.83	3 016.85	3 159.1	3 288.17	3 411.25	3 531.53	3 650.62
	s	2.131 4	2.322 3	2.509 2	2.694 2	2.878 5	3.066 1	5.933 5	6.230 3	6.450 1	6.635 0	6.799 7	6.950 5	7.090 9
8.0 / 295.01	v	0.001 121 7	0.001 150 1	0.001 183 8	0.001 222 2	0.001 269 3	0.001 328 2	0.024 28	0.029 978	0.034 348	0.038 197	0.041 769	0.045 172	0.048 463
	h	766.77	855.06	945.26	1 038.03	1 134.34	1 235.81	2 786.38	2 988.06	3 139.31	3 273.33	3 399.37	3 521.77	3 642.42
	s	2.130 3	2.320 7	2.507 4	2.691 8	2.875 9	3.062 7	5.794 5	6.131 9	6.365 7	6.557 7	6.726 4	6.879 8	7.022 1
9.0 / 303.35	v	0.001 120 8	0.001 149 1	0.001 182 0	0.001 220 7	0.001 267 3	0.001 325 4	0.001 402 4	0.025 818	0.029 963	0.033 528	0.036 795	0.039 886	0.042 860
	h	767.29	855.49	945.57	1 038.16	1 134.23	1 235.3	1 344.27	2 957.22	3 118.75	3 257.94	3 387.31	3 511.91	3 634.16
	s	2.128 8	2.319 2	2.505 7	2.689 7	2.873 3	3.059 4	3.252 9	6.287 5	6.487 1	6.660 1	6.816 3	6.960 5	

単位　v：m³/kg，h：kJ/kg，s：kJ/(kg・K)

付表3-3　圧縮水表および過熱蒸気表　　　　　（1999 日本機械学会蒸気表より抜粋）

温度 ℃

圧力(MPa) 飽和温度(℃)		320	340	360	380	400	450	500	550	600	650	700	750	800
10　311.00	v	0.019 272	0.021 490	0.023 327	0.024 952	0.026 439	0.029 785	0.032 813	0.035 655	0.038 377	0.041 016	0.043 594	0.046 127	0.048 624
	h	2 782.66	2 882.06	2 962.61	3 033.11	3 097.38	3 242.28	3 375.06	3 501.94	3 625.84	3 748.32	3 870.27	3 992.28	4 114.73
	s	5.713 1	5.878 0	6.007 3	6.117 0	6.213 9	6.421 7	6.599 3	6.758 4	6.904 5	7.040 9	7.169 6	7.291 8	7.408 7
12　324.68	v	0.001 493 7	0.016 211	0.018 123	0.019 708	0.021 108	0.024 151	0.026 830	0.029 304	0.031 651	0.033 910	0.036 107	0.038 257	0.040 371
	h	1 460.31	2 793.47	2 895.87	2 979.09	3 051.90	3 209.77	3 349.97	3 481.68	3 609.02	3 734.07	3 858.03	3 981.64	4 105.40
	s	3.444 4	5.672 5	5.836 9	5.966 4	6.076 2	6.302 7	6.490 2	6.655 3	6.805 5	6.944 8	7.075 6	7.199 4	7.317 5
14　336.67	v	0.001 479 7	0.011 999	0.014 229	0.015 867	0.017 241	0.020 105	0.022 546	0.024 763	0.026 844	0.028 834	0.030 759	0.032 635	0.034 476
	h	1 455.87	2 672.38	2 816.39	2 918.26	3 002.23	3 175.60	3 324.06	3 460.99	3 591.94	3 719.67	3 845.69	3 970.94	4 096.02
	s	3.431 9	5.429 1	5.660 5	5.819 0	5.945 7	6.194 5	6.393	6.564 8	6.719 2	6.861 5	6.994 7	7.120 0	7.239 3
16　347.36	v	0.001 467 1	0.001 616 3	0.011 060	0.012 878	0.014 281	0.017 049	0.019 324	0.021 353	0.023 237	0.025 026	0.026 747	0.028 42	0.030 055
	h	1 451.94	1 587.27	2 715.63	2 848.27	2 947.46	3 139.61	3 297.31	3 439.85	3 574.61	3 705.11	3 833.26	3 960.18	4 086.62
	s	3.420 3	3.644 5	5.461 6	5.668 0	5.817 7	6.093 5	6.304 5	6.483 2	6.642 2	6.787 6	6.922 8	7.049 7	7.170 6
18　356.99	v	0.001 455 6	0.001 590 8	0.008 110 0	0.010 419	0.011 915	0.014 654	0.016 810	0.018 698	0.020 431	0.022 064	0.023 628	0.025 142	0.026 618
	h	1 448.44	1 578.71	2 566.03	2 764.89	2 886.31	3 101.65	3 269.69	3 418.27	3 557.04	3 690.42	3 820.74	3 949.37	4 077.18
	s	3.409 5	3.625 3	5.195 0	5.504 8	5.688 1	5.997 3	6.222 2	6.408 5	6.572 2	6.720 8	6.858 3	6.987 2	7.109 1
20　365.75	v	0.001 444 9	0.001 569 3	0.001 824 7	0.008 257 8	0.009 949 6	0.012 720	0.014 793	0.016 571	0.018 184	0.019 694	0.021 133	0.022 520	0.023 869
	h	1 445.30	1 571.52	1 740.13	2 659.19	2 816.84	3 061.53	3 241.19	3 396.24	3 539.23	3 675.59	3 808.15	3 938.52	4 067.73
	s	3.399 3	3.608 5	3.878 7	5.314 4	5.552 5	5.904 1	6.144 5	6.339 0	6.507 7	6.659 6	6.799 4	6.930 1	7.053 4
22　373.71	v	0.001 435 1	0.001 550 6	0.001 760 2	0.006 125 0	0.008 255 0	0.011 121	0.013 137	0.014 828	0.016 346	0.017 756	0.019 092	0.020 375	0.021 620
	h	1 442.47	1 565.33	1 719.47	2 504.56	2 735.76	3 019.05	3 211.77	3 373.78	3 521.18	3 660.64	3 795.49	3 927.63	4 058.25
	s	3.389 6	3.593 3	3.840 4	5.055 6	5.405 0	5.812 4	6.070 4	6.273 6	6.447 5	6.602 9	6.745 1	6.877 6	7.002 2
24　—	v	0.001 425 9	0.001 534 0	0.001 715 3	0.002 025 1	0.006 731 2	0.009 773 7	0.011 913	0.013 513	0.014 814	0.016 140	0.017 391	0.018 589	0.019 746
	h	1 439.91	1 559.93	1 704.72	2 025.16	2 637.37	2 973.96	3 181.43	3 350.89	3 502.91	3 645.56	3 782.76	3 916.71	4 048.76
	s	3.380 5	3.579 4	3.811 6	4.307 6	5.236 6	5.721 2	5.999 1	6.211 6	6.391 0	6.549 9	6.694 6	6.828 9	6.954 9
26　—	v	0.001 417 2	0.001 519 1	0.001 680 5	0.002 086 9	0.005 286	0.008 619 2	0.010 578	0.012 144	0.013 517	0.014 915	0.015 953	0.017 078	0.018 162
	h	1 437.58	1 555.16	1 693.16	1 901.05	2 510.55	2 926.06	3 150.16	3 327.58	3 484.42	3 630.36	3 769.97	3 905.75	4 039.25
	s	3.371 8	3.566 7	3.788 0	4.110 7	5.030 4	5.629 6	5.929 8	6.152 3	6.337 4	6.500 0	6.647 3	6.783 3	6.910 7
28　—	v	0.001 409 1	0.001 505 6	0.001 652 0	0.001 862 4	0.003 854 5	0.007 617 1	0.009 567 6	0.011 089	0.012 407	0.013 603	0.014 721	0.015 783	0.016 805
	h	1 435.45	1 550.90	1 683.64	1 862.42	2 334.42	2 875.11	3 117.94	3 303.87	3 465.74	3 615.07	3 757.13	3 894.78	4 029.74
	s	3.363 4	3.554 8	3.767 7	4.045 4	4.755 2	5.536 7	5.862 1	6.095 3	6.286 3	6.452 7	6.602 6	6.740 5	6.869 3
30　—	v	0.001 401 4	0.001 493 2	0.001 627 7	0.001 873 0	0.002 796 4	0.006 738 1	0.008 690 3	0.010 175	0.011 444	0.012 590	0.013 654	0.014 662	0.015 629
	h	1 433.51	1 547.07	1 675.57	1 838.26	2 152.37	2 820.91	3 084.79	3 279.79	3 446.82	3 599.68	3 744.24	3 883.78	4 020.23
	s	3.355 4	3.543 7	3.749 8	4.002 6	4.475 0	5.441 9	5.795 6	6.040 3	6.237 4	6.407 7	6.560 7	6.700 0	6.830 3
32　—	v	0.001 394 1	0.001 481 7	0.001 606 5	0.001 816 9	0.002 366 9	0.005 961 3	0.007 921 6	0.009 374 6	0.010 603	0.011 704	0.012 721	0.013 682	0.014 601
	h	1 431.74	1 543.60	1 668.57	1 820.54	2 056.81	2 763.32	3 050.73	3 255.35	3 427.84	3 584.21	3 731.32	3 872.78	4 010.73
	s	3.347 7	3.533 2	3.733 6	3.969 8	4.325 5	5.344 8	5.730 1	5.986 8	6.190 4	6.364 6	6.519 8	6.661 6	6.793 2
34　—	v	0.001 387 1	0.001 471 0	0.001 587 8	0.001 773 4	0.002 170 4	0.005 272 6	0.007 243 3	0.008 669 6	0.009 861 6	0.010 922	0.011 899	0.012 818	0.013 694
	h	1 430.12	1 540.44	1 662.42	1 806.54	2 006.25	2 702.45	3 015.79	3 230.58	3 408.66	3 568.67	3 718.37	3 861.77	4 001.23
	s	3.340 3	3.523 2	3.718 9	3.942 9	4.243 7	5.245 1	5.665 3	5.934 8	6.145 0	6.323 3	6.481 2	6.625 0	6.758 0
36　—	v	0.001 380 5	0.001 461 1	0.001 570 9	0.001 738 0	0.002 053 2	0.004 665 2	0.006 641 2	0.008 044 1	0.009 203 7	0.010 229	0.011 169	0.012 051	0.012 889
	h	1 428.63	1 537.57	1 656.95	1 795.00	1 973.55	2 639.00	2 980.06	3 205.51	3 389.35	3 553.07	3 705.40	3 850.76	3 991.74
	s	3.333 1	3.513 7	3.705 3	3.919 8	4.188 8	5.143 6	5.601 1	5.884 1	6.101 1	6.283 5	6.444 2	6.589 9	6.724 4
38　—	v	0.001 374 1	0.001 451 7	0.001 555 6	0.001 708 0	0.001 972	0.004 137 9	0.006 104 6	0.007 485 9	0.008 616 3	0.009 609 9	0.010 517	0.011 365	0.012 170
	h	1 427.27	1 534.94	1 652.05	1 785.20	1 949.73	2 554.50	2 943.64	3 180.19	3 369.93	3 537.43	3 692.41	3 839.75	3 982.26
	s	3.326 2	3.504 7	3.692 6	3.899 5	4.147 5	5.042 3	5.537 6	5.834 5	6.054 4	6.245 1	6.408 6	6.556 3	6.692 3
40　—	v	0.001 368 0	0.001 442 8	0.001 541 5	0.001 682 2	0.001 910 7	0.003 692 7	0.005 624 9	0.006 985 3	0.008 089 1	0.009 053 8	0.009 931 0	0.010 748	0.011 523
	h	1 426.02	1 532.52	1 647.63	1 776.72	1 931.13	2 511.77	2 906.69	3 154.65	3 350.43	3 521.76	3 679.42	3 828.75	3 972.81
	s	3.319 5	3.496 0	3.680 7	3.881 4	4.114 1	4.944 7	5.474 6	5.785 9	6.017 0	6.207 9	6.374 3	6.523 9	6.661 4
50　—	v	0.001 340 9	0.001 404 9	0.001 484 8	0.001 588 5	0.001 746 5	0.002 284 4	0.002 722 5	0.005 118 5	0.006 108 7	0.006 957 0	0.007 717 6	0.008 417 5	0.009 074 1
	h	1 421.22	1 523.05	1 630.63	1 746.51	1 874.31	2 284.44	2 722.52	3 025.70	3 252.61	3 443.48	3 614.76	3 774.13	3 925.96
	s	3.288 5	3.457 4	3.630	3.810 1	4.002 8	4.589 2	5.175 9	5.556 6	5.824 5	6.037 2	6.218 0	6.377 7	6.522 6
60　—	v	0.001 317 9	0.001 374 4	0.001 442 3	0.001 526 2	0.001 632 0	0.002 089 4	0.002 951 6	0.004 004 8	0.005 005 5	0.005 866 5	0.006 265 1	0.006 881 8	0.007 465 0
	h	1 418.28	1 516.71	1 619.30	1 727.58	1 843.15	2 179.82	2 570.40	2 902.06	3 156.95	3 366.76	3 551.39	3 720.64	3 880.15
	s	3.261 2	3.424 4	3.589 0	3.757 3	3.931 6	4.413 4	4.935 6	5.351 9	5.652 8	5.886 7	6.081 5	6.251 2	6.403 4
70　—	v	0.001 298 0	0.001 348 8	0.001 409 3	0.001 479 7	0.001 566 1	0.001 822 8	0.002 462 9	0.003 067 5	0.003 672 6	0.004 293 7	0.004 881 2	0.005 391 9	0.005 868 6
	h	1 416.73	1 512.52	1 611.49	1 714.68	1 822.89	2 123.43	2 466.23	2 795.01	3 067.51	3 293.57	3 490.45	3 668.96	3 835.81
	s	3.236 5	3.395 3	3.554 1	3.714 6	3.877 8	4.308 0	4.766 2	5.178 6	5.500 3	5.752 2	5.960 0	6.139 0	6.298 2
80　—	v	0.001 280 4	0.001 326 7	0.001 380 2	0.001 442 6	0.001 516 3	0.001 773 9	0.002 188 0	0.002 760 0	0.003 383 7	0.003 975 0	0.004 516 1	0.005 013 3	0.005 476 2
	h	1 416.25	1 509.91	1 606.10	1 705.56	1 808.76	2 087.58	2 397.50	2 709.93	2 988.09	3 225.67	3 432.92	3 619.74	3 793.32
	s	3.214 0	3.369 3	3.523 6	3.678 3	3.833 9	4.234 4	4.647 4	5.039 1	5.367 4	5.632 1	5.850 6	6.037 6	6.203 9
90　—	v	0.001 264 6	0.001 307 3	0.001 356 0	0.001 411 8	0.001 476 0	0.001 691 0	0.002 014 2	0.002 457 6	0.002 969 5	0.003 482 3	0.003 966 3	0.004 415 9	0.004 836 0
	h	1 416.62	1 508.52	1 602.48	1 699.07	1 798.50	2 062.66	2 350.34	2 645.19	2 920.76	3 164.41	3 379.54	3 573.51	3 753.02
	s	3.193 0	3.345 5	3.496 3	3.646 5	3.796 5	4.174 7	4.574 1	4.928 8	5.254 0	5.525 5	5.752 6	5.947 0	6.118 4
100　—	v	0.001 250 3	0.001 290 1	0.001 334 8	0.001 385 5	0.001 443 2	0.001 628 2	0.001 893 2	0.002 249 8	0.002 672 3	0.003 114 5	0.003 546 2	0.003 953 2	0.004 335 5
	h	1 417.69	1 508.09	1 600.21	1 694.50	1 791.14	2 044.47	2 316.23	2 596.09	2 865.07	3 110.60	3 330.76	3 530.68	3 715.19
	s	3.173 8	3.323 6	3.471 5	3.618 1	3.763 8	4.126 7	4.489 9	4.833 8	5.154 5	5.425 2	5.655 0	5.854 2	6.030 4

単位　v：m³/kg,　h：kJ/kg,　s：kJ/(kg·K)

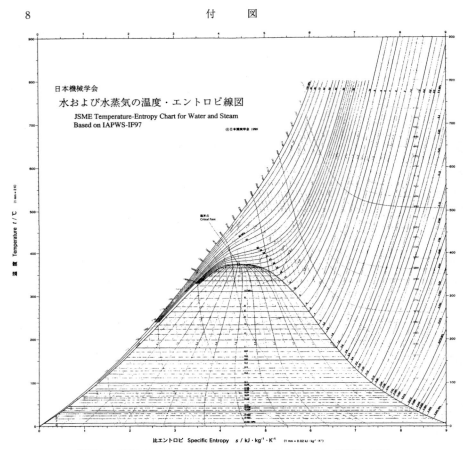

付図1 蒸気 T-s 線図（1999 日本機械学会「蒸気 T-s 線図」より）

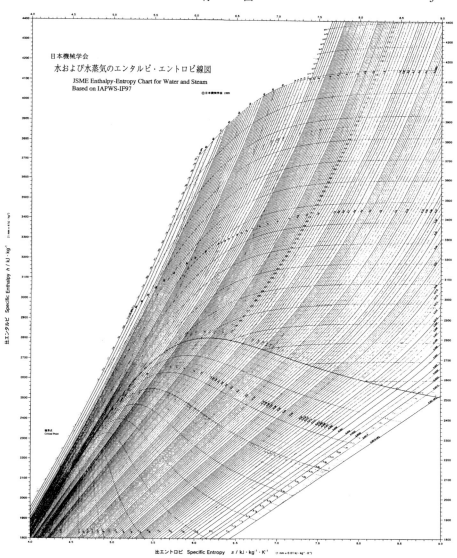

付図2 蒸気 h-s 線図（1999 日本機械学会「蒸気 h-s 線図」より）

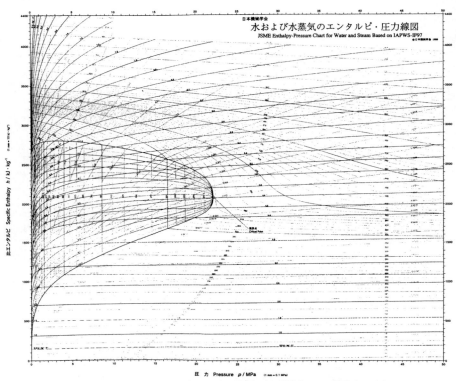

付図3 蒸気 $h\text{-}P$ 線図（1999 日本機械学会「蒸気 $h\text{-}P$ 線図」より）

参 考 文 献

著　　　　者	書　　　　名	発　行　所
飯田・細野・古川	機関科提要（中巻）	海文堂出版
石谷清幹・赤川浩爾	蒸気工学	コロナ社
石谷・赤川・武田	蒸気工学総合演習	コロナ社
糸 山 直 之	LNG 船がわかる本（増補改訂版）	成山堂書店
大 場 次 郎	蒸気およびガスタービン	日刊工業新聞社
柴山信三・植田辰洋	蒸気原動機 I	山海堂
菅 原 菅 雄	蒸気工学原論（基礎編）（応用編）	養賢堂
ステーチキン（濱島訳）	ジェットエンジン理論	コロナ社
谷 下 市 松	工業熱力学（基礎編）（応用編）	裳華房
大 賀 惠 二	蒸気及瓦斯タービン	岩波書店
土 居 政 吉	船用蒸気タービン講義	海文堂出版
西 野 　 薫	船用蒸気タービンの基礎	成山堂書店
杉 田 英 昭	パワーエンジニアリング（基礎編）（応用編）	成山堂書店
臼 田 　 孝	新しい1キログラムの測り方	講談社
フリューゲル（柴山・高橋訳）	蒸気タービン	コロナ社
安 井 澄 夫	ターボ機械 I	実教出版
山 田 廣 中	基本蒸気タービン	海文堂出版
中村・日下部・対馬・蓮見	COMPUSS（2007.9）	リックテレコム
	日本機械学会誌	日本機械学会
	日本機械学会論文集	日本機械学会
	機械工学便覧	日本機械学会
	日本舶用機関学会誌	日本舶用機関学会
堀 家 　 弘	日本マリンエンジニアリング学会誌（Vol.40, No.3）（以下 JIME 誌）	日本マリンエンジニアリング学会（以下 JIME）
真 壁 　 稔	JIME 誌（Vol.40, No.3）	JIME
Peter Skjoldager	JIME 誌（Vol.40, No.3）	JIME
石塚伸哉・吉川朝郁	JIME 誌（Vol.41, No.3）	JIME
大 窪 範 夫	JIME 誌（Vol.42, No.6）	JIME
堀 俊明・齋藤英司	JIME 誌（Vol.42, No.6）	JIME
結城・内田・天野	JIME 誌（Vol.42, No.6）	JIME
宇 藤 誠 二	JIME 誌（Vol.43, No.4）	JIME
戸 澗 美 彦	JIME 誌（Vol.44, No.1）	JIME
岡 勝・財津 融	JIME 誌（Vol.49, No.1）	JIME
廣瀬・増田・山田・梅本	JIME 誌（Vol.49, No.1）	JIME
渡邉貴士・柴田繁志	JIME 誌（Vol.49, No.1）	JIME
田淵隆平・渕上 孝	JIME 誌（Vol.49, No.1）	JIME
宇 井 岳 夫	JIME 誌（Vol.49, No.1）	JIME
難波・和田・辻	JIME 誌（Vol.51, No.1）	JIME
青 波 　 徹	JIME 誌（Vol.51, No.1）	JIME
杉 浦 公 彦	JIME 誌（Vol.51, No.1）	JIME
安 枝 信 次	JIME 誌（Vol.51, No.1）	JIME
岸・安達・樽井	JIME 誌（Vol.53, No.2）	JIME
岡・入江・三輪・五十嵐	日本造船学会誌 第 868 号	日本造船学会
佐 野 裕 之	マリンエンジニア誌（2014年10月号）	日本船舶機関士協会
	タービン・発電機講座	火力原子力発電技術協会

参考文献

	造船技術	ジャパン・インダストリアル・パブリシング
堀家・福田・三栗野・富久・佐藤・深尾・和泉	川崎重工技報（No.154） 川崎重工技報（No.155）	川崎重工業社 川崎重工業社
中瀬・内田・山口・伊藤	川崎重工技報（No.166）	川崎重工業社
堀家・清水・今井善・今井和・政本・佐藤・西川・今井達	川崎重工技報（No.166）	川崎重工業社
松本・山瀬・森・水谷	川崎重工技報（No.166）	川崎重工業社
丸山・福田・木村・三宅・大井・深尾・藤原	川崎重工技報（No.167）	川崎重工業社
	Kawasaki プレスリリース Kawasaki Techno Box Jul 2017	川崎重工業社 川崎重工業社
川崎蒸気タービン百年史編纂委員会	川崎蒸気タービン百年の歩み（2008・3）	川崎重工業社・機械ビジネスセンター・タービン部内
原動機100年史編集委員会	原動機事業100年のあゆみ（2008・3）	川崎重工業社・機械ビジネスセンター
伊藤・平岡・松本・津村	三菱重工技報（Vol.44，No.3）	三菱重工業社
沼口・佐藤・石田・松本・日野・岩崎	三菱重工技報（Vol.46，No.1）	三菱重工業社
江頭・松尾・市来	三菱重工技報（Vol.50，No.3）	三菱重工業社
平松・桑畑・廣田・石田・塚本・石橋	三菱重工技報（Vol.53，No.2）	三菱重工業社
	三菱重工 Press Information	三菱重工業社
	NYK Fact Book	日本郵船社
	日本郵船ニュースリリース	日本郵船社
	商船三井プレスリリース	商船三井社
	IHI原動機　製品紹介	IHI原動機社
	三井造船プレスリリース	三井造船社
	JMUC プレスリリース	ジャパンマリンユナイテッド社
	日本経済新聞 プレスリリース	日本経済新聞社
	Azbil ニュースリリース	アズビル社
	東京ガス プレスリリース	東京ガス社
	カタールガスニュース（日本語版）	カタールガス社
	日本機械学会蒸気表（1999）	日本機械学会
	報告書（平成31年2月）	運輸総合研究所
	JOGMEC（2008.5.20）	石油天然ガス・金属鉱物資源機構
小 山 和 夫	石油・天然ガスレビュー（Vol.42，No.1）	石油天然ガス・金属鉱物資源機構
湯 浅 和 昭	石油・天然ガスレビュー（Vol.42，No.4）	石油天然ガス・金属鉱物資源機構
田 村 康 昌	石油・天然ガスレビュー（Vol.53，No.2）	石油・天然ガス金属鉱物資源機構
	国際文書　第8版（2006）（日本語版） 国際文書　第9版（2019）（日本語版）	産業技術総合研究所 産業技術総合研究所
	ブリタニカ国際大百科事典 第3版 1998	ティービーエス・ブリタニカ
	世界大百科事典 改訂版 2005	平凡社
	主機タービン取扱い説明書	石川島播磨重工業社（現 IHI），川崎重工業社，三菱重工業社

参 考 文 献

	発電機タービン取扱い説明書	石川島播磨重工業社（現 IHI），川崎重工業社，三菱重工業社
	カーゴオイルタービン取扱い説明書	石川島播磨重工業社（現 IHI），新興金属工業所社（現シンコー），三菱重工業社
	タービンカタログ	国内，国外のタービンメーカ
	三菱重工カタログ	三菱重工業社
A.Stodola	Die Dampfturbinen	Springer
A.Stodola（L.C.Loewenstein 訳）	Steam and gas turbines（Vol. I）（Vol. II）	McGraw-Hill
E.F.Church	Steam turbines	McGraw-Hill
H.M.Martin	The design and construction of steam turbines	Longmans
J.F.Lee	Theory and design of steam and gas turbines	McGraw-Hill
M.Saarlas	Steam and gas turbines for marine propulsion	E.& F.N.Spon
S.C.McBirnie	Marine steam engines and turbines	Butterworths
W.J.Kearton	Steam turbine theory and practice	Pitman
W.J.Goudie	Steam turbienes	Longmans
W.Traupel	Thermische Turbomaschinen（Bd. I）（Bd. II）	Springer
	GASTECH2006（4-7 Dec. 2006）	Emirates Palace&Abudhabi Inter. Exhibi. Centre
	The SI Brochure 8th edition 2006	BIPM
	The SI Brochure 9th edition 2019	BIPM
	BP Statistical Review of World Energy 2019 68th edition	

索　引

（あ）

IAPWS →国際水・蒸気性質会議 ········· 77
IAPWS-IF97 →実用国際状態式（1997）··· 77
ICPS →国際蒸気性質会議 ············· 77
IFC-67 →実用国際状態式（1967）········· 77
ISO →国際標準化機構·················· 2
アボガドロの法則····················· 37
アルシーブのメートル原器················ 1
アルシーブのキログラム原器·············· 1
圧縮水······························· 70
圧縮水表····························· 79
圧力······························· 18
圧力形熱機関······················· 142
圧力降下··························· 151
圧力・速度複式衝動タービン··········· 153
圧力段····························· 154
圧力比························· 180, 313
圧力・比容積線図················· 40, 72
圧力複式衝動タービン··········· 153, 248
圧力平衡孔························· 292
案内翼····························· 152

（い）

インゼクション損失··················· 287
一貫性のある組立単位················· 6
位置エネルギ····················· 33, 173
一般ガス定数······················· 38

（う）

ウイランス線······················· 340
ウイルソン線······················· 199
内向き半径流······················· 157
運動エネルギ····················· 33, 146
運動量····························· 146

（え）

LNG 船··························· 142
MKS 単位系························ 3
MKSA 単位系······················ 3
SI →エスアイ······················ 2, 5
SI 単位··························· 6
SI 基本単位····················· 6, 8
SI 組立単位····················· 6, 8
SI 接頭語····················· 6, 8
エアフォイル形翼··················· 284
エクステンド形線図················· 225
エスアイ→ SI····················· 2, 5
エネルギ（単位）··················· 20
エネルギ式······················· 35
エネルギ保存則················· 32, 173
エネルギ利用率··················· 248
エレクトラタービン················· 158
エロージョン→浸食················· 286
エンタルピ······················· 34
エンタルピ・エントロピ線図··········· 81
エントロピ······················· 49
永久ガス························· 69
英国熱量単位····················· 21
英馬力··························· 21
液体熱··························· 73
円形ノズル······················· 186
遠心ポンプ作用··················· 294
円板形翼車······················· 150

（お）

オーステナイト鋼··················· 103
オープンサイクル熱機関············· 142
応力（単位）····················· 20
音速（ノズル）··················· 182

温度……………………………29	かわき飽和蒸気………………………71
温度計……………………………30	換気損失……………………………294
温度・（比）エントロピ線図 …… 49, 72, 79	環状面積制限損失………………………312
温度こう配………………………51	完全ガス………………………30, 37
	完全真空……………………………20
（か）	慣用単位系……………………………1

ガス……………………………69	**（き）**
ガス定数………………………37	
ガスの式………………………37	キロカロリ（単位）………………20, 31
ガスの法則………………………37	キロモル………………………37
カーチスタービン…………145, 152	キロワット（単位）………………21
カーチス段…………………………152	気圧………………………………18
カルノーサイクル………………48, 96	機械効率………………………331
回転損失…………………………294	機械損失………………………307
回転羽根→動翼……………………146	機械的仕事……………………146
外燃機関…………………………141	機関仕事………………………40
外部蒸発熱（外部潜熱）…………76	基本単位………………………3
外部損失…………………………282	基本量…………………………3
外部漏洩損失……………………297	給水加熱器……………………112
開放型給水加熱器……………………115	給水ポンプ……………………97
化学エネルギ……………………33	境界層…………………………177
可逆断熱（変化）………………44, 174	凝固点…………………………29
角速度……………………………229	強制対流………………………51
かくはん作用……………………294	気流の偏向……………………207
華氏度（カ氏度）…………………29	
過熱器……………………………99	**（く）**
過熱蒸気…………………………71	
過熱蒸気表………………………79	クオリティ……………………75
過熱度……………………………71	クラウジウスサイクル…………97
過熱の熱…………………………76	グランド………………………298
過負荷……………………………340	グランド漏えい損失……………298
過負荷ノズル弁…………………349	クロスコンパウンドタービン………160
過飽和……………………………199	クローズドサイクル熱機関…………142
過飽和蒸気………………………199	空転損失………………………297, 307
過飽和度…………………………201	くし形複式タービン……………160
過飽和膨脹………………………200	組立単位………………………3
過冷却……………………………199	組立量…………………………3
過冷蒸気…………………………199	
過冷度……………………………201	**（け）**
かわき度…………………………75	ゲイルサックの法則……………36
	ゲージ圧力……………………18

索　引　　　　　17

ケルビン（単位）……………………	30	再熱……………………………… 194
傾斜ノズル（ツェリーノズル）………	287	再熱圧力……………………… 107
計量法……………………………	6	再熱器……………………… 107
限界出力（限度出力）……………	349	再熱係数……………………… 329
減速歯車……………………………	151	再熱サイクル………………… 106
顕熱……………………………………	69	再熱再生タービン…………… 161
		再熱再生サイクル…………… 126
（こ）		再熱タービン………………… 161
		再熱係数……………………… 329
コード（翼弦）………………………	208	先細・末広ノズル→末広ノズル…… 187
コンデンス形線図…………………	225	先細ノズル（先細平行ノズル）… 154, 186
工学単位系…………………………	1	産業用タービン……………… 161
工業気圧……………………………	18	三次元損失…………………… 318
工率…………………………………	21	三重点（水の）……………… 30, 73
工業仕事……………………………	40	
後進タービン………………………	153	**（し）**
向流式………………………………	53	
国際キログラム原器………………	7	CGPM →国際度量衡総会 ……… 5
国際蒸気性質会議→ ICPS ………	77	CGS 単位系 ……………………… 3
国際単位系…………………………	5	CIPM →国際度量衡委員会 ……… 5
国際度量衡委員会→ CIPM ………	5	JIS →日本工業規格 ……………… 2
国際度量衡局→ BIPM ……………	5	ジーメンスタービン……………… 157
国際度量衡総会→ CGPM …………	5	シャールの法則………………… 36
国際標準化機構→ ISO ……………	2	シュルツタービン……………… 153
国際フォミュレーション委員会……	77	ジュール（単位）……………… 20
国際骨組蒸気表……………………	77	ジュール・トムソン効果……… 90
国際水・蒸気性質会議→ IAPWS …	77	仕切板漏えい損失……………… 291
国際メートル原器…………………	7	軸受損失………………………… 310
こぼれ損失…………………………	286	軸流タービン…………………… 158
混合ガス……………………………	46	軸流排気………………………… 239
混合式給水加熱器…………………	114	軸流反動タービン……………… 154
混式タービン………………………	158	次元……………………………… 17
		次元指数………………………… 17
（さ）		次元式…………………………… 17
		仕事（単位）…………………… 20
サン・ベナンの式…………………	180	仕事の熱当量…………………… 33
最終段からの排気損失……………	311	仕事配分………………………… 246
再生サイクル………………………	112	仕事率…………………………… 21
再生タービン………………………	161	自然対数………………………… 46
最適再熱圧力………………………	109	自然対流………………………… 51
最適速度比…………………………	234	実用国際状態式（1967）→ IFC-67 ……77
最適抽気点…………………………	119	

18　　　　　　　　　　　索　　引

実用国際状態式(1997)→IAPWS-IF97 …77
絞り……………………………………89
絞り調速…………………………… 342
絞り熱量計（絞り湿り計）…………91
絞り弁……………………………… 342
締切調速…………………………… 343
湿り度………………………………75
湿り飽和蒸気………………………71
車室………………………………… 152
尺貫法……………………………… 6
周速度…………………… 151, 224
周辺効率…………………………… 233
周辺仕事…………………………… 229
重量キログラム…………………… 4
重力加速度………………………… 4
重力単位系………………………… 1
準平衡状態………………………… 199
蒸気…………………………………69
蒸気消費率………………………… 334
蒸気消費率曲線…………………… 340
蒸気線図……………………………79
蒸気速度比………………………… 233
蒸気楕円則………………………… 338
蒸気の再熱………………………… 282
蒸気表………………………………78
蒸気流量（ノズル）……………… 179
状態曲線…………………………… 328
状態量………………………………34
衝動タービン……………………… 162
衝動・反動タービン……… 145, 155
衝動力……………………………… 149
蒸発…………………………………70
蒸発（潜）熱………………………75
常用対数……………………………46
所要断面積（ノズル）…………… 179
真空，真空度………………………20
浸食→エロージョン……………… 286

（す）

スタルタービン…………………… 156

吸込損失…………………………… 287
垂直複式タービン………………… 160
水力学的平均直径………………… 191
推力………………………………… 228
推力軸受（スラスト軸受）……… 228
末広ノズル………………… 151, 187
隙間比……………………………… 290

（せ）

セルシウス度（摂氏度）…………29
センチグレード……………………29
制動作用（水滴の）……………… 284
静翼（固定翼，固定羽根）……… 152
世界計量記念日…………………… 1
石炭焚き船………………………… 124
接線流タービン…………………… 158
接線力……………………………… 228
絶対圧力……………………………18
絶対温度……………………………30
絶対仕事……………………………39
絶対真空……………………………20
絶対速度…………………………… 147
絶対単位系………………………… 1
絶対零度……………………………30
全圧…………………………………46
全周流入…………………… 155, 294
線図効率…………………………… 232
線図仕事…………………………… 229
線図損失（比）…………… 237, 282
前置タービン……………………… 161
全内部効率………………………… 329
潜熱…………………………………71
全熱効率…………………………… 333

（そ）

相対速度…………………………… 147
速度形熱機関……………………… 141
速度係数…………………… 193, 209
速度線図（速度三角形）………… 223
速度増加率………………………… 190

索　　引　　　　　　　　　19

速度段·····························152
速度比···················148, 232
速度複式衝動タービン··········152
速度利用率······················248
外向き半径流····················157
損失分布························317

（た）

ダイン（単位）····················3
タチカワ数（立川数）·············57
タービン効率（比）··············332
ダルトンの法則··················46
ターンアップ損失···············312
タンデムコンパウンドタービン···160
第 1 基礎式·······················35
第 1 種の永久運動················33
第 1 種の永久機関················33
第一法則の式····················35
対数平均温度差··················54
第 2 基礎式·······················35
第 2 種の永久運動················48
第 2 種の永久機関················48
対流····························51
楕円則（Stodola の）···········338
多室タービン····················160
多段落衝動タービン·············248
脱気給水加熱器··················116
たわみ軸（弾性軸）·············151
段（段落）······················146
単位····························3
単室タービン····················160
炭素パッキン····················305
単段落衝動タービン（単式衝動タービン）
······························150
単独翼理論······················227
断熱····························174
断熱圧縮························87
断熱指数························39
断熱速度比······················335
断熱熱落差······················44

断熱変化····················43, 87
断熱膨脹························87
段落効率························327
段落線図効率····················233
段落内部効率····················327
単流動タービン··················160

（ち）

力のベクトル線図···············228
抽気タービン····················161
抽気段数························125
抽気弁··························161
中速二元燃料ディーゼル機関·····143
超過膨脹························196
調速段··························153
超臨界圧力······················72

（つ）

ツェリー式傾斜ノズル···········287
ツェリータービン···············154
通風損失························294
通風防止環······················295

（て）

ディフューザ形排気室···········315
デラバルタービン···············144
テリータービン··················159
定圧比熱························38
定格負荷························340
定常流··························172
低速重油専焼ディーゼル推進プラント
　　（DRL）·····················143
低速二元燃料ディーゼル推進プラント
　　（ME-GI）···················143
低速二元燃料ディーゼル推進プラント
　　（X-DF）····················143
定容比熱························38
出口うず························209
電気推進プラント（DFDE）······143
電気的エネルギ··················33

20　　　　　　　　　　　　　索　　引

転向角…………………………… 210
伝達量……………………………34
伝熱に関する無次元数……………57
伝導………………………………50
伝熱………………………………50

（と）

トル（単位）……………………20
等圧線……………………………80
等圧タービン…………………… 150
等圧変化………………… 41, 84
等エンタルピ線…………………81
等エンタルピ変化………………90
等エントロピ断熱……………… 174
等エントロピ熱落差………………44
等エントロピ変化…………………44
等温線……………………………80
等温変化………………… 40, 85
等角翼…………………………… 234
塔形タービン…………………… 160
胴形翼車………………………… 154
等かわき度線……………………80
等かわき度変化…………………88
等容変化………………… 42, 86
動翼（回転翼，回転羽根）…………… 146
動力………………………………21
度量衡法……………………………6

（な）

内燃機関………………………… 141
内部エネルギ……………………33
内部効率………………………… 327
内部蒸発熱（内部潜熱）…………76
内部損失………………………… 282
内部漏えい損失………………… 287
中細ノズル……………………… 187
流れ線図………………………… 223

（に）

ニュートン（単位）………………3

ニュートンの運動の第二法則………… 145
ニュートンの式……………………52
二次元損失……………………… 318
日本機械学会（JSME）……………78
日本機械学会蒸気表………………78
日本工業規格→ JIS ………………2

（ね）

ネルンストの熱定理………………50
熱移動……………………………50
熱エネルギ……………………… 146
熱勘定（熱収支，ヒートバランス）… 115
熱貫流……………………………51
熱貫流率……………………………53
熱機関…………………………… 141
熱効率…………………………… 333
熱消費率………………………… 334
熱通過……………………………51
熱通過率……………………………53
熱抵抗……………………………53
熱伝達……………………………52
熱伝達率……………………………52
熱伝導……………………………51
熱伝導率……………………………51
熱の仕事当量……………………33
熱平衡……………………………32
熱容量……………………………38
熱落差…………………………… 193
熱力学温度………………………30
熱力学の第ゼロ法則………………32
熱力学の第一法則…………………32
熱力学の第二法則…………………48
熱力学の第三法則…………………50
熱量（単位）…………… 20, 31
燃料消費率……………………… 112

（の）

ノズル…………………… 146, 172
ノズル角………………………… 223
ノズル効率……………………… 194

索　　引　　　　21

ノズル締切調速·················· 343
ノズル速度係数·················· 193
ノズル損失······················ 237
ノズル損失係数·················· 194
ノズル調速······················ 343
ノズルの喉······················ 181
ノズル弁（ノズル制御弁）········· 344
ノンリヒートサイクル············· 108

（は）

バイパス調速···················· 347
バイパス弁······················ 348
ハイブリッド推進プラント（STaGE） 143
パスカル（単位）················· 18
パーソンス数···················· 335
パーソンスタービン·········· 145, 155
ハッタ数（八田数）··············· 57
バランスピストン··········· 164, 228
バランスピストン漏えい損失········· 293
パワー·························· 21
背圧タービン···················· 161
排気損失························ 237
舶用タービン···················· 162
はく離現象······················ 192
馬力（単位）···················· 21
半径流タービン·················· 158
半径流単回転式反動タービン········· 157
半径流反動タービン········· 156, 262
半径流反復流動式衝動タービン······· 156
半径流複回転式反動タービン········· 156
反転室·························· 159
反動タービン··············· 155, 162
反動度··················· 136, 233, 255
反動力·························· 149
反復流入タービン················· 160

（ひ）

BIPM →国際度量衡局 ············· 5
Pv エネルギ ····················· 34
ピッチ円直径···················· 313

ヒートバランス·················· 118
ヒーロのタービン················· 143
非 SI 単位 ······················ 9
比エンタルピ···················· 34
比エントロピ···················· 49
非可逆断熱（変化）············· 44, 174
比重··························· 18
比重量·························· 18
非等角翼························ 245
比内部エネルギ·················· 33
比熱··························· 38
比熱比······················ 39, 43
非飽和水························ 70
標準大気圧······················ 19
標準状態························ 38
比容積（比体積）················· 18
氷点··························· 29
表面式給水加熱器················· 116
拡がり角（ノズル）··············· 192
拡がり率（ノズル）··············· 189

（ふ）

ファーレンハイト度··············· 29
フェライト鋼···················· 103
フード損失······················ 315
ブラウン・カーチスタービン········· 153
ブランカのタービン··············· 143
フーリエの法則·················· 51
不凝縮タービン·················· 161
複回転式························ 156
複式タービン···················· 160
ふく射·························· 51
復水器·························· 97
復水タービン···················· 161
複動式タービン·················· 156
複流タービン···················· 160
腐食··························· 286
不足膨張··················· 187, 196
沸点（沸騰点）··············· 29, 71
沸騰··························· 71

22　　　　　　　　　　索　　引

仏馬力…………………………21
物理単位系……………………1
物理量…………………………3
部分負荷………………………342
不等圧タービン………………150
部分流入…………………155, 294
部分流入比……………………295
分圧……………………………46
分子量…………………………37

（へ）

ベクトル線図…………………223
平均温度差……………………53
平均速度比……………………336
平行ノズル……………………187
並流式…………………………53
並列複式タービン……………160
偏向角…………………………207
弁点……………………………345

（ほ）

ボイラ…………………………99
ボイルオフガス………………142
ボイルの法則…………………36
ポーラ形線図…………………225
ポリトロープ指数……………45
ポリトロープ変化……………45
放射……………………………51
膨脹曲線………………………328
膨脹仕事………………………39
飽和圧力………………………70
飽和温度………………………70
飽和境界線……………………72
飽和限界線……………………72
飽和蒸気………………………71
飽和蒸気線……………………72
飽和水…………………………70
飽和水線………………………72
飽和表（温度基準）または（圧力基準）78
飽和膨脹………………………200

補機用蒸気タービン…………153

（ま）

マリオットの法則……………36
摩擦係数………………………311

（み）

水の三重点……………………73
水封じパッキン………………306
密度……………………………17
密閉型給水加熱器……………116

（む）

無限段抽気……………………113
無次元数（無次元量）………17
無負荷蒸気消費量……………340
無負荷損失……………………307

（め）

メートル条約…………………1
メートル馬力…………………21
メートル法単位系……………1

（も）

モリエ線図……………………81
モル数（モル）………………37

（や）

ヤード・ポンド法単位系……1

（ゆ）

ユングストロームタービン……156, 263
有効効率………………………332
有効仕事………………………331
融点……………………………29

（よ）

容積形熱機関…………………142
翼形ノズル……………………192
翼効率…………………………236

索　引　　　　　　　　　　　23

翼車（羽根車）……………………… 146
翼車回転損失………………………… 294
翼先端漏えい損失……………… 262, 288
翼速度係数…………………………… 209
翼速度比……………………………… 232
翼損失………………………………… 237
翼損失係数…………………………… 210
翼保護片……………………………… 295
翼列理論……………………………… 227

（ら）

ラウピヒレル………………………… 120
ラトータービン……………………… 154
ラトー段………………………… 135, 154
ラビリンスパッキン………………… 273
ランキン温度目盛（ランキン度）……… 30
ランキンサイクル……………………… 97

（り）

リービング損失……………………… 312
リム馬力……………………………… 232
力学的エネルギ……………………… 33
陸用タービン………………………… 162
理想気体……………………………… 37
理想再生サイクル…………………… 113
流出損失……………………………… 151
流量係数……………………………… 194

流路減少率…………………………… 349
流路理論……………………………… 227
理論断熱……………………………… 174
理論蒸気速度………………………… 176
理論熱効率（再生サイクル）……… 114
理論熱効率（再熱サイクル）……… 108
臨界圧力………………………… 72, 181
臨界圧力比…………………………… 181
臨界温度……………………………… 72
臨界速度……………………………… 181
臨界点………………………………… 72
臨界比容積……………………… 72, 181
臨界比容積線………………………… 72

（れ）

レイノルズ数………………………… 211
連続の式……………………………… 175

（ろ）

漏えい損失…………………………… 287
漏えい損失仕事……………………… 287
漏えい損失割合……………………… 290

（わ）

ワット（単位）……………………… 21
脇路調速……………………………… 347

著 者 略 歴

古川　守（ふるかわ　まもる）

昭和19年2月　神戸高等商船学校機関科卒業
昭和19年2月　大阪商船株式会社入社
昭和22年1月　海技専門学院助教授
昭和30年4月　神戸商船大学助教授
昭和41年10月　神戸商船大学教授
昭和55年2月　神戸商船大学附属図書館長
　現在　神戸商船大学名誉教授
　　　　工学博士（大阪大学）

杉田英昭（すぎた　ひであき）

昭和40年9月　神戸商船大学商船学部機関学科卒業
昭和48年4月　神戸商船大学助教授
昭和55年11月　工学博士（大阪大学）
昭和63年4月　神戸商船大学教授
平成6年4月　神戸商船大学学生部長
平成14年1月　神戸商船大学副学長（教育担当）
平成15年10月　神戸大学教授・評議員
　現在　神戸大学名誉教授

詳説 舶用 蒸 気 タービン 上巻〈4訂版〉
―― SIと重力単位系併記 ――

定価はカバーに表示してあります。

1984年7月28日　初　版　発　行
2019年12月28日　4訂初版発行

著　者　古　川　　　守
　　　　杉　田　英　昭
発行者　小　川　典　子
印刷・製本　三和印刷株式会社

発行所　株式会社 成山堂書店

〒160-0012　東京都新宿区南元町4番51　成山堂ビル
TEL：03（3357）5861　FAX：03（3357）5867
URL　http://www.seizando.co.jp
落丁・乱丁本はお取り換えいたしますので、小社営業チーム宛にお送り下さい。

ⓒ2019　Mamoru Furukawa, Hideaki Sugita
Printed in Japan　　　　ISBN 978-4-425-68045-0

定価変更の場合もあります　　　　成山堂の海事関係図書　　　　総合図書目録無料贈呈

❖辞　典・外国語❖

✤辞　典✤

英和海事大辞典（新装版）	逆井編	16,000円
和英英和船舶用語辞典	東京商船大辞典編集委員会	5,000円
英和海洋航海用語辞典（増補新装版）	四之宮編	3,500円
英和機関用語辞典	升田編	3,200円
和英総合水産辞典（4訂版）	金田編	12,000円
図解 船舶・荷役の基礎用語（6訂版）	宮本編著	3,800円
海に由来する英語事典	飯島・丹羽共訳	6,400円
海と空の港大事典	日本港湾経済学会編	5,600円
船舶安全法関係用語事典（第2版）	上村編著	7,800円
最新ダイビング用語事典	日本水中科学協会編	5,400円

✤外国語✤

新版英和対訳IMO標準海事通信用語集	海事局監修	4,600円
英文新しい航海日誌の書き方	四之宮著	1,800円
発音カナ付英文・和文新しい機関日誌の書き方（新訂版）	斎竹著	1,600円
実用英文機関日誌記載要領	岸本大橋共著	2,000円
航海英語のABC	平田著	1,800円
船員実務英会話	日本郵船海務部編	1,600円
混乗船のための英語マニュアル	日本郵船海務部編	2,400円
復刻版海の英語 ─イギリス海事用語根源─	佐波著	8,000円
海の物語（改訂増補版）	商船高専英語研究会編	1,600円
機関英語のベスト解釈	西野著	1,800円
海の英語に強くなる本 ─海技試験を徹底攻略─	桑田著	1,600円

❖法令集・法令解説❖

✤法　令✤

海事法令シリーズ①海運六法	海事局監修	16,200円
海事法令シリーズ②船舶六法	海事局監修	39,500円
海事法令シリーズ③船員六法	海事局監修	32,000円
海事法令シリーズ④海上保安六法	保安庁監修	16,400円
海事法令シリーズ⑤港湾六法	港湾局監修	13,500円
海技試験六法	海技・振興課監修	4,800円
実用海事六法	国土交通省編	23,000円
安全法シリーズ①最新船舶安全法及び関係法令	安全基準課監修	9,800円
最新小型船舶・漁船安全関係法令	安基課・測度課監修	5,700円
加除式危険物船舶運送及び貯蔵規則並びに関係告示（加除済み台本）	海事局編	27,000円
最新船員法及び関係法令	船員政策課編	5,700円
最新船舶職員及び小型船舶操縦者法関係法令	海技・振興課監修	5,700円
最新海上交通三法及び関係法令	保安庁監修	4,600円
最新海洋汚染等及び海上災害の防止に関する法律及び関係法令	総合政策局監修	9,800円
最新水先法及び関係法令	海事局監修	3,600円
船舶からの大気汚染防止関係法令及び関係条約	安全基準課監修	4,600円
最新港湾運送事業法及び関係法令	港湾経済課編	4,500円
英和対訳2018年STCW条約［正訳］	海事局監修	25,000円
英和対訳国連海洋法条約［正訳］	外務省海洋課編	8,000円
英和対訳2006年ILO海上労働条約［正訳］	海事局監修	5,000円
船舶油濁損害賠償保障関係法令・条約集	日本海事センター編	6,600円

✤法令解説✤

シップリサイクル条約の解説と実務	大坪他著	4,800円
概説 海事法規（改訂版）	神戸大学編著	5,000円
海上交通三法の解説（改訂版）	巻幡・有山共著	4,400円
四・五・六級海事法規読本（改訂版）	及川著	3,150円
ISMコードの解説と検査の実際 ─国際安全管理規則がよくわかる本─（3訂版）	検査制度課監修	7,600円
運輸安全マネジメント制度の解説	木下著	4,000円
船舶検査受検マニュアル（増補改訂版）	海事局編	8,000円
船舶安全法の解説（5訂版）	有馬編	5,400円
国際船舶・港湾保安法及び関係法令	政策審議官監修	3,800円
図解 海上交通安全法（8訂版）	藤本著	3,000円
海上交通安全法100問100答（2訂版）	保安庁監修	3,400円
図解 港則法（改訂版）	國枝・竹本著	3,200円
図解 海上衝突予防法（10訂版）	藤本著	3,200円
海上衝突予防法100問100答（2訂版）	保安庁監修	2,400円
港則法100問100答（3訂版）	保安庁監修	2,200円
海洋法と船舶の通航（改訂版）	日本海運センター編	2,600円
体系海商法（2訂版）	村田著	3,400円
船舶衝突の裁決例と解説	小川著	6,400円
内航船員用海洋汚染・海上災害防止の手びき ─未来に残そう美しい海─	日海防編	3,000円
海難審判裁決評釈集	21海事総合事務所編	4,600円
1972年国際海上衝突予防規則の解説（第7版）	松井・赤地・久古共訳	6,000円
新編 漁業法詳解（増補5訂版）	金田著	9,900円

2019年1月現在　　　　　　　　　─ 1 ─　　　　　　　　　定価は税別です。

定価変更の場合もあります　　　　　　成山堂の海事関係図書　　　　　総合図書目録無料贈呈

❖海運・港湾・流通❖

✤海運実務✤

書名	著者	価格
新訂 外航海運概論	森編著	3,800円
設問式 定期傭船契約の解説(全訂版)	松井著	4,000円
傭船契約の実務的解説(2訂版)	谷本・宮脇共著	6,600円
設問式 船荷証券の実務的解説	松井・黒澤編著	4,500円
設問式 船舶衝突の実務的解説	田川監修・藤沢著	2,600円
LNG船がわかる本(新訂版)	糸山著	4,400円
LNG船運航のABC(改訂版)	日本郵船LNG船運航研究会	3,200円
LNG船・荷役用語集(改訂版)	ダイヤモンド・ガス・オペレーション㈱編著	6,200円
内航タンカー安全指針〔加除式〕	内タン組合編	12,000円
海上コンテナ物流論	山岸著	2,800円
コンテナ船の話	渡辺著	3,400円
コンテナ物流の理論と実務—日本のコンテナ輸送の史的展開—	石原・合田共著	3,400円
載貨と海上輸送(改訂版)	運航技術研編著	4,400円
海上貨物輸送論	久保著	2,800円
危険物運送のABC	山口・新日本検定協会・三井住友海上火災保険共著	3,500円

書名	著者	価格
国際物流のクレーム実務—NVOCCはいかに対処するか—	佐藤著	6,400円
船会社の経営破綻と実務対応	佐藤・雨宮共著	3,800円
海事仲裁がわかる本	谷本著	2,800円
船舶売買契約書の解説(改訂版)	吉丸著	8,400円

✤海難・防災✤

新訂 船舶安全学概論	船舶安全学研究会著	2,800円
海の安全管理学	井上著	2,400円
ソマリア沖海賊問題	下山田著	2,800円

✤海上保険✤

漁船保険の解説	三宅・浅田・菅原共著	3,000円
海上リスクマネジメント(2訂版)	藤沢・横山・小林共著	5,600円
貨物海上保険・貨物賠償クレームのQ&A(改訂版)	小路丸著	2,600円
貿易と保険実務マニュアル	石原・水落・吉永共著	3,800円
現代海上保険	大谷・中出監訳	3,800円

✤液体貨物✤

液体貨物ハンドブック(改訂版)	日本海事検定協会監修	3,200円

■油濁防止規程	内航総連合編		■有害液体汚染・海洋汚染防止規程	内航総連合編	
150トン以上200トン未満タンカー用	1,000円		有害液体汚染防止規程(150トン以上200トン未満)	1,200円	
200トン以上タンカー用	1,000円		〃　(200トン以上)	2,000円	
400トン以上ノンタンカー用	1,600円		海洋汚染防止規程(400トン以上)	1,200円	

✤港　湾✤

港湾倉庫マネジメント—戦略的思考と黒字化のポイント—	春山著	3,800円
港湾知識のABC(12訂版)	池田著	3,400円
港運実務の解説(6訂版)	田村著	3,800円
港運がわかる本(3訂版)	天田著	3,300円
港湾荷役のQ&A(改訂増補版)	港湾荷役機械システム協会編	4,400円
港湾政策の新たなパラダイム	篠原著	2,700円
コンテナ港湾の運営と競争	川崎・寺田・手塚編著	3,400円
日本のコンテナ港湾政策	津守著	3,600円
クルーズポート読本	みなと総研監修	2,600円

✤物流・流通✤

国際物流の理論と実務(6訂版)	鈴木著	2,600円
すぐ使える実戦物流コスト計算	河西著	2,000円

書名	著者	価格
高崎商科大学叢書 新流通・経営概論	高崎商科大学編	2,000円
激動する日本経済と物流	ジェイアール貨物リサーチセンター編	2,000円
ビジュアルでわかる国際物流(2訂版)	汪著	2,800円
グローバル・ロジスティクス・ネットワーク	柴田編	2,800円
増補改訂 貿易物流実務マニュアル	石原著	8,800円
新・中国税関実務マニュアル	岩見著	3,500円
ヒューマン・ファクター—航空の分野を中心として—	黒田監修・石川監訳	4,800円
航空の経営とマーケティング	スティーブン・ショー/山内・田村著	2,800円
進展する交通ターミナル	柴田・土居・岡田共著	2,600円
シニア社会の交通政策—高齢化時代のモビリティを考える—	高田著	2,600円
安全運転は「気づき」から	春日著	1,400円
交通インフラ・ファイナンス	加藤・手塚共著	3,200円

2019年1月現在　　　　　　　　　　　— 2 —　　　　　　　　　　　定価は税別です。

定価変更の場合もあります　　　　　成山堂の海事関係図書　　　　　総合図書目録無料贈呈

❖航　海❖

ブリッジチームマネジメント −実践航海術−	萩原・山本監修 BTM研究会訳	2,800円
ブリッジ・リソース・マネジメント	廣澤訳	3,000円
航海学（上）（5訂版）（下）（5訂版）	辻著	4,000円 4,000円
航海学概論（改訂版）	鳥羽商船高専ナビゲーション技術研究会編	3,200円
航海応用力学の基礎（3訂版）	和田著	3,800円
実践航海術	関根監修	3,800円
海事一般がわかる本	山崎著	2,800円
平成19年練習用天測暦	航技研編	1,500円
平成27年練習用天測暦	航技研編	1,500円
初心者のための海図教室（2訂版）	吉野著	1,900円
四・五・六級航海読本	藤井 野間 共著	3,600円
四・五・六級運用読本	藤井 野間 共著	3,600円
船舶運用学のABC	和田著	3,400円
魚探とソナーとGPSとレーダーと舶用電子機器の極意（改訂版）	須磨著	2,500円
新版電波航法	今津 榧野 共著	2,600円
航海計器シリーズ①基礎航海計器（改訂版）	米沢著	2,400円

航海計器シリーズ②新訂増補 ジャイロコンパスとオートパイロット	前畑著	3,800円
航海計器シリーズ③電波計器（5訂増補版）	西谷著	4,000円
舶用電気・情報基礎論	若林著	3,600円
詳説 航海計器	若林著	4,200円
航海当直用レーダープロッティング用紙	航海技術研究会編著	2,000円
操船通論（8訂版）	本田著	4,400円
操船の理論と実際	井上著	4,400円
操船実学	石畑著	5,000円
曳船とその使用法（2訂版）	山縣著	2,400円
船舶通信の基礎知識（2訂版）	鈴木著	2,800円
旗と船舶通信（6訂版）	三谷 古藤 共著	2,400円
図解 ロープワーク大全	前島著	3,600円
図解 実用ロープワーク（増補4訂版）	前島著	2,200円
ロープの扱い方・結び方	堀越 橋本 共著	800円
How to ロープ・ワーク	及川・石井 亀田 共著	1,000円

❖機　関❖

機関科一・二・三級執務一般	細井・佐藤 須藤 共著	3,600円
機関科四・五級執務一般（2訂版）	海教研編	1,800円
機関学概論（改訂版）	大島商船高専マリンエンジニア育成会編	2,600円
機関計算問題の解き方	大西著	5,000円
機関算法のABC	折目 升田 共著	2,800円
舶用機関システム管理	中井著	3,500円
初等ディーゼル機関（改訂増補版）	黒沢著	3,400円
舶用ディーゼル機関教範	長谷川著	3,800円
舶用エンジンの保守と整備（5訂版）	藤田著	2,400円
小形船エンジン読本（3訂版）	藤田著	2,400円
初心者のためのエンジン教室	山田著	1,800円
蒸気タービン要論	角田著	3,600円
詳説舶用蒸気タービン（上）（下）	古川 杉田 共著	6,600円 7,400円

なるほど納得!パワーエンジニアリング（基礎編）（応用編）	杉田著	3,200円 4,500円
ガスタービンの基礎と実際（3訂版）	三輪著	3,000円
制御装置の基礎（3訂版）	平野著	3,800円
ここからはじめる制御工学	伊藤監修 章 著	2,600円
舶用補機の基礎（8訂版）	重川 島田 共著	5,200円
舶用ボイラの基礎（6訂版）	西野 角田 共著	5,600円
船舶の軸系とプロペラ	石原著	3,000円
新訂金属材料の基礎	長崎著	3,800円
金属材料の腐食と防食の基礎	世利著	2,800円
わかりやすい材料学の基礎	菱田著	2,800円
最新燃料油と潤滑油の実務（3訂版）	冨田・磯山 佐藤 共著	4,400円
エンジニアのための熱力学	刑部監修 角田・川原共著	3,400円
Case Studies: Ship Engine Trouble	NYK LINE Safety & Environmental Management Group	3,000円

■航海訓練所シリーズ（海技教育機構編著）

帆船 日本丸・海王丸を知る	1,800円	読んでわかる 三級航海 運用編	3,000円
読んでわかる 三級航海 航海編	3,500円	読んでわかる 機関基礎（改訂版）	1,800円

2019年1月現在　　　　　　　　　　— 3 —　　　　　　　　　　定価は税別です。